高等教育建筑装饰装修专业系列教材

装饰装修设计原理

主　编　许炳权
副主编　魏广龙　赵小刚　任彬彬

中国建材工业出版社

图书在版编目（CIP）数据

装饰装修设计原理/许炳权主编．—北京：中国建材工业出版社，2007.6（2017.1 重印）
（高等教育建筑装饰装修专业系列教材）
ISBN 978-7-80227-249-1

Ⅰ.装… Ⅱ.许… Ⅲ.建筑装饰—建筑设计—高等学校—教材 Ⅳ.TU238

中国版本图书馆 CIP 数据核字（2007）第 024223 号

装饰装修设计原理
主编 许炳权

出版发行：中国建材工业出版社
地　　址：北京市海淀区三里河路 1 号
邮　　编：100044
经　　销：全国各地新华书店
印　　刷：北京鑫正大印刷有限公司
开　　本：787mm×1092mm 1/16
印　　张：22.25
字　　数：530 千字
版　　次：2007 年 6 月第 1 版
印　　次：2017 年 1 月第 2 次
书　　号：ISBN 978-7-80227-249-1
定　　价：50.00 元

本社网址：www.jccbs.com.cn
本书如出现印装质量问题，由我社发行部负责调换。联系电话：(010)88386906

高等教育建筑装饰装修专业系列教材

编委会成员

《装饰装修设计原理》编写人员

主　　编：许炳权

副 主 编：魏广龙　赵小刚　任彬彬

参编人员：赵秀萍　刘兴强　栗城巍　董玉婧

王　利　赵晓峰　李　丽　刁建新

前　言

建筑装饰装修行业是近20年来逐渐从土建工程中分离出来并发展成为一个独立的行业。从设计角度看，建筑装饰装修设计实际上是建筑设计的延伸进而形成建筑设计的一个分支。建筑装饰装修设计工作可分为两大类，一类是在新建筑工程项目设计中，对建筑设计完成后（或在建筑初步设计完成后）进行建筑装饰装修设计，另一类是对已经陈旧过时的装饰装修更新换代和改造进行设计。总之，建筑装饰装修设计是在建筑主体的基础上，对建筑内外进行外包装的设计。同时，它还和建筑环境景观设计有着紧密联系。在设计原则和理论以及美学方面是完全一致的，而且和建筑环境景观设计是一个整体，要相互协调，风格一致。

因此，装饰装修设计师还必须具备环境景观设计的基本知识和技能。从一个城市的景观设计，到住宅小区，再到建筑周围的环境景观设计，以及交通网络、街道景观等都应该在整个城市环境景观统筹规划原则、要求控制下进行。所以，本书的内容包括：建筑设计知识、国内外装饰风格和流派、建筑室内环境设计、建筑外环境景观设计等。并且每章均有复习题。为了加强实际训练和动手能力，特在十三章编入课程设计训练题。

为编好本书，我们对全国设有装饰装修专业的大、专、高职、高专院校和部分装饰施工公司和设计单位，进行访问和调研，听取了各方面的意见，取得了宝贵的资料和信息，才确定本书的编写方向和主要内容，使本书更贴近实际，更符合培养人才的要求。在此仅向作者所访问的各单位致以衷心感谢！

本书编写人员分工如下：

许炳权　绪论

赵晓峰　第一章

赵小刚　第二章

刘兴强　第三章

魏广龙　第四章

李　丽　第五章

王　利　第六章、第七章

栗城巍　第八章及部分插图

任彬彬　第九章

刁建新　第十章

赵秀萍　第十一章

董玉婧　第十二章及部分插图

许炳权、魏广龙　第十三章

由于编写水平所限，难免有不当之处，敬请各界同仁指正。

全国高等教育建筑装饰装修专业系列教材

编写组

2007年4月

目　录

第一部分　建筑装饰装修设计原理

第二部分　建筑室内环境设计

第四部分　实践训练

绪　论

近年来，我国建筑装饰装修业的兴起以及建筑装饰装修材料工业的发展，使得我国建筑业的现代化水平和建筑施工技术水平已同国际水平靠近了一大步。随着国民经济的发展，人们除了衣、食、用方面的消费外，改善工作和生活环境成为另一消费重点。在一些经济发达地区，建筑装饰装修的投入更为可观。这种消费心理的形成，除了经济发展这一原因之外，还在于改革开放方针对人们的价值观念产生了深刻的影响。建筑装饰装修受到人们的关心和重视，成为人们理所当然的一种需要。由于我国国土辽阔、人口众多、地区差别较大，因此，我国的建筑装饰装修业和装饰材料的发展方兴未艾，还有大量的工作要做。原国家建材局提出的口号是："三星级饭店的装饰装修材料立足于国内"。可见，我们与"四星"、"五星"还有不小的差距。另外，还应看到，装饰装修材料的发展，与社会经济发展水平之间存在着一定的相互呼应和相互依托的关系。

建筑装饰装修工程包含着美学因素，而且是主要因素，即美学功能，这种功能是抽象的和理念性的，难以用量化表示。建筑师或装饰装修工程设计师的设计是按照被设计对象的功能、环境、条件，建筑总体造型和风格以及委托人的愿望来构思的；或浓艳、或淡妆、或恬静、或炽烈、或高雅、或豪放。设计师首先依托装饰装修材料来表现，每一种装饰装修材料在总体风格中都扮演着一定的角色，从而构成一个互相依托、相互和谐的整体设计，而具体的表现方式又因人而异。因而建筑装饰装修材料工业应当给建筑师及装饰装修工程设计师提供尽可能多的装饰装修材料，以便使他们有充分的选择来表达和实现他们的艺术构思。任何建筑师和建筑装饰装修工程设计师都力图发挥他们的创造性，紧跟时代前进的步伐，因而永远不会停留在一个水平上、重复运用同样的表达形式。所以，无论是从横向还是纵深的角度来看，建筑师和装饰装修工程设计师对装饰装修材料的选择可以说是"精益求精"。装饰装修材料自身的美，并不一定能构成装饰装修效果的整体美。"美存在于协调之中"，只有各个部分的装饰装修材料相互依托、相互协调，才能构成一个和谐的美。所以，建筑装饰装修工程是集装饰装修材料生产、施工技术技巧、美学艺术于一体的综合性工程。

建筑装饰装修设计，就是将上述各种因素和要求综合平衡，完成较完善的设计意图和构思，进行深入创作，完成设计文件。为施工提供科学依据和指导施工顺利进行，最终达到符合甲方要求的合格工程，使甲方得到满意的结果，这就是建筑师和装饰装修工程设计师的主要任务。

一、我国建筑装饰装修行业的现状与发展

（一）产业发展状况

据统计，"十五"期间，我国装饰装修行业总产值已达4500亿元，从业人员已接近1000万人。其中，家庭装饰装修总产值已过2060亿元。装饰装修行业从20世纪90年代起已逐渐脱离开建筑工程而成为一个独立行业，并且已发展成集装饰装修设计、施工、材料、室内

卫生设备、厨房设备（包括酒店设备）、电气设备等为一体的系列“一条龙”产业。

（二）装饰装修行业的技术力量、人才数量极大地落后于产业的发展速度

虽然近几年已大量的培养了各层次的技术人才，但是仍然满足不了市场的需求，特别是高级技工更缺乏，导致个体装修队伍、农民工装修队伍大量涌现，基本上抢占了家庭装修市场。由于他们技术水平低或不具有专业技术造成用户投诉居高不下，甚至出现对原有建筑的安全、稳定造成破坏的情况。尽管有关部门颁布了许多法规和指令，但是，需大于供的现象及专业设计人员的匮乏使家庭装饰装修市场处于较混乱状况，再加上广大居民对装饰装修工程知识知之甚少，只能听从装修承包队的安排，装饰质量难以保证。

（三）装饰装修行业的一些法制与法规

在装饰装修行业虽然家庭装修存在质量难保的现象，但对大型公共建筑工程公司和正规装饰装修工程公司来说，工程质量还是有保证的。全国具有甲、乙级资质的装饰、装修工程公司已有350多家。他们是装饰装修工程市场的骨干力量，技术水平也较高。

我国从1992年到2003年已基本建立起有关装饰装修工程的法制框架，其基本构成主要有：

1. 三部法律

(1)《中华人民共和国建筑法》；

(2)《中华人民共和国环境噪声法》；

(3)《中华人民共和国消防法》。

2. 三部技术规范

(1)《建筑装饰工程施工及验收规范》；

(2)《建筑内部装修设计防火规范》；

(3)《玻璃幕墙工程技术规范》。

3. 两部价格标准

(1)《全国统一建筑装饰工程预算定额》；

(2)《关于发布工程勘察和工程设计取费标准的通知》。

4. 三部企业市场准入标准

(1)《建筑装饰工程施工企业资质等级标准》；

(2)《建筑幕墙工程施工企业资质等级标准》；

(3)《建筑装饰设计单位资格分级标准》。

5. 两部行业规章

(1)《建筑装饰装修管理规定》；

(2)《家庭居室装饰装修管理暂行办法》。

6. 一部市场交易准则

《建筑装饰工程施工合同示范文本》。

（四）今后的发展

“十一五”期间，在奥运工程的带动下，在国家经济迅速发展、新的五年规划蓝图指导下，各行各业均会有大的发展。建筑装饰装修行业也不例外，而且会发展更快。

1. 一些大型公共建筑，包括大型体育场馆、高档宾馆已经开工建设或已近建设尾声。在举办“绿色奥运”的号召下，许多高科技含量的“绿色环保”型建筑大量涌现。对建筑装饰装修提出了更高的要求，许多装饰装修材料、先进的施工技术，都要经得起使用的考验，这是一项装饰装修工程中高投入高收获的革命性的转折点。

2. 全国住宅建设方兴未艾，住宅装饰装修的档次不断提高，如一套三居室（100～150m^2）住宅的装修支出一般已达到10～30万元（北京、上海）。原有住宅再装修，全国有7000万户/每年。按10%更新户来估算，其装修投资为装饰装修工程创造的最低产值每年即达到0.7～2.1亿元。如果再加上每年商品房竣工2000万套、公共建筑、文化娱乐建筑、学校、办公楼建筑的新旧装饰装修工程，其年产值将达到5.4亿元左右。这样大的市场环境和经济规模，对装饰装修行业是极具吸引力的。

3. 在上述大发展的形势下，培养各级各类人才刻不容缓。大本、专科、高职、高专、技工等各类学校，根据估算每年应该有10万毕业生方可满足市场的需要，其缺口很大，所以提高各级院校和各层次的办学是当务之急。

二、建筑装饰装修工程等级和标准

增加建筑的美观和舒适的工程称为建筑装饰装修工程，通常也称为装饰工程。建筑装饰装修工程是建筑工程的重要组成部分。它是在建筑主体结构工程完成之后，对建筑物进行的美化、装饰工作，以满足人们对产品的物质需要和精神需要。有关建筑装饰装修等级和标准见表1、表2、表3、表4。

表1　建筑装饰装修等级

建筑装饰装修等级	建　筑　物　类　型
高级装饰装修等级	大型博览建筑，大型剧院，纪念性建筑，大型邮电、交通建筑，大型贸易建筑，体育馆，高级宾馆，高级住宅
中级装饰装修等级	广播通讯建筑，医疗建筑，商业建筑，普通博览建筑，邮电、交通、体育建筑，旅馆建筑，高教建筑，科研建筑
普通装饰装修等级	居住建筑、生活服务性建筑、普通行政办公楼，中、小学建筑

表2　高级装饰装修建筑的内外装饰标准

装饰部位	内装饰材料及做法	外装饰材料及做法
墙面	大理石、各种面砖塑料墙纸（布）、织物墙面、木墙裙、喷涂高级涂料	天然石材（花岗岩）、饰面砖、装饰混凝土、高级涂料、玻璃幕墙
楼地面	彩色水磨石、天然石料或人造石板（如大理石）、木地板、塑料地板、地毯	
天棚	铝合金装饰板、塑料装饰板、装饰吸音板、塑料墙纸（布）、玻璃顶棚、喷涂高级涂料	外廊、顶棚底部参照内装饰
门窗	铝合金门窗、一级木材门窗、高级五金配件、窗台板、喷涂高级油漆	各种颜色玻璃铝合金门窗、钢窗、遮阳板、卷帘门窗、光电感应门
设备	各种花饰、灯具、空调、自动扶梯、高档卫生设备	

表 3　中级装饰装修建筑的内外装饰标准

装饰部位		内装饰材料及做法	外装饰材料及做法
墙面		装饰抹灰、内墙涂料	各种面砖、外墙涂料、局部天然石材
楼地面		彩色水磨石、天然石料或人造石板（如大理石）、塑料地板、地毯	外廊、顶棚底部参照内装饰
天棚		胶合板、铝塑板、吸音板、各种涂料	
门窗		窗帘盒	普通钢、木门窗，主要入口铝合金
卫生间	墙面	水泥砂浆、瓷砖内墙裙	
	楼地面	水磨石、马赛克	
	天棚	混合砂浆、纸筋灰浆、涂料	
	门窗	普通钢、木门窗	

表 4　普通装饰装修建筑的内外装饰标准

装饰部位	内装饰材料及做法.	外装饰材料及做法
墙面	混合砂浆、纸筋灰、石灰浆、大白浆、内墙涂料、局部油漆墙裙	水刷石、艺术抹灰、外墙涂料、局部面砖
楼地面	细石混凝土、局部水磨石	
天棚 、	直接抹水泥砂浆、水泥石灰浆或喷浆	外廊、顶棚底部参照内装饰
门窗	普通钢、木门窗，铁制五金配件	

三、建筑装饰装修的基本概念

建筑装饰与装修工程是指基于一定的功能，以装饰、美化建筑和建筑外部空间或者庭院空间为目的而进行的加工，也包括这种加工所形成的实体与空间。事实上，建筑装饰工程的内部和表现形式是多种多样的，应用的范围也非常广泛，几乎涉及了所有的造型艺术形式，并且应用到了建筑物的各种实体、空间环境及构件之中，包括建筑的内外墙体、入口、隔断、空间、地面、天棚、内外庭院等部位。

（一）历史的演变

人类为了生存并给自己建立一个安全舒适空间，一直在不懈地努力。早在原始社会，人类为躲避风雨、防备野兽，曾利用天然岩洞作为居住场所，那时就开始了原始的建筑活动，例如在洞穴中绘制壁画。到原始社会进入母系氏族公社时期逐步发展为简单的建筑，也力求内部空间具有一定的合理性。建筑就是人类通过对自然界的改造为自己创造的符合自己生息繁衍需要的物质环境。同时，也有许多的建筑通过对诸如空间、体型、比例、尺度、色彩、质感以及各种装饰部件、装饰图案等建筑元素的运用，构成了某种特定的艺术形象，从而将带有实际目的的建筑物衍变为一种艺术品，具有了审美观赏的价值。

人们普遍认为，建筑不仅要满足人类物质生活的需要，同时也应该作为人们艺术审美的对象。正是由于建筑是通过物质实体所表现的空间造型艺术这一特征，才使得建筑装饰作为建筑的一个独立的重要组成部分而诞生，并在几经兴衰之后，在今天被人们重新当作一种合理的建筑思想所接受，并获得了迅猛的发展。

从装饰的历史和演变的角度来看：

(1) 装修。一是功能作用为主，紧贴主体表面或不可分割；二是美观，表面略作美化。

(2) 装饰。与上述观点相反，以艺术处理为主，与功能的关系较弱。

(二) 当前各种观点

从目前的情况看，随着科学技术的进步，建筑装修和装饰设计与技术手段日趋完善，其间相互渗透，相互包容的情况也越来越多，表现出一种整合的倾向。在这种情况下，要严格地区分装饰装修两个概念是不容易的。有些情况如从功能出发，兼顾对建筑的美化作用，或从某种特定的视觉效果要求出发，兼顾其对于建筑的功能作用。二者最后得到的效果、所使用的材料甚至所采用的施工方法都是相同的。由此可见，装饰装修只能从下述角度进行模糊地区别：即如果考虑问题的出发点是解决某种功能上的要求，仅仅是在这种功能作用被满足的前提之下，才要求对于改善视觉效果做一些考虑，并且这种为满足视觉效果所作的加工仅限于色彩、质感、线型及一些简单的几何图案的变化，不涉及纯艺术的创作问题，则可称之为装修；而如果考虑问题的主要出发点是满足视觉上的要求，或者是为了追求某种视觉效果和风格，并在满足这种视觉效果要求的考虑之中，对所采用的材料、功能作用以及对建筑的影响等问题进行综合考虑，而且在这种情况下为满足视觉要求所作的加工，不限于色彩、质感、线型及一些简单的几何图案的变化，也可以是纯艺术造型，或者是涉及纯艺术创作方面的问题，则可将其称为装饰。

(三) 世界各方观点的论述

(1) 前文提到歌德有一句名言："最大的艺术本领在于懂得限制自己的范围，不旁驰博骛"。为了要限定建筑装饰的范围，弄清楚建筑装饰的概念是非常重要的。考虑到从古到今在建筑界关于建筑装饰问题的喋喋不休的争论，即一部分大师认为装饰是建筑不可缺少的部分，至于装饰的内容和形式，则因时、因地而有所差异；而另一部分大师们则态度鲜明地亮出了"装饰就是罪恶"的旗帜，并在其麾下结成了所谓"理性主义"的大军。因此弄清建筑装饰的内涵就更显得十分必要了，否则在这一问题上我们将无所适从。

(2) 何为装饰？简而言之，装饰意即美化。德国的法郎兹·萨勒斯梅尔在《装饰指南》一书中曾为装饰一词下了如此的定义"装饰就是利用能使事物的美观的各种要素之方法以及其过程"。在其著作中他举出了两种一般性的定义，第一，"装饰是遵循着有系统、有规则、有对称或其他法则，来结合成几何学的形态，或分割成几何学的形态"。第二，"装饰是由装饰专家之企划产生，它可使世界上的各种物体重现。其在人们身旁的乃是植物、动物和人类等有机的物体，而另外也提供结晶体形态，雪片、云、波浪及其他等无机性的自然现象作为装饰的内容。"从这一定义中，我们可以得到这样几点认识：首先，装饰泛指使物体美化的方法和过程；其次，装饰必须遵循某些客观的规则，有着它自己专门的理论和方法；最后，装饰是以各种有机的、自然的或非自然的以及一些抽象的几何形态为内容来实现对物体的美化这一目标的。换句话说，装饰是依据一定的方法而进行的一种有目的的活动，而且装饰是源于生活并以提高生活的境界为最终目的的。

建筑装饰依赖于建筑的总体构思，是建筑设计中具有独特的地位，一方面它能使建筑设计整体效果更为出色，另一方面也可以弥补建筑设计中的缺陷和不足之处，并且能应用建筑装饰来塑造典型环境、传达特定的历史和文化信息。

(3)《韦氏国际新词典》中对"装饰"有两种解释：其一，装饰是遵循有系统、有组合、有对称或其他法则结合（或分割）而成的几何形态；其二，装饰根据设计人（使用者）的计划而产生，以有机或无机、自然或非自然的几何形态为内容，实现对建筑美化这一目标。

在明确了装饰的概念之后，我们再来讨论建筑装修的概念。关于建筑装修和装饰的普通解释，意大利文艺复兴时期的建筑师 L.B·阿尔伯蒂在《论建筑》一书中曾经提到，建筑装饰是一种后加的和附加的东西，其目的是增加建筑的美感。这才是最简练、最确切的表述。

（四）我们采用“装饰装修”统一命名的由来

从概念上讲，建筑的装饰与装修在内容上是有区别的。

“建筑装修是指在建筑物的主体结构工程以外为了满足使用功能的需要所进行的装设和修饰，如门、窗、栏杆、楼梯、隔断等构件的装设，墙面、柱、梁、顶棚等表面的修饰；建筑装饰主要是为了满足视觉要求对建筑所进行的艺术加工，如在建筑物的内外加设的绘画、雕塑等。装饰和装修也指这两项工作所完成的实体。”但是，这一划分显然是暧昧不明的。例如，对外墙面、场地地面、装饰小品等处进行一定的着色是非常普通的处理手法，但若按上述分类则会将其归结为是为了满足视觉要求而作的处理，应划入艺术处理类，显然这是令人难以完全接受的说法；又如对外墙面进行的镶嵌处理，即便是在镶嵌壁画的情况下，这一镶嵌的面层通常在承受一定力的同时，又有对主体结构材料进行保护，此时，应将其称作装修还是装饰呢？至于采用新型建筑材料时，就更易出现这种矛盾的情况。

从上述内容不难看出，建筑装饰与装修的区别，主要在于其精神功能方面所起的作用，换句话说，建筑装饰参与和深化了建筑的造型过程，使建筑具有了审美的价值。如果说建筑是人类物质文明和精神文明的综合产物，那么建筑装饰的主导作用，就承担着创造精神文明的使命。建筑之所以被称为艺术，被看作是一种文化，与建筑装饰的参与很有关系。否则，建筑就是只有遮风避雨功能的避难所了。

建筑装饰装修从属于建筑设计的整体之中，而现代建筑装饰的概念通常包括以下四个方面的内容：

其一，建筑装饰既非艺术，也非技术，而是艺术与技术的综合体。建筑装饰遵循着和绘画等艺术相同的美学原理，如统一和变化、均衡和重点、韵律和节奏以及色彩和线型等。但是，建筑装饰又必然不可避免地受到技术、材料等条件的制约。一定的外墙立面与体型装饰效果，在很大程度上要依据特定的技术手段来实现，并且取决于它所采用的材料。

其二，建筑装饰包括室内环境的创造和室外环境的创造。其造型要素包括空间、色彩、光线、材质等，所有这些可视要素共同组合构成了建筑室内、外环境的整体效果，并且建筑装饰与装修最终会融入建筑环境设计这样一门综合的学科当中。

其三，建筑装饰已经融于建筑整体环境的设计和建造的全过程，而不再是与建筑主体分离的、事后的附加点缀，并呈现出追求空间、色彩、质感、光影、运动等效果的趋向。

其四，建筑装饰不仅仅是一项艺术性很强、技术要求又十分精巧的工作。而且还要受到诸如社会制度、生活方式、文化思想、风俗习惯、宗教信仰、经济条件以及地理、气候等多重因素的影响和制约。

综上所述，从建筑装饰与装修这一概念出发，我们不难看出，它包含着两个方面的内容：其一，更为倾向于通常意义上的装修所包含的范畴，它偏重于工程与技术；其二，即建筑装饰，则更偏重于造型艺术的范畴。对于广义的建筑装饰与装修要从上述两个方面来狭义地定性是不容易的。

建筑装饰装修艺术是指以装饰、美化建筑为目的的造型艺术，它既有建筑艺术的特征，又具有造型艺术的特点。它必须具有装饰建筑物及其环境的机能，有时甚至还具有建筑构造和构件的某些机能，这是它区别于一般造型艺术的重要方面。上述这两个方面规定了建筑装饰艺术的性质和基本特征，它的内容包括建筑雕塑、建筑壁画以及各种壁饰、装饰图案等。

“建筑装饰装修工程”是一个实体工程，其含义是可以用“量”来衡量。“建筑装饰艺术”是难以用“量”来衡量的理念，和“建筑装饰工程”是两种不同的概念，是不能混为一谈的，而装饰本身就具有双重性。

在我国，从 1998 年以后，建筑装饰装修档次越来越高，投资越来越大，形成独立行业，已经超越纯装修含义，甚至设备家具都在室内设计范围之中。在名词的表述上当时分成两派：①工程中应用装饰一词。②统一称为装修。经过不断地讨论，最后定“装饰装修”为法定用词，这就是装饰装修一词的来历。

另外，从古到今，建筑物的功能、造型、内外修饰等都是人类对于建筑的首要关注——并没有认真深入探讨“装饰”与“装修”之分，为了弱化它们之间的区别，统一使用“装饰装修”一词还是比较恰当的。

复　习　题

1. 什么是建筑装饰与装修工程？
2. 建筑的装饰与装修有何区别？
3. 建筑装饰的概念中包含哪些内容？

第一部分

建筑装饰装修设计原理

(a)

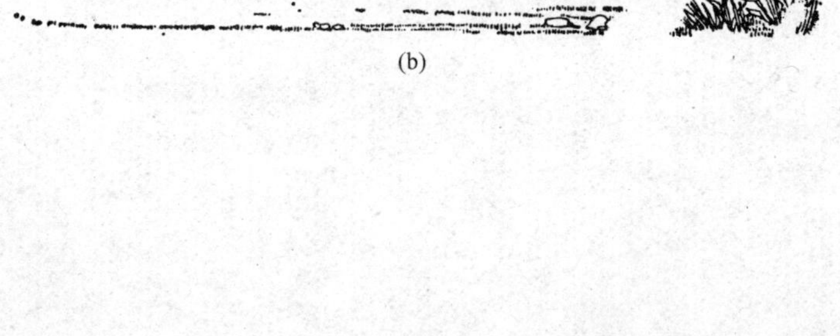

(b)

第一章　建筑设计基本知识

建筑设计是建筑装饰装修设计的基础，也是建筑设计的深化与发展。两者都是为人类创造生产、生活所需的适用和舒适的空间。建筑装饰设计绝不是对建筑表面进行简单的美化问题，而是运用多学科的知识进行的多层次的空间环境设计。因此，建筑设计和建筑装饰装修设计的从业人员都应具备双重的基本知识，才能相互提高自身的设计水平。只有掌握了建筑设计的基本知识，才能更好的完成装饰装修设计。

第一节　概　述

一、建筑的含义、属性及构成三要素

（一）建筑的含义

1. 建筑

第一种含义是指人们生产、生活、工作娱乐、居住等活动所需的空间实体，是名词。第二种含义是指人们进行的建造过程，在语言上用作动词。

2. 建筑物

是指经过人们设计、施工而建造的实体。

3. 构筑物

是指在人们的生产、生活活动中所必需的辅助物体。即除人们生活、居住、娱乐、工作以外的与建筑有关的物质实体，如水塔、水池、涵洞、桥梁、储存罐、化工生产中的反应釜、过街天桥、冷水塔等。

4. 建筑学

在《中国大百科全书》中的注释是：“建筑学是研究建筑物及其环境的科学，旨在指导人类建筑活动的经验、知识。园林及规划除外。

古代把土木活动统称营建、营造。建筑一词是从日语引入的汉语，汉语为多义词，即表示营造活动，又表示这种活动的成果——建筑物；也是某个时代的某个风格的建筑物及其所体现的技术和艺术的总称。如隋唐建筑、文艺复兴建筑……。英语 Architecture 一词来自拉丁语，可理解为关于建筑物的技术和艺术的系统知识——建筑学。”

总之，一般说来，建筑既是物质产品又是实用性很强的艺术产品，它必须随着社会的发展变化而变化，并且总是受政治、经济、文化、科学、技术的深刻影响。所以人们称建筑是历史的见证，建筑是人类活动的大舞台，建筑是凝固的音乐。从专业上讲，建筑学是一门内容广泛、实践性很强的综合性学科，它涉及社会学、人文学、生态学、心理学、建筑艺术、环境规划、建筑经济等领域。

（二）建筑的属性

1. 建筑的物质性

建筑物是由建筑材料、建筑技术经过施工而建成的，体现了物质的存在。

2. 建筑的艺术性

建筑通过其形态、造型、体量，遵循美学法则——比例、尺度、色彩、均衡、韵律、质感等一系列艺术手段而产生的视觉观感——如庄严、雄伟、优雅、神秘、宁静、亲切等感受，以达到艺术的感召力。

3. 建筑的社会性

建筑作为意识形态的载体，其形象无不打上历史发展的烙印，并且还包含于地域自然条件、气候条件以及民族文化特征之中。生产力的发展、思想意识的变革、民族文化的差异、自然环境的不同，都会反映到建筑的形象上，它是和社会变化紧密相连的。

（三）建筑的构成三要素

建筑以人为本，以技术为主，以形象取悦于人。也就是说建筑功能、建筑技术、建筑形象三者是相互依存，缺一不可的。它们构成了建筑的基本内容，通过技术与艺术的实现以满足人们的生产、生活所需要的建筑功能空间。在建筑设计、材料选择、施工过程中，都必须以遵循建筑的构成三要素为前题。

二、建筑设计的目的和要求

（1）要满足建筑的功能要求。建筑设计的核心是以人为本，一切从人的活动行为出发，千方百计地满足各项功能的要求，满足通风、日照、采光、卫生，创造舒适的环境。

（2）要满足建筑总体规划、城市规划的要求。在建筑设计中首先从总平面布局入手，使单体建筑符合总体布局，如有矛盾，进行协调，达到总体与单幢建筑的相互协调。

（3）达到创新的目的和要求。尽量采用较先进和合理的技术，保证符合创新要求，在选择材质、结构选型、施工技术方面要注意先进性、环保性、安全牢固性。

（4）要达到超前的目的和要求。建筑要有时代感和艺术性，要有优美的造型，要能够经得起历史与时间的考验。不要盲目赶潮流、追风向，要依科学的态度去创新。

（5）要满足国家法律、法规、规范、标准的要求。

（6）要满足建筑技术经济的要求。

三、建筑设计的依据

1. 设计委托文件

包括设计任务计划书、设计地段勘察报告、投资资金来源、财务认证书、上级主管部门批文、用地批文和地段规划有关的文件及许可证、供电供水文件等。

2. 设计资料文件

（1）国家有关设计规范、标准、规定、指标等文件，以及最新的定额、规范变更资料。

（2）有关参考资料或相近设计图纸、专业设计书籍等。

3. 现场调查资料

（1）与甲方交谈，了解设计意图记录。

（2）现场踏勘，对环境、地形地貌、气象资料的记录。

4. 人体尺度和人体活动尺度

在建筑设计过程中，对家具、设备的布局、交通面积、房间面积的设计以及辅助房间的造型、空间的组合、门窗的大小以及开启方向、楼梯的设计等都要考虑人体尺度和人体各种活动所需空间的要求，如图 1-1 所示。

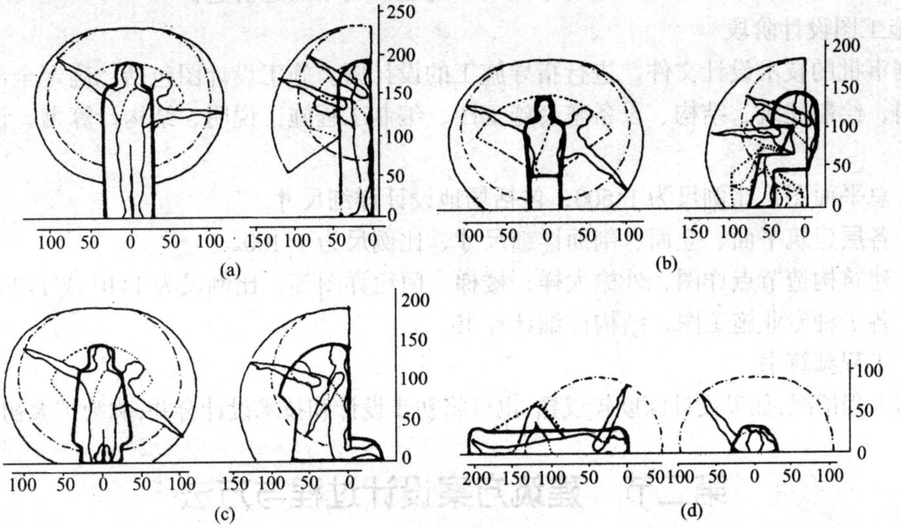

图 1-1　人体活动特点与尺度

（a）立姿；（b）坐姿；（c）跪姿；（d）卧姿

四、建筑设计阶段和各阶段内容与成果表达

1. 方案设计阶段

这是建筑设计过程中非常重要的第一阶段，可分为准备资料、熟悉任务书阶段、构思阶段和方案比较与落实阶段。建筑工程设计的方案设计是工程项目设计成败、参加设计竞标的胜出与落选的关键阶段。它要求设计人员具有较高的设计水平、丰富的设计知识、深厚的艺术修养等。

正式方案设计成果包括：建筑总平面图、各层平面图、立面图、剖面图，设计意图、功能分区、流线组织等各种分析图，不同视角的效果图，模型，方案设计说明书等文件。

2. 初步设计阶段

根据批准的方案进一步深入细化，落实各部位尺寸，落实材料、结构和具体重要尺度。其设计图纸、文件包括：

(1) 总平面图，比例尺为 1:500 ~ 1:2000，标明建筑物的位置、标高、道路、环境绿化以及设计说明和概算书。

(2) 各层平面及主要立面、剖面，比例尺为 1:100 ~ 1:200，要求标出轴线尺寸和主要部位尺寸、房间面积、门窗位置、部分室内家具和设备的布局，剖面图标出层高、结构下端标高、总高等。

(3) 说明书，设计意图、结构选型、各部材料、建筑概算、主要技术经济指标等。

(4) 建筑透视图、建筑模型等。

3. 技术设计阶段

根据批准的初步设计进行各专业合作协商，完成设计中的更细更具体的设计内容，各部位尺寸与各专业布局要求相一致。主要部位的构造处理要合理，最后经过各专业调整，编制出各专业图纸和说明，要求标注更详细（如墙的厚度、承重构件的断面尺寸等）。结构专业要有初步计算书，设备专业提供设备布置图、造型说明书及经济造价。

4. 施工图设计阶段

根据审批的技术设计文件，进行指导施工的设计图。施工设计图包括：确定全部工程尺寸和用料，绘制建筑、结构、设备整套施工图，编制工程施工说明、结构计算书、设计预算书等。

（1）总平面图：比例尺为1:500，包括场地设计详细尺寸。

（2）各层建筑平面、立面、剖面详细尺寸，比例尺为1:100。

（3）建筑构造节点详图，外檐大样，楼梯、门窗详图等，比例尺为1:10或1:20。

（4）各工种专业施工图，结构详细计算书。

（5）工程预算书。

根据工程情况，如果设计深度较成熟，也可将初步设计和技术设计合并，称为扩大初步设计。

第二节　建筑方案设计过程与方法

建筑设计过程是建筑师根据设计任务书的要求，在充分了解、调查研究的基础上，运用深厚的建筑设计知识、建筑技术，按照有关国家法律、规范而进行的形象思维、有目的的造物活动——建筑设计工作。这一活动具有创造性、实用性特征。建筑师在建筑设计思维构思过程中，抓住构思中的亮点和闪现的某些有创意的想法，随时用草图表达出来，形成构思草图。经过比较，反复修改完成建筑初步方案。经审批后再进行建筑工程的初步设计、技术设计、施工图设计三个阶段，即可完成建筑设计全部工作。同时将建筑工程的其他专业，包括结构、水暖、通风、供电、电气以及建筑智能化等设计汇集在一起，经过施工建造，即可完成一项建筑工程项目，提供投资方使用。

一、建筑构思过程的特点

（1）建筑设计是一项综合性形象思维很强的工作，构思中除了满足设计项目功能的要求外，还要对建筑技术、设备、造价以及艺术造型等多方面考虑与了解，在其基础上提出较为周密的、合理的可行性构思草图。

（2）建筑设计是以人为本，构建空间环境的过程，是创造适宜人们生产、生活活动所需的各种室内外空间环境。小到一幢警卫室、一幢住宅，大到群体建筑、整体环境设计，都需要通过构思，认真设计才能取得满意的方案设计。

（3）建筑设计是一种创造舒适生产、生活环境的过程。建筑师根据建筑使用要求，利用交通空间连续手段，组织各类空间顺畅有序的流线，并且利用建筑技术、建筑艺术手段，创造出符合现代生产、生活所需要的建筑空间和合理的具有时代感的建筑整体造型。

（4）建筑创作是一种反复构思的过程，创作伊始，思绪万千，形象朦胧。在反复构思中，不断发展灵感，逐渐升华，产生新的创意，从反复比较权衡中选出较为满意的草图。

（5）建筑师的设计构思是在满足人们的使用要求和视觉审美要求的前提下，推敲建筑空间体量、尺度、比例、韵律、气氛和意境的思维过程，是对空间环境三度向量的优化组合。

（6）建筑设计过程是利用图示方法表述其思维过程和解决各项矛盾的过程。在充分了解工程项目所在地域的自然条件、人文背景、周围环境、工程的使用功能特性等因素进行立意构思，经过对各种构思草图的比较—肯定—否定—修改—再否定—再修改—再肯定的反复推敲，逐步深入完善的过程，最终达到满意成熟的设计方案。

（7）建筑设计构思是开放思维“海选”可行性的阶段。构思过程要进行开放思维，无框框，从各种可能性中去探索、去寻求较合理的多种设计方案和局部处理方法。从多角度探求符合使用功能要求的方案。因为建筑创作与其他科学研究的区别之一是问题的答案没有“唯一性”。不要轻易放弃某些有特色的构思。要从多个构思方案中选出几个较为满意的方案进行优化组合，抓住某一构思，深入发展逐渐完善，最后确定几个各具特色的构思草图，发展为正式方案。

二、建筑方案设计过程与方法

将选出的构思草图，在原创作的基础上，加入结构、技术、材料、设备、施工诸因素进行深入推敲和修改，即可取得 2 ~ 3 个正式方案设计，如图 1-2 所示。

（一）构思草图“选秀”的几项措施

（1）构思草图设计特征各具特色，各具某方面的优点。有的在室内空间组合、功能布局上有独到之处，有的在空间造型上有创新，也有的在平面布局、环境设计方面构思新颖等。将这些各具特色的构思加以巧妙的优化组合，可获得具有独创性、可行性、合理性的成熟方案。

（2）从建筑技术的可行性探讨及其技术上的可操作性、经济合理性、安全牢固性，可获得符合原创意图的方案。

（3）从结构的角度，衡量构思立意是否符合结构规范，是否可发展为新型结构体系来丰富原构思方案的造型。与结构专业人员探讨新型结构的可行性，取得他们的支持和配合。

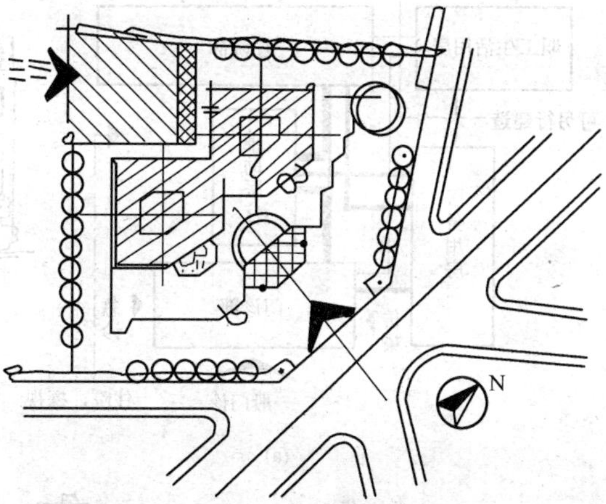

图 1-2　超市建筑位置与总平面构思草图

说明：

这是一个超市工程构思草图，根据地形，道路交通情况，朝向等因素，首先确定建筑入口位置，便于顾客入场交易。主体按地形构思为两幢方形平面，交叉部分为入口大厅及楼梯设施。让出建筑物前空旷处为广场，用于人流疏散和存放交通工具。商场后部为进货区域，使人货流分开。后面有充分的场地理货。

（4）建筑构思方案尽量满足设备布局和使用要求，局部修改，达到各专业均可顺利布局、互不干扰。

（5）从选用材料角度衡量构思方案的可行性。要求常用材料、新型材料在节能、绿色环保、健康建筑诸方面，保证方案创作的落实。

（6）从建筑环境方面衡量构思方案的科学性。是否符合城市规划要求，对相邻建筑有无影响，是否相互协调，能否通过修正构思方案来解决。

通过上述各项深入细化修改，进行全面分析，选出 2 ~ 3 个较为优秀的构思方案，即可进入方案设计阶段。

(二) 方案设计的具体内容

通过对构思方案的“选秀”，得到几个各具特色的构思方案，在维持原构思的基础上，将原有不足、缺点加以改进和调整，同时也是发现新问题、解决新问题的过程。这是提高方案设计质量的重要举措。

在修改方案过程中，虽然是按平、立、剖设计顺序进行，实质上，建筑师的思维始终是平、立、剖立体构思的过程。在修改平面某一个局部时，必须随时对立面、剖面进行相应的调整。看其是否恰当，否则再从平面上修改，这就是建筑设计过程的特殊性。

(三) 平面设计要点

(1) 确定构思方案使用功能的顺序流程，进行功能分区。不同的功能空间既要彼此分离，又要方便联系，按主要使用面积、辅助使用面积、交通面积进行布局，注意动静分开、冷热环境隔离、污染与洁净分开、噪声与安静分开，如图 1-3、图 1-4 所示。

(2) 确定进深、开间尺寸，按功能分区特点选择不同的开间与进深，然后组合成完整的定位轴线网络，使平面既满足各种功能要求，又形成较为灵活、富于变化的平面组合，如图

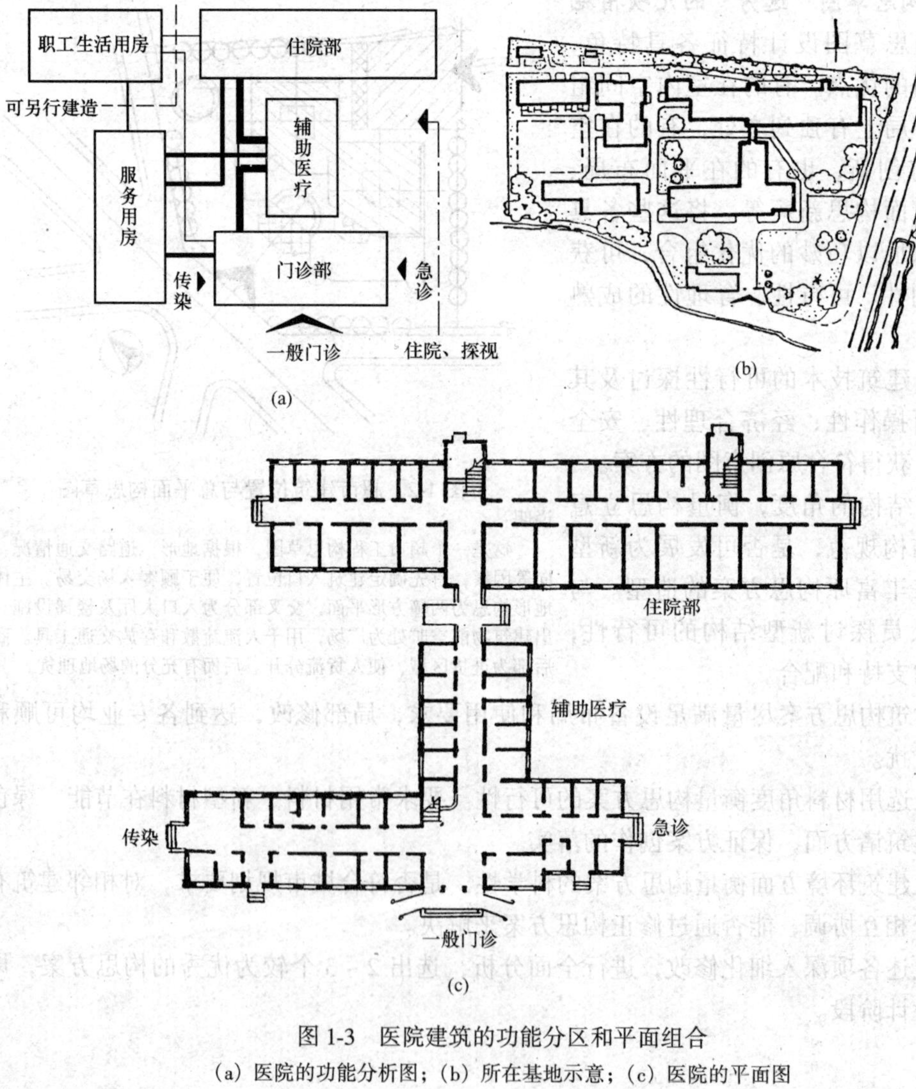

图 1-3　医院建筑的功能分区和平面组合

(a) 医院的功能分析图；(b) 所在基地示意；(c) 医院的平面图

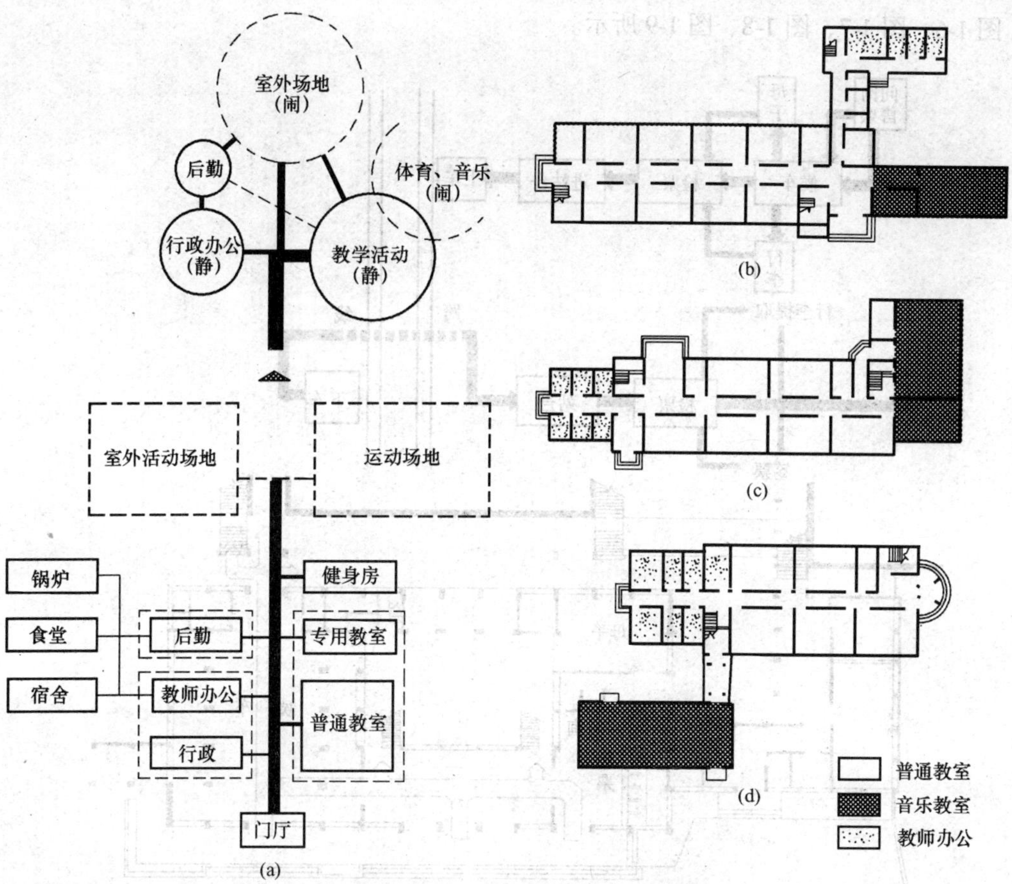

图 1-4　中、小学建筑的功能分区和平面组合
(a) 学校的功能分区；(b) 教学楼以门厅区分三部分；(c) 声响较大的教室在教学楼尽端；
(d) 声响较大的教室在教学楼外单独设置

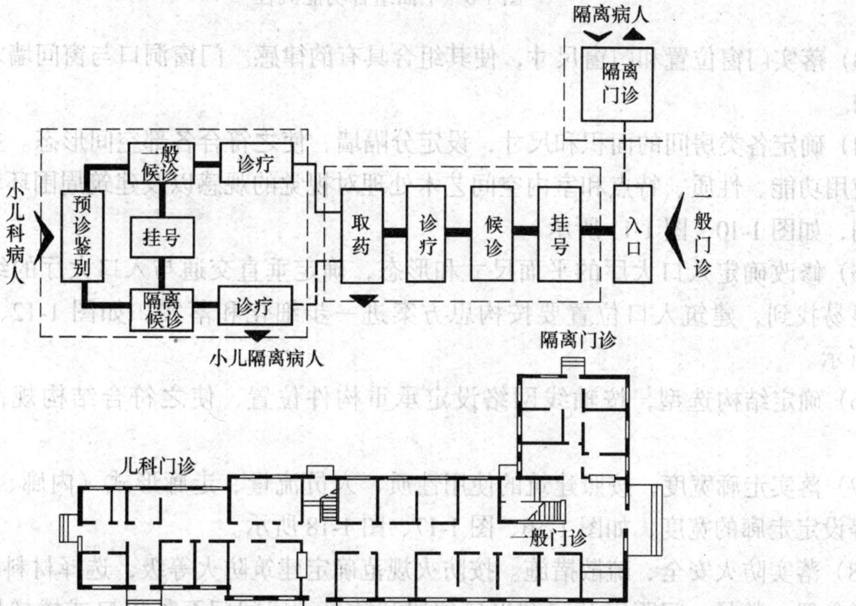

图 1-5　平面布置（小型医院）

1-5、图 1-6、图 1-7、图 1-8、图 1-9 所示。

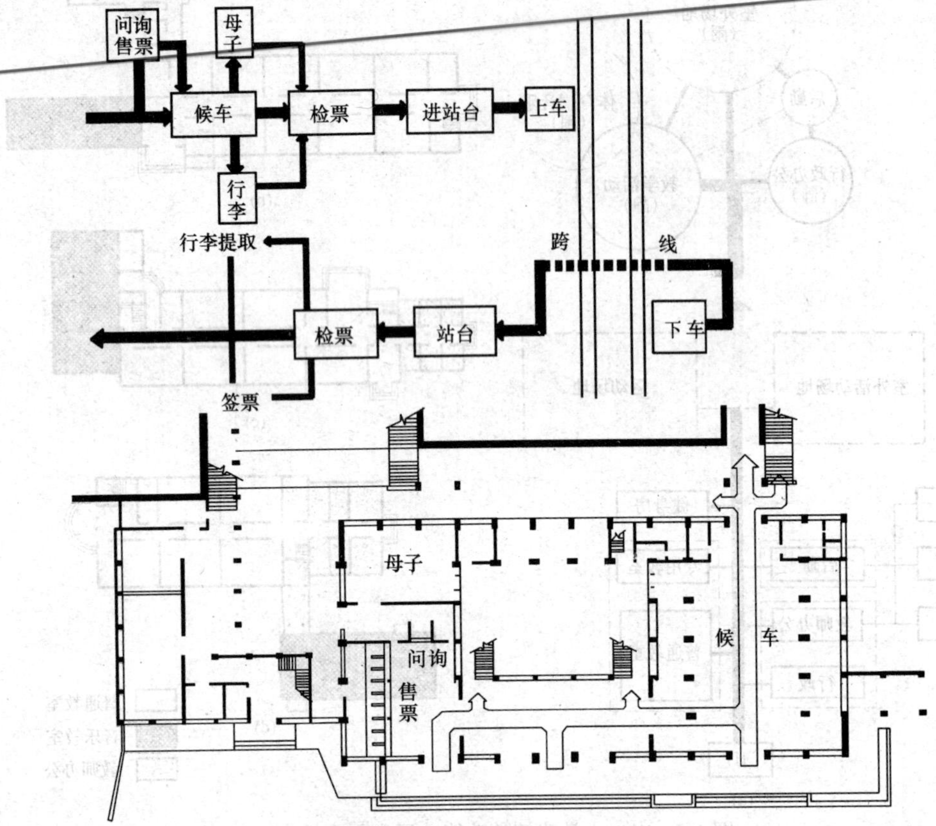

图 1-6　平面组合功能流程

(3) 落实门窗位置和门窗尺寸，使其组合具有韵律感。门窗洞口与窗间墙之间的面积比例协调。

(4) 确定各类房间的面积和尺寸，设定分隔墙，使之符合各部空间形态。主要应考虑房间的使用功能、性质、特点和室内空间艺术处理对视觉的观感以及建筑周围环境与基地大小的影响，如图 1-10、图 1-11 所示。

(5) 修改确定入口大厅的平面尺寸和形态，确定垂直交通与入口大厅的组合，其位置要明显易找到，建筑入口位置要按构思方案进一步细化和落实，如图 1-12、图 1-13、图 1-14 所示。

(6) 确定结构选型，按轴线网络设定承重构件位置，使之符合结构规范，如图 1-15 所示。

(7) 落实走廊宽度，按照建筑的使用性质、人员流量、走廊形式（内廊、外廊）、服务功能等设定走廊的宽度，如图 1-16、图 1-17、图 1-18 所示。

(8) 落实防火安全、疏散措施。按防火规范确定建筑防火等级，选择材料耐火极限，设定楼梯位置、数量、间距以及疏散出口位置和数量。房间门至外出口或楼梯最大距离见表 1-1。

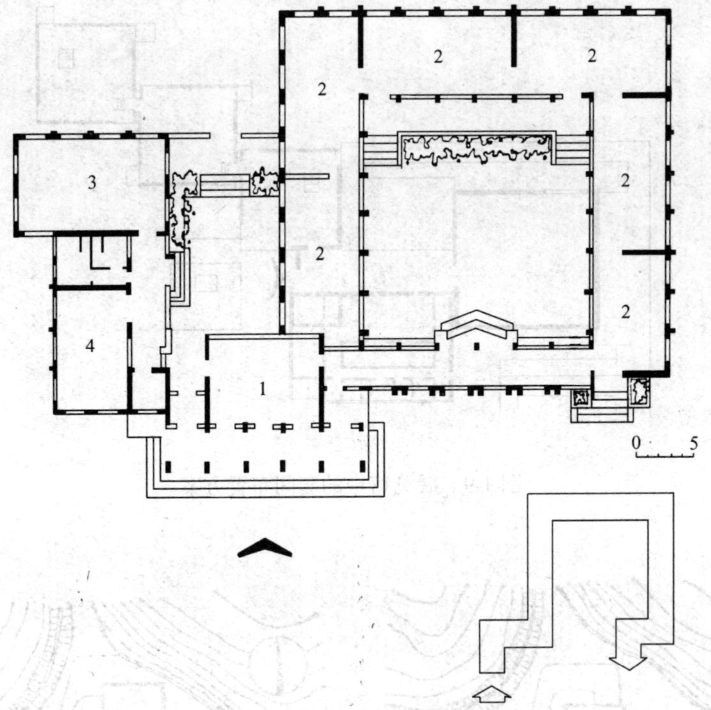

图 1-7　展览馆平面布置

1—门厅；2—展览室；3—大接待室；4—小接待室

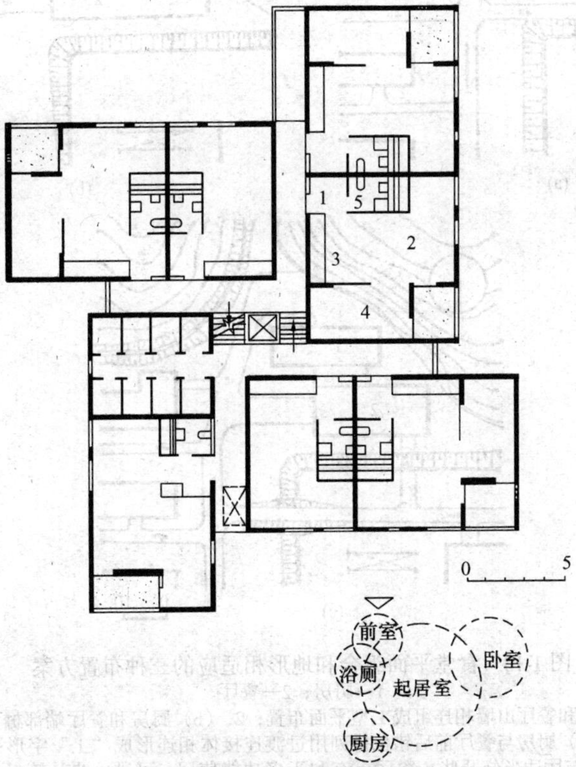

图 1-8　高层住宅平面布置

1—前室；2—起居室；3—厨房；4—卧室；5—浴厕

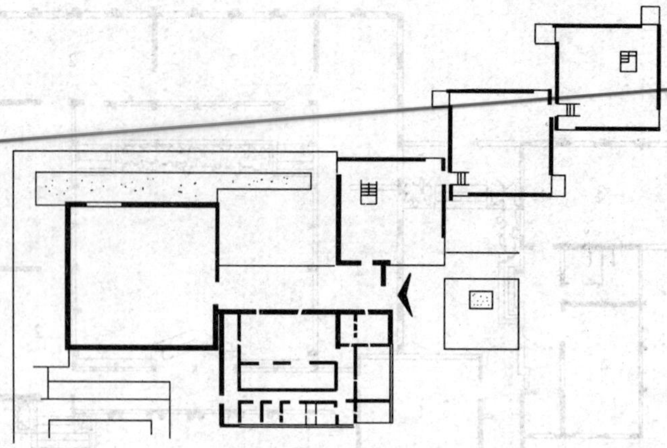

图 1-9　展览馆中的套间布置方案

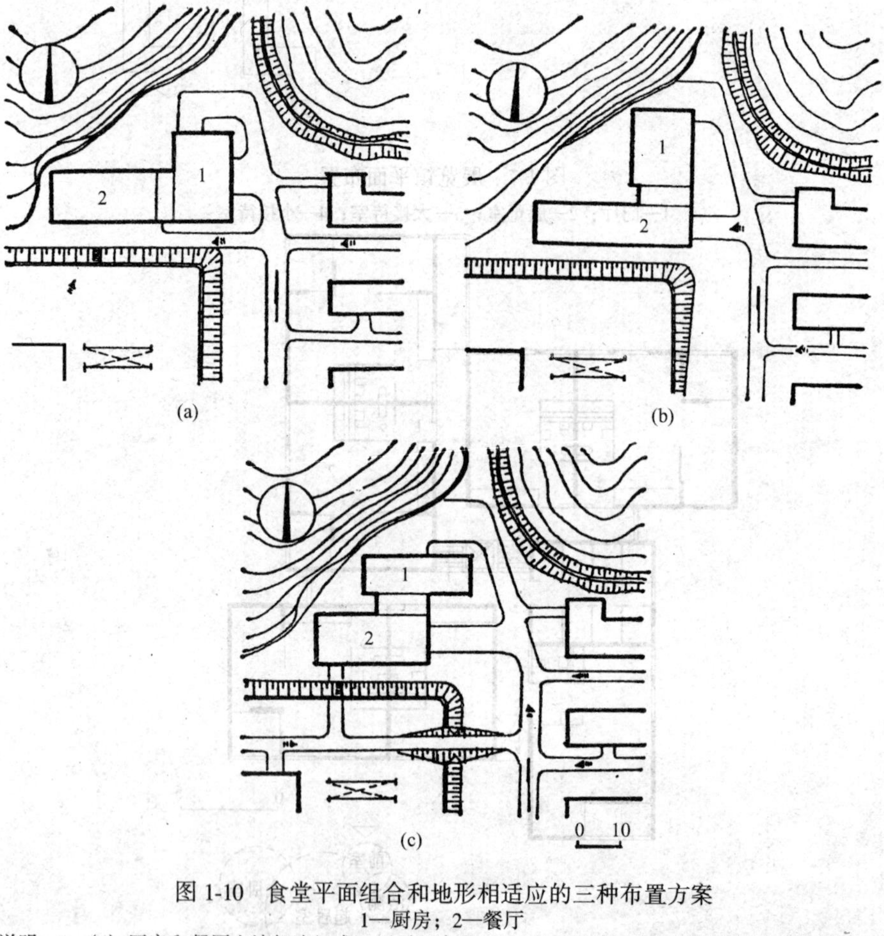

图 1-10　食堂平面组合和地形相适应的三种布置方案

1—厨房；2—餐厅

说明：1.（a）厨房和餐厅山墙相连组成 L 型平面布置；2.（b）厨房和餐厅端部檐墙相接形成“L”型平面布置；3.（c）厨房与餐厅前后错位排列用过渡连接体相连形成“工”字形平面布置；4. 从通风使用方便，厨与厅适当分开些，餐厅更有利于多功能使用。可进一步计算经济指标后，选用（c）方案更好些。

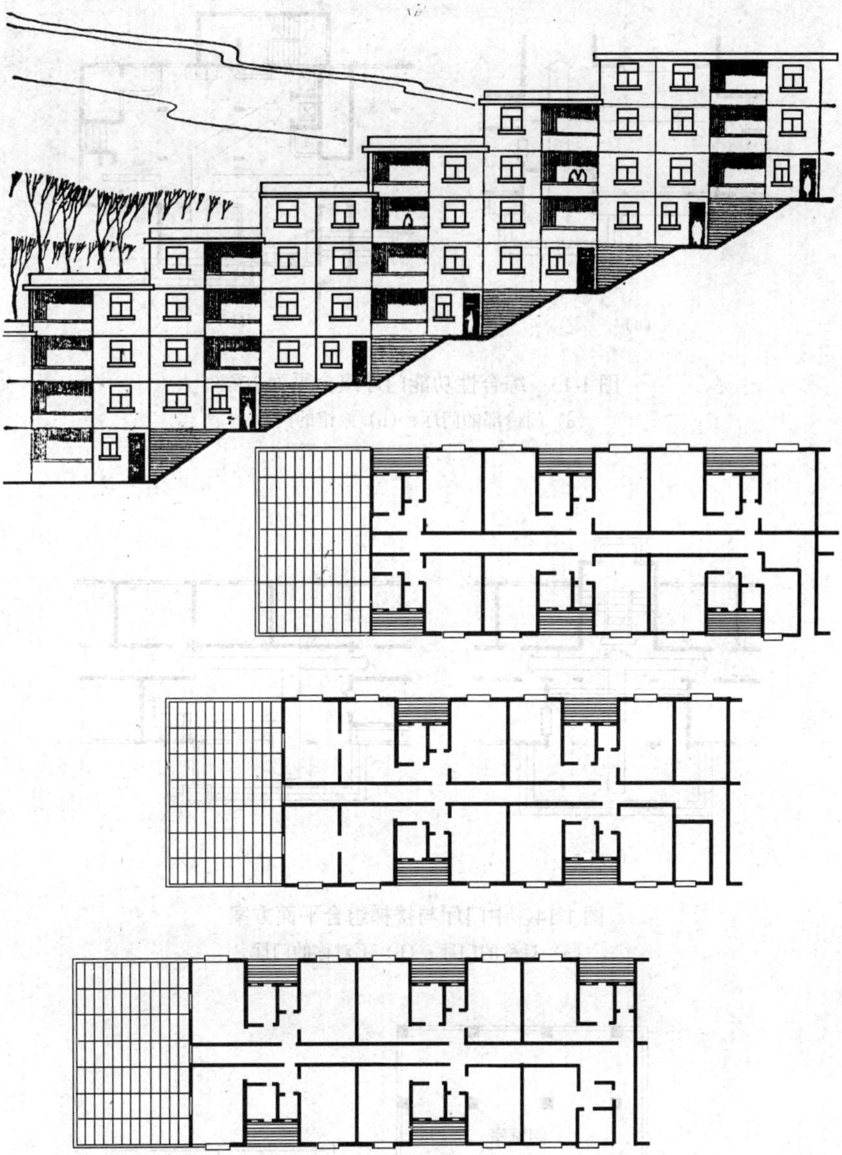

图 1-11　阶梯式住宅方案

图 1-12　门厅中楼梯踏步引导人流

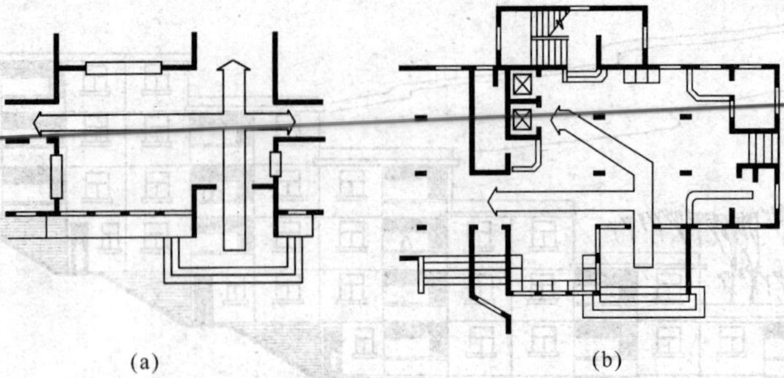

图 1-13　综合性功能门厅组合平面方案

（a）门诊部的门厅；（b）旅馆的门厅

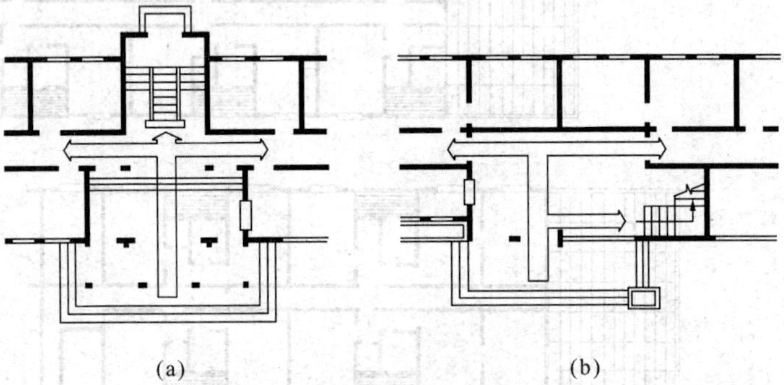

图 1-14　中门厅与楼梯组合平面方案

（a）对称的门厅；（b）不对称的门厅

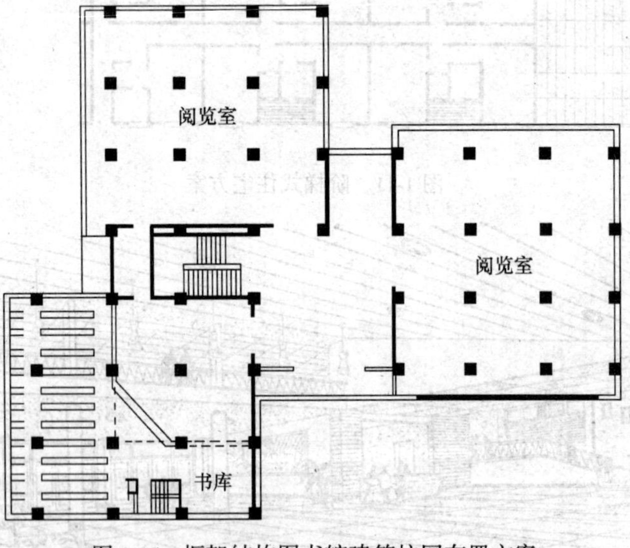

图 1-15　框架结构图书馆建筑柱网布置方案

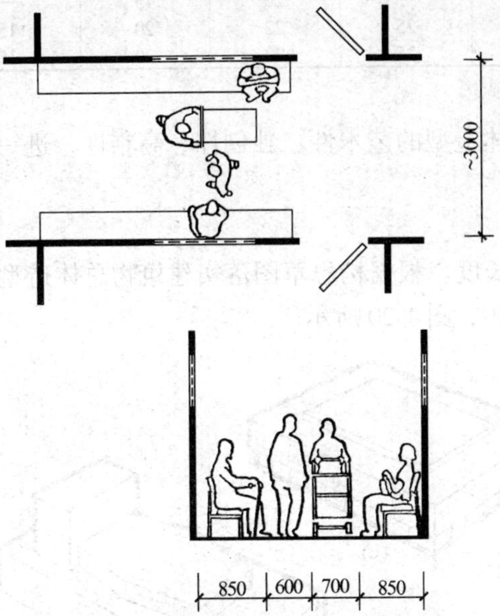

图 1-16　兼有候诊功能的过道宽度

图 1-17　设置玻璃隔断的候诊过道

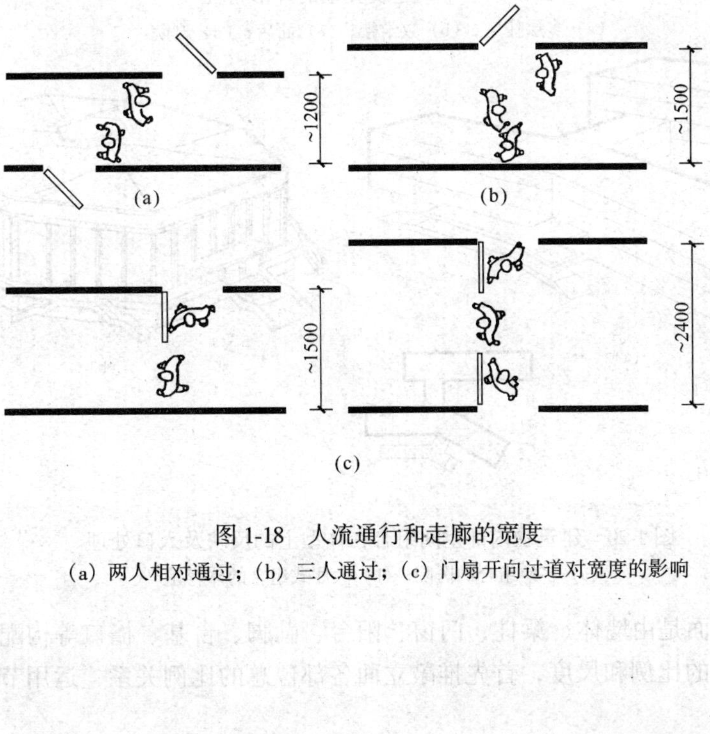

图 1-18　人流通行和走廊的宽度

(a) 两人相对通过；(b) 三人通过；(c) 门扇开向过道对宽度的影响

表 1-1 房间门至外部出口或楼梯间①的最大距离（m）

建筑类型	位于两个外部出口或楼梯间之间的房间			位于袋形过道两侧或尽端的房间		
	耐火等级			耐火等级		
	一、二级	三级	四级	一、二级	三级	四级
托儿所、幼儿园	25	20	—	20	15	—
医院、疗养院	35	30	—	20	15	—
学校	35	30	25	22	20	15
其他民用建筑	40	35	25	22	20	15

① 指封闭楼梯间或防烟楼梯间，详见有关建筑设计防火规定。

(9) 把握好各种平面组合所形成的空间形体造型的艺术性、独创性、高雅性，进一步落实各部位尺寸。

(四) 立面设计要点

(1) 确定层高、层数、建筑总高度、建筑长度。根据构思草图落实建筑物总体造型，反映建筑功能要求和体现建筑类型特征，如图 1-19、图 1-20 所示。

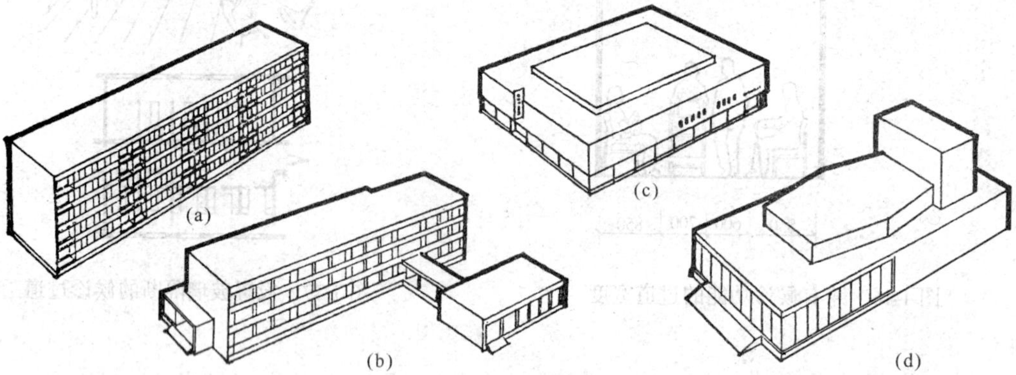

图 1-19 不同建筑类型的外形特征

(a) 多层住宅；(b) 数学楼；(c) 商店；(d) 剧院

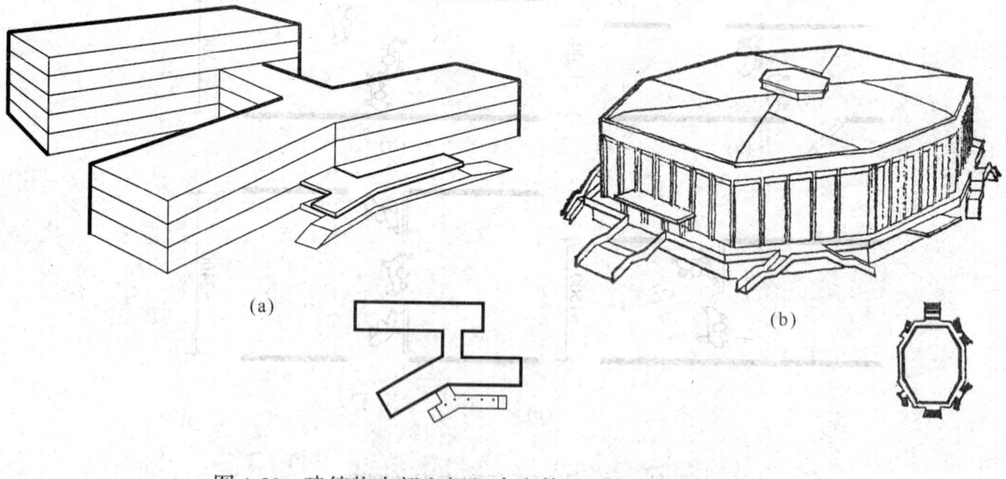

图 1-20 建筑物内部空间组合在体型上的反映及入口处理

(a) 多组组合的医院；(b) 大厅式组合的体育馆

(2) 建筑外立面是由墙体、梁柱、门窗、阳台、勒脚、台基、檐口等构配件所组成。恰当的确定这些部件的比例和尺度，首先推敲立面各部位总的比例关系，运用节奏韵律感、虚实对比感、体量均衡感等美学法则，如图 1-21、图 1-22、图 1-23 所示。

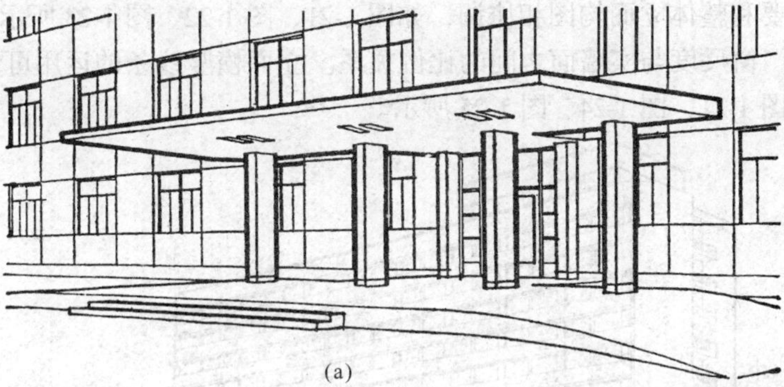

(a)

(b)

图 1-21　建筑物的出入口和立面比例处理方案

(a) 医院设有停车的门廊；(b) 车站入口的通长雨篷

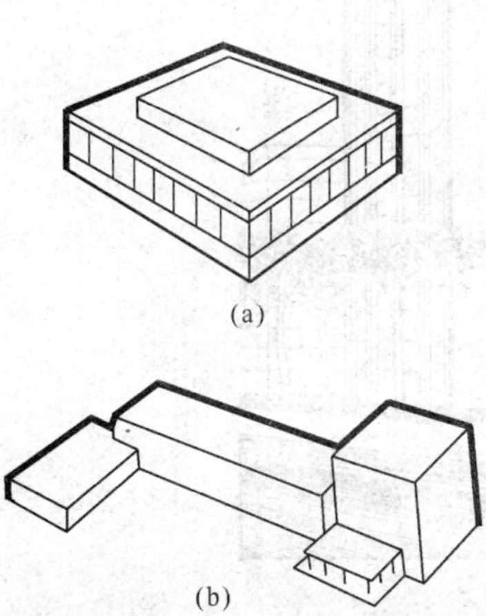

(a)

(b)

图 1-22　对称和不对称的建筑体型

(a) 对称的体型；(b) 不对称的体型

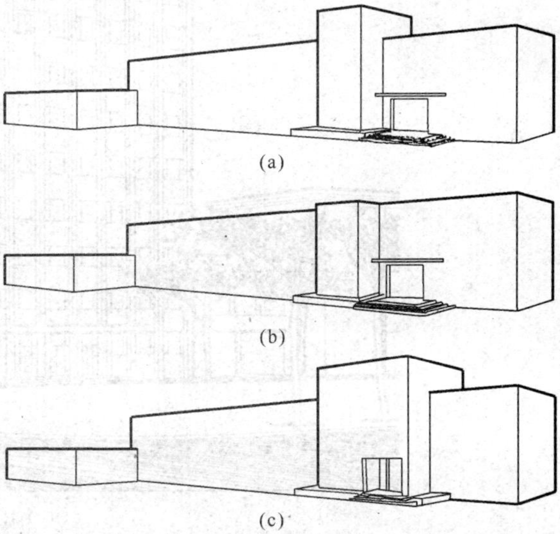

(a)

(b)

(c)

图 1-23　教学楼的不对称体型组合

(a) 体量大小比例恰当；(b)、(c) 体量大小比例不当

（3）突出建筑物出入口，入口的造型是建筑立面的灵魂。建筑入口的高度、宽度、雨篷、门廊的造型要和整体立面构图相协调，如图 1-21、图 1-22、图 1-23 所示。

（4）把握好门窗尺度与实墙面之间的比例关系。立面横竖线条的运用可取得线条与门窗的有机结合，如图 1-21、图 1-24、图 1-25 所示。

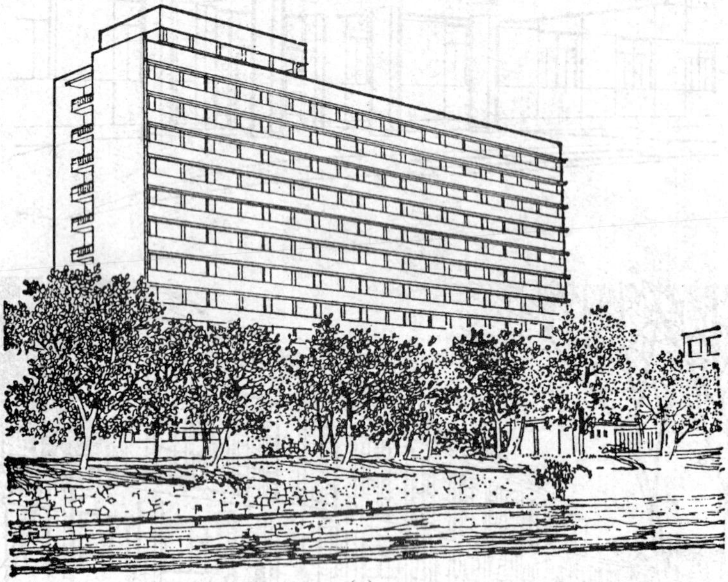

(a)

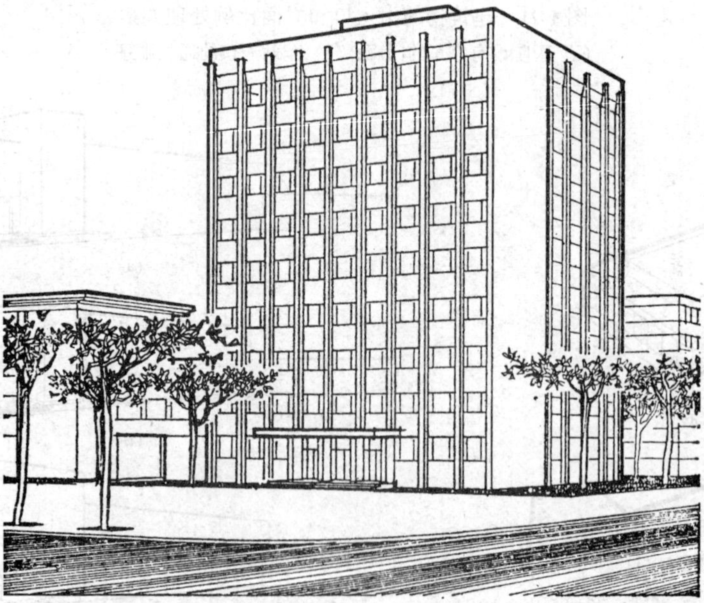

(b)

图 1-24　立面线条

（a）横向划分的旅馆立面；（b）竖向划分的办公楼立面

(5) 立面檐口设计的形态要和总体风格相统一，如图 1-21、图 1-26 所示。

(6) 尽量避免立面平直呆板，在平面布局中为立面创造条件，使立面错落有致，与整体立面形成有机结合如图 1-25、图 1-26、图 1-27 所示。

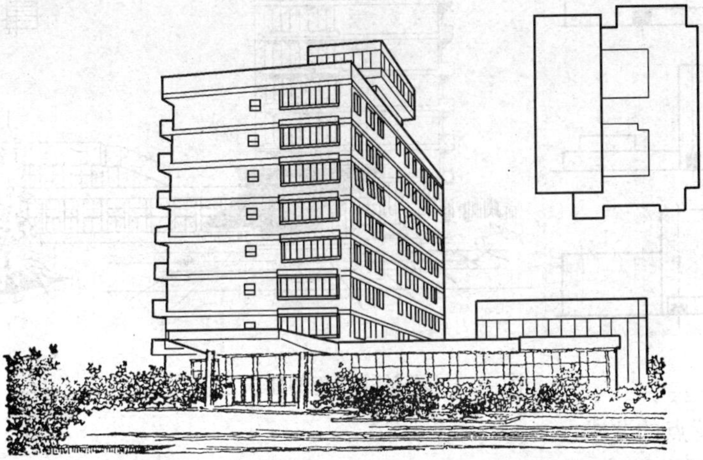

图 1-25　宾馆的不对称体型组合方案

图 1-26　立面图高低错落体型

(7) 立面造型应反映建筑的特性形象。如住宅、商场、学校、剧院等。

(8) 利用材质和色彩的选择和配置，使建筑立面达到更加丰富和生动的效果，给人们留下一个完整深刻的外观印象。

(9) 建筑外墙涂料的选择首先要达到保温、隔热、防水、节能、绿色环保等要求，同时要满足立面艺术修饰的要求。

(10) 注意体型组合和体型之间的连接方式，不同高度的体型要求体型均衡。较小的体型要尽量处理的灵活，高低错落有致，如图 1-25、图 1-26、图 1-27、图 1-28 所示。

(五) 剖面设计要点

(1) 室内各使用房间的空间环境要注意对人的关怀。室内空间体量要有足够的卫生换气的高度，要满足人们的视觉、心理、审美情趣。使人们具有舒适感、愉悦感，避免产生压抑感。通过剖面进一步推敲层高、各垂直部位尺度所带来的视觉效果。各部位竖向尺度要满足

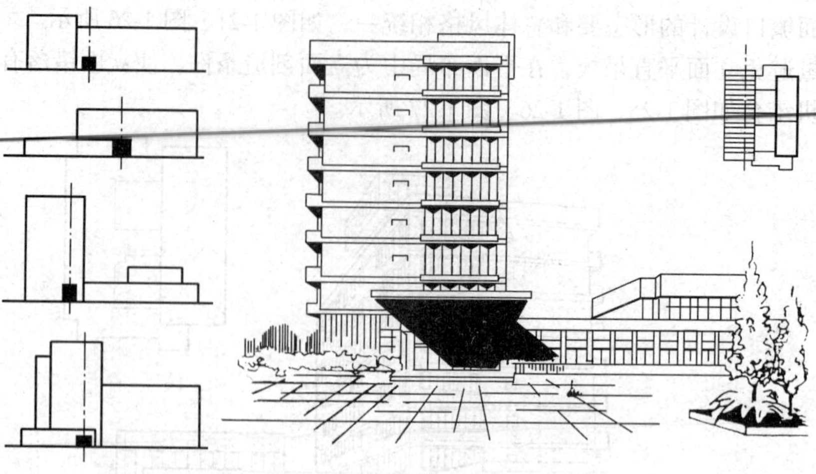

图 1-27　不对称均衡的建筑示例

使用性质和活动特点的要求。

（2）依据构思方案和各部分室内功能空间，恰当的选择结构体系。普通建筑的结构体系基本上采用钢筋混凝土小框架体系。大空间建筑屋面多选择空间结构体系，要和结构工程师协商，使结构选型达到结构合理、安全牢固，结构造型要满足建筑方案设计的要求。剖面形式如图 1-29、图 1-30、图 1-31 所示。

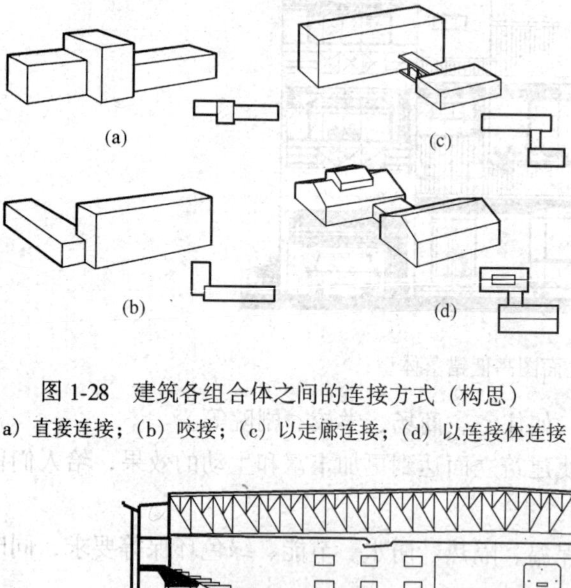

图 1-28　建筑各组合体之间的连接方式（构思）

（a）直接连接；（b）咬接；（c）以走廊连接；（d）以连接体连接

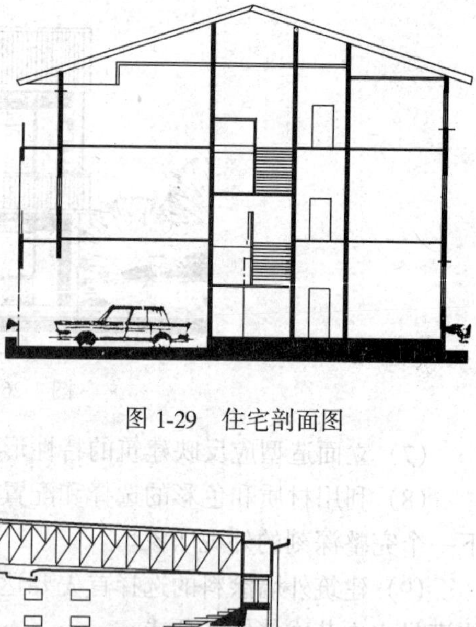

图 1-29　住宅剖面图

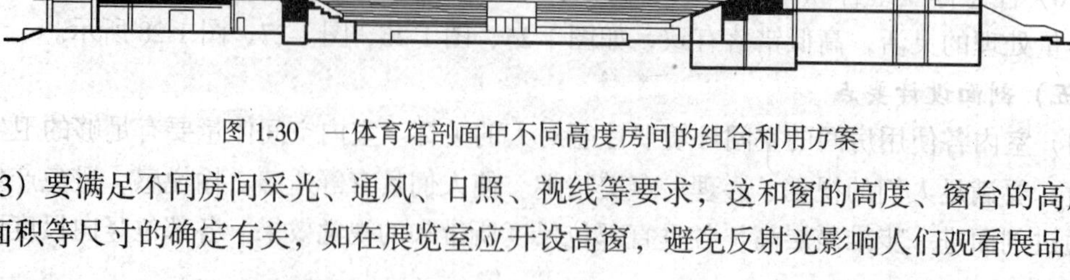

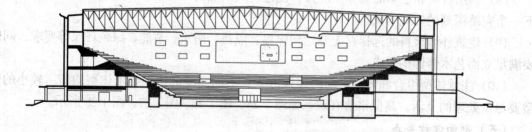

图 1-30　一体育馆剖面中不同高度房间的组合利用方案

（3）要满足不同房间采光、通风、日照、视线等要求，这和窗的高度、窗台的高度、开窗的面积等尺寸的确定有关，如在展览室应开设高窗，避免反射光影响人们观看展品。

(4) 室内空间的高度要满足整体造型的需要，空间的组合要和功能、结构形式相协调。

(5) 通过对建筑各部位的剖面尺度的推敲，进一步完善结构的选型，既满足建筑方案的要求，又要尽量简化结构的复杂程度，以降低结构造价。

(6) 不同的空间组合，不同的结构形式，带来总体形态的多样性，如图 1-19、图 1-20、图 1-26、图 1-32 所示。

说明：本书只介绍方案设计阶段，其他初步设计、技术设计、施工图设计不再编入，读者可另查找其他建筑设计书籍。

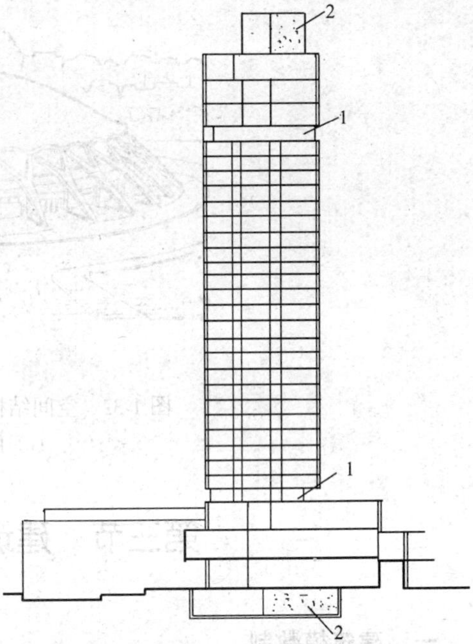

图 1-31 有设备层的高层建筑剖面方案

1—设备层；2—机房

三、方案设计实例（见附录一）

1. 住宅；
2. 中小学；
3. 医院；
4. 展览馆；
5. 宾馆；
6. 体育场馆。

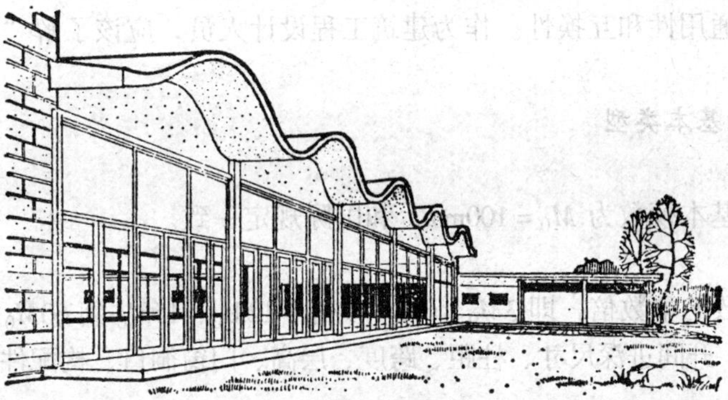

(a)

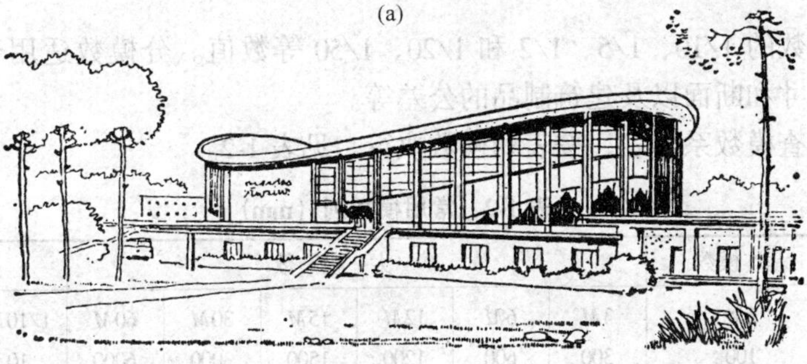

(b)

图 1-32 空间结构建筑外形的造型特点（一）

(a) 筒壳结构的食堂；(b) 鞍形悬索的体育馆

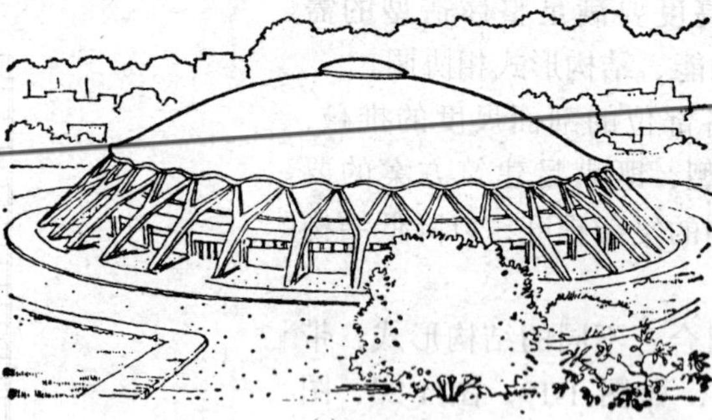

(c)

图 1-32　空间结构建筑外形的造型特点（二）

（c）网格结构的体育馆

第三节　建筑模数制与常用尺寸

一、建筑模数制

（一）模数制的作用

模数制是国际通用计量单位的使用规则，是为了减少产品、制品的尺寸规格，增加通用性和互换性，降低产品成本的一项基本措施，故各行业均有自己的模数制规则。

建筑工程中，为使建筑设计中构配件的生产制作及施工方面的尺寸协调，减少构配件的尺寸规格，增加通用性和互换性。作为建筑工程设计人员，应该了解“建筑模数制”的一些规定。

（二）模数的基本类型

1. 基本模数

我国采用的基本模数为 $M_0=100$mm，和国际规定一致。

2. 扩大模数

采用基本模数的整数倍，即 $3M_0$、$6M_0$、$9M_0$、$12M_0$、$15M_0$ 到 $60M_0$。扩大模数适用于定位轴线网络尺寸、开间进深尺寸、柱距、跨度、层高、门窗洞口、构配件、建筑制品等部位。

3. 分模数

采用基本模数的 1/10、1/5、1/2 和 1/20、1/50 等数值。分模数适用于构配件的断面、五金件、成材尺寸和断面以及建筑制品的公差等。

在应用时可查模数系列表，按表列模数执行。见表 1-2。

表 1-2　常用模数列（mm）

模数名称	基本模数	扩 大 模 数						分 模 数		
模数 基数	$1M$ 100	$3M$ 300	$6M$ 600	$12M$ 1200	$15M$ 1500	$30M$ 3000	$60M$ 6000	$1/10M$ 10	$1/5M$ 20	$1/2M$ 50
模数数列	100	300								
	200	600	600	1200						

续表

模数名称	基本模数	扩大模数						分模数		
		300	900							
	400	1200	1200							
	500	1500			1500					
	600	1800	1800							
	700	2100								
	800	2400	2400	2400						
	900	2700								
	1000	3000	3000		3000	3000		100	100	100
	1100	3300						110		
	1200	3600	3600	3600				120	120	
	1400	3900						130		
	1500	4200	4200					140	140	
	1600	4500			4500			150		150
	1800	4800	4800	4800				160	160	
	1900	5100						170		
模数数列	2000	5400	5400					180	180	
	2100	5700						190		
	2200	6000	6000	6000	6000	6000	6000	200	200	200
	2400	6300							220	
	2500	6600	6600						240	
	2600	6900								250
	2700	7200	7200	7200					260	
	2800	7500			7500				280	
	2900		7800						300	300
	3000		8400	8400						320
	3100		9000		9000	9000			340	
	3200		9600	9600						350
	3300				10500				360	
	3400			10800					380	
	3500			12000	12000	12000	12000		400	400
	3600				15000					
应用范围	主要用于建筑物层高、门窗洞口和构配件截面	1. 主要用于建筑物的开间或柱距、进深或跨度、层高、构配件截面尺寸和门窗洞口等处 2. 扩大模数 30*M* 数列按 3000mm 进级，其幅度可增至 360m；60*M* 数列按 6000mm 进级，其幅度可增至 360m						1. 主要用于缝隙、构造节点和构配件截面等处 2. 分模数 1/2*M* 数列按 50mm 进级，其幅度可增至 10m		

在构思和方案初稿草图阶段，建筑设计者为了放开思路，进行创作，可不必过于受模数的束缚。可在方案细化深入阶段向模数靠拢。

在设计中可根据建筑功能、使用性质、地区条件、地形限制等因素，适当突破此表。

二、常用尺寸

（一）常用尺寸分类

1. 标志尺寸

是指建筑承重构件中心线之间的垂直距离，是水平、垂直轴线网络方格尺寸，是建筑施工放线的依据。

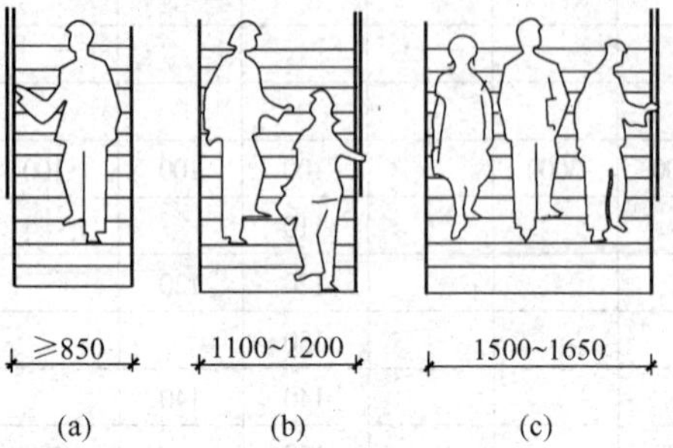

图 1-33　楼梯梯段的通行宽度（mm）

（a）适合一人通过的楼梯宽度；（b）适合两人通过的楼梯宽度；（c）适合三人通过的楼梯宽度

2. 构造尺寸

是指建筑构配件、组合件、各种建材制品等的设计尺寸，一般情况是标志尺寸减去构造缝隙尺寸的数值。

3. 实际尺寸

是指上述构配件生产制作后的实际尺寸。它与构造尺寸之间的差数应符合国家规定的产品公差值。

（二）建筑设计中常用尺寸

1. 建筑各房间开间尺寸

广泛采用 $3M_0$，如 2400mm、2700mm、3000mm、3300mm、3600mm、3900mm、4200mm、4500mm 等。

2. 建筑各房间进深尺寸

常用 4500mm、4800mm、5100mm、5400mm、6000mm 等。

3. 柱距尺寸

常用 3000mm、4200mm、6000mm、7200mm 等。

4. 跨度尺寸

根据结构体系、结构材料不同采用尺寸也不一致，钢筋混凝土结构常用 6000mm、9000mm、12000mm、24000mm、36000mm 等；钢结构常用从 12000 ~ 60000mm，以 $60M_0$ 为分档；钢结构、钢筋混凝土空间结构，可由柱距的整倍数组织平面为依据，有方形、矩形、圆形等，如图 2-28 所示。

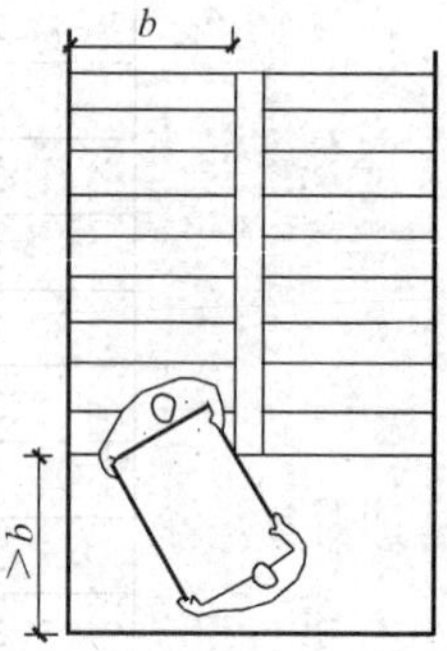

图 1-34　楼梯平台的宽度

5. 门窗宽度与高度

常以 $3M_0$ 为一档次，如 1500mm、1800mm、2100mm、2400mm、3000mm 等。

6. 建筑走廊宽度：按交通流量来考虑，最小应大于 1200mm。按服务功能，走廊可加宽，如医院走廊兼候诊等，要考虑候诊座椅宽度、中间推诊床宽度，一般宽度为 3000mm 净宽，如图 1-16、图 1-17、图 1-18、图 1-34 所示。

7. 楼梯宽度：按并排通过人数考虑，双股人流为 1500mm，三股人流为 1800 ~ 2100mm，如图 1-33 所示。

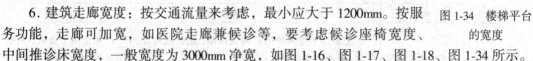

复　习　题

1. 什么是建筑？

2. 建筑设计要达到什么目的？

3. 建筑设计包括哪几个设计阶段？

4. 如何从多个构思方案中选择可行性方案？

5. 影响建筑方案设计的因素有哪些？

6. 模数制有何作用？

7. 什么是基本模数、扩大模数、分模数？

第二章　建筑装饰装修设计的风格和流派

悠悠几千年，古今中外的建筑历史是人类文明的最好见证。从埃及金字塔到中国的万里长城，从巴黎圣母院到北京故宫，这些不朽的建筑杰作无不闪耀着人类智慧的光辉。而与建筑融为一体的装饰艺术——浮雕、壁画、彩绘、镶嵌以及琉璃陶瓦、雕梁画栋，也正是古今东西方文化的结晶。

建筑装饰与建筑是密不可分的，它依附于建筑主体，给人以美感并作为一种特定语言符号传达特定的审美信息，在建筑设计中具有独特地位，建筑和建筑装饰装修构成了建筑的完美统一，因此装饰的风格和建筑风格也是不可分的。不同历史时期的建筑表现出不同的民族文化和地域特征，而不同的建筑装饰装修则放射着风格各异的人类艺术光芒。

一种建筑装饰风格和其细部装饰之间的关系犹如一种语言和其词汇之间的关系。西方古典建筑形成了一套由山花、古典柱式等词汇构成的古典建筑语言。哥特建筑则形成了一套由飞扶壁、尖拱、尖券、束柱、玫瑰窗等词汇构成的哥特建筑语言。而现代建筑也自有现代建筑的语言和词汇，如玻璃幕墙、不锈钢柱等。几种不同语言的词汇混合起来使用，无疑会造成语意的混乱。即便是使用同一种语言，在用词上亦应仔细推敲。

以下我们就对历史上的建筑与装饰风格作一介绍。

第一节　西方古典设计风格

西方建筑在发展过程中，在不同的地区和不同的时期，形成了各种不同的装饰风格，例如我们常常见到的古典主义风格、拜占庭风格、哥特风格、巴洛克风格、洛可可风格等。

一、古典设计风格的历史发展

世界上由于区域环境条件及人文特性的差异，随着社会的发展，在历史上形成了各式各样的建筑风格。它们反映了当时的社会追求，符合当地的地质气候等条件，逐步完善成为当时当地的典型建筑代表。概要了解历史的发展有助于我们认识各种风格的成因和特点，更能够借以历史的发展脉络洞察未来的发展方向。

（一）古代埃及建筑

古埃及王国位于尼罗河谷及三角洲地区，存在于公元前3000年至公元前11世纪，其历史分为古王国时期、中王国时期和新王国时期。古埃及建筑具有超尺度的巨大体量，简洁的几何形体，纵深的空间布局，追求雄伟、庄严、神秘、震撼人心的艺术效果。陵墓建筑和神庙建筑是古埃及建筑的代表，其中著名的有吉萨金字塔群、曼都赫特普三世（Mentuhotep Ⅲ）墓、卡纳克-卢克索的阿蒙神庙（图2-1）。

图 2-1　卡纳克-卢克索的阿蒙神庙

图 2-2　新巴比伦时期的伊什达城门

（二）古代西亚建筑

约在公元前 3500 年至公元前 4 世纪，在两河流域和伊朗高原依次建立了古巴比伦王国、亚述帝国、新巴比伦王国和波斯帝国。该地区缺石少木，故从夯土墙开始，到用土坯砖、烧砖筑墙，并以沥青、陶钉、石板贴面及琉璃砖保护墙面，使材料、结构、构造与造型有机结合，创造了以土为基本材料的建筑结构体系和墙体饰面的装饰方法，如图 2-2 所示。

（三）古代爱琴海地区建筑

公元前 3000 年出现于爱琴海岛屿、希腊半岛和小亚细亚西海岸地区，以克里特岛屿和希腊半岛的迈锡尼为中心，又称克里特-迈锡尼（Crete-Mycenae）文化。这一时期著名的建筑代表包括克诺索斯的米诺斯（Minos）王宫。它依山而建，规模大，高低错落，楼梯走道曲折多变。宫内厅堂柱廊组合多样，柱子上粗下细，造型独特。建筑风格精巧纤丽，房屋开敞，色彩丰富。宫殿西北有世界上最早的露天剧场。迈锡尼的文化略晚于克里特，其代表是城市中心的卫城。迈锡尼卫城，风格粗犷，防御性强。迈锡尼卫城的城门因其突出的造型特征成为著名的"狮子门"。如图 2-3 所示。

（四）古代希腊建筑

古希腊是欧洲文化的发源地，古希腊建筑是欧洲建筑的先驱。古代希腊的范围包括巴尔干半岛南部、爱琴海诸岛屿、小亚细亚西海岸，以及东至黑海，西至西西里的广大地区。古希腊建筑形成于公元前 8 世纪至公元前 6 世纪，公元前 5 世纪进入成熟期，本土建筑繁荣昌盛，并在公元前 4 世纪至公元前 1 世纪影响散播到西亚、北非，并与当地传统建筑相结合。古希腊建筑反映出平民的人本主义世界观，体现了严谨的理性精神，他们认为"美产生于度量和比例"，建筑风格特征为庄重、典雅、精致、有性格、有活力。古希腊建筑从早期的木构架结构发展成为石梁柱结构体系，建筑的发展主要集中在各种构件的形式、比例及

图 2-3　迈锡尼卫城"狮子门"

其相互组合上，在长期的改进中形成稳定的做法称为“柱式”。古希腊建筑对后世影响最大的是它在庙宇建筑中所形成的一种完美的建筑形式，它用石质的梁柱围绕长方形的建筑主体，形成一圈连续的围廊，柱子、梁枋和两坡顶的山墙共同构成建筑的主要立面。雅典卫城建筑群是这一时期建筑成就的光辉代表，如图 2-4 所示。

图 2-4　古希腊雅典卫城帕提农神庙

（五）古代罗马建筑

古罗马建筑直接继承并大大推进了古希腊建筑的成就，在建筑型制、技术和艺术方面的成就达到了奴隶制时代建筑的最高峰。古罗马的建筑型制非常丰富，包括神庙、凯旋门、记功柱、剧场、斗兽场、公共浴场、居住建筑和宫殿等。罗马人发明了由天然的火山灰、砂石和石灰构成的混凝土，在拱券结构的建造技术方面取得了很大的成就，罗马各地建造了许多拱桥和长达数千米的输水道，平面和剖面内径都是 43.3m 的万神庙(Pantheon)，是罗马穹顶技术的最高代表。在建筑艺术方面，罗马继承了希腊的柱式艺术，并把它和拱券结构结合，创造了券柱式。古罗马建筑风格雄浑、凝重、宏伟、华丽，形式多样，构图和谐统一。著名的建筑代表包括万神庙(Pantheon)，如图 2-5(b)所示、大斗兽场(Colosseum)如图 2-5(a)所示、卡拉卡拉浴场(Caracalla)等。

另外，罗马的建筑师维特鲁威编写了《建筑十书》，是欧洲现存最完整的古代建筑专著，书中提出“坚固、适用、美观”的建筑原则，奠定了欧洲建筑科学的基本体系。

(a)

(b)

图 2-5 古罗马建筑

(a) 古罗马大斗兽场；(b) 古罗马万神庙

（六）拜占庭建筑

公元 330 年罗马皇帝迁都于帝国东部的拜占庭，名君士坦丁堡。公元 395 年罗马帝国分裂为东西两部分。东罗马帝国又称拜占庭帝国，也是东正教的中心。拜占庭帝国存在于 330 ~ 1453 年，4 世纪至 6 世纪为建筑繁荣期。拜占庭建筑发展了古罗马的穹顶结构和集中式型制，创造了穹顶架在四个或更多的独立支柱上的结构方法和穹顶统率下的集中式型制建筑。此时的建筑装饰新颖别致，有彩色大理石贴面，还有以马赛克为材料的彩色玻璃镶嵌和粉画装饰艺术。

拜占庭建筑的典型代表有君士坦丁堡的圣索菲亚（Santa Sophia）大教堂，如图 2-6（a）所示。威尼斯的圣马可教堂，如图 2-6（b）、（c）所示。

(a)

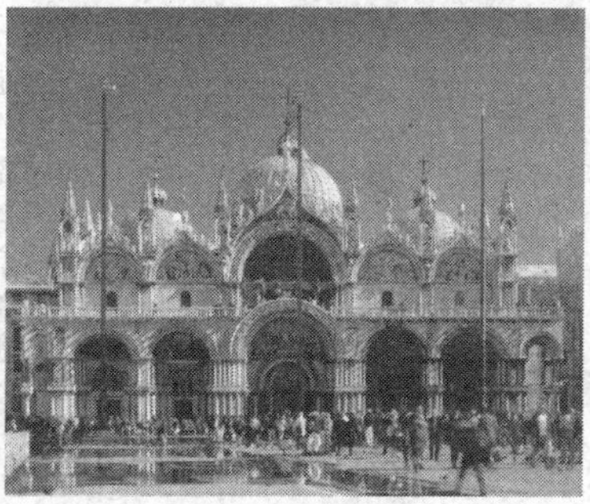
(b)

(c)

图 2-6 拜占庭建筑的典型代表

（a）圣索菲亚大教堂；（b）圣马可教堂；（c）圣马可教堂广场

（七）西欧中世纪建筑

西欧中世纪建筑经历了早期基督教建筑、罗马风建筑和哥特建筑几个时期。

1. 早期基督教建筑

是西罗马帝国灭亡后的三百多年间的西欧封建混战时期的教堂建筑，这个时期的教堂建筑采

图 2-7　罗马圣保罗教堂

用拉丁十字巴西利卡。巴西利卡长轴东西向，入口朝西，祭坛在东端。东端的半圆形圣坛用半穹顶覆盖，其前为祭坛，坛前是歌坛。巴西利卡前有内柱廊式院子，中央有洗礼池（后发展为洗礼堂），纵横厅交叉处上建采光塔。为召唤信徒礼拜建有钟塔。拉丁十字的平面形式象征耶稣受难，适合仪式需要，成为天主教堂的正统型制。早期基督教建筑体型较简单，墙体厚重，砌筑较粗糙，灰缝厚，不求装饰，沉重封闭缺乏生气。这个时期建筑的典型代表是罗马的圣保罗教堂，如图 2-7 所示。

2. 罗马风建筑（Romanesque）

是 10 世纪至 12 世纪欧洲基督教地区的一种建筑风格，又叫罗曼建筑。罗马风建筑承袭早期基督教建筑，平面仍为拉丁十字，西面有一两座钟楼。为减轻建筑形体的封闭沉重感，除钟塔采光塔、圣坛和小礼拜堂等形成变化的体量轮廓外，采用古罗马建筑的一些传统做法如半圆拱、十字拱等或简化的柱式和装饰。其墙体巨大而厚实，墙面除露出扶壁外，在檐下、腰线用连续小券，门窗洞口用同心多重小圆券，窗口窄小、朴素的中厅与华丽的圣坛形成对比，中厅与侧廊有较大的空间变化，内部空间明暗，有神秘气氛。这个时期建筑的典型代表有比萨教堂群，德国乌尔姆斯主教堂，法国昂古莱姆主教堂。比萨教堂如图 2-8所示。

教堂的墙和穹顶都是砖砌的，穹顶外面覆盖着铅皮。外墙面刷灰浆，交替着红白两色的水平线条。它的外形直接反映内部空间，没有独立的艺术处理，比较杂乱臃肿。这是早期拜占庭教堂的一般特点。后来，土耳其人把它改为清真寺，在四周造了高高的伊斯兰教尖塔，改善了它的外观。

图 2-8　罗马风建筑典型代表——比萨教堂

3. 哥特式建筑（Gothic）

哥特式建筑 11 世纪下半叶起源于法国，12 世纪至 15 世纪流行于欧洲。哥特式教堂西面的典型构图是，一对钟塔夹着中厅的山墙。垂直地分为三部分，山墙檐头上的栏杆、大门洞上一长列安置着犹太和以色列诸王雕像的壁龛，把三部分横向联系起来。中央、栏杆和壁龛之间，是圆形的玫瑰窗，象征天堂。外部的扶壁、塔、墙面都是垂直向上垂直划分的，建筑形象充斥着尖顶和尖券，外形充满着向天空的升腾感。哥特建筑的代表有巴黎圣母院、科隆主教堂（图 2-9）等。

（八）文艺复兴建筑

对于文艺复兴的年代划分有广义和狭义之分。以 15 世纪意大利文艺复兴为起点，广义的指直到18世纪末近400年都为文艺复兴时期，而狭义的指到17世纪初结束的意大利文艺复兴。后来传至欧洲其他地区形成各自特点的文艺复兴建筑。文艺复兴是在欧洲经历长期宗教神权统治之后，而出现的存在于许多文化领域内的一种思想解放的思潮。在建筑上表现为抛弃中世纪哥特建筑风格，采用古代希腊罗马柱式构图要素，认为古典柱式构图体现了和谐与理性，同人体美有相通之处，符合文艺复兴运动的人文主义观念。

图 2-9 科隆主教堂

文艺复兴时期涌现了许多杰出的建筑大师，他们开展了对古希腊、古罗马建筑的探寻，概括总结了古典建筑的五种典型柱式构图，并发展出新的柱式构图方式。这时期更出现了许多杰出的建筑作品，世俗建筑类型增加，造型设计出现灵活多样的处理方法；在结构技术上，将梁柱系统与拱券技术混合应用，穹顶采用内外壳和肋骨建造，施工技术提高。

文艺复兴著名的建筑代表包括：佛罗伦萨主教堂大穹顶（图 2-10a）、坦比埃多（2-10b）、巴齐礼拜堂、圆厅别墅、圣马可图书馆等。

(a)

(b)

图 2-10 文艺复兴建筑代表

(a) 佛罗伦萨主教堂；(b) 坦比埃多小教堂

佛罗伦萨主教堂的穹顶被公认为是意大利文艺复兴建筑的第一个作品。

（九）巴洛克建筑

巴洛克建筑是17世纪至18世纪在意大利文艺复兴建筑基础上发展起来的一种建筑风格，直到19世纪至20世纪在欧洲各国都有它的影响。

巴洛克建筑追求新奇，建筑处理手法打破古典形式，建筑外形自由，有时不顾结构逻辑，采用非理性组合，以取得反常效果。追求建筑形体和空间的动态，常用穿插的曲面和椭圆形空间。喜好富丽的装饰，强烈的色彩，打破建筑与雕塑绘画的界限，使其相互渗透，趋向自然，追求自由奔放的格调，表达世俗情趣，具有欢乐气氛。

巴洛克建筑的典型实例有罗马耶稣会教堂、罗马圣卡罗教堂等，如图 2-11 所示。

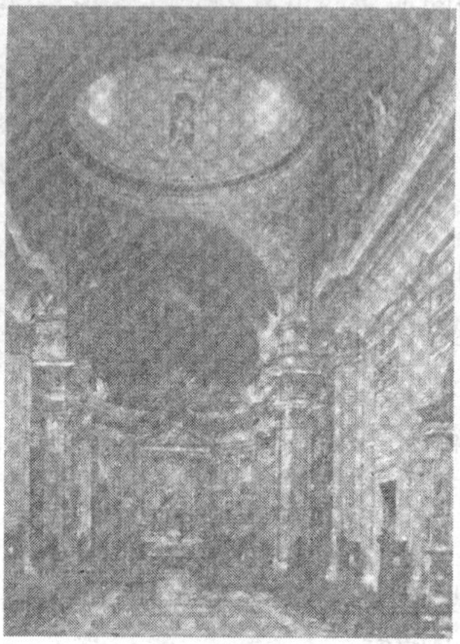

(a)

(b)

图 2-11　巴洛克建筑实例

（a）罗马耶稣会教堂内部；（b）罗马圣卡罗教堂

（十）法国古典主义建筑

建筑史论中的古典主义建筑有狭义和广义之分。广义的是指意大利文艺复兴建筑、巴洛克建筑和古典复兴建筑等采用古典柱式的建筑风格；狭义的指运用纯正的古典柱式的建筑，主要是法国古典主义及其他地区受其影响的建筑，即指 17 世纪法国路易十三、十四专制王权时期的建筑。

古典主义建筑推崇古典柱式，排斥民族传统与地方特色。在建筑平面布局、立面造型中以古典柱式为构图基础，强调轴线对称，注意比例，讲求主从关系，突出中心与规则的几何形体。运用三段式构图手法，追求外形端庄与雄伟完整统一和稳定感。

古典主义建筑的代表包括：卢浮宫东立面、凡尔赛宫等，如图 2-12 所示。

（十一）洛可可风格建筑

洛可可（Rococo）风格建筑是 18 世纪 20 年代产生于法国的一种建筑装饰风格，主要表现在室内装饰上。它应用明快鲜艳的色彩，纤巧的装饰，家具精制而偏于繁琐，具有妖媚的贵族趣味和浓厚的脂粉气。常采用不对称手法，喜用弧线和 S 形线，多用自然物作装饰题材，有时流于矫揉造作。色彩喜用鲜艳的浅色调如嫩绿、粉红等，线脚多用金色，反映了贵族生活趣味。

洛可可风格的实例有巴利苏俾士（Soubise）府邸客厅等，如图 2-13 所示。

随着历史的发展，资产阶级革命带来了科学技术的进步，也推动着社会的前进，随之建筑风格也发生了巨大变化。在经历了古典复兴、浪漫主义和折衷主义几种思潮的反复之后，从 19 世纪下半叶开始，各国经过不断探索，在 20 世纪初，西方建筑逐渐地踏上了现代主义建筑的道路。

(a)

(b)

(c)

图 2-12　法国古典主义建筑

（a）卢浮宫东立面；（b）凡尔赛宫；（c）凡尔赛宫正入口

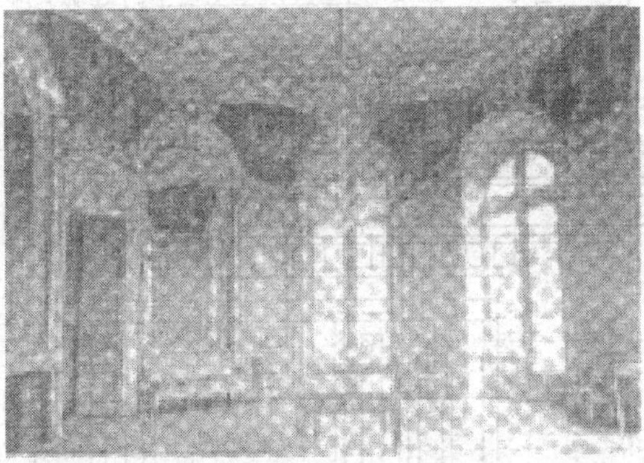

图 2-13　洛可可风格建筑实例

二、典型风格详述

西方世界在不同时期不同地域曾经产生了形形色色的建筑风格，上文我们对几种主要的风格进行了概述，下面我们对其中具有典型特征的几种风格加以详述。

（一）古典主义建筑

古代希腊、罗马时期，创造了一种以石质的梁柱为基本构件的建筑形式，这种建筑形式经过文艺复兴及古典主义时期的进一步发展，一直延续到 20 世纪初，在世界上成为一种具有历史传统的建筑体系，这就是一般意义上所讲的西方古典主义设计风格。它是以采用西方古典柱式为特征的一种设计风格。它是在西方建筑历史发展中延续时间最长、传播范围最广、最具影响力和代表性的一种。

古典主义建筑理论是以古典主义美学为基础的。古典主义者认为"美产生于度量和比例"，在建筑设计中以古典柱式为构图基础，突出轴线，强调对称，注重比例，讲究主从关系。

古典主义建筑装饰的重点是柱式和雕刻。柱式是西方古典建筑最基本的建筑要素，是西方古典主义建筑的重要特征。了解西方古建筑艺术特征可以从柱式入手。

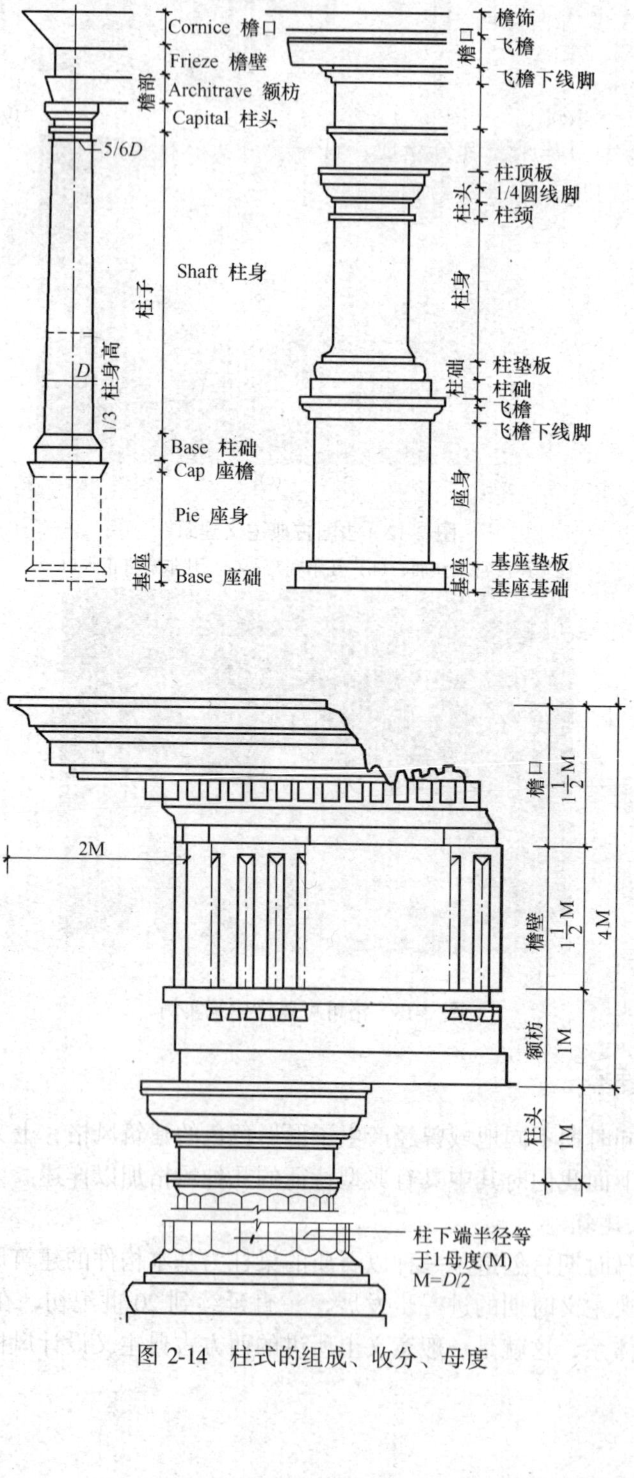

图 2-14 柱式的组成、收分、母度

1. 西方古典柱式

在古希腊，随着建筑实践的发展，在建筑构件——柱子、额枋和檐部的形式、比例和相互组合上渐渐形成了成套的做法，到公元前 6 世纪，它们已经相当稳定，这套做法以后被罗马人称为“柱式”（Ordo）。到了文艺复兴时期，人们又对柱式加以总结，形成了现在一般意义上所说的五种古典柱式。“柱式”的做法和各部分比例法则、个性也深深影响了以后西方建筑的风格，成为“西方古典主义建筑”的特征之一。

（1）柱式的组成（图 2-14）

一般而言，我们现代公认的西方古典柱式是指经过文艺复兴总结的五种柱式，即多立克柱式、爱奥尼克柱式、科林斯柱式、塔司干柱式与混合柱式。

柱式由檐部、柱子与基座三部分组成，柱子分柱头、柱身和柱础。柱头是最富于装饰的部分，其雕刻常以植物叶子的造型为主题。

作为承重构件，柱身自然起了主要作用，它不是从上到下一样粗细，而是从柱身高度的三分之一处开始，断面逐渐缩小，形成了略微向内弯曲的轮廓线，这种构造方式叫做“收分”。柱子收分后形成略微向内弯曲的轮廓线，加强了它的稳定感。

柱式各部分之间，从大到小都有一定的比例关系，由于建筑物的大小不同，柱式的绝对尺寸也不同，为了保持各部分之间的比例关系，一般采用柱下部的半径作为量度单位，称作“母度”（Module）。

檐口、檐壁、柱头等重点部位常饰有各种雕刻装饰，柱式各部分之间的交界处也常带有各种线脚。

（2）柱式的性格和比例

希腊时期有三种柱式，罗马时期发展为五种，文艺复兴时期又对这五种柱式作了总结整理，如图 2-15 所示。各种柱式的性格特点主要是通过不同的造型比例和雕刻线脚的变化体现出来的。

柱式体现着严谨的构造逻辑，条理井然。每一种构件的形式完整，适合它的作用。承重构件和被负荷构件可以识别而且互相均衡。垂直构件作垂直线脚或凹槽，而水平构件作水平

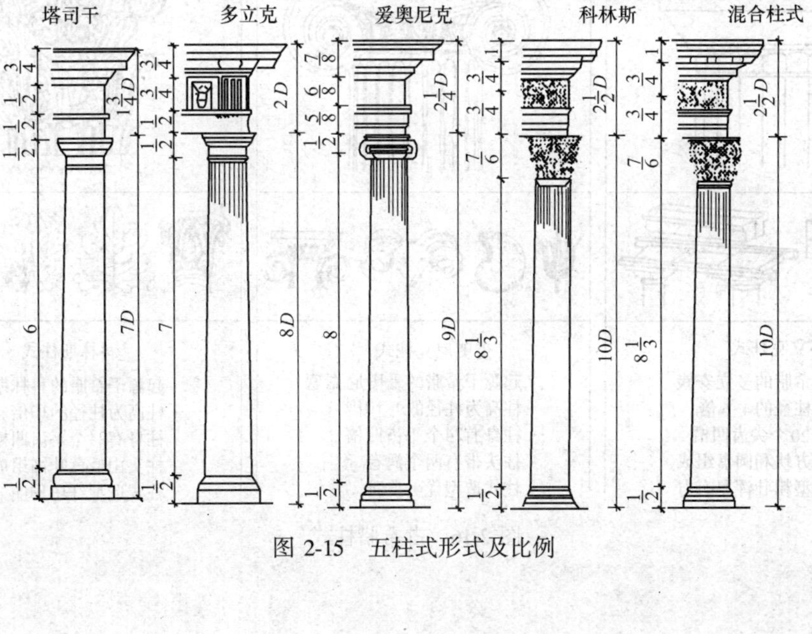

图 2-15　五柱式形式及比例

线脚；承重构件朴素无华，而把装饰雕刻集中在充填部分或被负荷构件上，所着颜色也刻意把承重构件和被负荷构件区分开来，所以柱式的受力体系在外形上脉络分明。它们的形象生机蓬勃而不枯燥僵硬。它们下粗上细、下重上轻、下面质朴分划少而上面华丽分划多，这使它们表现出向上生长的势态。

古希腊的三种柱式分别是多立克、爱奥尼克和科林斯柱式，其具体特征如图 2-16 所示。古希腊对人体美的重视和赞赏在柱式的造型中具有明显的反映。刚劲、粗壮的多立克柱式象征着男性的体态和性格，爱奥尼克柱式则以其柔和秀丽表现了女性的体态和性格，如图 2-17 所示。

罗马人继承和发展了希腊的三种柱式，同时又增加了另外两种柱式——塔司干柱式（TUSCAN ORDER，一种罗马原有的柱式，柱身无槽）和混合柱式（COMPOSITE ORDER，一种由爱奥尼克和科林斯混合而成的柱式，形象更为华丽）。此外，希腊原有的三种柱式也发生了一些变化，罗马帝国骄奢享乐的社会风气，建筑物的巨大尺度，使罗马在柱式比例中柱子更为细长，线脚装饰也趋向复杂。

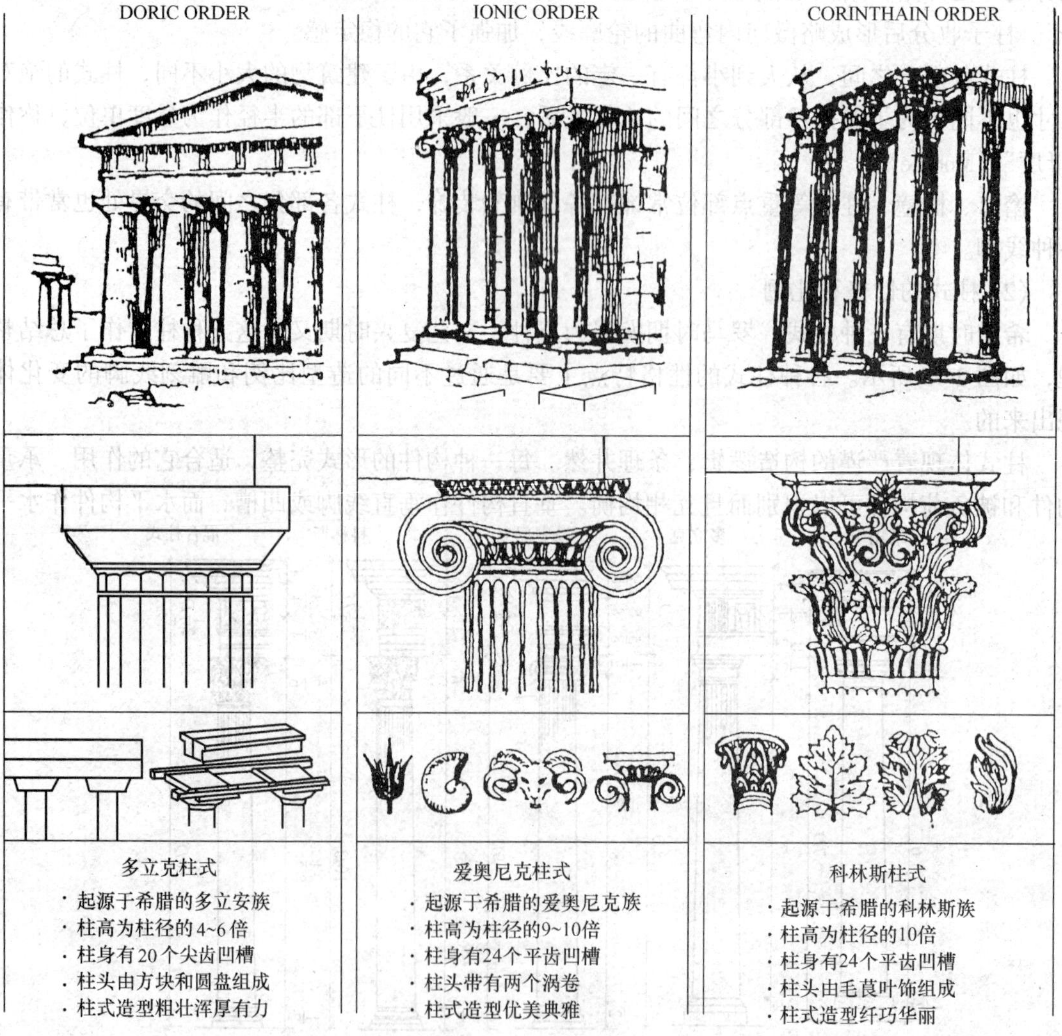

图 2-16　古希腊柱式

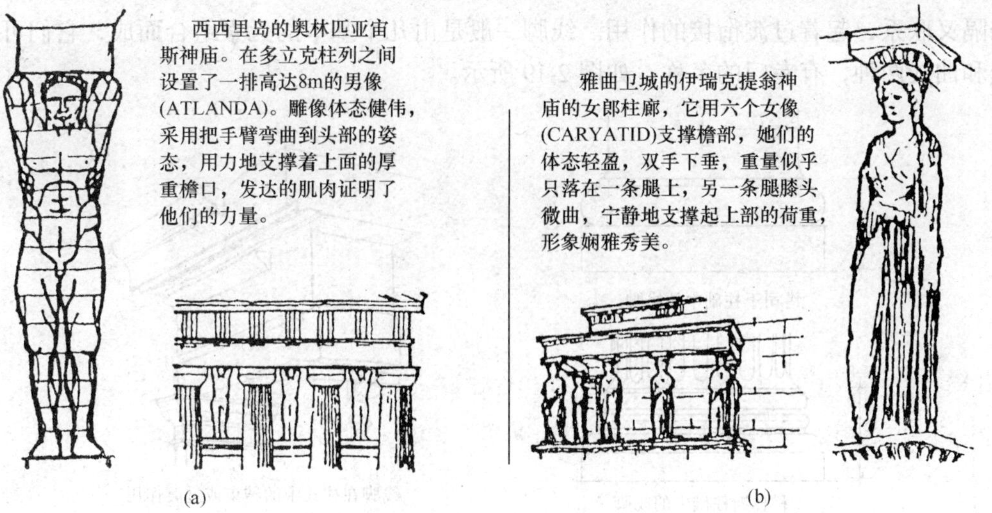
西西里岛的奥林匹亚宙斯神庙。在多立克柱列之间设置了一排高达8m的男像(ATLANDA)。雕像体态健伟，采用把手臂弯曲到头部的姿态，用力地支撑着上面的厚重檐口，发达的肌肉证明了他们的力量。
雅曲卫城的伊瑞克提翁神庙的女郎柱廊，它用六个女像(CARYATID)支撑檐部，她们的体态轻盈，双手下垂，重量似乎只落在一条腿上，另一条腿膝头微曲，宁静地支撑起上部的荷重，形象娴雅秀美。
(a)
(b)

图 2-17　柱式的性格

(a) 多立克柱式举例；(b) 爱奥尼克柱式举例

(3) 柱式的雕刻和线脚

雕刻艺术是西方古典建筑中一个不可分割的组成部分，雕刻与建筑达到了水乳交融的境地。柱式作为古典建筑的重要构件，其檐口、檐壁、柱头都是雕刻的重点部位，柱式各部分之间的交接处也常常有各种线脚。

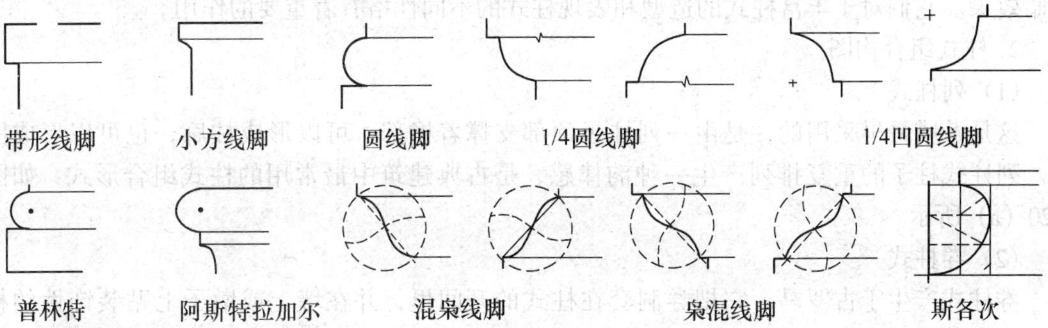
带形线脚
小方线脚
圆线脚
1/4圆线脚
1/4凹圆线脚
普林特
阿斯特拉加尔
混枭线脚
枭混线脚
斯各次

图 2-18　檐口、檐壁、柱头、勒脚等部位等线脚形式

西方古典建筑的雕刻主要集中于山花、檐部、柱头、券洞、门套等部位。此外在屋脊、檐口、雨水槽、牛腿等具有构造作用的地方也常有各种雕饰，如图 2-18 所示。雕刻大多为立雕或浮雕，内容分为以下几方面：

植物纹样：常以毛茛叶、棕榈叶、忍冬叶以及卷草等为母题。

几何纹样：如回文、涡卷、连珠等。

人物：多以神话或战争故事为题材。

动物：如狮、牛、海豚以及臆想的怪兽等。

器物：如兵器、甲胄等。

文字：常见于女儿墙或额枋上，和其他雕刻不同，一般多用阴刻。

文艺复兴以后雕饰以“安琪儿”、盾徽、鹰、花瓶等为主题，内容更为广泛。

古典建筑的线脚或处于部分线脚的结束使之造型上更为完整，或处于两部分的交接处，既分隔又联系，起着过渡衔接的作用。线脚一般是由几个基本的元素组合而成，它们可分为直线和曲线两种，有专门的名称，如图 2-19 所示。

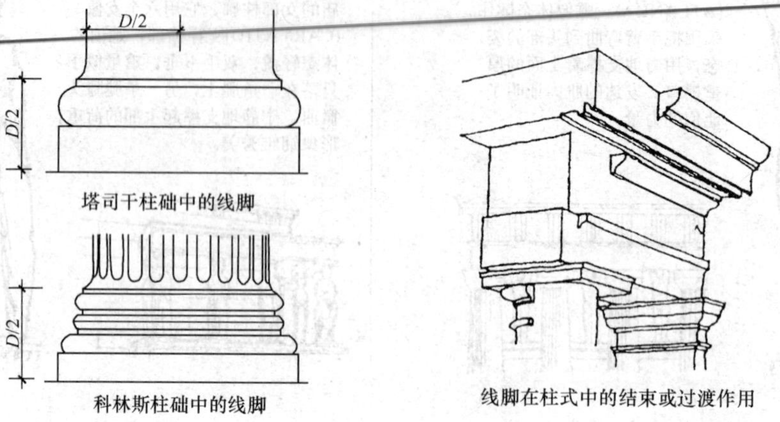

图 2-19　柱式中的线脚柱头和柱础

经过千百年的锤炼，柱式中的线脚组合达到了相当完美的境地。它们常常既符合受力特点和人对支撑、悬挑等的心理作用，同时又满足审美要求，具有突出的装饰效果。在各种线脚组合中常常会造成各种曲直刚柔的对比，疏密繁简的变化以及受光、背光、阴影等不同的明暗效果。它们对于丰富柱式的造型和表现柱式的不同性格有着重要的作用。

2. 柱式组合构图

(1) 列柱式

这是希腊最早采用的，是由一列柱子顶部支撑着檐部，可以形成柱廊，也可以形成围廊。列柱式柱子的重复排列产生一种韵律感，是古典建筑中最常用的柱式组合形式，如图 2-20（a）所示。

(2) 券柱式

券柱式产生于古罗马，它把券洞套在柱式的开间里，并在墙上或墩子上贴装饰性的柱式，包括从柱础到檐口各个部分。券脚和券面都用柱式的线脚装饰，取得细节的一致，以协调风格。柱子和檐部等保持原有比例，但开间放大。柱子突出于墙面 3/4 个柱径。这个构图很成功，方的开间同圆券对比，富有变化。圆券同梁柱相切，有龙门石和券脚线加强联系，加之一致的装饰细节，整个构图非常统一，如图 2-20（b）所示。

(3) 连续券

这种柱式组合方式成形于古罗马时期。是把券脚直接落在柱式的柱子上，中间垫一小段檐部，如图 2-20（c）所示。

(4) 巨柱式

这种柱式组合方式成形于古罗马时期。是指一个柱式贯穿二层或三层。这种做法能突破水平分划的限制，同叠柱式合用，可以突出重点，缺点是尺度失真，如图 2-20（d）所示。

(5) 叠柱式

这种柱式组合方式成形于古希腊晚期。是把两种柱式分层叠加起来，下层用比较粗壮的柱式，上层用相对轻巧的柱式。上层的柱底径等于或稍小于下层柱子的上径。上下层的柱式都具备完整的三部分，不因叠置而省略或简化，如图 2-20（e）所示。

（6）帕拉第奥母题

文艺复兴时期的意大利建筑师帕拉第奥在柱子之间的方开间里增加了两对小柱子，由它们承托券面，这样每个开间就被分割为三部分，中间带有发券的大洞口和两边瘦长的小洞口。这个构图中，柱子有高矮粗细的变化，洞口有大小曲直的变化，和谐富有韵律感，进一步丰富了古典柱式的构图形式。这种构图得到普遍的认同，被称为“帕拉第奥母题”，如图 2-20（f）所示。

（7）壁柱、倚柱和双柱

壁柱，图 2-20（g）是在墙上突出的起装饰或划分墙面作用的柱式组合形式，其中的柱

(a)

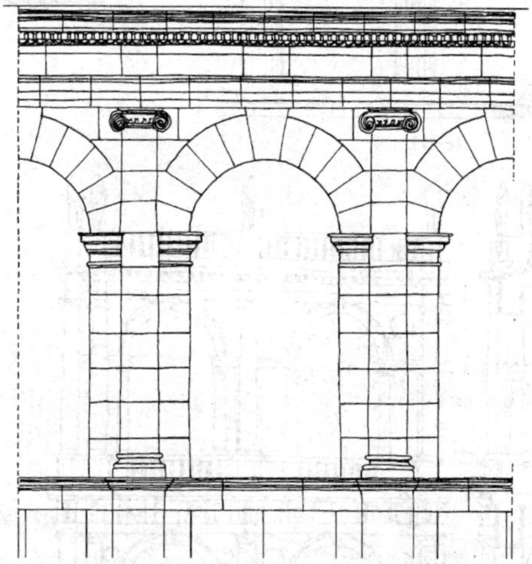

(b)

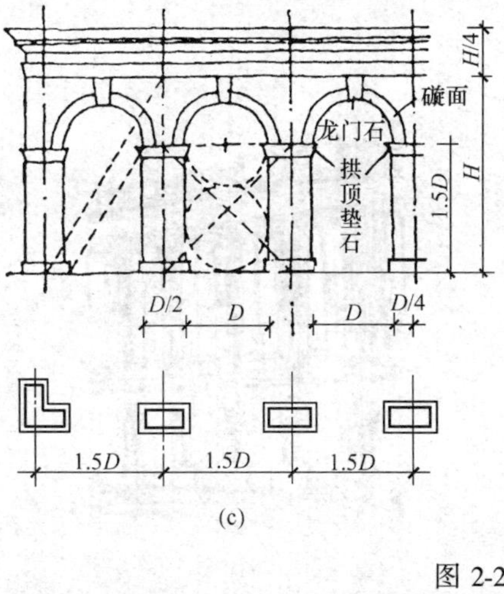

(c)

(d)

图 2-20　柱式组合构图（一）

（a）列柱式实例；（b）券柱式简图；（c）连续券拱简图；（d）巨柱式实例

连续券：券洞高为券洞宽的两倍；拱券垫石高为券洞宽的 1.5 倍；

两券间墙面为券洞宽的一半（罗马发券的常用比例）；

罗马的连续券——用发券代替梁枋

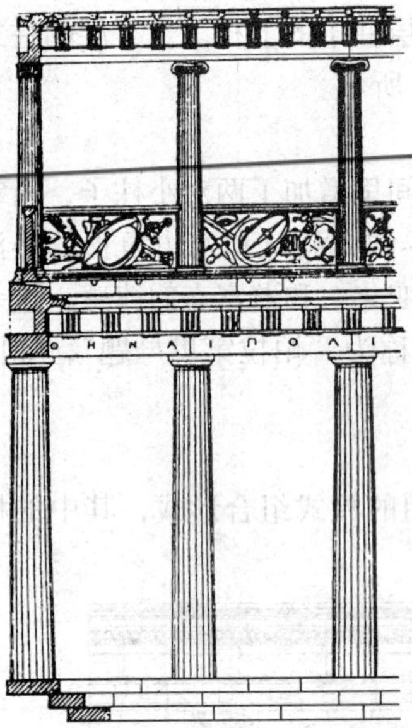

(e–1)

(e–2)

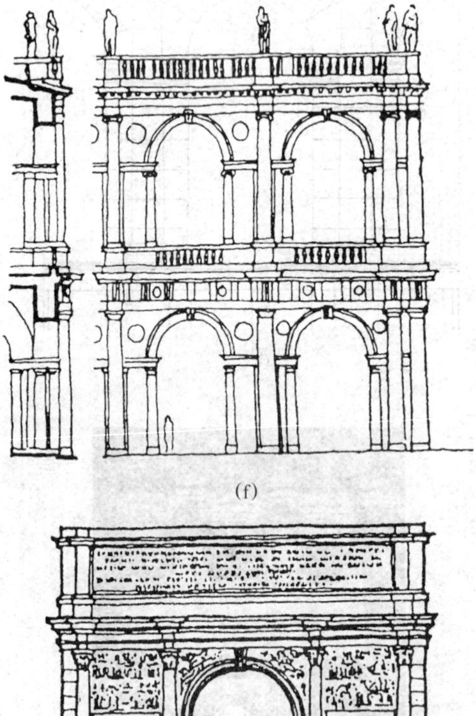

(f)

(g)

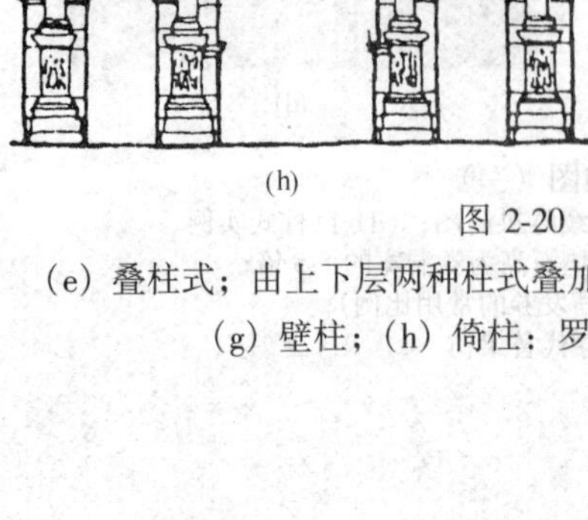

(h)

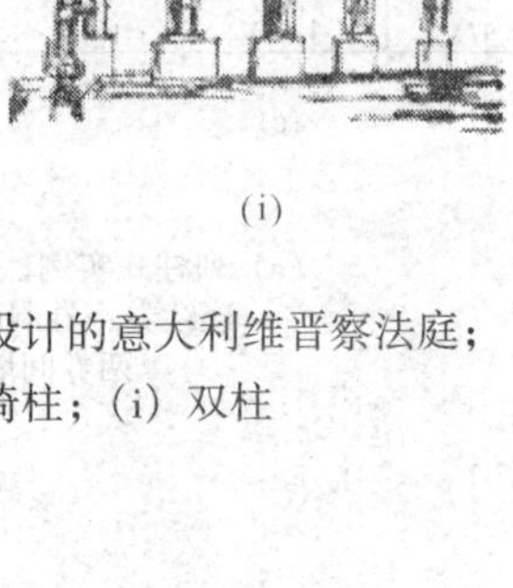

(i)

图 2-20　柱式组合构图（二）

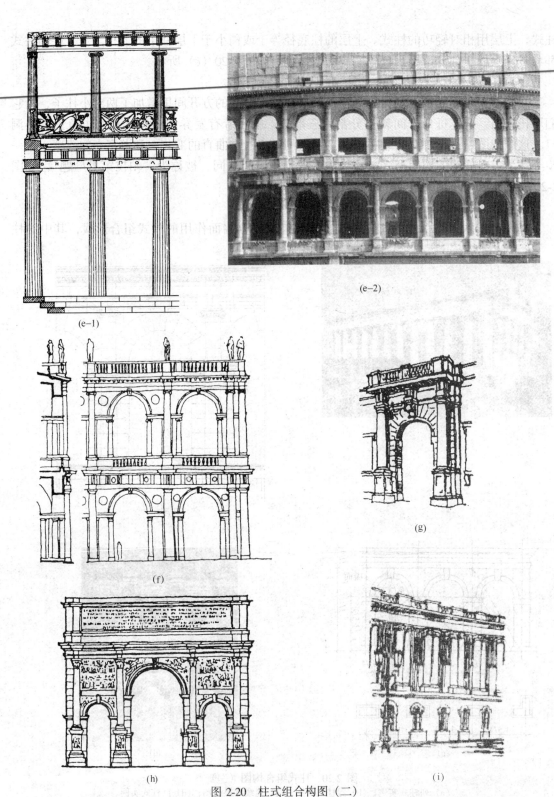

（e）叠柱式；由上下层两种柱式叠加起来；（f）帕拉第奥设计的意大利维晋察法庭；
（g）壁柱；（h）倚柱：罗马凯旋门中的发券和倚柱；（i）双柱

子只是墙的一部分。按照突出墙面的多少，可以分为半圆柱、3/4 圆柱和扁方柱。

倚柱，图 2-20（h）柱子是完整的，距墙面很近，主要起装饰作用，常常与山花共同组成门廊，用来强调建筑的入口部分。

双柱，图 2-20（i）是柱子成对出现的构图形式，主要起装饰作用。

（8）壁柱、倚柱、双柱均有方形和圆形，如图 2-21 所示。

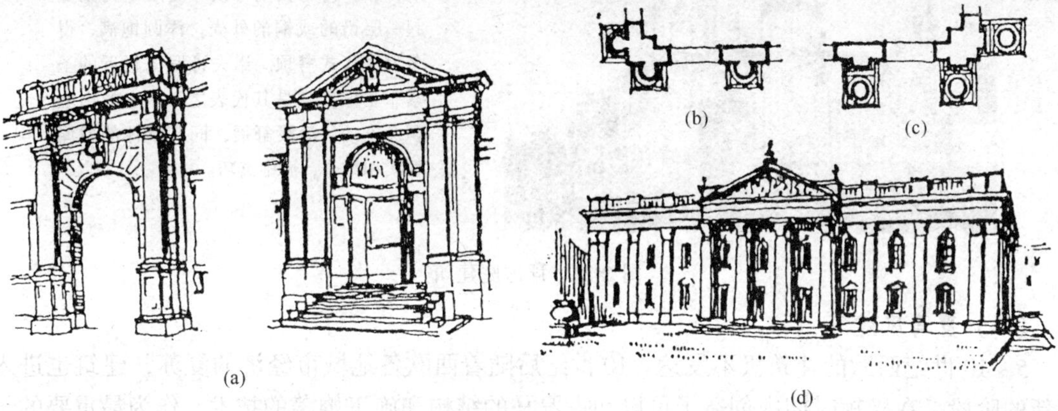

图 2-21　采用壁柱、倚柱、双柱突出入口

（a）两个入口处理——一个用圆倚柱，另一个用双的方形壁柱强调门洞的轴线位置；（b）壁柱；（c）倚柱；（d）采用壁柱和倚柱打破墙面的单调感并突出入口部分

说明：倚柱是柱子完整不和墙相连；壁柱是墙的突出部分

古典主义建筑在世界建筑史上占据着重要的地位，其影响面不仅限于欧洲各国，而且扩展到世界广大地区。在宫殿建筑、纪念性建筑和大型公共建筑中采用较多。尽管世界各地的许多古典主义建筑至今仍然备受赞美，但是古典主义既不是万能的，更不是永恒的。19 世纪末和 20 世纪初，随着社会条件的变化和建筑自身的发展，作为完整体系的古典主义逐渐为其他的建筑潮流所替代。然而不可否认的是，它的影响并没有完全消失。现代的建筑师们仍在汲取其中的有用因素用于现代的建筑中。作为人类建筑遗产中的一个重要组成部分，如何批判和汲取借鉴，仍然是当今建筑理论和实践的一个课题。

（二）拜占庭风格

拜占庭建筑造型的主要特征是穹顶和集中式建筑型制。这种型制主要在教堂建筑中发展成熟。拜占庭穹顶的做法是，在四个柱墩上，沿正方形平面的四边发券，在四个券之间砌筑以方形平面对角线为直径的穹顶，这个穹顶就好像是被四面的发券切割而成，如图 2-22 所示，重量完全传递到下面的柱墩上。为了进一步完善集中式型制的外部形象，又在券顶上做水平切口，在切口之上再砌半圆穹顶。水平切口和四个发券之间所余下的四个角上的球面三角形部分，称为帆拱（Pindintive）。后来又在切口之上先砌一段鼓座，穹顶砌在鼓座上端，如图 2-23 所示。这样，主要的结构因素获得了相应的艺术表现，穹顶的统帅作用大大增强，帆拱、鼓座、穹顶，这一套拜占庭的结构方式和艺术形式，以后在欧洲广泛流行，对欧洲纪念性建筑的发展影响很大。

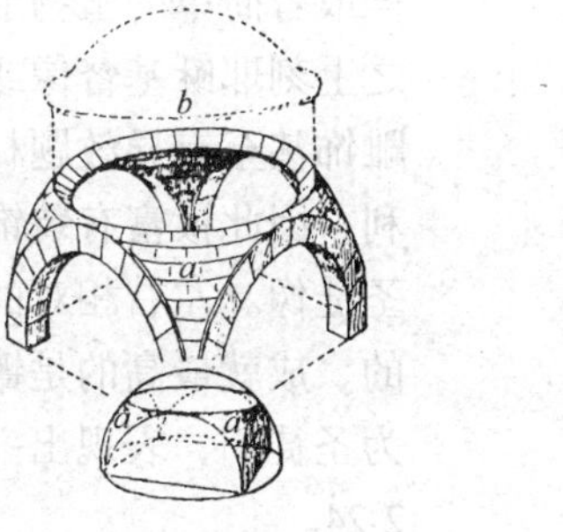

图 2-22　帆拱和穹隆

a—帆拱；b—穹隆

拜占庭建筑外观很朴实，教堂大多是红砖的，有一些用两种颜色的砖砌成交替的水平线条，掺一些简单的石质线脚，建筑上有一些简单的小雕饰。

12 世纪之末，俄罗斯形成了民族的建筑特点。它的教堂穹顶外面用木构架支起一层铅的或铜的外壳，浑圆饱满，得名为战盔式穹顶。诺夫哥罗德附近的圣索菲亚主教堂是其代表之一。它的山墙飘逸流动，活泼舒展，同其整体的敦厚朴实相结合，质中寓巧。

图 2-23　拜占庭建筑

（三）罗马风建筑

5～10 世纪西欧的建筑极不发达。10 世纪后随着西欧各地城市经济的复苏，建筑也进入了新的阶段，在极短时期内创造了可以和古罗马的结构和施工媲美的技术。作为最重要的纪念性建筑，天主教堂也经历了从修道院教堂为主到以城市主教堂为主的发展过程。

这时教堂风格的变化，鲜明地反映着教会和城市市民的意识形态的对立。城市教堂由"向彼岸"转而"向现世"，教堂面向城市的西立面重要性增加。有些教堂在西面造一对钟塔，有些教堂两端都有一对塔，有些则在横厅和正厅间的阴角也有塔。塔的形式逐渐趋向丰富多变化。以往教堂封闭重拙的性格得到削弱。除了钟塔、采光塔、圣坛和它外面的小礼拜堂等形成活泼的轮廓外，外墙上还露出扶壁；从仑巴底地区传布开一种用浮雕式的连续小券装饰檐下和腰线的手法；仑巴底和莱茵河流域的一些城市教堂，甚至用小小的空券廊装饰墙垣的上部；由于墙垣很厚，以致门窗洞很深，所以洞口向外抹成八字，排上一层层的线脚，借以减轻在门窗洞上暴露出来的墙垣的笨重，并增加采光量。城市教堂的整体和局部的匀称和谐等也大有进步，砌工精致了许多。

工匠们突破了教会的戒律，教堂建筑里装饰逐渐增多。在门窗口的线脚上先是刻几何纹样或者简单的植物形象，后来则雕刻上一串一串的圣者像。有的教堂在大门发券之内、横枋之上刻耶稣基督像或者圣母像，把反偶像崇拜的教条也冲破了。更加突出的是，柱头等处的雕饰甚至有异教题材，如双身怪兽、吃人妖魔等。教堂的正门象征凯旋门，表现基督教的胜利，因此很富有装饰性。厚厚的门洞两侧抹成八字形，墙前排着小柱子，每根柱子前雕一个圣徒像。左右相对的柱子之上跨着发券，一层套着一层。发券上刻着成串的圣徒像。最重要的、成就最高的是镶在正门券洞上部半圆形内的一块主题性大浮雕，正中都是基督像，两侧为圣徒们，表现出一场宗教故事的情节，如耶稣基督的"复活升天"、"最后审判"等，见图 2-24。

（四）哥特风格

罗马风建筑的进一步发展，12 世纪至 15 世纪西欧主要以法国的主教堂为代表以尖拱和尖券为特征的哥特式建筑（Gothic Architecture）成为这一时期的风格。此时城市的发展进入了新的阶段，法国和西欧的建筑也发生了重大的变化，进入了一个极富创造性的、获得光辉成就的新时期，建筑与装饰的结合达到了更为发达的阶段。

(a)

(b)

图 2-24　罗马风建筑

(a) 比萨大教堂和钟楼；(b) 图斯卡尼亚圣玛丽亚·马焦雷教堂

此时的城市教堂已不再是纯粹的宗教建筑，它们成了市民公共生活的中心，因此市民文化更多地渗透到教堂建筑中去。哥特式教堂使用尖拱或尖券，不仅在结构上，而且在装饰上、华盖、壁龛等一切地方，一切细部，尖券都代替了半圆券，建筑风格完全统一，较为规范。其代表建筑有巴黎圣母院和兰斯大教堂，如图 2-25、图 2-26 所示。

在哥特式的教堂上下到处可以看到布满雕刻的装饰图案。无论建筑的柱头、檐口、门楣或柱廊上均留下了艺术家们精心雕琢的痕迹。

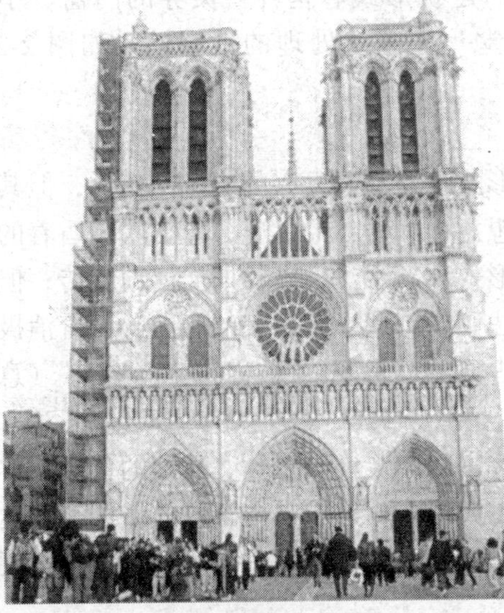

图 2-25　巴黎圣母院

图 2-26　兰斯大教堂

哥特建筑采用框架式骨架券做拱顶承重构件，其余填充维护部分减薄，使拱顶减轻；独立的飞扶壁在中厅十字拱的起脚处抵住其侧推力，同骨架券共同组成框架式结构，侧廊拱顶高度降低，使中厅高侧窗加大，使用两圆心的尖拱、尖券，侧推力减小，还可使不同跨度的拱可以一样高。

哥特式教堂的窗子很大，这给彩色玻璃窗的装饰提供了条件。哥特式教堂几乎没有墙面，窗子占满整个开间，是最适宜装饰的地方。工匠们用彩色玻璃在整个窗子上镶嵌一幅幅的图画。这些画都以《新约》故事为内容，作为“不识字人的圣经”。彩色玻璃窗的做法是，先用铁棂把窗子分成不大的格子，用工字形截面的铅条在格子里盘成图画，彩色玻璃就镶在铅条之间。

教堂外表的向上动势也很强。轻灵的垂直线条统治着全身，扶壁、墙垣和塔都是越往上分划越细、越多装饰、越玲珑，而且顶上都有锋利的、直刺苍穹的小尖顶。所有的券都是尖的，包括门上的山花、壁龛上的华盖、扶壁的脊。总之，所有建筑局部和细节的上端也都是尖的。整个教堂处处充满着向上的冲劲，建筑上的线脚截面小、凹凸大，栏杆、窗棂等的截面以一个尖角向前，大的墙垛上，都设置雕镂细巧的龛，上面带一个尖尖的顶。所有的细节，都使得建筑外观轻盈灵巧，加之强烈的竖向动势，使其具有升腾之感。

12 ~ 15 世纪哥特建筑时期，市民的住宅和公共建筑同教堂风格相一致。此时的住宅和公共建筑物大多采用木构架，梁、柱、墙龙骨以及为加强构架的刚性而设的一些构件完全露明，涂成蓝色、赭色、黑色或其他暗色。它们之间用砖填充，有时抹白灰。由于木构件和填充部分显著区别，色彩对比明朗，窗子很大，所以房子表现出了框架建筑轻快的性格。城市住宅的底层通常是店铺和作坊。面阔小而进深大，两坡的屋顶以山墙临街。屋顶高耸，里面设阁楼。由于城市拥挤，房屋大多是楼层向前挑出。平面自由地根据实际需要布置，门窗随意安排，不强求一律和整齐对称。木构件做成优美和谐的图形，房屋的体形和立面活泼而又匀称。露明楼梯、阳台、花架、带尖顶的凸窗等点缀其上。用砖石砌造的城市公共建筑物常常引用哥特教堂中的建筑形式和构件：尖券的门窗、小尖塔、华盖，甚至彩色玻璃窗，这也体现了哥特教堂一些建筑处理的世俗性，如图 2-25、图 2-26 所示。

（五）巴洛克风格

以天主教堂为代表的巴洛克建筑十分复杂。它形式上是文艺复兴的支流与变形，但其思想出发点与人文主义截然不同，它反映天主教的思想意识和奢侈的欲望，包含着矛盾着的倾向，它敢于破旧立新，创造出不少富有生命力的新形式和新手法，被长期广泛地流传；但它又有非理性的、反常的、违反建筑艺术的一些基本法则，一些形式主义的倾向曾起着消极的作用，所以对它的评价褒贬不一。由于它们突破了古典的“常规”，被称为“巴洛克”（意为畸形的珍珠）式建筑。

巴洛克建筑的特点是外形自由，追求动态，喜好富丽的装饰和雕刻、强烈的色彩，常用穿插的曲面和椭圆形空间。这种风格在反对僵化的古典形式，追求自由奔放的格调和表达世俗情趣等方面起了重要作用，对城市广场、园林艺术以至文学艺术等都产生了影响，一度在欧洲广泛流行。

巴洛克式的主要特征包括：大量使用贵重的材料，充满装饰，色彩艳丽；赋予建筑实体以动态，使建筑、雕塑、绘画相互渗透；打破固有的结构逻辑，取得反常的效果；趋向自然，在建筑装饰中增加了自然题材等。

这时期的教堂建筑，喜欢运用双柱，甚至以三根柱子为一组，开间比例的宽窄变化也很大；有些基座、山花、檐部做成断裂式的，突出垂直分化，破坏柱式固有的水平联系；追求强烈的光影效果，倚柱代替壁柱，墙面上做深深的壁龛；有意做出反常的形式，山花缺去顶部，嵌入纹草、匾额或其他雕饰，甚至把两个或者三个山花套叠在一起。

巴洛克建筑整体给人的印象是豪华艳丽，浪漫丰润，这一时期的所有宫廷华厦的装饰均以空间广大、华丽堂皇为风尚，体现了姿情欢乐的气氛，如图 2-27、图 2-28 所示。

图 2-27　罗马—耶稣会教堂

教堂立面正门上面分层檐部和山花做成重叠的弧形和三角形，大门两侧采用了倚柱和扁壁柱。立面上部两侧作了两对大涡卷。这些处理手法别开生面，后来被广泛仿效。

图 2-28　罗马—四喷泉圣卡洛教堂

立面山花断开，檐部水平弯曲，墙面凹凸度很大，装饰丰富，有强烈的光影效果。

（六）洛可可风格

洛可可艺术风格产生于 18 世纪的法国。“洛可可”是法文“岩石”的复合词，意思是此风格以岩石和蚌壳装饰为其特色。它体现的是女权嚣张时期对纤巧柔和的装饰形式的热爱。因此，洛可可风格很自然地注入了欢乐和温馨的女性化特点。

这一时期由于君权的衰落，在建筑上，精致的府邸代替宫殿和教堂而成为潮流的领导者。在建筑装饰上主要表现在室内装饰方面，在建筑物外部表现比较少，府邸的外表比较朴素。也有一些建筑立面有纤细的壁柱、只留水平缝的小巧的重石块、柔弱的窗框装饰，柱子之间或者檐壁上使用缨络作装饰题材。

综上所述，西方的建筑装饰风格经历了长时期的发展变化。而一般意义上所谓“西方古典”设计风格是指广义的“西方古典主义”建筑装饰风格，它是指在古希腊和古罗马建筑的基础上发展起来的意大利文艺复兴建筑、巴洛克建筑和古典复兴建筑的装饰风格。

第二节　中国古典设计风格

中国是一个幅员辽阔、历史悠久的国家，我国各代文化曾经在世界历史上有着极其丰富而辉煌的成就，建筑也是其中的一部分。中国古典建筑在技术和艺术上都达到了很高的水平，既丰富多彩又具有统一的风格。

和世界上很多古老民族一样，中国在上古时期都是用木材和泥土建造房屋，但是后来很多民族都逐渐以石料代替木材，唯独中国一直保持这一建筑特征。以木材为主要建筑材料已经有五千年的历史，形成了世界古代建筑中的一个独特的体系。这一体系从城市布局，到建筑单体，再到建筑装饰都有自己完善的做法和制度，形成了一种完全不同于其他体系的建筑风格和建筑形式。

这一体系除了在我国各民族、各地区广为流传外，历史上还影响到日本、朝鲜和东南亚的一些国家。

一、中国古典建筑装饰及发展特点

从公元前5世纪末的战国时期到清代后期的2400多年，是我国封建社会时期也是我国古代建筑逐渐成熟、不断发展的时期。

1. 中国早在商周时期就有了砖瓦的烧制，到了秦汉时代，出现了纹饰的瓦当和栏杆砖，青龙、白虎、朱雀、玄武和吉祥安乐等瓦当与带龙首兽头的栏杆在图案的造型和抽象的含意上，有其独到的艺术风格。从秦汉时期的文物中可以发现，那时已有了完整的廊院和楼阁。建筑有屋顶、屋身和台基三部分；结构做法和梁柱交接以及斗拱和平座、栏杆的形式都有清晰表现，说明从商周到秦汉时期我国古代建筑的主要特征都已形成。

2. 魏晋南北朝时期，佛教广为传播，除宫殿、住宅、园林建筑继续发展之外，又出现了一种颇具神秘色彩的佛教和道教建筑。这时期，寺庙、塔和石窟建筑得到很大发展，如云岗石窟和龙门石窟等巨大的雕刻群像，体现了南北朝时期文化的宏大艺术思想。

3. 隋唐是中国历史上封建社会发展的鼎盛时期，也是中国古典建筑的成熟时期。保留至今较为完整的有五台山的南禅寺正殿、佛光寺正殿，还有许多没能保存住而被记录在壁画当中。此外，舍利塔遍布各地，粗大挺拔、风格朴实的建筑构件以其刚劲富丽之美，使大唐的装饰艺术具有夺人的风采。

4. 宋、辽金时期的建筑受唐代影响很大，主要以殿堂、寺塔和墓室建筑为代表，装饰上多用彩绘、雕刻及琉璃砖瓦等，建筑构件开始趋向标准化，并有了建筑总结性著作如《木经》、《营造法式》。装饰与建筑的有机结合是宋代的一大特点，寺塔的装饰尺度合理，造型完整而浑厚。

5. 明清建筑装饰是中国古代建筑史上的最后一个高峰，建造了许多规模宏大的宫苑、陵寝，这些建筑无论在数量上还是在质量上都很出色，在装饰风格的表现上沉稳深远，映射着明清全盛时期皇权的声威。到了清代中叶以后，建筑的装饰图案或彩画生气低落，唐宋装饰的风采已经踪影皆无，由于过分追求细腻而导致了琐碎和缺乏生气的局面。

二、中国古典建筑外装饰特征

中国古典建筑有着功能、结构、装饰和谐统一的显著特征。

中国古代建筑外形上的特征很显著，它们由屋顶、屋身和台基三部分组成，各部分的尺度和外形是功能、结构和艺术高度结合的产物。

(一) 屋顶部分

中国古典建筑中屋顶的形象十分突出。它们充分体现了木结构的特点，采用举折、起翘、出翘等做法，形成了优美柔和的曲线，塑造出如鸟翼般伸展的檐角和屋顶。

1. 屋顶形式

中国古建筑的屋顶形式很多，常见的有以下几种，如图 2-29 所示。

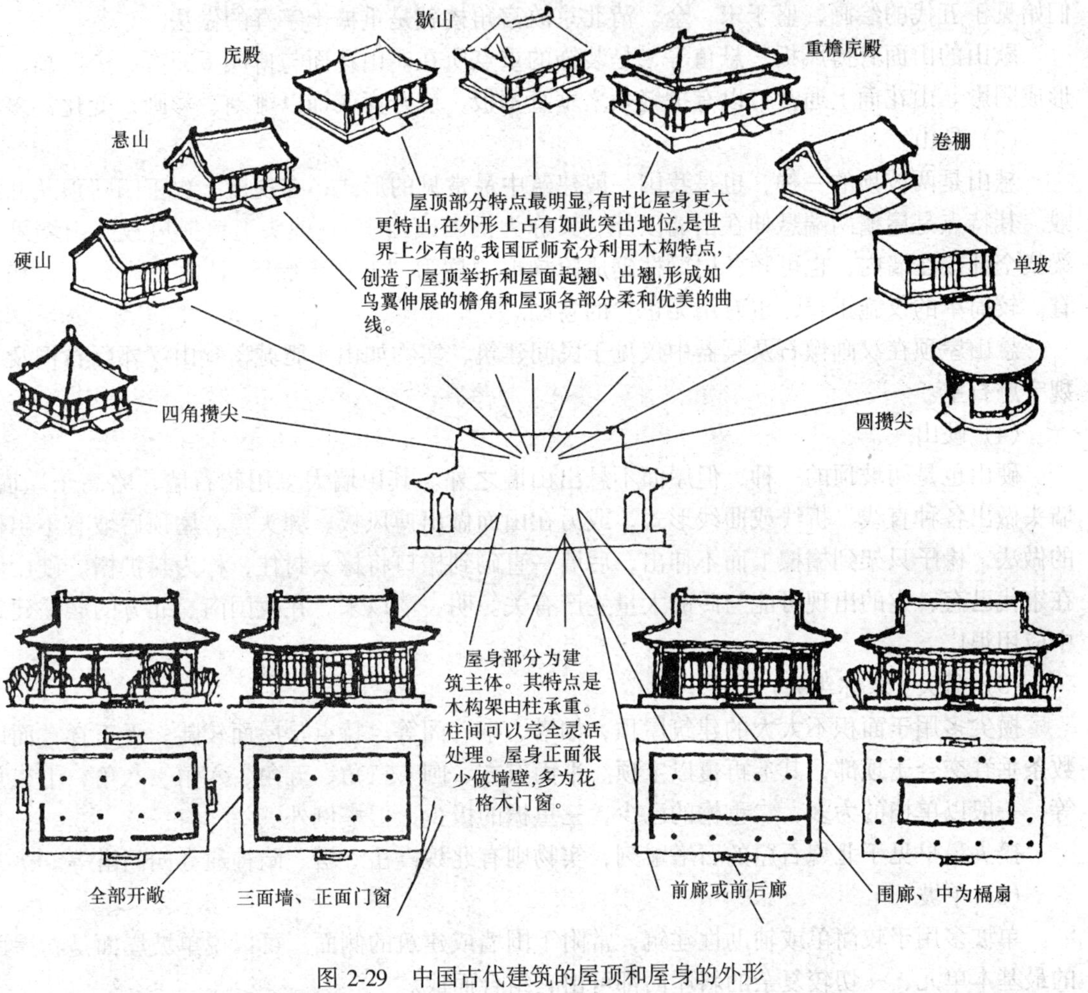

图 2-29　中国古代建筑的屋顶和屋身的外形

(1) 庑殿顶（宋称四阿顶）

庑殿顶是中国古代建筑中最高级的屋顶式样，一般用于皇宫、庙宇中最主要的大殿，可用单檐，特别隆重的用重檐。它是一种四坡顶，单檐的有正中的正脊和四角的垂脊，共五脊，所以又称为五脊殿，重檐的另有下檐围绕殿身的四条博脊和位于角部的四条角脊。在庑殿顶的施工中，有时使用“推山”的做法，将脊檩加长伸出梁架外，这种做法可以令垂脊无论从哪个方向上看，都形成一条柔美的曲线，使得庑殿顶形式更为优美。

这种屋顶形式，在商代的甲骨文，周代铜器，汉画像石、冥器及北朝石窟中都可见到。实物则以诸汉阙和唐佛光寺大殿为早。

(2) 歇山顶（宋称九脊殿）

歇山的等级仅次于庑殿，它由正脊、四条垂脊、四条戗脊组成，故称九脊殿。若加上山面的两条博脊，则共应有脊十一条，它也有单檐、重檐的形式。在宫殿中的次要建筑和住宅、园林建筑中，又常使用无正脊的卷棚歇山。

这种屋顶形式见于汉代冥器、魏晋南北朝石窟的壁画（敦煌北魏428窟）和石刻（龙门古阳洞）等，现所知最早的木建筑遗物是五台山南禅寺大殿。

由两个九脊殿作丁字相交的，其插入部分称为抱厦。也有十字相交的，称为十字脊。它们始见于五代的绘画，盛于宋、金。清北京故宫角楼就是重檐十字脊的做法。

歇山的山面有搏风板、悬鱼等，是装饰的重点所在。山花面与搏风板间有一定距离，可形成阴影。山花面上通常钉以有护缝条之垂直木板，或开窗或饰以雕刻、彩画，变化甚多。

(3) 悬山

悬山是两坡顶的一种，也是我国一般建筑中最常见的形式，在规格上次于四阿顶及九脊殿。其特点是屋檐两端悬伸在山墙以外（又称为挑山或出山），檩头上钉搏风板。山墙可将梁架全部砌在墙内，也可随各层梁柱砌成阶梯形，称为“五花山墙”。悬山一般有正脊和垂脊。较简单的仅施正脊，也有用无正脊的卷棚。

悬山屋顶在汉画像石及冥器中仅见于民间建筑，实物如山东肥城孝堂山汉郭巨石祠及北魏宁懋石室。

(4) 硬山

硬山也是两坡顶的一种，但屋面不悬出山墙之外。其山墙大多用砖石墙，略高于屋面，墙头做出各种直线、折线或曲线形式，或另在山面做出搏风板、墀头等。屋顶后坡有不出檐的做法，椽子只架到檐檩上而不伸出，后墙一直砌到檐口将椽头封住，称为封护檐。硬山墙在宋代已有，它的出现可能与砖的大量生产有关。明、清以来，在我国南、北方的居住建筑中应用很广。

(5) 攒尖（宋称斗尖）

攒尖多用于面积不太大的建筑屋顶，如塔、亭、阁等。特点是屋面较陡，无正脊，而以数条垂脊交合于顶部，其上再覆以宝顶。平面有方、圆、三角、五角、六角、八角、十二角等，一般以单檐的为多，二重檐的已少，三重檐的极少，但塔例外。

攒尖最早见于北魏石窟的石塔雕刻，实物则有北魏嵩岳寺塔、隋神通寺四门塔等。

(6) 单坡

单坡多用于较简单或辅助性建筑，常附于围墙或建筑的侧面。可以说单坡屋面是斜屋面的最基本单元，一切较复杂的斜屋面都可由它组合而成。

汉建筑冥器中有不少单坡廊和杂屋的例子，直至今日，陕西农村民居还有很多用单坡顶。

(7) 平顶

在我国华北、西北与西藏一带，由于雨量很少，建筑屋面常采用平顶。即在椽子上铺板，垫以土坯或灰土，再拍实表面。

2. 檐角起翘和出翘

中国古建筑屋檐的转角处，不是一条水平的直线，而是四角微微翘起，叫做“起翘”。同时，屋顶的平面投影也不是沿直线的长方形，而是四角向外伸出的曲线，叫做“出翘”。“起翘”和“出翘”都是因处理角梁和椽子的关系而形成的。屋角的这些做法使得中国古建筑的屋檐舒展上翘，如展翅欲飞，丰富了屋顶的形象，如图2-30所示。

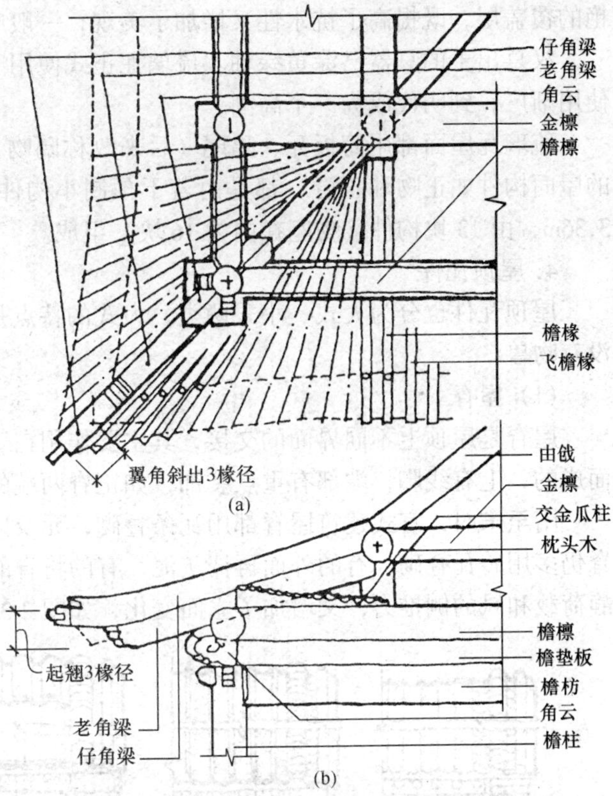

图 2-30　屋角起翘和出翘

(a) 大式庑殿翼角出翘（平面）；(b) 大式庑殿翼角起翘（正面）

3. 屋面材料

民间建筑常用茅草、泥土、石板、陶瓦等作屋面材料，官式建筑或用陶筒、板瓦或用琉璃瓦。在唐代已有用两种材料同时覆盖于屋面，宋画中亦有这样的表现。一般较高级材料用于脊部、檐部及两山，将较次的材料置在中间。少数建筑以铜、铁为瓦，或在陶瓦上浸油、涂漆。

（1）陶瓦

据目前考古资料得知，以陕西岐山县凤雏村的西周建筑遗址出土的陶瓦为最早，但瓦型较大，为数不多，可能仅用于茅草屋顶的脊部与天沟。此外，在洛阳王湾、西安客省庄等地也发现西周晚期的瓦。从形式上已有盖瓦、仰瓦和人字形断面的脊瓦，并且具有大、小头、瓦环或瓦钉。筒瓦已有半圆形的瓦当与瓦唇并有纹饰。到了战国时期，瓦上的纹饰更为精美，燕下都出土的瓦就有云纹、蝉翼纹、黼黻纹等。

大概从秦代起，瓦当由半圆形开始演变为圆形，这既改进了瓦当的束水功能，又为瓦当装饰纹样的进一步丰富提供了条件。秦、汉瓦当的图案种类极多，有几何图纹、动植物、四神、文字（吉祥语、宫殿或官署名等）。南北朝起受佛教影响，多用莲瓣及兽头，唐代也是如此，这时文字瓦当已很少用，至宋、辽时，又增加了龙凤、花草等式样。

在战国以前还没有发现檐口板瓦中设滴水的实例，汉、魏至唐大多用带形或齿形，唐、宋之际又出现尖形的滴水，这些式样到今天还在沿用。这种尖形端部的表面常饰以各种动、植物纹样或几何图形。

西周早期的瓦面和瓦底常设瓦柱和瓦环，大概用来系绳或埋固在屋面的草泥垫层中。有的盖瓦上留有小孔以便容纳瓦钉插入，多用于屋面接近檐口处。这种做法在后代的筒瓦屋面中，已成为定制。

（2）琉璃瓦

在陶瓦坯（明以后用瓷土制作）表面涂上一层釉，烧制后能在瓦表面形成坚实且色泽鲜艳的覆盖层，既提高了抗水性又增加了美观，一般应用于高级建筑。

汉墓出土的冥器已涂黄绿釉。琉璃瓦正式使用于建筑屋面是南北朝，但为数不多，宋代使用渐广，到明代成为一个高潮。

琉璃瓦屋面都用筒板瓦、鸱尾（后来改称鸱吻、兽吻）、垂兽、角兽、仙人走兽等。大的屋面构件如正吻和正脊，都是由若干预制小构件拼合而成。北京清故宫太和殿正吻，高3.36m，由13块构件（吻座在内为16块）组成。

4. 屋顶瓦件

屋顶瓦件也分为大式、小式两类，大式的特点是用筒瓦骑缝，脊上有吻兽等装饰，小式没有吻兽。

(1) 屋脊

屋脊是屋顶上不同界面的交接，其主要作用在于防漏。它是由各种不同形状的瓦件拼凑而成的，上有线脚，端部有重点装饰，如正脊两端的正吻，垂脊和戗脊有垂兽和仙人走兽。

隋至宋时，官式建筑屋脊都用瓦条叠砌，元及以后改用脊筒子。但是城乡一般民居的屋脊仍多用砖瓦叠砌，有的外面再抹灰泥，有的将脊的一部分或全部砌成空花，既减轻屋面的静荷载和风的侧推力，又增加了立面变化，如图2-31（a）所示。

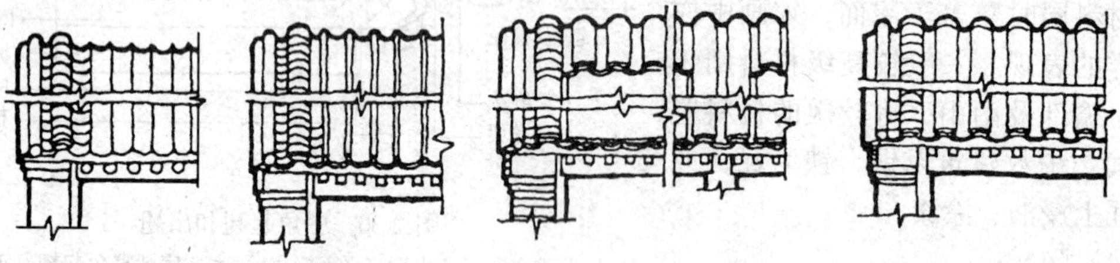

(a)

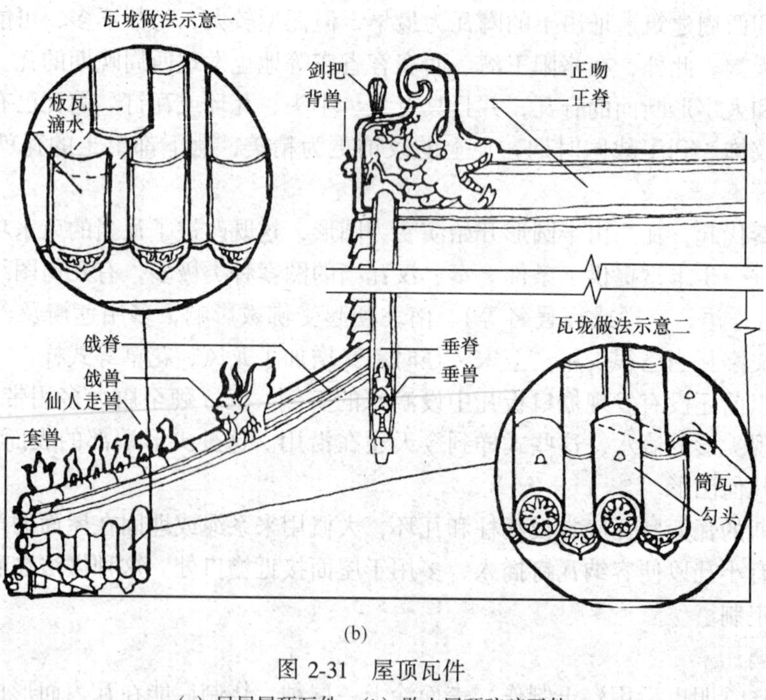

(b)

图 2-31　屋顶瓦件

(a) 民居屋顶瓦件；(b) 歇山屋顶琉璃瓦件

(2) 吻兽

正脊两端的吻兽称为正吻，宋代称鸱尾，如图 2-31（b）所示。

早期鸱尾的外形和装饰都较简单，其尾尖向内倾伸，外侧施鳍状纹饰，实例见唐大雁塔门楣石刻。中唐及辽代鸱尾下部出现张口的兽头，尾部则逐渐向鱼尾过渡。如山西大同华严下寺薄枷教藏殿中辽代壁画所示。宋代则分为鸱尾、龙尾和兽头等几种形式，《营造法式》和绘画中均有记载。元代鸱尾渐向外卷曲，有的已改称鸱吻。明、清正吻的尾部已完全外弯，端部亦由分叉变为卷曲，且兽身多附雕小龙，比例近于方形，背上出现剑把，名称也改为兽吻或大吻。

垂脊和戗脊上的吻兽称为垂兽和仙人走兽。

宋《营造法式》规定：官式建筑的垂脊端部用垂兽，戗脊端用嫔伽（清称仙人），其后再施蹲兽（清称走兽）2~9 枚。而清代规定在仙人后的走兽须为单数，至多 9 枚，以示建筑的等级。

重檐建筑的下檐博脊或盝顶转角处，均用合角吻。

在攒尖顶上没有正脊，但有各种不同形状的宝顶。

仔角梁头上还套一个瓦件，叫做套兽。

所有这些装饰性的构件都有保护木构架或与木构架固定的作用。

（二）屋身部分

中国古建筑的屋身部分是建筑的主体部分，包括铺作层、梁枋、柱、墙、门窗等很多部分，这里也是装饰的重点部位。

1. 斗拱

斗拱是我国木构架建筑特有的结构构件，由水平放置的方形斗、升，矩形的拱以及斜置的昂组成。在结构上挑出以承重，使屋面延伸挑出屋身，并将屋面的大面积荷载经斗拱传递到柱上，同时，它又有一定的装饰作用，是建筑屋顶和屋身立面上的过渡。此外，它还作为等级制度的象征和重要建筑的尺度衡量标准。

斗拱在我国历代建筑中的发展演变比较显著。早期的斗拱比较大，主要作为结构构件。唐宋时期的斗拱还保持着这个特点，斗拱粗犷浑厚；但到明清时期，它的结构功能逐渐减少，变得纤巧细致，完全成为装饰构件了。因此在研究中国古代建筑时，又常常以斗拱作为鉴定建筑年代的主要依据。

中国古建筑中，规格较高、规模较大的建筑使用斗拱，称为“大式”建筑。而大部分民间建筑以及宫室、园林、庙宇中的次要建筑，不使用斗拱的，称为“小式”建筑。

(1) 斗拱的分类

斗拱作为结构构件是位于柱子与屋顶之间的过渡部分，其作用是支撑上部挑出的屋檐，将其重量直接或间接传到柱子上。按照位置不同斗拱分柱头斗拱（宋称柱头铺作，清称柱头科）、柱间斗拱（宋称补间铺作，清称平身科），位于角柱上的称为转角斗拱（宋称转角铺作，清称角科），如图 2-32 所示。

(2) 斗拱的组成

一组斗拱叫做一攒，一般斗拱是由斗、拱、升、翘、昂五种主要的分件组成，如图 2-33 所示。

(3) 斗拱的出踩

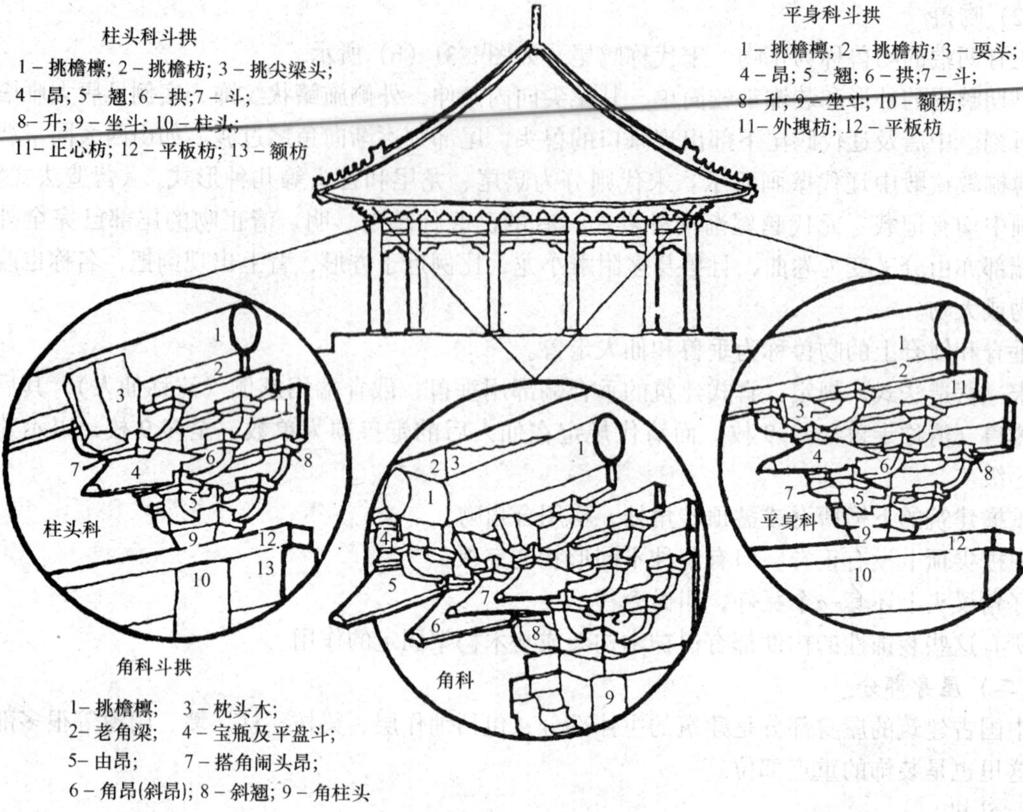

图 2-32　斗拱的分类

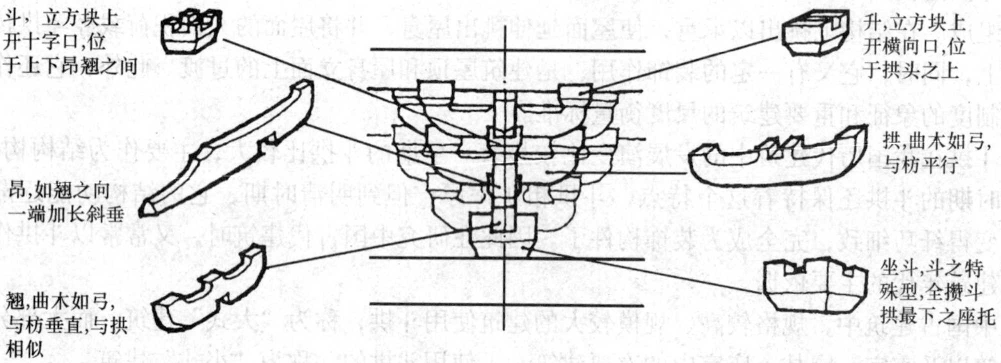

图 2-33　斗拱的组成

由于支撑距离不同，斗拱有简单的“一斗三升”，也有复杂的形式。“一斗三升”里外各加一层拱，就会增加一段支撑距离，叫做“出踩”，即多了两踩，成为三踩斗拱。较复杂的斗拱有五踩、七踩、九踩乃至十一踩，如图 2-34 所示。

2. 柱

中国古建筑采用木构梁柱体系，荷载由木构架支撑，柱子就是垂直方向的承重构件，墙体不承重，因而具有“墙倒屋不塌”的特点。

按结构所处的部位，一般建筑中常见的柱子有檐柱、金柱、中柱、山柱、角柱、童柱等。按构造需要则有雷公柱、垂莲柱、擎檐柱等。按柱的外观，有直柱、收分柱、梭柱、凹

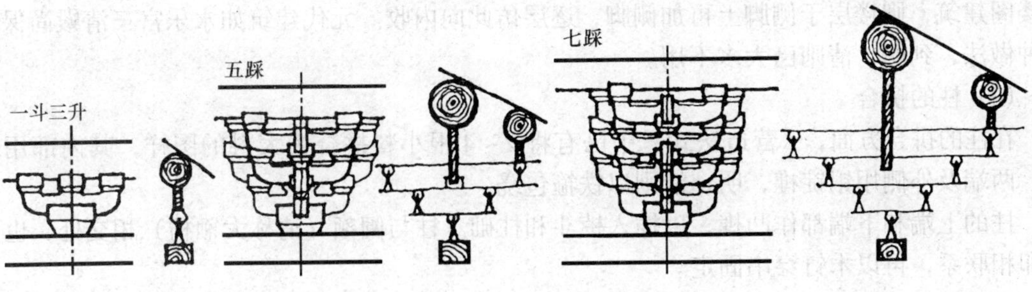

图 2-34　斗拱出踩示意图

楞柱、束竹柱、瓜柱、束莲柱、盘龙柱等。

（1）柱形

就已知实物而言，早期木柱大多为圆形断面，下端埋于土中，然后用土填塞柱穴，再予夯实。秦代已有方柱。汉代石柱更增加了八角、束竹、凹楞、人像柱等式样，柱身也有直柱和收分较大的两种，但由于实物都是仿木的石构件，与真实木构可能尚有一定距离。南北朝时受佛教影响，出现了束莲柱，以及印度、波斯、希腊式柱头，但上述外来形式后来没有得到发展。河北定兴北齐义慈惠石柱上端的建筑，则雕刻了我国现知最早的梭柱形象。《营造法式》中已有梭柱做法，规定将柱身依高度等分为三，上段有收杀，中、下两段平直如图 2-35 所示。元代以后重要建筑大多用直柱。明代南方某些建筑又重采用梭柱，实例见于皖南之民居及祠堂。

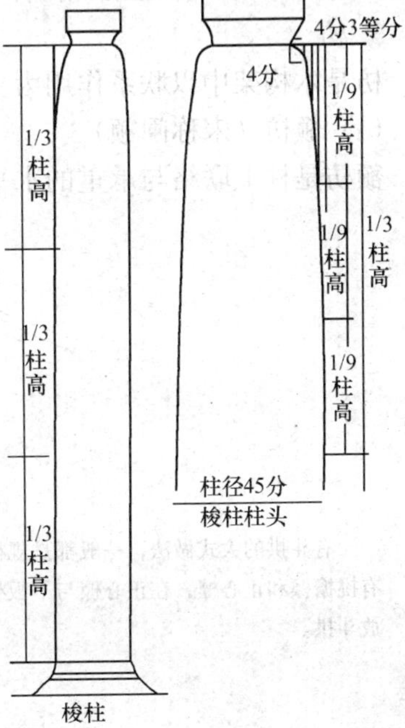

图 2-35　宋《营造法式》梭柱

柱的断面、高度与建筑尺度之间也有一定的关系，这早在宋《营造法式》中已有规定。殿阁柱径最大，其次是厅堂，其他的建筑更小。

由于人们对建筑材料的结构特性有一个认识过程，所以柱径与柱高间的比率也有一个变化过程，一般是从大到小。例如东汉崖墓中的石柱，直径与柱高比在 1/2～1/5 之间。唐佛光寺大殿木柱为1/9；清代北方在 1/10～1/11 左右，而南方民居，由于屋面荷载较小，结构较轻，一般在1/15左右。

（2）侧脚和生起

古代建筑的内外柱有等高的和不等高的。前者如佛光寺大殿，内外柱高相等，柱径也基本一致。而宋代建筑两种做法都有，按照室内空间的不同要求、荷载的大小来选择长度和断面不同的柱子，应当说是合理的，因此内外柱不等高和不等径的出现是结构上一个进步。宋、辽建筑的檐柱由当心间向两端升高，因此檐口呈一缓和曲线，这在《营造法式》中称为“生起”。它规定当心间柱不升起，次间柱升 2 寸，以下各间依此递增。也就是 5 开间角柱较当心间柱高 4 寸，7 开间高 6 寸……13 开间高 1 尺 2 寸。这种做法未见于汉、南北朝，明、清也少使用。

为了使建筑有较好的稳定性，宋代建筑规定外檐柱在前、后檐均向内倾斜柱高的 10/1000，在两山向内倾斜 8/1000，而角柱则两个方向都有倾斜。这种做法称为“侧脚”。如为楼阁建筑，则楼层于侧脚上再加侧脚，逐层仿此向内收。元代建筑如永乐宫三清殿尚保留这种做法，到明、清则已大多不用。

(3) 柱的拼合

在柱的拼合方面，《营造法式》中已有将 2 ~ 4 根小料拼合为大料的图样，其内部用暗榫，两端及外侧用银锭榫，明、清则以铁箍包绕。

柱的上端和下端都作凸榫，以插入栌斗和柱础。柱与阑额（清称大额枋）相交处，也用榫卯相联系，再以木钉穿串固定。

(4) 柱础

柱础位于柱子下部，多为石质，作用是隔离地面的潮气，防止木质的柱子受潮腐蚀。商代时已于柱下置卵石为柱础，有的石上再加铜锧。汉代出现倒栌斗式柱础。南北朝时受佛教影响，出现了高莲瓣柱础。山西五台山南禅寺大殿和佛光寺大殿柱础则有素覆盆和宝装莲瓣两种。

3. 枋

枋是木构架中以联系作用为主的水平构件，如图 2-36 所示。

(1) 额枋（宋称阑额）

额枋是柱上联络与承重的水平构件。南北朝及以前大多置于柱顶，隋、唐以后才移到柱

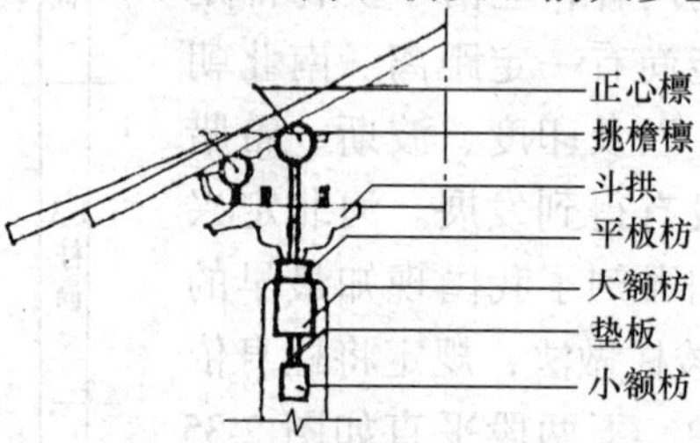

(a)

有斗拱的大式做法，一般都是规模较大的建筑，其做法是柱上有两层额枋，大额枋的上皮与柱头平。檩有挑檐檩和正心檩，在正心檩与平板枋之间，大额枋与小额枋之间均有垫板，大额枋上放平板枋，平板枋上放斗拱。

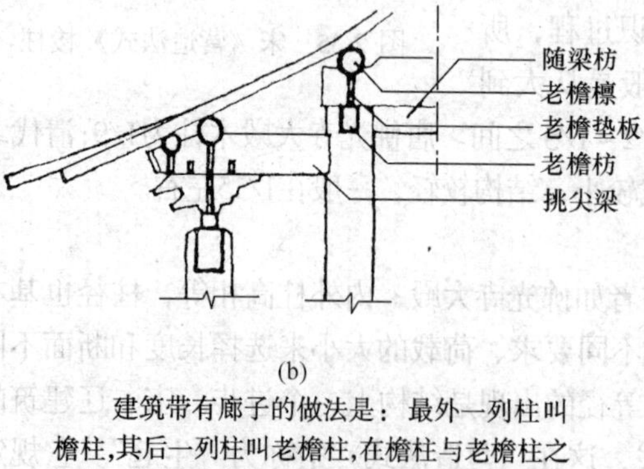

(b)

建筑带有廊子的做法是：最外一列柱叫檐柱，其后一列柱叫老檐柱，在檐柱与老檐柱之间加一短梁称为挑尖梁。它的作用是加强廊子的结构。这时在横梁下面往往还加一条随梁枋，也是为了加强间架的结构。

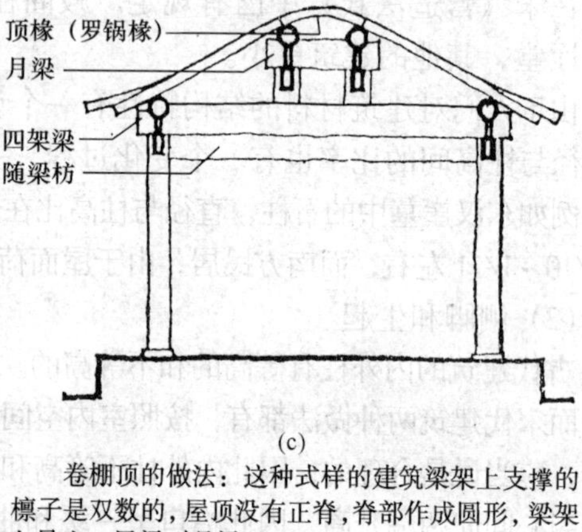

(c)

卷棚顶的做法：这种式样的建筑梁架上支撑的檩子是双数的，屋顶没有正脊，脊部作成圆形，梁架上最上一层梁叫月梁。

图 2-36 枋

(a) 额枋、平板枋；(b) 随梁枋、老檐枋；(c) 随梁枋、月梁

间。阑额之名首见于宋代。它有时两根叠用，清代上面的叫大额枋（宋称阑额），下面叫小额枋（宋称由额），两者间填以垫板。

唐代阑额断面高宽比约2:1，侧面略呈曲线，谓之琴面；阑额在角柱处不出头。辽代阑额大致同唐，但角柱处出头并作垂直截割。宋、金阑额断面比例约为3:2，出头有出锋或近似后代霸王拳的式样。明、清额枋断面近于1:1，出头大多用霸王拳。阑额的出头，大大改善了柱上部的结构与构造状况，是木架结构发展与进步的表现，同时也体现了构造与装饰的统一。

（2）平板枋（宋称普拍枋）

平板枋是平置于阑额之上，是用以承托斗拱的构件。最早形象见于西安兴教寺唐玄奘塔，宋、辽使用渐多，开始的断面形状和阑额一样，后来逐渐变高变窄，至明、清，其宽度已窄于额枋。早期在角柱处不出头，后来出头的形式有垂直截割或刻作海棠纹等。

（3）雀替（宋称绰幕枋）

雀替是置于梁枋下与柱相交处的三角形短木，结构上可以缩短梁枋的净跨距离，也同时成为中国古典建筑不可或缺的装饰构件。

用在柱间的镂空的雀替，称为“花牙子”，已转变为纯装饰性构件。

在建筑的尽端开间，若开间较窄，则自两侧柱挑出的雀替常联为一体，则称为骑马雀替。

4. 门

中国古建筑中的门可以分为版门和槅扇门。古建筑门窗的做法和近代建筑木门窗相似，由门窗框和门窗扇组成。

（1）版门

版门在周代铜器方鬲、汉徐州画像石和北魏宁懋石室中都可见到，唐、宋以后的资料更多。它用于城门或宫殿、衙署、庙宇、住宅的大门，一般都是两扇（图2-37）。《营造法式》规定每扇版门的宽与高之比为1:2，最小不得少于2:5。

版门又有棋盘版门和镜面版门。

棋盘版门的做法是先以边梃与上、下抹头组成边框，框内置横楅（清叫穿带）若干条，后在框的一面钉板，四面平齐不起线脚，高级的再加门钉和铺首。镜面版门门扇不用木框，完全用厚木板拼合，背面再用横木联系。

（2）槅扇门

槅扇门（宋称格子门）在唐代已有，宋、辽、金均广泛使用，明、清更为普遍。一般作建筑物的外门或内部槅断，每间可用4、6、8扇，每扇宽与高之比在1:3至1:4左右。

槅扇门也由边梃、抹头等构件组成，早期的抹头很少，如山西运城寿圣寺唐八角形单层塔之砖雕槅扇门仅3抹头。宋、金一般用4抹头，明、清则以5、6抹头为常见。槅扇大致可划分为花心与裙版两部分。唐代花心常用直棂或方格，宋代又增加了柳条框、先毬纹等，明、清的纹式更多，已不胜枚举。框格间可糊纸或薄纱，或嵌以磨平的贝壳。裙版在唐时为素平，宋、金起多施花卉或人物雕刻，是槅扇的装饰重点所在。边梃和抹头表面可作成各种凸凹线脚，有的在合角处包以铜角叶，兼收加固及装饰效果。

5. 窗

汉冥器中窗格已有多种式样，如直棂、卧棂、斜格、套环等。唐以前仍以直棂窗为多，固定不能开启，因此使窗的功能和造型都受到一定限制。虽然汉陶楼冥器中出现过支窗形式，但为数很少。宋起开关窗渐多，改变了上述情况，在类型和外观上都有很大发展。

（1）直棂窗

在汉墓（如徐州汉墓、四川内江崖墓等）和陶楼冥器中都有，魏晋南北朝的石建筑和石刻，唐、宋、辽、金的砖、木建筑和壁画亦有大量表现。从明代起，它在重要建筑中已逐渐被槛窗所取代，但在民间建筑中仍有使用。

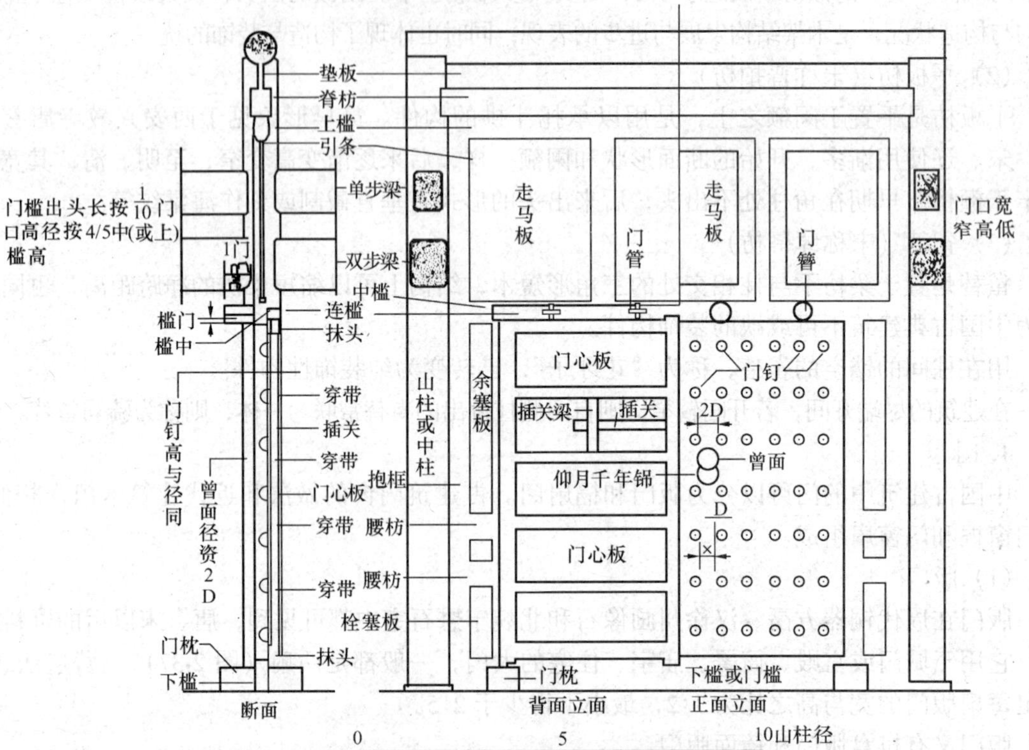

(a)

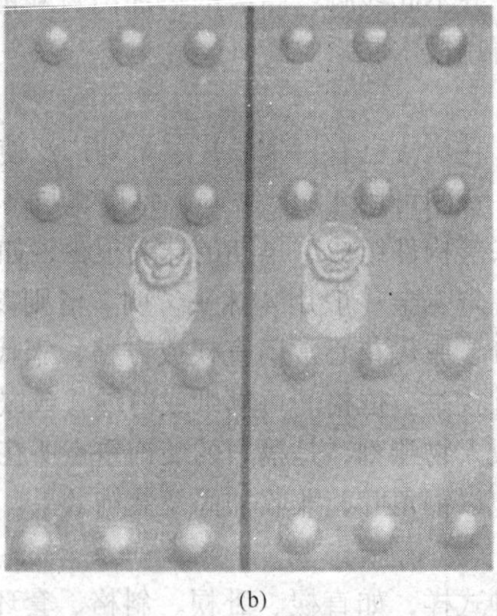

(b)

图 2-37　清式大门式样

(a) 清式大门组式；(b) 清式大门实例——故宫午门门钉

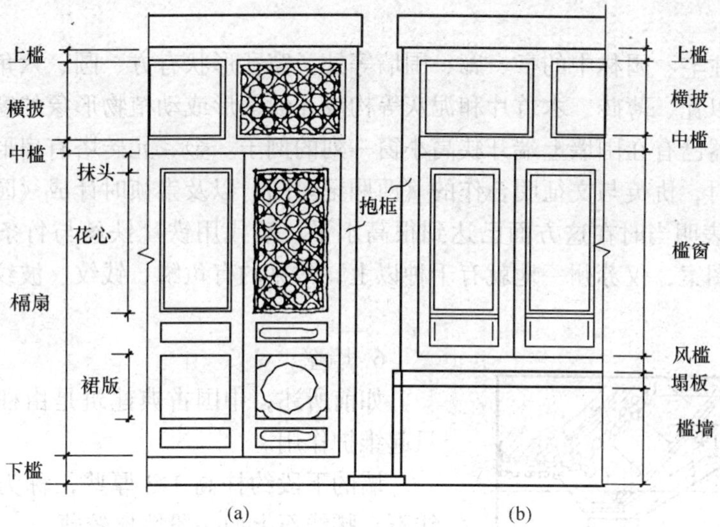

图 2-38　清式槅扇和窗

（a）槅扇、槛窗式门窗；（b）槅扇、支摘窗

唐、宋的直棂窗有多种做法，一种是在柱间施窗额、地栿、腰串、立颊和心柱，然后以楞木（断面方形或三角形，后者称为“破子棂”）立于窗孔间，楞木间相距约一寸。其余之空档施障水板，或砌砖或编竹涂泥粉刷，敦煌宋窟（编号 427）窟廊就是一例。另一种是建在殿堂门侧的槛墙上，其例甚多，如图 2-38 所示。

（2）槛窗

槛窗多用在较大或较为重要的建筑上。宋代槛窗已施于殿堂门两侧各间的槛墙上，它是由格子门（槅扇门）演变来的，所以形式也相仿，但只有格眼（清叫花心）、腰华板（清叫绦环板）和无障水板（清叫裙版）。宋画中的槛窗格眼多用柳条框或方格。

北方的槛墙用土坯或陶砖砌，南方除此以外尚有用木板或石版的。

（3）支摘窗

支窗是可以支撑的窗，摘窗是可取下的窗，后来合在一起使用，所以叫支摘窗。支摘窗多用在住宅和次要建筑上。支窗最早见于广州出土的汉陶楼冥器。宋画《雪霁江行图》在阑槛钩窗外亦用支窗。窗下用有木槅板的镂空勾阑，也有摘窗之意。

清代北方的支摘窗也用于槛墙上，可分为两部分，上部为支窗，下部为摘窗，二者面积大小相等（图 2-38）。南方建筑因夏季需要较多的通风，支窗面积较摘窗大一倍左右，窗格的纹样也很丰富。

（4）横披

当建筑比较高大时，可在门、窗上另设中槛，槛上再设横披。它既可通风、采光，又避免了因门窗过于高大而开启不便的缺陷。

唐及以前还没有见到这种做法。宋《营造法式》卷三十二对这种窗已有图示，而殿堂门上障日版的牙头护缝造（可能由直棂窗演化来），应当说也具有横披的特点。金皇统三年（公元 1143 年），山西朔县崇福寺弥陀殿门楣上，已用了有四椀棱花等精美图案的横披窗。元代以后，横披的使用就更见广泛了。

(5) 漏窗

漏窗应用于住宅、园林中的亭、廊、围墙等处。窗孔形状有方、圆、六角、八角、扇面等多种形式，再以瓦、薄砖、木竹片和泥灰等构成几何图形或动植物形象的窗棂。

汉代陶楼冥器已有在围墙上端开狭高小窗一列的例子。金、元砖塔有扁形窗内刻几何纹棂格的。明嘉靖时，仇英与文征明合作的《西厢记》图，以及崇祯时计成《园冶》中所录的16种漏窗式样，表明当时在这方面已达到很高水平。清代用铁片铁丝与竹条等，创造出许多复杂而美观的图案，仅苏州一地就有千种以上，常见的有鱼鳞、钱纹、波纹等，至今还有借鉴价值。

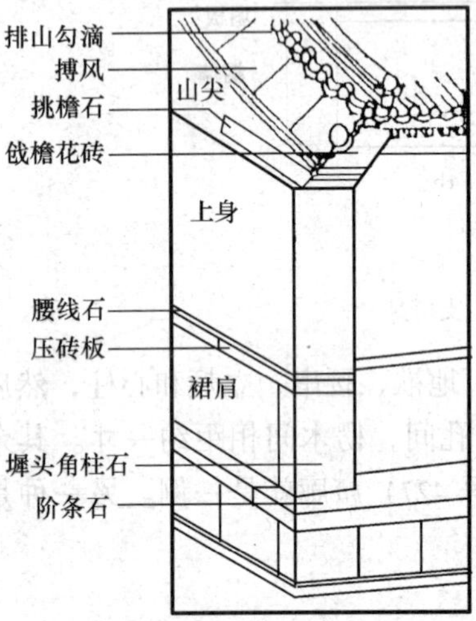

图 2-39 山墙做法简图

6. 墙壁

如前所述，中国古典建筑是由柱承重的，墙壁只起维护作用。

墙的下段约柱高 1/3 厚些，称为裙肩，上有腰线石。腰线石上面一段墙比较薄。

硬山墙的两端要出垛子，称为墀头。墀头的裙肩部分有竖立的角柱石，角柱石上有压砖板和腰线石连接。墀头上部安挑檐石，其上皮与檐枋下皮平。挑檐石上挑出两层砖，上立戗檐花砖，砖面上雕刻各种花纹装饰。在戗檐砖的位置，沿山墙面的山尖斜上为搏风，其上皮与瓦面平。在大式的硬山墙上，沿着搏风还做一排瓦檐，称为排山勾滴，如图 2-39 所示。

(三) 台基部分

建筑下施台基，最早是为了御潮防水，后来则出于外观及等级制度的需要。使用夯土台基的实例，至少在新石器晚期即已出现。周代出现的高台建筑，就是它发展的顶峰。大约自南北朝起，依照使用功能和外形，大体可分为普通台基和须弥座两类。至于台基的层数，一般房屋用单层，隆重的殿堂用二层或三层。但某些华丽殿阁，也有建于一层高大台基上的，如宋代画中的滕王阁，应属高台建筑的遗风。

1. 台基

台基是全部建筑的基础，其构造是四面砖墙、内部填土、上面墁砖的台子。

(1) 普通台基

早期台基全部由夯土筑成，后来才在其外表面包砌砖石。例如东汉画像石中所示的台基，除外包砖石，还有压阑石、角柱和间柱（有的间柱上再施栌斗），型制和后代的已基本一致。南北朝至唐代的台基常在侧面错砌不同颜色的条砖，或贴表面有各种纹样的饰面砖（见敦煌石窟壁画），或作成连续的壸门（西安唐兴庆宫石刻）。宋式做法可参阅《营造法式》卷三；在宋画中也有不少表现，大多以石条为框，其间嵌砌条砖或虎皮石。台基和台阶如图 2-40 所示。

(2) 须弥座

须弥座是一种高等级的台基形式，是由佛座演变来的，形体与装饰比较复杂，一般用于高级建筑（如宫殿、坛庙的主殿及塔、幢的基座等）。最早的实例见于北朝石窟，开始形式

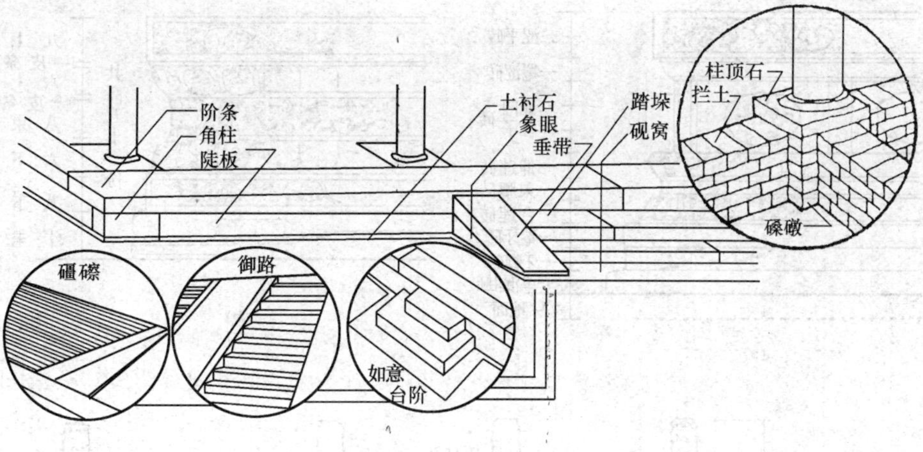

图 2-40　台基和台阶

垂带式台阶按坡度斜放垂带石，其下面三角形部分称为象眼，象眼下面也有土衬石，踏垛最下一级与土衬石平，称为砚窝石。供车马行驶的礓礤和宫殿的御路也是台阶的一种形式。

台基四周在室外地坪线以下，先用石板平垫，其上皮比室外地坪略高，称为土衬石。土衬石的外边比台基的宽度稍为宽些，露出的部分称金边。台基四周转角处有角柱石，四周沿边平铺的石条称为阶条石，阶条之下是陡板石。在次要的和简陋的建筑中，这些部分有时也用砖块砌筑而成。

很简单，仅由数道直线叠涩与较高的束腰组成，没有多少装饰。后来逐渐出现了莲瓣、卷草纹饰以及力神、角柱、间柱、壶门等，造型日益复杂。唐代须弥座更加华丽，装饰性很强。元代起须弥座趋向简化，束腰的角柱改成“巴达玛”（蒙语“莲花”）式样，壶门及人物雕刻已不大使用。明、清的须弥座上、下部基本对称，且束腰变矮，莲瓣肥厚，装饰多用植物或几何纹样，如图 2-41 所示。

2. 踏道

为用以解决具有高度差的交通设施。形式大致可分为阶梯形与斜坡式两种，使用之材料有土、土坯、石、砖、空心砖等。

(1) 阶级形踏步

阶级形踏步很早已有使用，在踏跺两旁置垂带石的踏道，最早见于东汉的画像砖（四川彭山出土），踏步可用单阶、双阶或多阶等形式。

踏跺的高宽比例一般是 1∶2，特殊情况下可 1∶1。宋《营造法式》卷三规定：“造踏道之制，长随间之广。每阶高一尺作二踏；每踏厚五寸、广一尺。两边副子（即垂带石）各广一尺八寸。”它侧面称为“象眼”的三角部分，在宋、元时砌成逐层内凹的形状，明代以后则用平砌。不用垂带石只用踏跺的做法，称为“如意踏步”，一般见于住宅或园林建筑。它的形式比较自由，有的将踏面自下而上逐层缩小，或用天然石块堆砌成不规则形状。

(2) 坡道

礓礤（慢道）是以砖石露棱侧砌的斜坡道，可以防滑，一般用于室外。《营造法式》规定：城门慢道高与长之比为 1∶5，厅堂慢道为 1∶4。后者又可作成由几个斜面组合的形式，

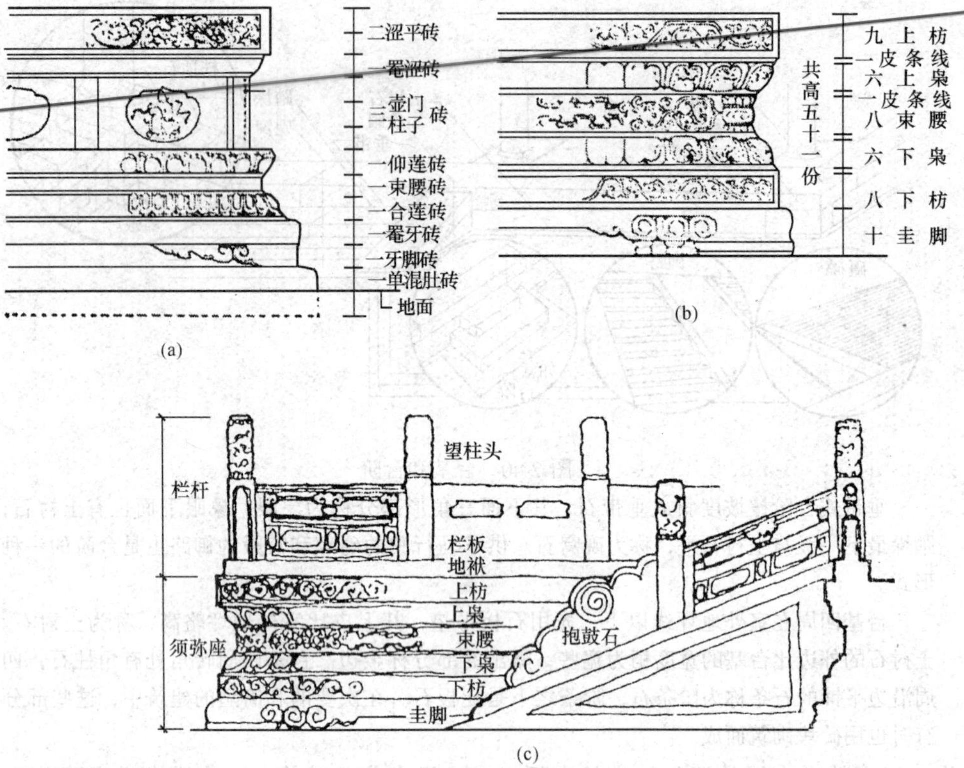

图 2-41 须弥座台基

（a）宋式砖须弥座；（b）清式石须弥座；（c）须弥座与台基台阶

称为“三瓣蝉翅”或“五瓣蝉翅”，也有两侧为踏步中间设礓磜。

辇道（御路）则倾度平缓，用以行车的坡道，常与踏跺组合在一起。汉代文献中就有“左戚右平”的记载，“平”指斜平坡道；“戚”指踏跺，西安唐大明宫含元殿遗址中也有这样的形式。在唐代壁画和宋代壁画中，已将辇道置于两踏跺之间，后来在辇道上雕刻云龙水浪，其实用功能就逐渐为装饰化所取代了。

3. 栏杆（勾阑）

距今 7000 余年前的浙江余姚河姆渡新石器时期聚落遗址中，就已发现有木构的直棂栏杆。在汉代的画像石和陶楼冥器中形象更为丰富，栏杆的望柱、寻杖、栏版都已具备，而且望柱头也有了装饰。栏版纹样亦有直棂、卧棂、斜格、套环等多种。到了南北朝，石刻中又出现了勾片造栏版。唐代木勾阑式样更为华丽，其寻杖和栏版上常绘以各种彩色图纹。宋代大体沿用唐制，一般用一层栏版，称为“单勾阑”。《营造法式》中有用两层栏版的，称为“重台勾阑”。

宋以前木勾阑的寻杖多为通长，仅转角或结束处才立望柱。若木寻杖在转角望柱上相互搭交而又伸出者，称为“寻杖绞角造”。寻杖止于转角望柱而不伸出的称“寻杖合角造”。支托寻杖的雕刻短柱，依其外形可分为斗子蜀柱、撮项或瘿项加云拱等三类。望柱的断面有方、圆、八角、多瓣形（瓜楞）；柱头式样有莲、狮、卷云、盘龙等。用于踏步下端石栏结束处的抱鼓石，最早见于金代的卢沟桥等处，宋画中亦有表现。现存实物以明、清为多。

园林建筑的栏杆处理比较活泼自由，石栏形体往往低而宽，沿桥侧或月台边布置，可兼作坐凳，称为坐槛，木、竹栏杆造型轻快灵巧，栏版部分变化极多。近水的厅、轩、亭、阁常在临水一面设置木制曲栏的座椅，南方称为鹅颈椅（或飞来椅、美人靠、吴王靠），除了可供休息，还能增加建筑外观上的变化，宋、清栏杆式样如图 2-42 所示。

此外，在建筑窗下的木质槛墙处，往往置以栏杆及护板，夏季除去护板即可通风。

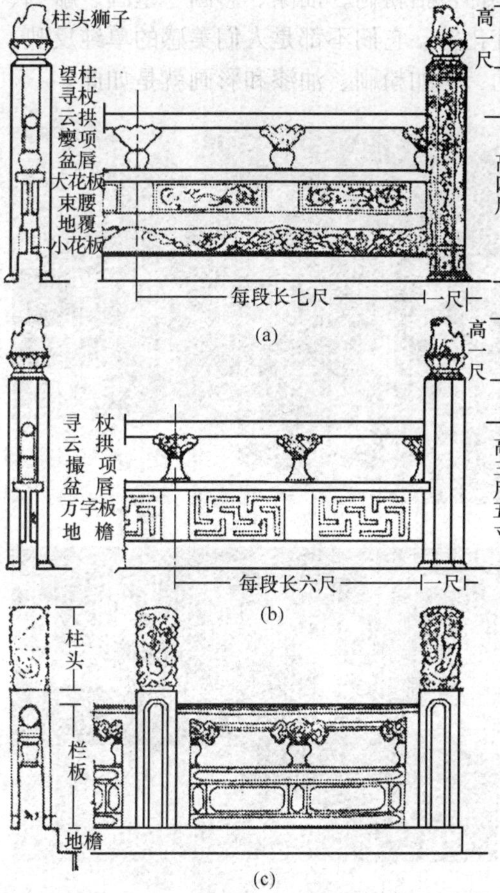

图 2-42　石栏杆

（a）宋式重台勾阑；（b）宋式单勾阑；（c）清式栏杆

（四）建筑色彩和装饰

中国古代建筑上的装饰细部大部分都是梁枋、斗拱、檩椽等结构构件，它们是经过艺术加工而发挥其装饰作用的。同时综合运用了我国工艺美术以及绘画、雕刻、书法等方面的卓越成就，如匾额、柱上的楹联、门窗上的棂格等，都是丰富多彩、变化无穷，具有浓厚的传统民族风格。

1. 色彩

色彩的使用也是中国古典建筑最显著的特征之一。如宫殿庙宇用黄色琉璃瓦顶、朱红色柱身、檐下阴影里用蓝绿色略加点金，再衬以白色石台基，各部分轮廓鲜明，使建筑物更显得富丽堂皇。在封建社会中色彩的使用也受到等级制度的限制，一般住宅建筑中多用青灰色的砖墙瓦顶或粉墙瓦檐、木柱，梁枋门窗多用黑色、褐色或本色木面，也显得十分雅致。

随着人们在制陶、冶炼和纺织等社会生产中认识并使用了若干来自矿物和植物的颜料，并将其中某些施于建筑作为装饰或防护涂料，这样就产生了今天的建筑色彩。但建筑色彩的使用和演绎，除了上述生产条件外，还为统治阶级的意识形态所左右。就柱上所涂的油漆来说，原来是为了保护木材不受潮湿，后来由于添加了各种颜色，就成为建筑装饰的重要因素。但统治阶级却在其中加入了阶级内容，据春秋时期礼制所要求的“楹，天子丹，诸侯黝，大夫苍，士黄”，使得建筑色彩体现了等级制度。

周天子的宫殿中，柱、墙、台基和某些用具都要涂成红色。汉代宫殿和官署中也大体这样。虽然后来红色在等级上退居黄色之后，但仍然是最高贵的色彩之一，历代宫垣庙墙刷土朱色和达官权贵使用朱门，都可以说明这个传统。

2. 装饰

装饰包括粉刷、油漆、彩画、壁画、雕刻、泥塑以及利用建筑材料和构件本身色彩和状态的变化等。它们不都是人们美感的单纯反映，许多是从建筑功能和技术的实践中逐渐发展起来的，例如粉刷、油漆和彩画就是如此。

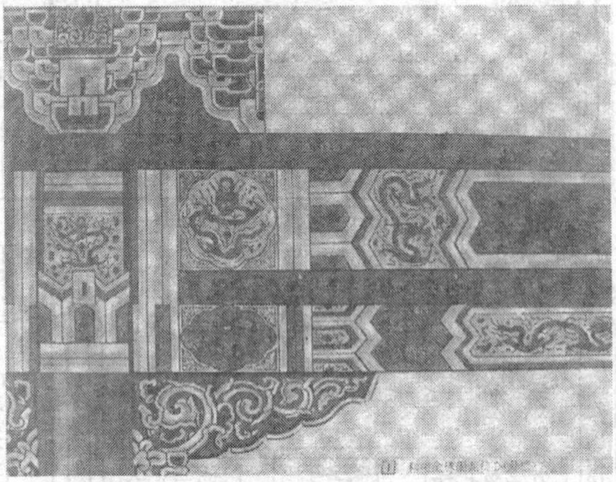

(a)

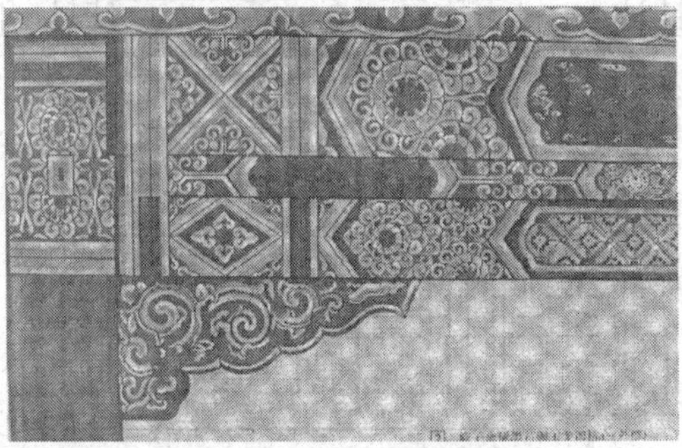

(b)

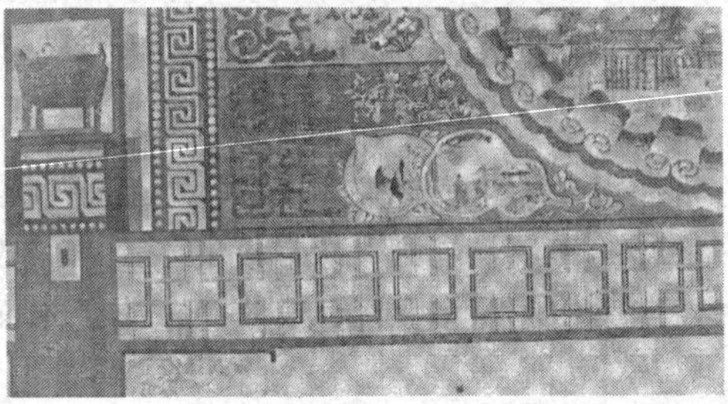

(c)

图 2-43 清式彩画实录

(a) 和玺彩画；(b) 旋子彩画；(c) 苏式彩画

(1) 粉刷

表面抹泥是我国最古老的粉饰手法。至少在商代已在泥墙面上涂“蜃灰”（即蚌壳灰），这使建筑外观大大改变。根据发掘资料，秦咸阳宫室地面已经涂红；两汉文献中除了“丹墀”、“玄墀”，还有壁面涂胡粉，周边框以青紫的记载；和林格尔东汉墓壁画所显示的宁城乌垣校尉官署，外围墙涂土红，内部建筑用白墙红柱。这种在宫殿、官署、庙宇的外墙面涂土朱的方式，直到清代仍被沿袭。

在砖墙大量使用后，除清水墙外，多数壁体表面仍用粉刷。其目的于室外主要是为了美观，室内是为了清洁和改善采光，至于原来对墙体的保护功能，则显然退居次要了。

(2) 油漆和彩画

彩画是我国古建筑装饰中的一个重要部分，所谓“雕梁画栋”正是形容我国古代建筑这一特色。彩画多用在檐下的梁枋、斗拱和柱头上。彩画的构图都密切结合构件本身的形式，色彩丰富，为建筑增添了无限光彩，同时又在功能上起到保护构件防潮防腐的作用，如图 2-43 所示。

官式木构建筑的柱枋，自汉起都以红色为基调，如前述东汉和林格尔墓壁画中的官署，唐长安懿德太子墓壁画中的宫阙以及北京清故宫等。梁架上至少在战国时就已饰以彩画，汉代彩画的题材常采用云气、仙灵、植物、动物等。六朝时多用莲瓣。唐、宋及以后，几何图形和植物花纹渐多，色调也由红转向青、绿，并大量使用了晕，如图 2-44、图 2-45 所示。

南方住宅和园林建筑大多用栗壳色或黑色漆涂柱、梁等木构件，其上不施彩画，整个色调素淡和谐，与官式建筑色彩鲜艳夺目、对比强烈完全不同。至于一般民居如穿斗式建筑，其柱枋常保留原来木材本色，仅在墙面涂以白垩，也收到简洁明快的效果。

彩画主要做在梁枋上。它的布局是将梁枋分为大致相等的三段，中段称枋心，左右两段

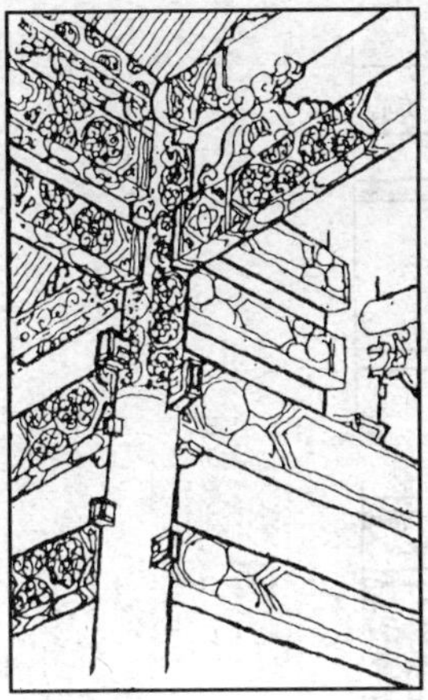
(a)

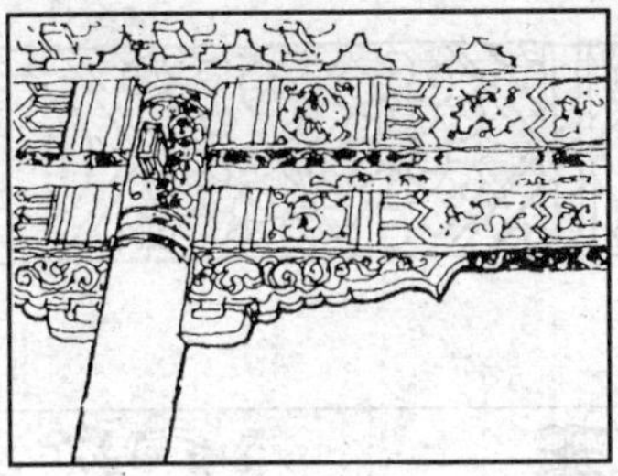
(b)

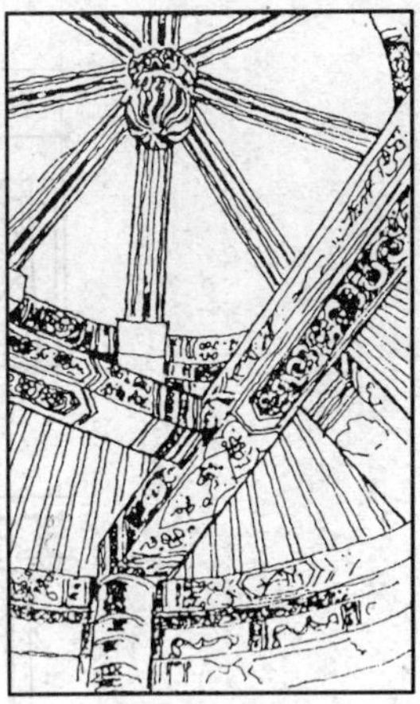
(c)

图 2-44　彩画应用的部位

（内外檐额枋、梁架、柱头、雀替、斗拱等部位）

（a）内檐旋子彩画，旋子彩画以旋子花为主题；（b）外檐和玺彩画，和玺彩画以龙凤锦纹为主题只限于用在宫殿建筑上；（c）苏式彩画，以山水、花卉、禽鸟为主题，在园林建筑和住宅中应用得比较广泛

▽ 彩画纹样举例：如意吉祥

△ 彩画纹样举例：宝相牡丹纹

图 2-45　彩画纹样示意图

的外端称箍头，枋心和箍头之间的称藻头。

明清时期最常用的彩画种类有和玺彩画、旋子彩画和苏式彩画。

和玺彩画是最高级的，仅用于宫殿、坛庙的主殿、堂、门。彩画的主题是龙，主要以蓝绿底色相间形成对比并衬托金色图案，额垫板用红色为底。

旋子彩画在等级上仅次于和玺彩画，它应用的范围很广，如一般的官衙、庙宇主殿和宫殿、坛庙的次要殿堂等处。主要特点是在藻头内使用了带卷涡纹的花瓣，即所谓的旋子。箍头内仍用盒子，大多不绘龙，而以西番莲、牡丹、几何图形为主。枋心也绘锦纹、花卉等。

苏式彩画一般用于住宅、园林。箍头多用联珠、回纹等。苏式彩画是将檩、垫、枋三部分的枋心连成一片，形成一个半圆形，称为搭袱子，也称包袱皮，里面的彩画是一个完整的布局，因此苏式彩画又俗称“包袱彩画”，如图 2-46 所示。

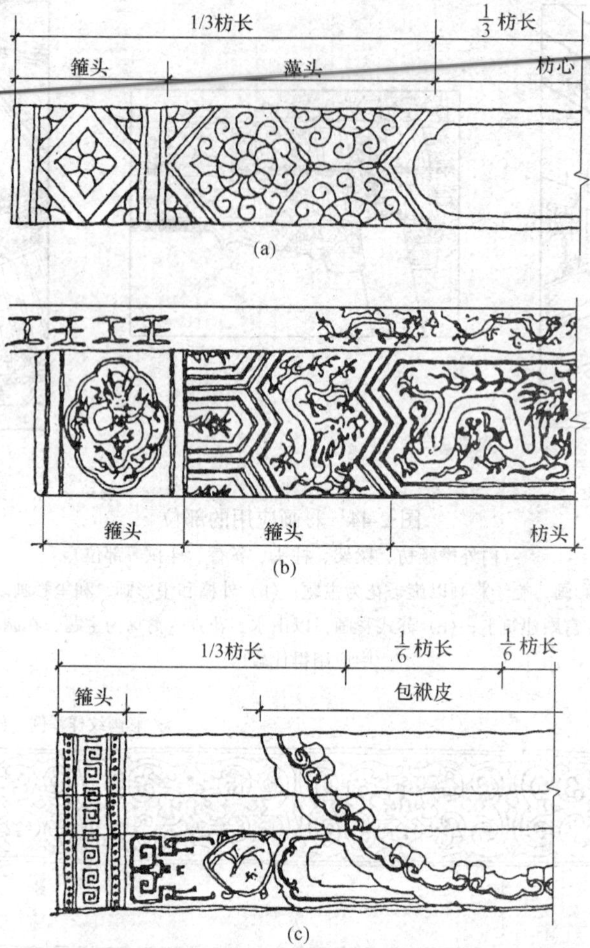

图 2-46　明、清式彩画分类

（a）旋子彩画；（b）和玺彩画；（c）苏式彩画

3. 雕刻

依形式有浮雕和实体雕，依材料有石、砖、木等。

现遗留的古代建筑石刻以汉代为最早，如石室、石阙、石墓中各种仿木建的雕刻，无论是屋脊、瓦、椽、柱、斗拱或天花藻井，都能相当准确地表现其原来风貌。南北朝石窟的柱廊、壁面的浮雕、内部的塔柱以及陵墓前的石兽、纪念柱等，也都忠实地反映了当时建筑的特点。唐、宋以后遗留的石塔、经幢、桥亭、牌坊都很多，无论从整个建筑的外形以及各个局部的详尽手法，都给我们提供了大量珍贵的资料，弥补了木构建筑中未知的许多不足。

宋代对雕刻则按其起伏高低，分为剔地起突（高浮雕）、压地隐起花（浅浮雕）、减地平钑（线刻）和素平四种。而建筑中的石刻花纹又有海石榴花、宝相花、牡丹花、惠草、云纹、水浪、宝山、宝阶八种。用于柱础的有铺地莲花、仰覆莲花、宝装莲花三种。此外，在上述花纹内还可配置龙、凤、狮、兽、人物等。

清代砖刻常置于牌坊、门楼、照壁、墙头、门头、栏杆、须弥座或墓中，内容有生活起居、人物故事、仙灵鸟兽、山水花木、几何图案、吉祥文字等，一般采用浮雕。

见于地面建筑的砖、石、木刻，则以明代以后的江南一带的民居、祠、庙为多。

第三节 现代主义风格

现代建筑是在19世纪末的产业革命和新艺术运动的推动下产生的。现代建筑的主导潮流是现代主义亦称国际式建筑。现代主义注重解决实用功能和经济问题，积极采用新材料、新技术、新结构，努力创造新的建筑形式，这些主张对20世纪的现代建筑都产生了极为深远的影响。

一、现代主义价值观

随着科技的发展，科技产品越来越多地作用于人们的日常生活，古代社会中的自然崇拜、宗教崇拜与古典崇拜在工业社会中转化成一种技术崇拜，形成西方工业社会中技术主义思潮。现代建筑本身是工业社会的产物，是工业文明的一部分，也就必然带上技术主义色彩。

包豪斯的建立是现代建筑运动中极为重要的一步，它意味着机械美学的理论与方法的成熟并得以传播。以机械美学为基础的抽象艺术是包豪斯教学的基础内容之一，康定斯基、保罗克利等抽象画家应邀在包豪斯任教，点、线、面、体及其组合形式成为平面构成、立体构成等抽象艺术所关注的内容。学校集纺织、印刷、金工、建筑类教学于一体，将建筑与工业产品设计归于一类，这对于以往将建筑归于艺术门类的划分方法是一个突破。

与此同时，装饰与美术的分化日益加深。1925年在巴黎举行的装饰艺术和现代工业国际博览会上，一种新的艺术风格展现于人们面前，这就是“装饰派艺术（Art Deco）”，西方亦称之为“现代风格”，并把它作为现代主义开始流行的标志。装饰派艺术作品的显著特点是轮廓线简单明朗，外表呈流线形，图案为几何形或抽象形式。材料除天然原料外也采用一些人造材料，包括酚醛塑料、有机玻璃及钢筋混凝土等。造型注重机器制品固有的设计特性，如相对简单、光滑、匀称、重复与标准化。

另一方面，建筑材料的工业化生产使大量工业产品进入到建筑中，工艺的演化使许多材料既满足界面的围护要求，又有装饰效果。例如玻璃幕墙的生产厂家集玻璃工艺、化学工艺、机械化施工工艺于一体，参与到建筑营造中去。作为附加与点缀的建筑装饰不见了，集装饰与装修一体化的“饰面工程”取代了它的位置，与功能密切相关的细部构造工艺成为装饰的主要手段。

二、现代建筑装饰特点

现代生活使人的审美观点发生了巨大变化，审美理想理性化，审美情趣统一化，现代派建筑师力图创造一种超越时空与地域民族界限的新风格。在现代派建筑中，高效、简洁、实用，成为外观上追求的共同目标。

在现代主义建筑中，装饰施工的内涵发生根本性转变。1925年柯布西耶在《今日装饰艺术》一书中写道：“现代装饰艺术并非装饰”。他解释道：“我们一直被告知：装饰是人生活所需要的。让我们纠正这一概念，艺术才是人生活所需要的，装饰艺术的含义在今天被称之为设计。”柯布西耶在这里所说的设计特指根据视觉原理对建筑要素的组织与安排。

现代主义者力图彻底抛弃附加装饰，对各个界面的美化处理常被笼统地称为饰面工程。他们对各类界面提出基本的功能要求，力图使建筑外观方面的设计也走向理性化道路。在某种意义上讲，现代主义所表现的是一种功能主义装饰观，对建筑的美化限定于对功能构件的修饰，反对附加的装饰。

客观上讲，建筑外观总是不自觉地成为表达和满足时代意象的物质载体，即便是那些清除外加装饰的国际式或粗野主义的建筑饰面也是经过认真处理的，表面形态上仍具有多样性。只是就外观装饰设计而言，它们有一个统一的指导思想——建筑外观必须忠实地反映其实用内容，作为装饰的要素不能脱离功能而存在，这种特点成为现代建筑装饰的共同特征。

图 2-47　密斯的饰面处理

（美国伊利诺工学院建筑及设计系馆（1956）

1. 技术主义美学实践

现代建筑发展的同时，新型装饰材料在建材工业发展中形成一股强大的潮流，为建筑艺术和美学的发展开拓了道路。仅现代建筑外墙装饰材料就有涂料类、贴面类、装饰混凝土类、玻璃与金属板材等几大类别。工艺上机械化、装配化程度越来越高。

对于建筑的装饰处理，现代主义大师密斯认为“少就是多”。事实上，密斯的饰面处理是非常考究的，真正称得上“少而精”，如图 2-47 所示。

随着新结构新材料的应用及设备系统的进步。20 世纪后西方发达国家的高层建筑在大城市里如雨后春笋般地发展起来。起初的高层建筑在基座与槽口等部位还带有传统建筑装饰的痕迹。密斯早在 20 世纪 20 年代就看到玻璃与钢铁等新型建材、新型结构的艺术潜力。他指出“当技术实现了它真正的使命，就升华为艺术”。

人们对幕墙的选用在很大程度上是基于美学上的考虑。随着材料工业的发展，继第二代吸热玻璃之后，被称为第三代玻璃的金属反射玻璃被应用于建筑之中。这种玻璃又被称为镜面玻璃或单反射玻璃，金属反射层能像镜面一样反映周围环境与动态的天空云彩，这种玻璃一出现就受到人们广泛欢迎。

利用不锈钢、镜面玻璃等反射率较高的饰面材料，追求反射与光影变化的饰面手法，这种饰面风格又被人们称为“光亮派”（Slik Style）。其代表建筑有西格拉姆大厦、美国波士顿汉考克大厦，如图 2-48、图 2-49 所示。

第二次世界大战后，铝合金以其自重轻，延伸性强，易加工的特点受到人们青睐，铝合金面层光感细腻柔和，格调高雅，往往与保温材料一起构成轻质复合墙板用于高层建筑。1953 年美国铝业公司阿尔考（Alcoa）大厦首次大量使用了这种墙板。阿尔考大厦铝板墙背后安装喷有泡沫混凝土的多孔铝板，外墙饰面铝板仅 3.18mm 厚，为提高其刚度，冲压成锥形。这种锥形单元使大厦外表面明暗相间，光影变化丰富。铝合金面材这种银灰色，半反射的特性，人们称之为“亚光类”材料。20 世纪 50 年代后期开始，许多建筑师运用亚光类饰面材料克服“光亮派”外饰面眩光、高光给人带来的不适，同时创造一种高雅、柔和并体现高技术的新饰面形式，英国奥利维蒂学校就是一例，如图 2-50 所示。

1958年建成的西格拉姆大厦集中反映了密斯技术主义的建筑观。大厦38层，高158米。正面五跨，侧面三跨。外观采用全玻璃幕墙。选用了一种茶色吸热玻璃，设计中努力暴露结构的真实性，表现技术美。当建筑法规不允许暴露钢构件时，密斯在混凝土包钢的外柱面包铜皮。体现结构金属材料的质感。当然采用这种装饰手法要有强大的经济基础作后盾。西格拉姆大厦茶色吸热玻璃与铜框格的选用使大厦造价高出同等规模大楼的一倍。

图 2-48　西格拉姆大厦

基地邻近两座大约有100年历史的公共建筑——三位一体教堂和公共图书馆，为避免体量巨大的汉考克大厦与两幢历史性建筑之间的冲突，贝聿铭将塔楼设计得十分简洁，并在外饰面选用了一种天蓝色镜面玻璃，幕墙框架也做了隐性处理，大厦的镜面幕墙反映出教堂及周围环境，而大厦自己却似乎“消失”了，随天气和时间的变化，不断变幻自己的形象。

图 2-49　美国波士顿汉考克大厦

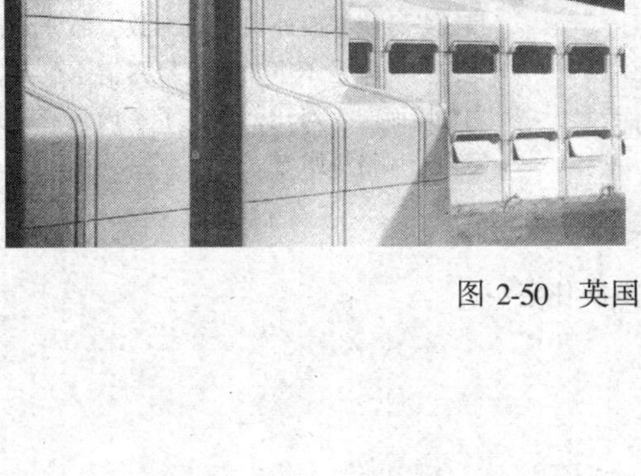

宿舍楼主体首层为钢筋混凝土浇筑的扁形支柱，南立面二～四层为玻璃，钢构件与混凝土梁纵横交错分隔界面，五层为实墙，仅有少量窗孔。立面构成要素的虚实及分格比例十分考究；手法朴素自然而有大家风范。型钢构件既是构造需要，又在外观产生平面构成的效果。北部裙房外饰面还用天然虎皮石砌成一片弯曲的墙面，使天然与人工材料不同的质感与色彩产生对比效果。

图 2-50　英国奥利维蒂学校

图 2-51　巴黎大学瑞士学生宿舍

在讲求技术美的纯净形式流行的同时，另一股建筑思潮与立体主义美术汇合，创造出另一种新建筑风格。在这些建筑中，混凝土、玻璃、钢材以其不同表面质地特性，作为构成元素参与到建筑界面中，产生了强烈的艺术效果，柯布西耶设计的巴黎瑞士学生宿舍楼就是一例，如图 2-51 所示。

在建筑设计中柯布西耶还十分重视色彩与质地的处理。在马赛公寓的设计中，柯布西耶使底部支柱拆除模板的混凝土材质直接暴露在外，而不粉刷。混凝土表面的麻点与小孔，木模的条纹造成一种粗犷原始的雕塑效果。这种不事雕琢，追求粗质材料装饰效果的手法又被人们称为粗野主义。马赛公寓许多居住单元阳台的侧墙上还被涂以红、黄、蓝三色做装饰，使巨大体量的灰色建筑平添几分色彩，总体上形成色彩构成效果。

20 世纪 50 年代后随建筑材料不断丰富，部分建筑师将空调通风管道、音响设备、自动扶梯及结构构件加以精心设计，充分暴露，兼作建筑上的装饰物。他们认为技术的高度发展是当今社会发展的必然结果，人们的生活方式与美学观都会随之变化，因此人们应该有远见地领会它、接受它、适应它。这种在外观上表现高科技的风格又被人们称为“高技派”。建筑理论家詹克斯认为以密斯为代表的第一代技术美学强调的是逻辑、流程、技术与结构，第二代技术美学突出的是技术构件的装饰性，以夸张的手法加以突出，形成对建筑的表观性装饰。

2. 有机建筑装饰探索

在现代建筑发展过程中，部分建筑师倡导利用砖石、木材等地方材料对建筑进行有机装饰。赖特、阿尔瓦·阿尔托等建筑师的作品体现了这一特点（如赖特的罗宾住宅、阿尔托的珊那特赛罗市政厅）。阿尔托乐于运用芬兰盛产的木材饰面，体现芬兰的地方特色。阿尔托的作品从不浮夸豪华，也不照抄欧美发达国家的时髦式样，而是把理性主义与浪漫主义融为一体，创造出独特的地方风格，同时也反映出自己的鲜明个性（图 2-52、图 2-53）。

赖特 1902 年设计的罗宾住宅（Robie House），支撑墙墩呈片状纵横交错，外表为清水红砖墙，横向勾勒深灰缝，加强了饰面的横线条，使界面外观更加细致。部分延伸到室内的墙体也不事粉刷，暴露清水红砖，与白色墙面产生对比，丰富了室内色彩，并使室内外风格协调统一。

图 2-52　罗宾住宅

阿尔瓦·阿尔托设计的珊那特赛罗市政厅位于一座小山坡上，建筑就地势高低布置成参差错落的轮廓线，外部以清水砖墙饰面，内外环境相互交融，使人工创作与天然景色相得益彰。

图 2-53 珊那特赛罗市政厅

三、现代建筑装饰的困惑

现代主义自然观所依赖的主体是机械论，即把世界上任何事物都看成与机械一样可以程式化表述、理性化创造的东西。作为现代社会的审美形态也体现了这一特点，人们喜爱整齐划一、高效简洁的建筑形态。在机械审美观指导下，人们寻求到表现现代建筑特点的新型装饰工作手法，它与工业化大生产的形式紧密相关，适应现代社会高速度、高效率的时代要求。在半个世纪的时间里，这种理性主义设计原则在世界迅速推广普及。在大量兴建的现代建筑中，平屋顶代替了红瓦坡屋顶，带有横向大玻璃窗的无饰白粉墙代替了传统红砖墙，成为一个时期建筑的主流。人们将这种跨越时空和地域，跨越人文文化界限的建筑风格称为“国际式”，足见其影响之深远，这种倾向在“二战”后走向极端。现代主义最初的社会内容被抛弃，剩下的只是若干规范化的机械模式，似乎建筑从此可以像家具一样批量生产了，现代派信仰的全部活力被归结于一个压倒一切的形象——机器，环境的文化意义被淡化。

建筑并不仅仅是遮避风雨的场所，它在某些方面是自我意识形态、生活环境形态与个人理想形态的表现。面对战后以现代工业技术为基础迅速兴建起来的庞大冷漠、千人一面的人为环境，人们不禁对绝对化的机械美学原则提出质疑，许多有远见卓识的建筑师也提出了自己的观点。阿尔瓦·阿尔托认为：“现代建筑的最新课题是要使理性化的方法突破技术的范畴而进入人情和心理的领域”。现代派建筑师贝聿铭也指出：“建筑所采取的形式必须在情感上使人满足”。

第四节 当代设计风格

“二战”后，现代建筑出现了多元化的发展趋势，越来越多的建筑师要求修正和突破 20 世纪 20 年代的现代主义，并要求建筑形象更富于表现力。他们不再简单遵循“形式追随功能”、“少就是多”、“装饰就是罪恶”等现代主义信条，反对建筑形象的千篇一律，简单乏味，主张建筑应该施用装饰，并在一定程度上吸收历史上的建筑手法和样式，现代主义也应具有地方特色等。在这种思想指导下，20 世纪 50 年代出现了典雅主义、粗野主义、高技派、人性化建筑和具有地方特色的地方化建筑。20 世纪 60 年代后，对现代主义的指责和批判增强，又出现了讲究建筑象征性、隐喻性和装饰性的后现代主义建筑思潮。

一、当代设计风格的价值取向

20世纪50年代末到60年代初，经过战后的恢复建设，欧美许多发达资本主义国家进入富裕的工业社会，工业文明在西方达到高潮，与此同时，工业文明的弊病也逐渐明显地暴露出来。与以理性为基础建立起来的高度发达的物质文明相对立，西方意识形态领域出现了一股非理性思潮，其影响越来越广泛。战后带有主观情感色彩的非理性成分在西方社会中蔓延，人们的认识与情感日益复杂，美学的范畴不再只是崇高、宏伟、整齐、细致，而变异、辛辣、恐怖也被人们认为具有一定审美价值。许多学者认为这是对工业社会的不满与反叛。建筑界许多人开始认识到现代主义建筑的不足。

从后现代建筑开始，建筑又增加了装饰性，重温传统装饰的各种语言，并加以提炼，创造出新的装饰语言。

20世纪60年代欧美兴起的旧城复兴运动启发了人们对建筑装饰的再认识。在再造城市空间结构的同时重新评价城市空间和环境艺术对人的影响，重新认识城市景观特色创造的意义和丰富城市环境文化的作用。在旧建筑的改造和修复中，一些年代久远的建筑被拂去岁月的尘垢，加上新外壳后，展现在人们面前的是古典建筑原有的精美线条。复杂而漂亮的铺砌图案，五彩缤纷的外表装饰和多姿多彩的细部点缀，反射出近代工业化大生产所兴建的大量房屋在这方面的单调与匮乏，因而重新燃起人们对装饰的热情。

商品社会中，商业竞争也迫使房屋业主更为注重建筑的多样化、个性化与装饰化，以达到招揽顾客的目的，这也从另一方面促使人们对装饰的热衷。

在人们用自然科学眼光投向人本体进行研究的过程中，心理学、符号学等新兴学科的研究成果也进入了建筑领域。

二、当代设计的新趋向

通过对现代主义原则的质疑和对建筑基本问题的重新检验，路易·康与文丘里等建筑师开创了富有意义的变革，在规模不断扩大，日益群体化的当代建筑中，建筑的内部和外部一样都面临着人性弘扬和生态维护两大主题，从广阔的文化背景出发，从细微处着手，理所当然地成为今天设计思想的主流，一场新的建筑与设计运动正在美国兴起，它重新把装饰作为建筑设计中的一种合理手法，创造特定视觉效果，给人以愉悦，为环境增添活力。

与此相对，当代建筑装饰已突破了现代主义饰面装修工程的范畴，出现了追求多样、追求个性、追求大众化的趋向。

（一）建筑装饰的多元化趋向

物质产品的高度发达是建筑思潮多元化的基础，审美方式的多样化又是建筑思潮离散化的直接原因，西方发达国家战后恢复建设的基本问题得到解决后又对建筑提出多样化的要求。工业社会中工程设计追求的是高效有序的理性主义目标，而当代人们则确立起人是工程设计最根本目标的观念。从物质到精神，从行为到心理，建筑要求满足人们不同文化层次、不同生活方式的多样性需求。主体意识的加强使人们认识到多样化、多层次社团存在的合理性，不再用统一的标准要求人的生活方式与意识形态，不再推崇某种权威，建筑中任何流派都不可能像工业社会中现代建筑那样占有权威与绝对地位。

与此同时，建筑装饰的内容、造型、手法、材料、色彩也向多元化发展。表现形式上或写实或写意，或具体或抽象，或粗犷或细腻，或富丽或简洁，都突出各自风貌，主体结构之外的建筑附加装饰也得到人们的认可。

当代建筑装饰手段不仅有雕凿涂刷等传统工艺，也有将高科技成果——电、激光、热塑等在装饰上应用，丰富和拓展了装饰的手段和设计的想象力。新型建材的开发利用使建筑装饰异彩纷呈，新一代玻璃、陶瓷、钢铁、轻金属、树脂、光导纤维的应用使设计者左右逢源，而人们所熟悉的砖、木、石等自然材料因其习惯价值观念作用也在建筑装饰中受到人们的喜爱。

在色彩与质地处理上，许多建筑注意色彩与质感的对比，产生色彩新颖、格调多样而又统一的视觉印象。许多建筑师认识到建筑装饰应力图与城市的形象和文化内涵的总体构思相适应，使装饰不再单纯满足于实用和认知功能，而是积极参与到环境创造中去，走上多元化、多层次的态势格局。

在建筑装饰多元化格局中较有影响的装饰倾向如下。

1. 历史主义装饰倾向（如图 2-54、图 2-55 所示）。

建筑师查理斯·摩尔设计的美国新奥尔良意大利广场以舞台布景式的构思创造了一个意大利风情的室外环境。半圆形广场用带有古罗马柱式及线脚的柱廊片断重组围合，有些柱式的柱头或柱颈被变成钢饰。异化的手法，片断的组合加上灯光喷泉的烘托使环境产生一种蒙太奇的效果。

图 2-54　美国新奥尔良意大利广场的装饰

建筑界面要素的处理并不直接反映内部功能，而是具有一定多义的象征性，建筑整体上采用三段式构图，墙面的色彩拼贴打破单调的方形墙面，基座被处理成柱廊形式，令人想起波特兰传统式拱廊。巨大的壁柱与拱心石加强了建筑的轴线关系。通过以色彩与经济的材料对界面处理，格雷夫斯设计的方案体现了城市的文脉及丰富的历史内涵。

图 2-55　美国波特兰市政厅

将传统建筑中的典型构件以符号抽象的手法运用到现代建筑中去，使之体现文脉的延续，时间的变迁，民族与地方的特性，是后现代主义常用的手法。在这里装饰并不一定以从属于结构主体的面貌出现而是传递某种信息的象征性处理手法。构图原则上并不遵从古典的构图比例与精确程式，而是结合材料与技术，追求构图手法的变异，或是材料工艺的变异，给人以新的感受。

历史主义装饰主题还往往通过变异手法形成多义性建筑符号，隐喻环境文脉的延续。

2. 白色派装饰倾向

在当代建筑领域里，"20 年代白色建筑学"的乌托邦内容已经衰落，但仍有部分建筑师把这种原型作为形式手段。20 世纪 70 年代理查德·迈耶、彼得·埃森曼等五位建筑师在纽约展出了他们的部分作品，其共同特点是注意空间的分割与联系，重视讲究色彩淡雅与统一，多以白色饰面给人以清淡典雅，优美新颖的情趣，引起人们较大反响，被人们称为"纽约五人小组"或"白色派"。

白色派装饰手法可以看成是新建筑运动中构成主义的延续与发展，追求一种纯净的形式表现建筑自身。现代派建筑用于形成秩序的网格在这里被打散，作为一种装饰以异化的手法进行形态构成，外观颜色单纯，而形态富于动感，如图 2-56 所示。

白色派的作品既有别于密斯的森严冷峻，又不同于柯布西耶的奇异怪诞，它摒弃了繁琐的附加装饰物与凌乱的色彩，在讲求广告效果的当今西方建筑界显得格外突出，具有令人愉快的高雅个性，在它的影响下出现了"银色派"、"灰色派"等追求色彩纯净的装饰倾向。

该建筑饰面采用纯白色瓷砖面板，面板之间接缝细致，宛如一体，形态上采用立体主义手法，墙面、窗棱、构架及栏杆以点、线、面、体的形式穿插组合，体块与线条具有丰富的变化，又在色彩与质感上达到协调统一。强烈的虚实光影变化大大提高了美术馆的艺术感染力，使建筑具有超凡脱俗的气质。

图 2-56　亚特兰大高级美术馆

3. 新洛可可装饰倾向

现代主义者极端贬低巴洛克、洛可可装饰风格，然而到了当代随社会物质产品的丰富，审美意识的改变，一种新洛可可式的装饰风格又在建筑中出现。这种装饰手法大量采用表面光滑和反光性极强的材料，如抛光不锈钢，镜面玻璃，磨光大理石等。与材料相呼应，建筑处理上还十分重视灯光效果，追求一种光彩夺目、绚丽多彩、交相辉映的丰富夸张效果。尽管"新洛可可"追求的是洛可可式的豪华富丽效果，但手法简洁，不同于旧式风格。新洛可可风格注目的焦点从高科技转移到文化领域和人的情感世界。

4. 新乡土主义装饰倾向

早在 20 世纪 30 年代，阿尔瓦·阿尔托及赖特等建筑师就主张建筑走民族化、人情化道路，然而在技术主义美学观主导下，只是作为一种流派的探索，没有形成广泛的影响。20

世纪70年代起与旧建筑的利用和旧城改建的倾向相结合，新乡土主义采用地方性装饰材料，延用某些传统的装饰要素，在欧洲许多城市发展起来，如图2-57所示。

图2-57　维堡图书馆（1927～1935）

新乡土主义与后现代主义都把着眼点放在历史与文脉上，后现代主义追求的是构图手法的变异，双重译码及符号引喻，而新乡土主义则直接将地方性传统材料及手法与现代设计相结合，以明喻的手法直接体现地方性与人情味。

阿尔多·罗西则把这种地方主义创作倾向推向理性化。他以类型学原理为基础，精心选择几何要素，从人们风俗记忆里提取新的形态，将理性主义与意大利传统地方风格有机地结合起来，其作品大都在形态上保持了与地方传统建筑形式的类似性特点。

5．高技派装饰倾向

高技派（High-Tech）不仅在建筑中坚持采用新技术，在美学上也极力表现新技术，有创意地采用装配化、标准化构件及设备管道，作为一种象征高科技发展的建筑装饰。其典型建筑是巴黎蓬皮杜艺术中心。

高技派建筑在技术上强调系统设计与参数设计，进行全面的装配化生产，外观也体现这种逻辑化意向。20世纪70年代后高技派建筑装饰如雨后春笋发展起来，如图2-58所示。

1977年建成的巴黎蓬皮杜文化中心，由皮阿诺与罗杰斯共同设计，结构上采用预制装配式钢管桁架梁柱结构，东西两边桁架各挑出6m，水平与竖直交通都置于西侧出挑的跨内，设备管道则置于东侧，两边的一切部件都暴露在外，所有的电梯、自动扶梯及全部管道，都特意用彩色油漆涂以红、黄、蓝、绿等纯色，以资识别，一些设备管道的直径有意夸大，作为形态装饰要素。在蓬皮杜文化中心外观上，构件本身就是丰富的空间图案。它一反传统的砖石封闭展览馆的面貌，按设计者的解释，在这里是利用透明体象征技术文化的传播。

图2-58　巴黎蓬皮杜艺术中心的高技派装饰

（二）建筑装饰的大众化趋向

就建筑装饰的目的而言，设计工作可分为两大单元：一是环境创造，即依照人的生活及工作需要对建筑装饰给以合理化安排；二是装饰表现，即依照对立统一的形式美规律，满足并调和人类美化生活的需求，增进生活的意境及情趣，这两方面工作都离不开人的参与。大众意识（群众参与设计）在20世纪70年代后出现在设计思想之中。装饰不仅是设计者某种合理精神的自我表现，而更注重对接受者的影响，特别是商业建筑中，迎合不同层次公众审美趣味的设计倾向尤为明显。这种装饰设计倾向很大程度地受波普艺术（Pop Art）的影响，不追求永恒的时空观，而是运用商业艺术形象和大众传播媒介，意在创造一种"流行的、短暂的、消费性的、节省的、年轻的、诙谐的、巧妙的"新艺术。将"日常生活题裁和日常生活态度"实物化。1964年威尼斯国际建筑双年展上，波普艺术的出现引起人们很大争议，然而由于这种艺术形态来自大众文化，必然容易被大众所接受。这种设计手法启发了后现代建筑师的研究，将符号学理论用于实践，使大众艺术得到升华，20世纪80年代之后，后现代建筑已成为一股强大的潮流而为人们所接受。后现代建筑十分注重公众对建筑符号的理解，古典的式样往往经过扭曲简化等拓朴变形手法，以诙谐的态度再现于后现代建筑中，建筑装饰表现出更大的兼容性。

大众化倾向的装饰设计为人们所接受，它让人们觉得熟悉，使人们觉得这种物质环境是后工业社会中一个普通人所适合而能接受的，从而获得物质与精神的归属感。传统建筑装饰的形式、比例、意义等严肃性内容不再是建筑装饰的绝对标准，轻松、幽默或带有强烈刺激的通俗化装饰也在设计中占有一席之地。

色彩调节技术原是现代工业企业为提高劳动生产率、防止意外事故发生而对各种设备管道进行标志性涂色的技术，20世纪60年代美国许多建筑师将色彩强烈的涂料及不成比例的符号平涂于建筑整体的外界面，形成一种装饰外壳，人们称之为"超级平面艺术"，这种超级平面艺术的装饰色彩尺度巨大，富有强烈的刺激性，与环境及体形尺度产生强烈对比，它反映了现代人审美观中对非和谐形式美的认同。超级平面色彩装饰手法在大尺度实体界面处理上打破了形体的单调感，以色彩赋予建筑特定的审美趣味，是直观而大众化的。

霓红灯最初出现于1923年的法国，由于常用于酒吧与夜总会，20世纪初期许多人把它作为低级与堕落的象征。半个世纪后，其专利被美国商人所收买，美国人立刻认识到高科技产生的光电效应所潜在的艺术与商业价值。在许多商业建筑中，经设计师精心设计，霓虹灯成为创造繁华与世俗化大众商业环境的有效手段，作为一种新的装饰媒介为人们所接受。

（三）建筑装饰的个性化趋向

建筑装饰追求个性化，是人们对工业社会标准化的逆反表现。在后工业社会，人们在基本生活条件得以满足的情况下，希望自己生活的环境有独特的欣赏趣味。

建筑装饰首先表现了建筑师的个性追求。当代建筑装饰设计思想多元并存，技术手段丰富多样，对某一具体问题的处理，建筑师的构思方法，造型手法及对工艺、材料的喜好都直接反映在建筑装饰中。格雷夫斯的波特兰大厦、佛罗里达饭店等建筑反映了他特有的后现代古典主义风格，贝聿铭的华盛顿美术馆东馆、肯尼迪图书馆及卢浮宫扩建工程体现其成熟的现代主义设计手法，而菲利浦·约翰逊则不断在风格与手法上探求新的突破，20世纪60年代后设计的潘索尔大厦、电报电话公司总部、匹兹堡平板玻璃大厦，每一座都与众不同，各具特色，如图2-59所示。

建筑装饰往往还表现了业主的个性喜好。在当代高度发达的商品社会中，建筑装饰作为一种社会产品最终是为使用者服务的，必然会受使用者审美喜好的制约，或古典、或流行、或严肃、或诙谐、或高雅、或大众化，业主的个性化追求直接反映到建筑装饰上，当代装饰设计过程已成为业主参与设计的过程。

建筑装饰还反映了不同类型建筑的自身个性。不同类型建筑物由于服务对象的差别对环境气氛的不同要求，决定了建筑装饰的个性特征，市政办公建筑装饰上往往以抽象理性的手法体现权力与财富等严肃性目的，商业建筑则注重以大众化的手法增加对人的吸引力，而住宅建筑要给人们的是亲切怡人的归属感。

事实上，20 世纪 60 年代以来建筑装饰的发展趋向不仅仅是以上三种趋向所能概括的。后工业社会中，人们不满足于功能主义的单调乏味，对多样化的追求在深层次上反映了工程技术主体意识的加强。当然在对多样化追求中难免鱼龙混杂，泥沙俱下，就西方装饰主义思潮而言，一方面它关注界面形态与表现语义的联系，另一方面也关注饰面结构的可操作性，然而它在某种程度上却存在对外观装饰的过分追求，以至于忽略了所要强调的场所特征。

约翰逊设计的匹兹堡平板玻璃大厦为满足玻璃公司业主标新立异的要求，在形态上采用了哥特式建筑的异化手法，用玻璃幕墙表现一种全新的哥特建筑意象，反映了业主的喜好，并成为公司业务特点的象征。

图 2-59　匹兹堡平板玻璃大厦

在当代建筑设计发展过程中，环境意识与生态意识越来越引起人们的关注。美国《建筑实录》在关于美国建筑的回顾展望中认为，20 世纪 80 年代的重要发展不是这个主义或那个运动，而是对环境设计及景观设计的普遍认同。建筑除以完美的空间组合给人以美感之外，还以其外在装饰——包括内外饰面的色彩、线条、质感、浮雕、壁画等为其增色，成为城市环境中不可缺少的部分，这就把装饰纳入了一个环境系统设计的范畴。

第五节　地方乡土民族设计风格

世界各地民族众多、气候各异、文化传统各不相同，也因此各自发展出独具特色的建筑风格。我们不可能在这里一一列举，仅就时下常见的几种风格做一简单介绍，也籍此推衍出建筑风格中的民族地域特色与文化之间的联系。

一、伊斯兰风格

在中世纪，阿拉伯国家和其他伊斯兰国家创造了独特的建筑体系，达到很高的水平。

伊斯兰教在其发展过程中建立起政教合一的国家，在其传播过程中吸引了不同种族、不同地区的人们参加并发展成为一种以伊斯兰信仰为主导的生活方式和综合的整体文化。伊斯兰一词，可以用来指宗教、国家或文化。

在伊斯兰政教合一的统治下，建筑有巨大的进步。除宫殿外，出现了清真寺、光塔、经学院、教派修院、市场、驿馆等新型建筑物。伊斯兰建筑以数学和审美感觉为依据，发展了一种以抽象图案为基础的建筑装饰艺术。伊斯兰教美术的特征，主要表现在其建筑上。

伊斯兰风格建筑普遍使用拱券结构，拱券的样式富有装饰性，即使是梁柱结构的木建筑，也往往模仿拱券的外形。券的形式有双圆心的尖券、马蹄形券、火焰式券、海扇形券、花瓣形券或叠层花瓣形券等。相应的也有多钟的穹顶形式。它们的装饰效果很强，花瓣形和海扇形的券十分华丽，尤其是叠层的，很有蓬勃的热烈气势。

伊斯兰式建筑的装饰喜欢满铺的表面装饰，题材和手法基本一致。这种装饰艺术的一个重要特点是不用动物形象作为花纹，而是用植物纹样、几何纹样以及图案化阿拉伯文字来做装饰。这种图案极富装饰性，形成了一种阿拉伯纹样图案的装饰体系。

伊斯兰教反对崇拜偶像，始见于古兰经，而穆斯林神学家则进一步认为表现活物是对神的创造者的特权的侵犯。伊斯兰教美术中禁止人物和动物形象的主要后果，是遏制了宗教具象图形艺术的发展，但另一方面，却又促进了抽象化的装饰纹样在教会建筑及有关美术装饰中的广泛运用和发展。它大量使用几何纹、植物纹、文字纹等可以无限连续的纹样，形成变化无穷、色彩华丽、光影变幻的装饰效果。高度发挥图案的象征性和装饰性，成为伊斯兰教美术的一大特色。

伊斯兰教传入中国，大约始于7世纪中叶。据《新唐书》记载：大食国（即阿拉伯）正式派使节来唐是高宗永徽二年（651年）。这时的伊斯兰教，在阿拉伯已处于统治地位，他们由海路将伊斯兰教传入中国沿海地区。五代以后，伊斯兰教在中国得到了很大的发展，广州、泉州的礼拜寺建筑极为华丽。10世纪末，伊斯兰教经中亚传入我国新疆地区。

清真寺是伊斯兰教（旧称回教、清真教、天方教）的建筑，在平面布局和结构形式以及艺术装饰上都有其独特的风格。清真寺最初的规划及设施极其简单：一块围起来的地方，一面正墙，面向耶路撒冷，后改为面向麦加，正墙一边设柱廊以遮阳光，院中设一行沐浴礼的水池。后来，又增加了圣龛，位于正墙正中，以示麦加方向，圣龛右边设讲经坛，供讲经和祈祷之用；一个或数个光塔，从其上召喊信徒进行祈祷。这些设施，成为各地修建清真寺的必要组成部分。最初的清真寺无一遗存。随着伊斯兰教的传播成功，在清真寺的建筑和装饰上，发展了壮丽的趣味，取代了起初的简单淳朴。

在我国与内地木构殿堂楼阁式清真寺同时发展的另一支伊斯兰建筑，是新疆地区的伊斯兰建筑。其建筑形式较多地保留了阿拉伯建筑的特点，结合这一地区的地理、气候条件和建筑材料，形成了新疆伊斯兰建筑的独特风格。其建筑材料系用土坯、青砖、红砖、琉璃砖及木料等，外观为圆拱顶或平顶形式。

伊斯兰建筑的墓祠也独具特点，其下为正方形的平面，用土坯或砖砌拱，顶呈穹隆形，在其四隅各砌邦克楼一个。有些墓祠用琉璃砖瓦砌筑，更为华丽。不少回族清真寺的墓祠磨砖对缝，在墙壁、门窗栏杆、须弥座之上都有精美的砖雕，艺术水平很高。

二、和式风格

和式风格是指来源于日本传统建筑风格的一种独特的装饰风格。其特点是淡雅质朴，没有华丽的装饰，以洗炼简约，优雅潇洒见长。

日本传统建筑风格崇尚运用天然材料，竹、木、草、树皮、泥土和毛石，不仅合理地使用于结构和构造，发挥物理上的特性，而且对于他们的质感和色泽也给以充分展现，体现了它们自身天然的美。在这方面，日本建筑是出类拔萃的。

另一方面，和式建筑采用近人的尺度，建筑细部质朴但不失细腻的表达，给人以亲切和舒适感。

在建筑物上施加装饰，或者为了美化生活，或者有主题思想需要表现。能表达人们对生活的爱或者满足一定的艺术要求的装饰手法是很多的，但人们并不能随心所欲地使用它们，尤其不能任意使一种手法长久流行，成为传统。一种装饰手法，只有当它适合于建筑物的和它本身的物质技术条件时才会有生命力，否则必然会在实践过程中被淘汰。

复习题

1. 什么是柱式？
2. 柱式由哪几部分组成？
3. 柱式的组合有哪几种？
4. 哥特建筑有何特点？
5. 巴洛克风格建筑有何特点？
6. 中国古典建筑的屋顶形式有哪几种？
7. 清式彩画有哪几种？各用于什么建筑上？
8. 现代建筑装饰有何特点？

第三章　建筑室外装饰装修设计

第一节　概　　述

一、装饰装修设计与建筑设计的关系

建筑装饰装修设计是建筑整体设计的一个有机组成部分，许多建筑设计中所遵循的原则和手段同样适用于装饰装修设计。由于科学技术的进步，设计内容的丰富，知识面逐步深入，投资比重越来越大，装饰装修工程设计已从建筑工程设计中分离出来，成为一门独立的行业。当然，在设计过程中和设计内容上，两者不可能截然分开。其原因有以下几方面：

1. 装饰装修设计是在建筑设计完成或基本完成后进行的设计。

2. 装饰装修设计是在建筑总体设计、总体艺术风格基础上的进一步深化，突出建筑设计的意境和艺术风格，更完美地增强建筑设计的主题和表现。

3. 在某些工程项目中，也可以共同设计、共同磋商。将装饰装修设计融入建筑设计之中，特别是在建筑外型、立面设计中，主要是统筹全局和细部艺术处理。如山墙及檐口的处理，门窗选型与比例尺寸，甚至立面色彩的处理等，基本上是由建筑设计来完成。当然在设计过程中是可以和装饰装修设计师协商共同完成的。所以，在建筑立面设计中装饰装修设计工作量是较少的。

4. 在室内设计中，装饰装修工程设计师是主角，设计的深度和广度、艺术的处理是最繁重的。

5. 从专业的角度和便于提高设计质量来说，建筑师和装饰装修工程设计师应具有共同的能力和设计知识面，在设计时各自有所侧重。只有如此，才能做好各自的设计任务，才能高质量地完成自己的设计任务。

二、对建筑装饰装修设计师的基本要求

一般来说，建筑室外装饰装修设计的工作可分为两大方面。一是环境创造，即建筑外观依据所处环境及建筑性质的需要而进行合理化的处理，可分为建筑自身环境与社会公共活动环境。二是装饰装修表现，即依据共性与特殊性的需要，以满足并调和人类生活美化的需求，增进生活的意境和情趣。建筑室外装饰装修设计从内容来说是指对外墙及其附近的台阶小品、绿化等部位的设计。

建筑装饰装修设计从属于建筑整体设计的一部分，因此，对于装饰装修设计师的基本知识和素质要求应该包括：

（1）具有造型艺术欣赏和艺术创作的基本知识和基本技能。

（2）具有建筑学的基本知识和建筑设计的基本技能。

（3）掌握中国及外国建筑装饰史的概况，认识历史发展规律，明确设计创作方向，广泛吸取历史上的营养（经验与教训），增加自己设计创作构思源泉，把握传统风格设计的具体内容。

（4）对建筑材料、色彩、构造、灯光等基本设计元素具有一定认识，掌握其设计方法。

（5）了解最新信息，增加自己的设计构思和创作灵感，使自己的设计具有生命力。

总之，装饰装修设计职业要求设计师要对多层次的知识与技能有熟练掌握，并且拥有举一反三的创造力，这样才能为社会做出我们最大的贡献。

第二节　建筑室外装饰装修设计的基本原则

装饰艺术是一种无声的诗的艺术，也就是说，装饰艺术应该同诗的艺术一样去表达发自创作者心灵的、精神的思想理念。所不同的是，诗的艺术依靠的是语言，而装饰艺术则是通过形象、形式，色彩、艺术造型等通过不依赖于自然的感性作品来表达的。正是由于这一看法的影响，长期以来，许多人或对某种流行趋势亦步亦趋，或偏爱迷恋于某种特定风格，强调个人主观意念的表现。但正如前面曾经指出的那样，建筑装饰的目的是要使建筑进入感情与心理的领域。因此，建筑装饰绝不应仅以装饰为己任，为装饰而装饰，而应该通过适当的装饰表现，创造一个感性的、温暖人心的、充满人情味的视觉环境。也就是说，建筑装饰要以人们的生活需要，人类更高层次、更深层的心理需要为基点，从而使所创造的有限环境、气氛，能够激荡出人们发自内心的无限的情怀。而由有限环境组合构成的建筑群体所形成的整体环境，则应丰富多彩、自由舒适、和谐宜人。显而易见，任何出自“自我表现”的做法和那些毫无立意的装饰一样，都是不足取的。

建筑的外部装饰装修乃由墙身、檐口、阳台、门窗、柱廊等的线脚、纹样和花饰等细部所构成。在设计建筑的装饰时应恪守以下两条准则：一是建筑局部的装饰风格必须服从于建筑的整体风格；二是各个部分的装饰手法应保持协调统一。良好的装饰装修设计不仅有助于突出建筑的整体装饰效果，使建筑的细部装饰获得成功，而且有利于整个建筑形成统一的风格。

单体建筑是规划群体中的一个局部，而对拟建房屋的体型、立面、内外空间组合以致建筑风格等，都要认真考虑其与规划中建筑群体相配合的问题。同时建筑物所在地区的气候、地形、道路、原有建筑物以及绿化等基地环境也是影响建筑体型和立面设计的重要因素，而建筑的装饰设计依附于建筑的总体构思，在建筑设计中具有重要的地位。

建筑艺术与其他艺术形式不尽相同，它有着自身的规律和特点。建筑艺术是一种特殊的造型艺术，它必须依赖于建筑自身的规律去创造；建筑造型和立面的设计，既应反映建筑的功能、材料和工程技术的特点，又应反映经济条件、基地环境以及建筑美学的原则；使用功能和物质技术条件既为建筑造型艺术提供了基本条件，同时也制约着它。建筑艺术应融合、渗透、统一于使用功能及物质技术手段之中，这是建筑艺术的重要特点。

现代装饰的特征是：既要符合造型艺术的一般法则，又要与建筑自身的需求相一致。也就是既有造型艺术的共性，又具有建筑装饰的特殊性。造型艺术的一般法则就是对主题的表现、造型结构、构图、气氛、质地、明暗、色彩等方面的规律。

建筑装饰装修本身的特殊性则包括以下几方面：

（1）它与建筑物是统一整体，建筑装饰也是建筑环境的一个组成部分，因此建筑的造型也直接关系到建筑装饰。

（2）在建筑环境整体中，建筑装饰只从属于建筑，起强化作用，不能喧宾夺主。当然这种从属的关系是主动的，无论是在建筑的物质功能还是精神功能、艺术性、空间气氛意境等方面都应起主动的强化作用。

（3）建筑装饰装修还必须符合工程上的要求，如强度、材料、施工工艺等。

综上所述，在室外装饰设计上应注意如下原则：

一、功能性设计原则

欧文·琼斯在《装饰语法》（1856年）中提到："要装饰构造，不要构造装饰"，建筑装饰在整个建筑物的构成中具有一定的功能作用。因此，在建筑室外装饰装修设计中，应体现功能性原则。

（一）建筑装饰装修的功能

建筑物饰面的主要功能是保护墙体和装饰立面。

建筑物的墙体、楼板、屋顶均是建筑物的承重部分，除承担结构荷载，具有一定的安全性、适用性以外，还要考虑遮挡风雨、保温隔热、防止噪音、防火、防渗漏、防风沙、防止室内潮湿、抗风沙等诸多因素。而这些要求，有的可以靠结构材料来满足，如普通黏土砖具有抗压能力强、大气稳定性好等特点，因而用作外墙时可以作成只勾缝、不抹面的清水砖墙；而用于内墙时，因其颜色暗淡、反射性能差、吸收热量多，不能抵御盐碱的腐蚀，因而必须在其表面进行装饰装修处理。再如加气混凝土，其特点是容重轻、自身强度低、耐机械碰撞性能弱，而且孔隙率大，耐大气的稳定性也有所不足，因而作围护墙时必须要有外饰面。又如钢筋混凝土，为防止由于热胀冷缩变形和荷载作用而导致表面混凝土材料出现微小裂纹（在允许范围内），也必须作饰面处理。此外，饰面还可以弥补与改善结构功能不足，提高结构的耐久性。

通常认为，建筑装饰的作用包括下述的六个方面：

1. 保护建筑主体；
2. 保证建筑的使用条件；
3. 强化建筑的空间序列；
4. 强化建筑的意境和气氛；
5. 参与建筑的时空构成；
6. 其他装饰性等。

建筑装饰与建筑的功能密切相关，脱离建筑功能的单纯装饰设计是毫无生命力的。因此装饰装修设计要注意以下原则：

首先，作为建筑物的有机组成部分，建筑物的外墙同样应该包括建筑物的保暖、防潮、隔热、隔声、通风、采光、照明等方面的功能，它们都是满足人们生产或生活所必须的条件。随着物质技术水平的提高，满足上述生理要求的可能性会日益增大，如改进材料的各种物理性能，改变建筑室外装修的构造形式等。

其次，为了保证人们良好的生活条件与工作环境，建筑的各个界面应该是清洁的、明亮的，而这些大多通过装饰装修手段来实现。

最后，建筑的装饰装修同样要满足人的心理和感情的要求，建筑装饰源于生活，并以提高人们的生活质量为目标。

（二）功能原则所需考虑的条件与问题

不同的建筑，在具体功能要求、使用对象、产业所有者及精神功能要求方面是不一样的，这就要求我们在做建筑装饰装修时，要将各种因素综合起来考虑。一般应对下列问题有比较细致的了解。

1. 建筑的类型是商店还是医院，是旅馆还是住宅，是公用还是私用，环境是较为喧闹的还是较为宁静的，是对内的还是对外的等。

2. 人的活动在该建筑中及其各个部分的情况，如人流量是较大的还是极小的，是长时间停留还是瞬时通过，是短期居住还是长期居住等。

3. 委托人对于建筑的欣赏趣味如喜欢东方式还是西方式，喜欢传统式样还是现代式样，喜欢乡土情趣还是追求时尚等。当然，这些喜好，也不应该忽略整体风格和规划要求。

4. 对色彩的喜恶，是喜欢淡雅的色彩还是浓艳强烈的色彩，是喜欢冷色调还是喜欢暖色调，或是喜欢中性色调等。

5. 对装饰装修对象的品种、造型和图案要求是写实的还是抽象变形的，是几何图案还是花卉等图案，是硬装饰装修还是软装饰装修。

6. 其他限制条件如周围建筑的形式、色彩、装饰装修水平等，以及总体规划方面所提出的限制性要求，基地施工条件的限制等。

7. 总造价的情况如委托方在资金上的承受能力，控制总造价的方法，最后承付的形式等。

上面所述的几个方面，虽然还不能概括得很全面，但所涉及的面已经很宽，所需研究的问题也是相当复杂的。若再考虑到设计方面、材料方面、结构与构造方面以及装饰装修工艺本身的因素及限制条件，就更为复杂。

二、技术性设计原则

建筑的美观问题，除了功能要求外，还需要与建筑材料、工程技术密切结合，这是建筑艺术的又一特点。无论是建筑主体装饰还是辅助项目的装饰，都必须满足工程技术要求，它必须具有一定的强度和施工工艺的可行性、材料选择的合理性等，例如不同的幕墙、石材装饰面层都要有各自施工方案、经费预算等一系列程序及考虑。

（一）建筑装饰装修的结构要求

各种结构体系因其自身的特点，给建筑造型、立面处理所提供的条件和制约各异。例如以高强度的钢材、钢筋混凝土或钢筋网水泥等不同材料构成的空间结构，不仅为室内各种大型活动提供了理想的使用空间，同时各种形式的空间结构也极大地丰富了建筑物的外部形象，使得建筑物的体型和立面能够结合材料的力学性能和结构特点，而具有很好的表现力。因此，在建筑立面设计时，不应脱离各种结构体系的特征去主观臆想地“创造”。

例如墙体承重的砖混结构，由于构件受力要求，窗间墙必须保留一定宽度，窗户不能开得太大。处理这类结构的房屋外观形象时，可以通过窗的良好比例和合理组合以及墙面材料质感和色彩的恰当配置，取得朴实、稳重的建筑造型效果。钢筋混凝土框架结构体系，由于墙体只起围护作用，立面上门窗的开启具有很大的灵活性，建筑物的整个柱间可以开设横向窗户，从而房屋底层有可能采用灵活开敞的布置方式，以取得室内外空间相互渗透的效果。有些框架结构的房屋，立面上外露的梁柱构件，形成韵律鲜明的立面构图，显示出框架房屋的外形特点。在砖石混合结构上，不应强行设计成框架结构体系特征的表现形式。如果采用与建筑主体体系不一致的表现手法，只能反映建筑艺术上的不成熟，并造成工程技术上的复杂性、不安全性和经济上不必要的损失。

（二）建筑装饰装修的材料、构造、施工要求

建筑物的体型、立面与使用材料、结构体系、施工技术、构造措施等都密切相关，这是由于建筑物内部空间组合和外部体型的构成只能通过一定的物质技术手段来实现。例如中国传统建筑的形象是和使用木材以及运用木构架系统分不开的，希腊古典柱式建筑又是和使用石材以及采用梁、柱布置有密切关系。这两种不同风格的建筑造型和立面处理，又都和当时以手工生产为主的施工技术相适应，因此建筑物的立面与造型的设计要充分结合建筑物的结构与施工特点。

施工技术的工艺特点，同样也对建筑体型和立面有一定的影响。例如滑动模板的施工工艺，由于模板需要竖向位移，因此要求房屋的体型和立面，以采用筒体或竖向线条为主才比较合理；升板施工工艺，由于楼板提升时适当出挑对板的受力有利，建筑物的外形处理，以层层出挑的横向线条为主比较恰当。

大量的民用建筑，由于实行建筑工业化如大型板材、盒子结构等，常常通过构件本身的形体、材料质感、表面色彩的对比，使建筑体型和立面更趋简洁、新颖，以显示工业化生产工艺给建筑物外形带来的特点。

（三）建筑装饰装修技术的先进性与合理性

在建筑中一方面要应用最先进的科学技术来改善建筑材料、建筑结构、施工工具等，以此提高施工效率与效果，因此作为一名建筑师应该时刻关注最新科学技术成果以及它们在建筑领域的应用前景，才能为建筑创作尤其是建筑创新打下坚实的基础；另一方面要注意，并不是“最先进的科技会产生最大的效益”，只有应用合理的适用技术，才会产生出符合本地区环境的建筑特色，以及具有较高经济效益的建筑。

三、艺术性设计原则

房屋外部形象反映建筑类型内部空间的组合特点，其美观与功能要求紧密结合，这是建筑艺术有别于其他艺术的特点。和其他造型艺术一样，建筑外部形象的问题涉及文化传统、民族风格、社会思想意识等多方面的因素，并不单纯是一个美观的问题，但是一个良好的建筑形象，却首先应该是美观的，为了便于初学者入门，下面介绍在运用这些表现手段时应该注意的一些基本原则。

（一）设计美的建筑，首先必须了解什么是建筑美

美感是一种由形象引起的直接感情。对于建筑来说，这种美感是人们对于诸如建筑物的高度、宽度、深度、形状、色彩、材料等以及它们之间的相互关系而产生的特殊形象效果的感受。美感既富于形体本身之中，同时也寓于人们对形式的理解之中，即人的审美观。

（二）建筑艺术也是一种形式美

在一定程度上和其他艺术一样同属于美学范畴，并具有其规律。美的规律与审美观是两个不同概念。美的规律是被人们所普遍承认的客观规律，具有普遍性、必然性和永恒性；而审美观则是人们评价美的观念，是出自人们的联想、感觉、回忆等的高度集合，是随着人们所处的民族历史、文化、时代、社会、阶级、职业、思想以及个性等的不同而变化发展的。因此不同的人，生活经历的不同，具有不同的审美观，即使是同一个人，由于知识、爱好、阅历和修养的变化，审美观也随之变化。可以说美的规律是绝对的，客观存在的，而审美观是相对的、变化的，具有相当程度的主观性。

（三）建筑构图的美学原则

建筑装饰装修设计的范围很广，设计的方法也很多，但不管怎样，建筑装饰装修设计还是有特定的规律和原则可供遵循的。它们包括：比例、尺度、均衡、韵律、对比等，这些都是构成建筑形象的基本手法。古往今来，许多优秀的建筑师正是巧妙地运用了这些表现手法，创造了许多优美的建筑形象。

四、整体性设计原则

（一）具有环境整体意识

建筑装饰设计者要想创造出理想的作品，首先就要拥有强烈的环境意识，即装饰的设计必须与建筑环境的各种关系相一致。将建筑外墙装饰与装修的艺术效果和室外的环境相协调。其中应包括建筑本身及建筑的外部空间。我们必须认识到，建筑外部的空间具有与建筑本身同样的重要性。就建筑本身的外部设计而言，我们需要考虑其与周围环境的协调问题，对人的心理潜意识的作用问题及人的活动的影响等问题。就其外部空间的设计而言，则应从建筑的收敛性和扩散性的角度，对其反逆空间、积极空间与消极空间给以合理的计划，从而使人工的有意识环境与周围的自然环境形成连续而有变化的、既实用又美观的整体环境。另外，对诸如舒适、安全、防风、避雨等与功能有关的问题也需给予考虑。最后，还要周全地考虑大气等作用的影响。

建筑环境主要是指基地特性，环境包括有形环境和无形环境。有形环境有两类，一类是基地自然环境，如绿地、水面、山坡及农田、硬地等；另一类是人工环境，如建筑群体、室外环境等，这些都是物质环境，对建筑物造型与装饰装修设计有很大影响。无形环境指人文环境，包括历史的、社会的因素，如文化、传统、观念、政治等，这是一种精神环境。因为建筑物以物质的表现形式去体现文化，无论是有形环境，还是无形环境，涉及的面都是相当宽和极为复杂的。因此，必须从环境的整体出发，去寻求构思的关键词汇，也就是从人——建筑——环境的联想出发，全面考虑环境因素及功能要求，着重找出室外装饰与环境之间的关系。运用对比与和谐的手段和方法，使建筑个体装饰与群体及自然空间之间组成有机的整体。

1. 环境的比例

进行建筑装饰设计，首先关注的就是环境的比例和尺度问题。例如建筑雕塑与建筑空间环境的高度比例关系；建筑装饰小品和建筑空间环境的体量比例关系等。

2. 环境的色彩

建筑室外装饰与建筑空间环境的色彩关系，也是不容忽视的问题。如门面的色彩，它不能脱离建筑环境的统一色调关系，而是要在它的制约下积极地去适应这种关系，否则就会喧宾夺主而破坏建筑空间环境的气氛和情调。

3. 环境的质感

除色调之外，建筑室外装饰品的质感和肌理效果也必须与建筑的特定空间条件相一致。

如建筑雕塑的材料质感和肌理，必须与之所处的环境具有良好的联系。

（二）注重建筑整体设计

进行建筑室内外装饰设计应注重整体设计效果，首先要对建筑环境的意境有个统一的设想，即对建筑环境的性格、气氛、情调要作概念上的思考，最后以装饰语言的形式表达出来。其次要考虑建筑室内外装饰的量和形态基调。建筑设计应该整体性强，有秩序而不呆板，组成部分的要素变化丰富，总体构成严谨，设计者不应该片面强调建筑局部处理。

（三）积极反映时代特征

建筑环境不仅仅是时空环境，它也是历史环境和社会环境。各个历史时期的社会意识与科技发展的共同特征，综合地构成时代的特征。建筑装饰也必须跟上时代前进的步伐，积极地反映时代的特征。例如“流线美”的产生，是从汽车造型的变革而来的，以轿车最为典型。人们根据汽车行驶时，对速度最有利的风压曲线值，求得了理想的曲线形式，这就是流线美。随着科学技术的发展，人们的审美观念在不断进步，对建筑装饰要求也越来越高，特别是建筑室外装饰设计，更能展现建筑的时代特征，因此要求建筑装饰、设计者积极主动地表现建筑装饰的时代性。

（四）积极反映建筑物的性质和特征

现代建筑设计理论讲究从内而外，由功能到形式，注重建筑的整体性。因此，建筑物的装饰装修设计除了要反映时代性、环境性、整体性等之外，建筑室外装饰还要反映机能性，既要通过建筑装饰的形式和内容，表现出特定的建筑类型和性质。

以上原则大多都是建筑设计中普遍的原则，这些原则和思路同样是建筑装饰装修设计所应该遵循的基本法则。

五、经济性设计原则

经济性设计原则即物质技术原则，不同的建筑类型，不同的使用和设计要求，不同的经济条件进行装修所使用的材料和构造方法不尽相同，应该视具体条件而定。

高标准的建筑材料会给建筑的美观增色，但必须摒弃那种认为只要材料用得高级，建筑设计水平就高的错误见解。在建筑设计中，乱用高标准材料有时不一定能创造出符合时代精神的好作品。建筑作为社会物质产品，建筑体型及立面设计必然受到当时社会经济条件的制约，资金投入多不一定就能设计出优秀的建筑作品。只要设计指导思想明确，本着具体问题具体分析的方针，对项目进行有针对性的设计，在限定的经济条件下，设计思想活跃，构思新颖，就完全可以创造出优美的建筑形象。

第三节　建筑室外装饰装修设计的内容

室外装饰装修是指建筑物外立面，包括墙面、腰线、壁柱、台阶、雨篷、门窗套等基层之上的各种贴面装饰（铝合金、塑料板等），按照装饰抹灰的要求，做成多种线条、花色图案或喷涂高级涂料等。

除了技术手段以外，装饰装修对于建筑来说是最能体现其文化特色的部分。建筑的装饰装修，表现了人们对美和地区文化与环境的不懈追求。

一、建筑视觉艺术形象设计

建筑物的外墙装饰装修设计，一方面要满足建筑装饰的基本功能，另一方面要满足人的精神需求和艺术欣赏的要求，这是所有造型艺术的需要。在总的艺术效果上，格调要高，不能俗气；在室外则要着重强化建筑造型，强化空间形象、空间比例尺度、空间延伸、空间指向和空间序列，要特别注意的是避免在总体效果上杂乱庸俗。

装饰装修与美化是建筑空间艺术处理的重要手段，无论室内、室外，其效果一般由三个方面来体现，即质感、线型和色彩。

1. 质感

在建筑设计和装饰设计中，除色彩外，质感的处理也是不容忽视的。

如今，新型建筑材料层出不穷，这些材料不仅因为具有优异的物理性能而适合于各种类型的建筑，而且还因为具有奇特的质感效果而备受人们赏识。这些材料的质感对建筑有着巨大的表现力，对建筑创作起着巨大的拉动作用。

质地的美才是真正的美，质感能加强艺术表现力，材料质地的不同，不同饰面的做法，都会给人以不同的感受。质感的取得有赖于饰面设计所用的材料及其做法，同样的材料，不同的做法会产生不同的质感效果。比如光滑的涂料、饰面砖，粗糙的涂料、拉毛、刷石、混凝土，亮晶晶的玻璃幕墙、金属幕墙等其形象千差万别。同样的混凝土饰面，表面做成拉毛的、不加修饰的或者用精致模板做饰面的效果，其差别是相当大的。质感粗使人感到稳重、浑厚，粗糙可以吸收光线使人感到光线柔和；质感细腻使人感到轻巧、精致；表面光滑可以反射光线，使人感到光亮。因此，一般来说室外大空间、大面积宜粗。室内、小空间、小面积宜细。当前，在国外流行的纤维艺术就是以表现纤维质感及以粗犷为主的一种工艺美术。

质感效果，一方面可以利用材料本身所固有的特点去展现。另一方面，也可以用人工方法来创造。如在墙面设计中采用曲线折线、凹凸变形，表面用粗糙石料贴面，使其具有折射的光影变化。粗犷的质感在园林设计中是经常看到的，它能取得良好的联想效果。

过去，建筑师通过天然材料的质感处理，创作了不少优秀的作品。利用天然材料，充分发掘地方材料的特色来丰富建筑设计创作，是建筑工作者应当重视的问题。例如某公园在园林建筑中，就地取材，利用当地天然石料砌筑台基，并以其粗糙的质感与其他部分构成对比而获得好效果。

设计外墙饰面时，要结合具体建筑物的性质、体型、体量、立面风格等，分别进行考虑。例如文化类建筑饰面要平整、规则，个性平和；而立面造型细弱的建筑物适宜用质感较平滑、纤细的饰面如平滑涂料、光滑饰面砖或大理石等来装饰；对于体量比较大的建筑物则有可能选择粗犷的饰面如混凝土等来表现。因此外墙设计时要从整体考虑，给人以整体感觉。

考虑材料质感在建筑外饰面给人的作用以外，还要考虑建筑外立面的清洁问题。一般来说，较粗糙质感的饰面平整度较低，容易积灰挂尘，抗污染能力较差，影响建筑物的整洁与立面效果；而平、细质感的饰面则其抗污染能力一般较好，不易积灰挂尘。因此在设计建筑物外立面装饰层时，应该考虑该地区的气候条件，酌情进行设计。

2. 线型

线型主要是指立面装饰装修的分格缝与凹凸线条构成的装饰装修效果。结合装饰材料的质感合理设置立面的分格，一方面可以获得很好的装饰效果。另一方面水刷石、天然石材、抹灰、加气混凝土设置分格线，这既可以防止开裂，又可以作为施工缝，便于施工和修补。分格缝的大小应与材料相配合，一般缝宽取 10 ~ 30mm 为宜，而分格大小不同，装饰装修效果也不同。

另外，在设置立面线条的同时要考虑立面的整体效果，要时刻注意它是建筑物整体的一个有机组成部分，以免因为过于强调局部效果而丧失了整体效果。

3. 色彩

建筑物的色彩是构成一个建筑物外观和整个周围环境的重要因素，一方面可以充分利用墙体材料的原色达到建筑物的装饰效果，另一方面也可以设计建筑物的墙面色彩来达到预想的外立面效果。建筑物的立面色彩除了应该满足建筑艺术的要求，在规划方面，更要与周围环境和建筑的色彩相协调，另外还应该受到建筑造价等经济因素的制约。

进行色彩规划时，首先考虑其空间应采取何种统一色调，是明亮的色彩还是暗色，是冷色还是暖色，是具有活泼感的还是体现沉稳感的。然后，为表现这些感觉并谋求调和，则须考虑具体的配色（或同一色相、或类似色相；或明调子、或暗调子等），不同的色彩给人的视觉感受也不相同。

一般以白色或浅色为主的色调，常给人以明快、清新的感觉；以深色为主的色调，则显得端庄、稳重；红、褐色等暖色趋于热烈；蓝、绿色等冷色使人感到平静。由于人们生活环境、气候条件以及传统习惯等因素不同，对色彩的感觉和评价也不一样。以民居为例，北方地区多采用深色调为主，南方地区多采用浅色调为主。在材料选择上也与色彩持久与否有关。面砖、陶瓷锦砖、琉璃制品等高温焙烧材料，颜色经久不变；而水泥砂浆色彩单一，效果差；另外像油质涂料和乳胶漆，材质好、有光泽、不易脱色。一幢建筑物的颜色不宜过多，且应注意色彩的明暗对比，不仅要注意当前的色彩，也要照顾到日后的效果。对于建筑单体的颜色设计而言，色调不宜过多或者过于鲜艳，色彩同样应该有主有次，要协调统一。

建筑材料分为建筑结构材料、建筑墙体材料和建筑功能材料，而建筑室外装饰材料则属于建筑功能材料的一种。这类材料的品种繁多，功能各异，而建筑物的质量与等级标准与其室外装饰材料的设计与采用具有重要的关系。

当代艺术的发展日新月异，艺术的视觉冲击效果越来越强烈，建筑是造型艺术的一种，新型建材的开发和利用使得建筑装饰装修变化多样，例如新一代的树脂、钢铁、陶瓷、玻璃、光导纤维等材料的应用使得建筑物的装饰装修效果丰富多彩，甚至各种高科技的电、光、热塑等都在建筑装饰装修上得到了应用，极大地满足和丰富了人们的视觉感受和想象力。

建筑物的色彩与材质处理手段方面逐渐摆脱了过去那种“整齐一律”的建筑外表，建筑色彩逐渐多样而立面效果则更加灵活多样。许多建筑师明确了建筑室外装饰装修应该与城市的整体形象和文化属性相适应，而不是单纯满足功能的需求。与此同时，建筑装饰装修的内容、造型、色彩、材料等都向多元化发展。文丘里把建筑分为结构和表象两个层次，表象可以反映结构，又可以与结构脱离而表现自身的价值，传递多层审美信息。建筑装饰装修属于表象，从视觉艺术的角度，建筑装饰装修有其自身的艺术价值，同时又将为建筑本身的外部形象增光添色。

二、建筑装饰装修构造与施工技术设计

建筑装饰装修构造与施工技术设计要点如下：

（一）装饰装修做法、施工的内容与特性

建筑装饰装修技术应包括装饰装修材料的运用、装饰装修节点做法、装饰装修制品的安装连接技巧以及装饰装修施工操作方法和工序。所有这些内容均与材料性能有关，一切节点做法、施工技术主要由材料性能所决定。不同的材料有不同相配套的施工技术与工艺，这是装饰装修工程的核心；而节点做法的合理性、安装连接的牢固性、拼接的技巧性、施工方法的简捷性是装饰装修质量、装饰装修艺术效果的保证，这就是建筑装饰装修工程与其他工程项目的区别。

（二）装饰装修节点做法的层次

室外装饰装修的构造做法应依据以下几点来选择：

1. 外墙装饰材料的品种、特性和技术要求。例如：石材、塑料、陶瓷等构造做法各有其适合自身特点的方法，陶瓷类多以粘贴为主，而塑料制品除用化学粘结剂外，还可以用紧固件卡接、扣接等方法连接。

2. 根据墙体基底或墙体材料的不同来选择。如砖墙和轻质墙体的抹灰构造就有差别。

3. 施工手段、施工季节也影响装饰做法。如膨胀螺栓的出现，在混凝土墙体中就省去了大量的预埋件；而粘结剂的开发利用极大地简化了连接手段；此外，冬季和夏季施工应用的涂料也有所不同。

4. 注意经济效益。一方面装饰等级要适度，另一方面要选择那些材料价格合理、施工简便、工期短、连接手段简捷的构造做法。

建筑装饰装修工程是在建筑主体内、外表面进行再加工修饰的一种做法，它很少承担结构受力的作用，所以它属于分层构造形式，一般可分三层。

其一，是主体表现进行粗整理，为装饰装修面层创造条件，称为基层处理，如对砖墙进行抹灰、金属表面除锈、混凝土表面找平清理等；

其二，是结合层，将面层与基层牢固的连接在一起；

其三，是表面层，即装饰装修面层，它是装饰装修效果优劣的主要体现。

建筑装饰装修的分类通常以面层材料来划分，有的装饰装修面层本身还分成两层、三层，这种情况多属于施工技巧，是装饰装修材料的要求。如仿幕墙施工做法多达六、七层。

另外，在建筑装饰装修构造中还有一种架空做法，即装饰装修面层与主体表面有间隙，而不是直接贴附于主体表面。它是由主体设支撑系统形成骨架结构层，装饰装修构造层本身又出现了结构层、垫层、结合层、面层，这种情况是由装饰装修造型和装饰装修材料的要求而决定的，这时建筑主体表面不需处理。

（三）装饰装修的基本连接手段

建筑装饰装修节点做法与施工是分不开的，装饰装修节点做法是利用各种装饰装修材料及其制品通过连接手段与主体所组成的装饰装修造型，它是说明装饰装修各层次各部位的搭接、连接的方法；装饰装修施工是指装饰装修材料及其制品的安装方法、顺序、操作要领、注意问题、机具的作用以及劳动组织与经济核算，是说明装饰装修构造的实施过程与技巧。两者有着密切的关系，建筑装饰装修工程构造施工的关键问题是连接手段和安装顺序及施工

技巧，概括起来大致包括：滚、喷、弹、刷、刮、抹、印、刻、压、磨、镶、嵌、挂、搁、卡、粘、钉、焊、铆、栓等二十多种基本方法。这些基本方法可以概括为四种类型，即现制方法、粘贴方法、装配方法和综合方法。有的材料及制品不能直接相连就需要加过渡件（中间件）来连接，粘结技术是最简便的连接手段。有的胶粘剂能够将两种不同性质的材料及制品粘结在一起而且很牢固。随着胶粘剂的发展，粘结技术将成为建筑装饰装修工程中的主要连接手段，甚至可以代替所有连接手段，到那时，施工技术将会彻底改观。

装饰装修材料决定了连接手段，两者是配套的。装饰装修材料基本上包括木材、金属、陶瓷、混凝土、塑料、玻璃等，它们之间的相互连接方法因材而异。

1. 木材与木材可采用榫接、钉接、粘结、螺钉连接、螺栓连接等方法。

2. 金属与金属可采用铆接、焊接、螺栓连接、自攻螺钉连接、拉铆连接、咬口连接、粘结等。

3. 混凝土与混凝土可采用浇注连接、粘结连接（特制胶粘剂）、埋件焊接等。

4. 塑料与塑料可以采用粘结、热压连接、螺栓连接、铆钉连接等。

5. 玻璃与玻璃一般采用粘结、卡接、螺栓连接。

若装饰装修材料不同时连接，方法也有相应改变，可直接连接也可设过渡件连接，所设过渡件一定是和其中一种材料为相容性物质，如木砖、钢埋件等。

6. 木材与金属采用螺栓连接、粘结、螺钉连接。

7. 木材与塑料采用螺钉、普通钉连接或粘结。

8. 木材与混凝土可直接用胀管或在混凝土中预埋木砖（木塞）然后通过钢钉进行连接。

9. 木材与玻璃通过卡具、压条进行连接和粘结。

10. 金属与混凝土可采用直接插入、胀管、射钉的方法进行连接，也可采用粘结。

11. 金属与塑料可采用螺丝钉、螺栓、自攻螺钉、栓铆钉、粘结等方法进行连接。

12. 金属与玻璃采用粘结、卡接、压条等方法连接。

13. 混凝土与塑料可采用粘结、射钉、钢钉、胀管、一般钉（先卧入木塞）等方法进行连接。

14. 混凝土与玻璃采用粘结或过渡件卡接。

15. 塑料与玻璃采用粘结、卡接等方法进行连接。

上述做法为一般常见连接手段，个别情况还有特殊的连接手段。在装饰装修设计与施工中抓住这些连接手段和方法基本上就可以解决装饰装修构造中的各种制作和施工问题。

三、建筑装饰装修材料设计

一座建筑物的外观效果主要决定于总的体型、比例、尺度、虚实对比、大的线条等的设计手法。在基本设计已经确定的情况下，外墙面的饰面设计也是影响建筑物最终效果的重要因素，应该合理设计，把握整体。建筑外墙的设计要满足室内、外环境的艺术要求，对于建筑物室外环境来说，建筑的墙体、室外地面、相关建筑小品均是建筑物装饰装修与美化的主要部分。

（一）外墙装饰材料的种类

1. 天然石材

天然石材是指采自地壳，不经过加工或经过锯、凿、磨等机械加工的天然岩石所制得的材料。

天然石材按照地质的划分方法可以分为三大类：

(1) 岩浆岩

又名火成岩，是由火山岩浆冷凝而成的，特别是具有结晶构造而没有层理。在地壳深处的称为深层岩，比如花岗岩、正长岩等。有岩浆出地面以后凝结而成的则成为喷出岩，如玄武岩、辉绿岩等。建筑外饰面经常使用的是花岗岩，花岗岩可以加工成剁斧板材、机刨板材、磨光板材等多种形式，可应用于重要的外墙、柱的装饰材料，同样可以用于室外地面台阶等。

(2) 沉积岩

又名水成岩，是岩浆岩经风化作用破坏后经沉积并重新压实胶结而成，具有层状构造，例如砂岩、页岩、石灰岩、石膏等。

(3) 变质岩

变质岩是由岩浆岩或沉积岩经过高温、高压作用变质后形成的一类岩石，其特点决定于变质前的成分和变质的过程。变质岩通常比原来的沉积岩更加致密、有更好的性能。例如大理石、石英石等。大理石有自然而美丽的装饰效果，应用于古建筑中的汉白玉栏杆，现代建筑的内墙面、地面装饰，由于大理石的易风化和耐气候差的缺点，除汉白玉材料外，用于室外的材料较少。

天然石材的优点是具有很高的耐磨性、耐久性和良好的耐压强度，而且资源分布均匀，便于就地取材。其缺点是性脆、抗拉强度低，且硬度高、表观密度大，从而开采较为困难。

2. 饰面玻璃

饰面玻璃是用于建筑物表面装饰的玻璃制品的总称，包括板材和砖材，比如釉面玻璃、玻璃马赛克、玻璃面砖等等。它们有各种色彩和尺寸，可以摆拼成各种图案，并以其耐腐蚀性、耐磨性和光亮性被广泛应用于建筑物的外墙上。

它还包括玻璃幕墙和铝合金幕墙构造形式。所用材料有钢骨架、不锈钢骨架、铝合金骨架、各种镀膜玻璃、中空玻璃、铝合金装饰板等。

幕墙又称悬挂墙，是指悬挂于主体结构外侧的轻质围护墙。这类墙既要质轻（$1m^2$的墙体自重必须在50kg以下)，又要满足自身强度、保温、防水、防风沙、防火、隔音、隔热等许多要求。目前用于幕墙的材料有纤维水泥板、复合材料板、各种金属板以及各种玻璃，连接方法多采用柔性连接，即螺栓通过角钢，把幕墙悬挂于主体结构外侧，形成悬挂墙。

3. 陶瓷外墙砖

陶瓷外墙砖是由难熔黏土压制成型后烧制的一种外墙砖。它们可以分为陶瓷彩釉砖和陶瓷无釉砖，其中带釉墙砖有很多颜色和花纹，具有吸水率很低，强度高、易清洗等特色，对墙体起保护作用，并有一定的艺术性。建筑陶瓷及玻璃制品构造致密，化学稳定性好，耐久性高，其强度和稳定性较适于外墙饰面。

4. 装饰混凝土

用混凝土作为外墙饰面时，因其耐久性较好，可直接应用而不加修饰，但是为了增加建筑物的装饰效果，则可以在混凝土成型过程中在其表面设置装饰性的色彩、纹理、质感来满足装饰要求，故称为装饰混凝土。

5. 装饰性抹灰

它包括一般抹灰、装饰性抹灰（如斩假石、假面砖、水磨石、水刷石）等构造做法，所用材料有水泥砂浆、混合砂浆、聚合物水泥砂浆等。

一般性抹灰是装饰工程中最普通最基本的做法，往往是装饰工程的基层。装饰性抹灰有些是传统做法，不必详述，有些已被操作简单的新做法、干做法所替代，如雕刻性花纹或线条抹灰等，均可采用安装预制玻璃钢装饰线、SPS塑料装饰线的方法所替代，表面再涂上相应的涂料，这种做法花纹精细丰富，其装饰效果是抹灰做法难以达到的，所以有关抹灰类构造与施工工艺，本书不再赘述，请参见本系列其他教材。

无论是在室内还是在室外装饰中都经常会用到，使用材料主要分为集料与胶凝材料。其集料一般为石屑（包括花岗岩、大理石等）、塑料色粒、彩色砂或白色砂、陶瓷颗粒等等，胶凝材料包括彩色水泥、石膏、石灰、白水泥、普通水泥等。装饰砂浆可以做相应的艺术处理，一般可以分为水磨石、水刷石、斩假石、干粘石等多种形式。

(1) 剁斧石、斩假石

剁斧石制作的原料为水泥、彩色石渣或者大理石的碎粒和适量的水，石渣粒径为2～6mm，硬化以后表面用斧刃剁出斜纹、直纹，酷似天然石材。斩假石用锤子将表面砸毛，酷似新铺的花岗岩，外观庄重、大方。

(2) 水磨石

水磨石的原料同样为水泥、彩色石渣或者大理石的碎粒和适量的水。其制作过程为将上述原料按照适当的比例拌合均匀，再掺入适当比例的颜料，经均匀涂抹、养护、硬化、表面磨光、涂草酸上蜡而成。同时可以镶嵌格片，配置不同的颜色和图案。水磨石多用于墙裙、楼地面、窗台板等处，有较好的耐磨性、防水性，美观大方，不易起尘，刷洗方便。

(3) 水刷石

原料同水磨石，制作方法也雷同，不同之处是石渣粒径为5mm，待涂抹成型，表面稍凝固后立即喷水，把面层的水泥砂浆冲刷掉而露出石渣，远看似花岗石。在建筑物的室外装饰中常用在外墙面、勒脚等处。

6. 装饰涂料

应用于室外的建筑涂料长期以来以其价格低廉而得到广泛的应用。室外主要受到日光、风雨、紫外线的作用，因此应用于室外的建筑涂料要选择具有耐久、抗老化等特点的涂料，如防水型涂料、抗老化型涂料。

装饰涂料涂膜的颜色、光泽、花饰图案等应根据装饰效果的要求调配。

装饰涂料材料有溶剂型、乳液型、水溶型以及无机涂料，可用于各种饰面做法。

7. 喷涂材料

喷涂顾名思义是用喷枪喷涂而成的，但实际上其与一般抹灰材料有共同之处，因而目前可以用刷涂、抹涂、滚涂等多种方式和方法进行施工。喷涂材料是由传统的湿法抹灰材料和涂料的喷涂工艺发展而来的，胶结材料为水泥或者树脂，将其与各种细集料等混合而成的易于喷涂的材料。

喷涂材料的种类很多，按照功能划分可以分为装饰、防火、隔热、吸声等多种类型。按照胶结材料的不同，可以分为无机的硅酸盐水泥类和有机的合成树脂类两种，而有机合成树脂类又可以分为反应硬化型合成树脂乳液类和合成树脂溶液类。如果按照喷涂面的装饰效果又可以有斑点状、拉毛状、碎屑状等多种形式。

喷涂类材料适用的基层范围很广，例如混凝土、水泥砂浆等材料以及水泥木丝板、胶合板等。但是由于各种基层材料的喷涂性能各不相同，各自的适用范围也不相同。一般要求是基层要有适当的平整度，基层必须清洗干净并保持适当的干湿程度。基层为中性的最好，否则应该经过适当的处理。

8. 镶嵌板材类饰面

它包括金属和塑料装饰板、玻璃镶嵌等构造做法。所用材料有铝合金装饰板、塑料装饰板、其他金属装饰板、水泥花格、大型混凝土装饰板、镜面板等。

（二）装饰材料的基本要求及选用

结合不同的环境和不同的情况，对各种装饰材料的要求也各不相同。因此在选用具体的装饰材料的时候，应该结合建筑物的特点，应用相应装饰材料的花纹、图案拼装成所需质感和色彩的饰面效果。近年来，随着高层建筑的不断涌现，也带来了建筑材料、建筑构造、建筑施工、建筑理论等诸多方面的变化。而高层建筑的墙体与多层建筑的墙体相比，最根本的区别是功能上的改变。多层建筑的墙体是围护与承重（垂直与水平荷载）双重作用。高层建筑的墙体只考虑其围护与分隔房间的作用，也就是要选择轻质高强的材料和简便的构造做法、牢固安全的连接方法，以适应高层建筑的需要。

为保证室外装饰装修的最终效果，应注意以下几点：

1. 材料的表面组织及形状

装饰材料因其所用的原料、生产工艺以及加工方法的不同，呈现出多种多样的特征，可以形成不同质感的多种装饰效果。不同的装饰效果给人的感觉各不相同，可以起到心理暗示的作用。室外装饰装修材料作为建筑物的“外衣”，反映了建筑物的各种不同的基本性格，或者庄重、朴素，或者纤柔、轻灵，或者热情、活跃，因此充分利用材料的质感特征表达建筑物的性格、特色是建筑物的基本特征之一。

建筑室外装饰装修材料的选择和使用实际上就是材料计划。材料计划包括依材性对于材料的理性选择和依材质和谐法则对其效果的感性选择。

通常材料计划是实现造型计划与色彩计划的根本措施，同时也是表现光线效果和材质效果的重要基础。换句话说，材料计划的正确与否直接关系着装饰装修设计与制作的成败，对于生活功能和形式表现都将产生严重的影响。

过分受制于惯用材料的束缚，抑或过度迷失于流行材料的风尚，皆是不智之举。同样的，极端偏爱少数材料的特色，抑或极端滥爱所有材料的趣味，亦是盲目行为。建筑大师密斯曾经说：“由材料通过机能到创造的冗长过程，只有一个单纯的目标——从极度杂乱之中去寻求秩序”。基于这种认识，才能摆脱材料的羁绊或解开材料的困惑，进而“用正确的方法去处理正确的材料”，才能以率真和美的方式去解决人类生活的需要。

因此，材料的应用在一方面必须遵守必然的理性原则；在另一方面却必须凭借未必尽然的感性意识。简单地说，正确地把握材料特性去寻求有效的功能答案，往往是相当客观的，它应属于必然的理性原则。然而，灵巧地发挥材料特色以创造完美的形式表现，却往往必须匠心独运，它应属于未必尽然的感性问题。换句话说，仰赖对材料的充分认识和经验，足以驾驭材料的物质效用，但欲将物质成分的材料发挥为精神表现的价值，则必须进一步凭借对材料的敏锐感受和丰富创造力。综合地说，设法将死的材料转变为活的创造，尽量将相对有限的材料转化为无限的艺术表现，才是真正善用材料之道。

2. 色彩的选择

建筑物的外表是通过材料的颜色来实现的，它是给人们最直接的感受之一，是建筑物立面效果的重要因素。见色彩设计部分。

第四节　建筑室外装饰装修设计的色彩与灯光照明

一、色彩设计

（一）颜色、光泽与透明度

物体的色彩是物体给人最显著的感觉之一，建筑物的颜色和光泽同样是其外立面效果最重要的方面之一，而且建筑物的不同部位对其颜色和光泽的要求各不相同。

建筑艺术的表现力，主要取决于“形、色、质”三方面。其中“形”所联系的是空间与体量的配置，而“色”与“质”则仅涉及建筑物表面的处理。材料色彩的选择十分重要，它是构成人造环境的重要内容。虽然色彩是从属于形式和材料的，但是色彩对视感却有着强烈的感染力，有着较强的表现性。合理而艺术地运用色彩、选择建筑材料，可把建筑物点缀得丰富多彩，情趣盎然。

（二）色彩对人的心理影响

色彩对人的心理影响是很大的，不同的色彩会给人以不同的感受。色彩效果也包括生理、心理和物理等方面的效应。所以说，色彩是一种效果显著、工艺简单和成本经济的装饰手段。

1. 确定建筑环境的基调，或者是创造室内典雅的气氛，主要就是靠色彩来表现的。一般来说，应该避免两种色彩在面积上以及在纯度上完全对等或者是接近对等的情况，有主次、有重点才能达到协调的效果。局部面积如室外地面，或者是部分外墙壁，可作高纯度处理。而室内的家具在室内可作为对比色处理，陈设也最好是作对比色处理。这样才能达到低纯度中有鲜艳，典雅中有丰富，协调中有对比的效果。室内色彩的基调一般来说应以低纯度为主，才能获得典雅的气氛。

2. 虽然色彩本身没有温度差别，但是红色、橙色、黄色，使人看了联想到太阳和火而感觉温暖，因此称为暖色；绿、蓝、紫罗兰色，使人看了联想到大海、蓝天、森林而感到凉爽，因而称为冷色。暖色调使人感到热烈、兴奋、灼热；冷色调使人感到宁静、幽雅、清凉。因此，夏天的冷饮店一般地应用冷色调，需要集中思考和从事精密细微工作的场所，也应选用冷色，可以达到凉爽、宁静的效果。暖色有靠近感，冷色有后退感；同等的距离，暖色的墙面比着冷色的墙面会使人感到近一些。同样大小的两间房间，着暖色的一间有内向感，而着冷色的则有外向感。

3. 单色有一种无依靠感，采用单色可以增加高、空感。例如北京的红色宫墙、寺院的红色围墙和民居中的白（土色）色围墙都因采用单色而增加了它们的空、高感。色彩明度高的比色彩明度低的使人感到轻快。因此，在建筑用色上多将色彩明度低的放在下部，形成稳定感，同时明度高的也可增加高度感。因此，低矮的房间、天棚，多用白色，反之如果室内空间过高，则可将天棚采用深、重的色彩。墙面用浅、淡色彩对比，就不会感到室内高旷。

4. 建筑物外部色彩的选择，要考虑它的规模、环境和功能等因素。由于浓淡不同的色块在一起对比，淡色块使人感到轻快、庞大和肥胖，深色块感到分量重、瘦小和苗条。因此，通常室外墙面的色彩是“头”轻“脚”重的，即由檐口、墙面到外墙裙和室外地面的色彩为上明下暗，给人以稳定舒适感；庞大的高层建筑宜采用稍深的色调，使之与蓝天衬托显得庄重和深远；小型民用建筑宜采用淡色调，使人不至感觉矮小和零散。

研究证明，红色有刺激作用；绿色给人以安定舒适感，可消除精神紧张和视疲劳；紫色和橙色可刺激胃口，增加食欲；赭石色对低血压患者适宜；紫罗兰色墙壁可降低噪音，这些都是可以考虑的因素。

（三）色彩的对比

处理恰当的色彩对比，可以获得清晰、鲜明、醒目、兴奋、热烈的效果，但过分强烈的对比，反而会使人感到刺激。我国近年来一些建筑在大面积红色砖墙上采用白色的横或竖的线脚、窗栏等，艺术和经济效果都很好。随着面砖、锦砖、剁斧石、干粘石、外墙乳胶彩色涂料、雕塑漆等新材料、新工艺的应用，不少建筑大面积地采用了白色、米黄色、红色、绿色、淡棕色等色调，得到的效果也很好。还有一些建筑采用了金黄色、绿色的琉璃瓦（板）等重色材料，和一些浅色材料形成对比获得了更好的效果。

色彩的应用是十分丰富的，就对比色而论可分为以下几种：

1. 色相对比：

（1）相同色对比，即同一颜色的深和浅的明度对比；

（2）邻谐色对比；

（3）类似色对比；

（4）中差色对比；

（5）对比色对比。

2. 纯度对比；

3. 色彩面积上的对比；

4. 冷暖色的对比；

5. 复合对比。即在一定的面积上有色彩的明度、纯度、色相等各自所占面积的对比。

（四）气候条件对色彩的影响

建筑色彩和各地区的气候条件有关，例如在沿海地区，即使万里晴空，但空气中的湿度大，建筑的色泽易显浓，而在西北干旱地区则万里晴空，湿度小，色泽易显淡。在多雨、多雾、阴多晴少或和雨少晴多等不同气候地区，用色也应有不同。在天色多阴的地区，色彩应鲜明并宜对比强烈些，而在旱热地区，色彩宜冷，亮度和纯度都适当低些，以防止过于耀目。

（五）周围环境对色彩的影响

建筑色彩和所在环境有关。处在绿林之中和处在有石无树的山前，或居于群体建筑之中，用色都应有所考究。用色还应考虑民族风俗传统的影响，例如有的民族对某些色是忌用的，应予以尊重。

建筑中的色彩处理和建筑材料的关系十分密切。建筑的色彩和质感都是材料表面的某种属性。但是，就性质来讲，色彩和质感却完全是两回事。色彩的对比与变化，要体现在色相之间、明度之间以及纯度之间的差异性上；而质感的对比与变化则主要体现在粗细之间、坚柔之间以及纹理之间的差异性上。由于新材料的不断出现，外墙色彩的应用将会有更多的选择。对此，建筑设计人员应当给以足够的关注。

二、室外灯光设计

自然界中最基本的光源是太阳，尽管太阳光的强度和光色是随着天气和观察者所处的地理位置而变的，我们仍然用它来作为评判照明效果的标准。

光是以电磁波形式传播，并能够被人的眼睛所感知的那部分辐射能，光是客观存在的一种能量，但是它与人的主观感觉有着密切的联系，它的度量必须考虑到人对于光的主观感觉。

光照对于我们的建筑来说是必要的基本元素。它让我们看清周围的环境，它照亮并温暖着我们，并给我们带来幸福和健康。

（一）城市灯光照明的特点

1. 在环境创造中，室外灯光不仅是为了满足人们视觉功能的需要所必须的技术因素，同时也是一个重要的美学因素。一个良好的照明计划，不仅只满足人的视觉需要，而且应当为人的精神感受而提供积极的贡献。在进行照明设计时，应在充分研究被照对象的特征、空间的性质与使用目的、观看者的动机和情绪、视环境中所提供的信息内容与容量、环境气氛创造方面的要求、光源本身的特性等因素的基础上，对照明的方式、照度的分配、照明用的光色以及灯具本身的样式等，做出合理的设计和安排。

2. 城市夜景是城市环境艺术的重要组成部分。在城市环境中，可利用灯光在夜间产生的奇特效果，创造完全不同于白天的城市景观。光本身具有透射、反射、折射、散射等性质，同时又具有质感和方向性，在特定的空间内会产生多种多样的表现力，如强弱、明暗、柔和、对比、层次、韵律等，也会赋予人们不同的心理感受，如凝重、苍白、舒朗等，而这一切都是建筑光环境设计的源泉。

（二）夜景灯光艺术照明的方式

环境夜景照明设计中有泛光照明、灯具照明、聚光投影照明等方式。

1. 泛光照明：泛光照明是指使用投光器映照环境的空间，使其亮度大于周围环境亮度的照明方式。这种照明方式能塑造空间，使空间富有立体感。

泛光照明的光源一般使用白炽灯等，也可以使用色灯。

2. 灯具照明：灯具照明是指在室外环境中利用灯具的造型、色彩和组合，以欣赏灯具为主的照明方式。灯具照明可增加夜间视觉景观，创造点状光环境。随着许多城市提出“让城市的夜空亮起来”，夜景照明设计在现代城市建设中越来越受到重视，城市中的重点道路、桥梁、广场、绿地都可以成为夜景设计的对象。例如：广东星海音乐厅前文化广场上取名“渔歌唱晚”的灯光设计就独具匠心。围绕着著名音乐家冼星海先生雕像，设置在广场地下的环形排列的一盏盏小射灯在夜幕中犹如繁星点点，在广场中心水体的映衬下交相辉映，与夜色中晶莹剔透的玻璃体建筑——星海音乐厅共同渲染出一种浓厚的文化氛围。

3. 聚光投影照明：聚光投影照明是指利用投光器。将建筑物入口、正立面体型或建筑外装饰的主题内容，以及广告牌、雕塑装饰等照亮，使其突出周围环境，将人们的视线吸引过来，达到宣传的目的。聚光投影照明是城市繁华中心区经常采用的照明手段。

（三）城市灯光照明灯具的种类

普通常用的灯具有路灯、广场塔灯、园林灯、霓虹灯、信号灯等。随着人们物质生活和文化水平的提高，对夜景灯饰也有着高度的艺术造型的要求。产品的艺术性有了很大的提高。

1. 高杆灯。在城市环境中，高杆灯应用较广。其高度、造型、尺度、布置等应统一、连续、整齐，它的造型影响着整个城市建筑的外环境。

2. 庭院灯。一般设于住宅庭院、散步道等建筑外环境，以低矮和较小的间距进行照明。

3. 其他种类的灯。装饰照明在现代城市夜景中成为越来越重要的内容。它主要是衬托景物、装点环境、渲染气氛，多用于大型建筑物或多组装饰照明的区域中，例如繁华商业街等。

总之，随着城市功能的复杂和生活内容的扩大，夜晚景观和照明质量问题也必定引起重视。各式各样的灯光交织在一起，勾画出丰富的城市夜景，表现出独到的“灯光”文化。好的夜景景观设计不仅会给城市披上一层神秘的色彩，而且还能大大丰富现代城市的整体形象。

第五节　建筑室外装饰装修的设计方法和步骤

一、建筑室外装饰装修的设计方法

室外装饰装修设计的方法，可以从思考方法、设计手法两方面来进行分析。

（一）建筑室外装饰装修设计的思考方法

良好的设计首先要从正确的思考方法入手，把握好大方向，在此基础上再深入调研、精心推敲，这是产生良好设计作品的必要条件。

1. 大处着眼，确定总体风格

大处着眼，即把握装饰设计的总体原则。在设计时根据所处环境和建筑性质、文化定位等，确定设计总体风格、总的处理手法、材料、色彩等。着眼点可以从以下几方面考虑：

(1) 从城市的文脉上考虑

建筑处在具有一定文化积淀的城市中，在设计建筑外观时，不可避免地要考虑到所处城市的历史文脉。城市文脉是文化积淀的结果，是与特定的历史时期、社会状况、风俗民情紧密相关的。因此，单纯的照抄照搬或者细部拼凑很难取得令人满意的效果，需要设计者对于原有建筑特征加以深入分析，寻找其尺度、比例、材质、构成手法上的特征，或取其特有的比例关系，或沿用其材质，或对其特色节点加以符号的提炼，应用于现在的建筑上，这样才可能设计出适合当今时代同时又不割裂城市文脉的好作品。

(2) 从环境的特征上考虑

建筑所处的外部环境也是决定建筑外观的重要条件。城市或乡间，山区或风景区，商业区或居住区，周围的建设情况等都影响到该建筑外观的设计定位。

(3) 从建筑的性质上考虑

建筑本身的形式直接决定了建筑外观的特征。商业建筑要新颖、华丽，富时代感；文化类建筑则要简洁、稳重，要更注重形式所体现的文化内涵。服务类的建筑如餐馆、咖啡屋等，要求尺度宜人、细部考究、亲切有吸引力；而大型的展览、行政等建筑则要求构图严谨、庄重，体现宏大的气势。

2. 细处入手，细部深入推敲

细处入手是指具体进行设计时，必须根据具体设计任务的使用性质、所处环境、文化定位，深入调查，收集信息，掌握必要的资料和数据。

在分析资料确定立意的基础上，详细推敲各种尺度关系、材料运用、节点处理等相关环节，对于分析结果给以积极应对。这样的设计作品才能更有深度，更有内容。

3. 从整体到局部，从局部到整体，统一协调

设计是一个从整体到局部再从局部到整体的不断发展演变的过程，优秀的设计其整体和局部应该是完整的统一体。这就要求设计时在从立意出发确定整体定位后，各种局部尺度、用材、节点等细节要与整体形象相协调，同时不断调整的细部组织也必然影响到建筑的整体形象。

4. 意在笔先，立意与表达并重

意在笔先是指设计时必须先有立意，即有了“想法”以后再动笔，也就是说设计的构思、立意至关重要。可以说，一项设计没有立意就等于没有“灵魂”，设计中不断地完善也在于立意的不断推动，否则只单纯的从手法出发则往往使设计陷于进退两难的境地。

具体设计时，立意与设计表达的是互动关系。首先，一个良好的设计需要有足够的信息量，同时要与委托方、设计团队的其他成员及时进行交流，这就要求设计的表达要及时跟上设计思路，并且不断修改和完善，在设计前期和出方案的过程中使立意、构思逐步明确。

对于设计而言，正确、完整又有表现力的表达也非常重要。设计表达要使委托方和评审者能够通过图纸、模型、说明等形式，全面地了解设计意图。图纸是设计师的语言，在设计竞标当中，图纸的完整、精确、优美是第一关，因为在设计中，形象毕竟是很重要的一个方面。一个优秀的设计其内涵和表达也应该是统一的。

（二）当代建筑室外装饰设计手法

建筑装饰从历史起源发展到今天，历经无数变革，产生过众多风格流派，形成丰富的语言。与装饰风格相比，装饰的手法具有一定的稳定性和延续性。手法是思想意识观念转换为建筑装饰形态的媒介，在这里依据形态学基本原理，将装饰手法分为装饰元素处理手法和建筑与装饰的组合手法两大类，以便对要素与要素间的组合手法作分类研究。

1. 装饰要素的处理手法

从视觉心理学角度讲，形态、色彩、质感是客体对主体产生视觉效应的三个主要方面。我们生活环境中的各种物体，真正从造型意义上影响视觉的是它们的形式化构成，点、线、面、体为形态构成的基本要素，它们确定了建筑及其外在装饰的基本形态，而材料则通过质感与色彩影响视觉心理，表现其精神内涵。不同材料通过各种纹理、色彩、光泽在设计中占据应有的位置。为追求光亮挺拔的效果，人们往往以铝板、不锈钢、玻璃镜面等反光较强的材料综合构成，为避免人工材料的单一与冷漠，往往又以自然材料增加典雅宁静的人情化气氛。

在装饰设计中为保持整体建筑在手法上的统一，将客体的形态、色彩、质感以一定手法进行有目的的组合，形成产生某种视觉效果的单元就构成了建筑的装饰要素。从要素的基本生成方法看，装饰要素的处理手法主要有构成手法、移植手法、异化手法三种形式。

（1）构成手法

形态、质感、色彩要素按对立统一原则进行排列、组合，使建筑获得抽象的形式美感。这种手法注重的是抽象的形式美，而具体意义具有不确定性。亚特兰大美术馆在白色基调统一下，通过点、线、面、体的穿插组合形成丰富的形态层次，如图 3-1 所示。纽约协和迪斯尼大厦简洁的组合体块被涂以不同的颜色。通过不同色块的组合取得斑斓的装饰效果，如图 3-1 所示。构成手法是一种创造性手法，反映出形式美规律作用下色彩、质感等形式要素的多样组合。

图 3-1　纽约协和迪斯尼大厦

(2) 移植手法

引用已有的装饰要素，通过对类型原型的选用传达社会文化价值观及艺术家个人的情感。移植手法的原型来源于自然的、社会的及建筑本身的类型原型。

图 3-2　塔斯干住宅

建筑类型原型的移植手法包括对已有材质的选用和对约定俗成复合单元的选用。从其他建筑中选用适于环境的装饰片断为建筑的组合创造了无限的可能性，这一手法已为后现代建筑广泛引用。由于被引用要素往往存在于人们的知觉印象之中，作为一种装饰形态的同时还常赋予建筑的特定意义。如加利福尼亚塔斯干住宅，见图 3-2。住宅在建筑入口处引用了古典柱式的片断，使这座平凡独立式住宅显出浓郁的文化气息。

(3) 异化手法

当代社会人们的审美情趣、价值取向和生活方式日益多样化，对新颖、自由和个性的追求使建筑师对选用的建筑原型或多或少地作些变形处理，这就导致了诸多异化手法的出现。

①变形处理

拓扑变形利用变形图式与原图式在形态结构上的一一对应关系，通过可变要素的伸张、增减、压缩、扭曲产生新图式，这种新图式与原有图式在结构关系上仍有一致性。后现代派的建筑装饰大都对其模仿的原型做了简化处理，由于建筑保留了原型的某些形态特点，仍能唤起人们知觉印象中对历史原型的认识。

残缺变形通过对约定俗成的完整形态有意识地断裂、解体、破坏，激发了观者的艺术参与愿望。利用残缺形式是艺术大众化的反映，由于观者的文化修养不同，对残缺形式趋向完美的联想结论往往也是不确定的。维纳斯的断臂残缺形象给人们留下无限遐想的天地，种种试图复原的尝试似乎都达不到理想的效果。残缺变形往往能给人以独特深刻的印象。美国贝斯特公司（Best Company）就是利用这种残缺变形手法形成与众不同的装饰效果，各地的连锁分店都以不同的手法体现了这一“残缺主题”，如图 3-3 所示。应该指出残缺变形是建立在整体完整可变基础之上的，离开整体形态的完整性，残缺变形也就无法唤起人们审美意识。

②材质异化

装饰要素是由材料构成的，每种材料都有其特有的质感、色彩等表面特征，在装饰处理中材料的自然表现力是十分有限的，人们往往通过对材料肌理的处理大大发展其艺术表现力，如石材表面抛光、混凝土斩假石工艺，木材、玻璃表面纹样雕饰等。鲁道夫在耶鲁大学建筑馆设计中，将外墙混凝土表面处理成“灯心绒”式，通过这种肌理质感变形使粗重的建筑组合体得以柔化，如图 3-4 所示。

图 3-3　美国贝斯特公司连锁店

图 3-4　耶鲁大学建筑馆

2. 装饰要素与建筑的组合

功能与形式的关系问题是现代建筑与后现代建筑等诸多流派争论的焦点。现代主义之后诸多流派的许多建筑师反对现代派形式追随功能的主张，他们认为同一功能的建筑可以采用多样装饰形式，装饰可以作为建筑造型的一项要素独立存在，这就极大地丰富了建筑装饰的形式。

图 3-5　纽约现代美术馆

在建筑中不同要素可以形成不同的装饰效果，而相同要素由于组合关系的不同也构成不同的整体效果。在建筑与装饰的组合中通过综合形成一种简化表现方法的倾向。

建筑与装饰要素的组合形式有以下几种基本手法。

(1) 互含式组合

在互含式组合中，作为装饰的要素首先要具有一定实用功能，同时利用建筑自身结构、构造元素有目的的组织，使装饰要素与建筑相统一，这是现代建筑形式设计的一般处理手法。从单一功能建材向复合材料发展是当今建材领域发展的一大趋势，许多复合材料如铝合金复合墙板，既有围护功能，又兼装饰效果。实用与装饰显现出互为包含的形式。西萨·佩里设计的纽约现代美术馆主体塔楼外墙平整光滑，没有多余的饰件，玻璃幕墙、铝合金墙板被处理为一个平面，立面上玻璃与铝板横向相间划分，对称中又有微妙的变化，形成的立面具有音乐般的节奏感。这种互含式组合成为高层建筑外装饰处理的最常见形式，如图 3-5 所示。

(2) 并置式组合

当装饰要素作为独立要素与建筑本体共同构成环境创造时，装饰要素并不起什么实用功能作用，而是以产生某种视觉效果，创造某种环境意义为目的，它可以是为装饰而装饰，对建筑进行“包装”是后现代派建筑的常用手法。

文丘里在一个周末别墅的方案设计中探讨了立面形象的多种可能性。他在平面不变的情况下设计了古希腊式、罗马式、现代式、伊斯兰式、埃及式等十几种立面装饰图式，每种图式给人以完全不同的印象，而图式外包装与建筑本体并没有内在的必然联系，然而它却可以适应不同业主的欣赏口味，具有灵活的可变性，适应大众文化的审美要求，如图 3-6 所示。

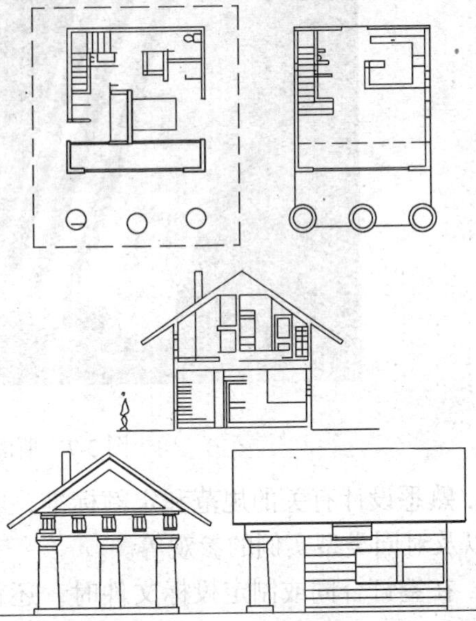

图 3-6　文丘里设计的周末别墅

(3) 拼贴式组合

建筑利用不同时代、不同地域的建筑片断，组合形成随机、偶然、蒙太奇式的形式。这种形式顺应艺术大众化、多样化的潮流，使来源于大众的艺术又回到大众中去，以轻松的方式表达社会心态的丰富与复杂。拼贴式组合手法起初多见于游乐场、博览会、商场等世俗化建筑之中，由于它具有很强的表现力，应用范围也愈来愈广。

在斯特林设计的斯图加特美术馆中，我们可以看到建筑师借用了大量的建筑片断，包括罗马斗兽场式庭院，高技派门厅，埃及神庙式檐口，构成派雨篷等，这些片断直接并置于建筑中而没有过渡及中间层次，杂乱中又有统一的色彩及饰面基调，建筑片断在重组中被赋予新的意义，如图 3-7 所示。

装饰要素及其组合处理手法在应用中不是独立存在的，对同一建筑的装饰往往要综合几种处理手法，同时各种处理手法之间也是可以相互转换的。在整体设计中装饰手法往往还与造型手法综合在一起，形成建筑特定的室内外气氛。

二、建筑装饰装修的设计步骤

与其他设计一样，建筑室外装饰装修设计的进程，通常可以分为四个阶段，即设计准备阶段、方案设计阶段、施工图设计阶段和设计实施阶段。

(一) 设计准备阶段

设计准备阶段主要是接受委托任务，签订合同，或者根据标书要求参加投标；明确设计期限，并制定设计计划进度安排，考虑各有关工种的配合与协调。

1. 明确设计任务和要求，如建筑的使用性质、主要功能特点、设计规模、等级标准、总造价，根据任务的使用性质的需要来创造形象特质、文化内涵或艺术风格等。

图 3-7 斯图加特新州立美术馆

2. 熟悉设计有关的规范和定额标准，收集分析必要的资料和信息，包括对现场的调查踏勘以及对同类型实例的参观等。

3. 在签订合同或制定投标文件时，还包括设计进度安排，设计费率标准，即装修设计收取业主设计费占建筑总投资的百分比（通常由设计单位根据任务的性质、要求、设计复杂程度和工作量，提出收取设计费率数，最终和业主商议决定）。

（二）方案设计阶段

方案设计阶段是在设计准备阶段的基础上，进一步收集、分析、运用与设计任务有关的资料与信息，构思立意，进行初步方案设计，深入设计，进行方案分析和比较。

确定初步设计方案，提供设计文件。建筑外装饰装修初步设计方案的文件通常包括：

1. 平立剖面图。

2. 装饰装修效果图。

3. 设计意图说明和造价估算。

初步设计方案需经审定后，可以进行施工图设计。

（三）施工图设计阶段

施工图设计阶段需要补充施工所必要的各种细部详图，材料做法，其他图纸深度也较方案设计阶段要更为详尽，以便于施工准确无误地进行。此外，还要编制施工说明和造价预算。

（四）设计施工阶段

设计施工阶段也就是工程的施工阶段。装饰装修在施工前，设计人员应向施工单位进行设计意图说明及图纸的技术交底；工程施工期间须按图纸要求核对施工情况，有时还需要根据现场情况提出对图纸的局部修改或补充（由设计单位出具修改通知书）；施工结束时，会同质检部门和建设单位进行工程验收。

为了使设计取得预期效果，设计人员必须抓好设计各阶段的环节，充分重视设计、施工、材料等各个方面，并熟悉、重视与原建筑物的建筑设计、设施设计的衔接，同时还需协调好与建设单位和施工单位之间的相互关系，在设计意图和设计构思方面取得沟通与共识，以期取得理想的装饰装修工程成果。

复　习　题

1. 建筑装饰有何作用？
2. 建筑室外装饰装修应遵循什么原则？
3. 建筑室外装饰装修包含哪些内容？
4. 建筑装饰装修设计分哪几个步骤？
5. 装饰要素与建筑有哪几种组合方式？
6. 装饰要素有哪几种处理方式？

第二部分

建筑室内环境设计

第四章　建筑室内环境装饰设计

第一节　室内设计概述

一、室内设计的沿革和发展

室内设计作为一个单独的科学，一直具有相当独立的地位，这种独立完全源自于它具有的专业特征、造型手段和艺术表现规律以及实现的技术条件。室内设计的发展经历了漫长的历史，可追溯到人类巢居生活后期。当人类为摆脱洞穴的居住环境，开始建造房屋后，室内空间开始进入到人们的生活中，揭开了室内设计的序幕，欧洲工业革命改变了人们的生活水平、生活质量和生活方式，室内设计作为一门专门的科学开始独立出来。但是，室内设计在国内和国外的发展是不平衡的，它和各国的经济发展水平密切相关。

（一）国内

最早的人类为了避风雨、防寒暑以及其他自然灾害或野兽的侵袭，建造了自己赖以生存的空间场所——建筑空间，建筑的产生导致了室内空间的出现。正如老子所说："延埴以为器，当其无有器之用，凿户牖以为室，当其无有室之用。故有之以为利，无之以为用……。""有"和"无"看出了"利"和"用"的关系，这可以说是中国历史乃至世界上最早的关于"室内空间"的论述。

从早期的原始部落开始，人们就已经注重自己的居住空间质量了。在我国陕西西安半坡村的方形和圆形住房内，已经有空间的分隔以及入口与火塘的位置。据考证，同时期的居室内已开始使用人工的石灰质地面，新石器时代的居室内也有了烧土地面，在一些洞穴之中的墙壁上还发现了兽形和围猎的图案。从这些例子可以看出人类在很早以前就开始注重"室内环境设计"了。

商朝的宫室内部朱彩木料、各种雕饰柱下放有云雷纹的铜盘等。至隋唐时期，我国的古代建筑已发展成熟，形成了完整的建筑体系，此时对于建筑内部空间的处理已经达到了相当高的水平。在以后的各个朝代之中，随着建筑的发展，室内设计逐步形成了具有中国特点的设计风格，但是体系并未发生根本变化，其内部空间的组织方式常局限于家具的布置、陈列品的放置、字画的悬挂等，尤其是在明朝时期，它的家具设计达到了鼎盛阶段，一直对世界家具都有重大的影响。

历代文献（如：《考工记》、《园冶》）也有对室内设计的相关记载。

（二）国外

从一些古埃及的陵墓中发现了各种家具，包括：柜子、椅子等，在公元前古埃及的一些神庙内的抹灰墙上都绘有彩色的条纹，地上也铺有植物，同时柱子上也雕刻着各种反映当时人们宗教信仰的图腾等。到了古希腊以及古罗马时期，建筑技术发展到了相当的水平，标准的柱式、成熟的室内装饰、家具等已经出现，古罗马神庙的中厅设计反映了当时室内设计的成熟。

到了中世纪和文艺复兴时期，古埃及、古希腊和古罗马的装饰风格日臻成熟和完美，并形成了各种设计风格。

如欧洲哥特式建筑的室内以竖向排列的柱子和柱间尖形向上的细花格拱形洞口、窗口上部火焰形线角装饰，并使用卷蔓、亚麻布、螺形等纹样装饰来创造宗教至高无上的严肃神秘气氛。

文艺复兴时期室内风格冲破了中世纪的特点，提倡人文主义，尊重人的世界观，反对中世纪的禁欲主义和教会的统治观，于是建立了大量的世俗建筑，这一时期古希腊、古罗马装饰的风格日臻成熟和完善。

之后，出现了巴洛克风格，是使用透视的幻觉与增加层次来夸大距离的深度，采用波浪形的曲线和曲面、折断的山花、柱子的疏密排列来增加立面和空间的动感和起伏感，运用光影变化、形体不稳定组合来产生虚幻和动荡的气氛，喜欢用壁画和雕塑，色彩华丽。家具用直线和曲线协调处理猫脚等。

继巴洛克之后，产生了洛可可风格，它以其不均匀的轻快、纤细的线条著称，同时受到一定的东方文化的影响。它的造型多采用贝壳曲线、曲折和弯曲形的构图进行分割，装饰极其繁琐，色彩绚丽多彩，大量运用中国卷草纹样，具有轻快、流动、扩展以及纹样人物、植物、动物浑然一体的特点。

真正开启了现代室内设计先河的是包豪斯学派，它创造了工业化时期的设计理念，提高了工艺水平，并赋予设计前所未有的特点，为现代设计奠定了坚实的基础，它提出要运用现代科学技术和新型的材料，把功能作为设计的出发点。它的主要特点：强调实用性的原则；追求造型整齐简洁，以几何形体组合为主，构图灵活多样；强调发挥材料本身的性能和质感；强调充分利用新的结构技术和美学原则；注重构造节点等细部处理，力争达到结构、材料与美学的统一；强调内部空间的灵活分隔，注重内、外空间的交流和光影的运用，主张“少就是多”的美学观点等，从此室内设计走上了一条现代的设计之路。

此后，相继出现了许多新的室内设计观念，如：后现代主义、结构主义等，但是这些观念都是在现代主义的基础上发展起来的。

二、设计与现代室内设计

设计可以意指或者暗示许多不同东西的组合。从它的价值的角度来说，一种是强调“设计”的外观，一种是强调“设计”实用性，前者我们权且理解为“装饰设计”，后者我们可以称之为“实用设计”。设计是我们的祖先赖以生存的“必需品”，在远古时代人们用各种材料去设计各种工具和武器，也去设计自己衣物的装饰物、表现信仰的雕塑等。

当人类定居下来以后，人们开始设计自己的家具（包括：椅子、器皿和一些装饰品）。随着社会的发展，到了工业革命之后，设计走进了普通百姓家，并在我们的生活中扮演着越来越重要的角色，尤其是现代，我们接触到的“设计”事物太多了，几乎遍布生活的每一个角落，如：餐具、灯具、汽车、飞机等，这些设计作品都是来源于人们自身的需求，无论是实用的还是精神的其实都是来源于需求。

因而，我们把这种传统的“设计”（Design）理解为满足人们各种需求的桥梁，它是人们改变自身生存环境的手段和过程，它是人的思考过程，是一种构想、计划，通过实施来满足人类的自身需求，它的最终目的是为人服务。

然而，正是这种单纯以满足人们的使用目的的设计，也正是这些“需求”使得人类赖以生存的环境极度恶化，使环境和能源问题摆在了人们的面前。针对这些，现实给设计者提出了新的课题——绿色设计，这种设计理念是针对传统设计中的各种不足而提出来的，其核心思想就是将防止污染、保护环境和节约资源的观念自觉体现在设计的产品之中，在物品的生产和流通过程中体现该产品的宜人价值、生态价值以及商业价值的设计方法。正是这种设计哲学的变化，设计的内涵有了新的内容，作为设计一部分的室内设计同样受到这一理念的影响，室内设计由传统的注重室内空间的功能和单纯的装饰效果以及外在的美学追求，向追求室内空间环境质量的转变。

随着人们环境意识的逐步增强，绿色设计越来越深入人心，人们开始向往回归自然，提倡绿色环保，渴望与大自然的环境共存。室内环境充分利用现代的科技成果，实现了室内环境的“智能化”，天然材料的使用，自然植物的引入有效地改变了我们的生存环境，减少废料对环境的污染是现代设计师所面临的问题，现代室内设计必须与我们这个时代整个设计理念相协调，创造一个“再生的文化”成为这个时代的主题。

三、室内设计与装饰装修的区别

（一）室内设计的概念

设计首先是一种人的思维行为过程和实施过程，它是满足人们的需求，达到人的视觉、思维即精神和物质的协调，同时它是思维的物化过程。设计既是结果又是过程，同样室内设计是根据其使用性质、环境要求和使用的标准，运用技术手段以及审美的基本规律和原理，创造出功能合理、空间环境舒适宜人、能满足人们的使用和审美需求的室内环境。

从以上概念来看，室内设计包括：

使用的目的和性质——使用功能和精神功能；

采取的手段——技术手段和艺术手段；

经济条件——工程项目投入的多少和造价。

室内设计的构思，在各种技术手段的帮助下得以实现，这些手段包括：施工技术、各种材料和设备的选择等，在遵循和运用美学原理和基本规律（对比、协调、均衡、比例等）的基础上，使得室内空间在形态、色彩以及空间氛围等方面更加完美。现代室内设计是多学科的综合运用，包括：科学技术、文化、艺术等。当代室内设计的科学性和综合性表现得更加强烈，设计更加注重文化、艺术、历史以及人际关系与室内环境的联系，当代的室内设计无论从理论上还是实践上都不断地在增添新的内容，室内设计的因素也在不断的相互影响、相互渗透，其主要特征表现在室内外不再存在着明显的差别，室内外逐步形成一个更为有机的整体。

室内设计的概念应该是一个动态的过程，随着时间的推移，它的含义和内容发生着重大的变化，同时不同人对室内设计的理解是不同的，比如：有人认为室内设计是建筑设计的延续，是室内空间和环境的再创造。也有人认为室内设计是建筑的灵魂，是人与环境的联系，是人类艺术与物质文明的结合。

室内设计是一个动态的过程，它随着时代的发展而变化，但是它的基本目的是一样的，那就是满足人们使用功能和精神功能的需求，为人们创造良好的生活、工作和学习的空间，同时关爱自然和环境，运用现代的科学技术手段与艺术规律，创造出合理的、美观的、各具特色的室内工作和生活环境。

室内设计是一种空间构成，是严格的比例、丰富的色彩、完整的规律和变化的气氛下所创造出的空间体系。

(二) 室内设计与装饰装修的区别

人们在平时的概念中总是把装修和室内设计相混淆，实际上从字面上理解，室内装饰或装修是一种外在的东西，只是单纯的从室内的外表、视觉上去考虑和研究问题。如：对室内的地面、墙面、顶棚等各个接口的处理，装饰材料的选用，同时也包括对家具、灯具、陈设和一些小装饰品的配置和设计。装修是建筑主体结构完成之后，内部各项设施的安装和墙体、地面、表面、基层的具体施工。装饰是对建筑的进一步装潢修饰，创造美化环境的过程。一项建筑工程只有装修施工到位，才为人们的生活、办公、娱乐等活动环境打下了坚实的基础，体现意境与内涵的装饰才可以发挥它的魅力。

装修与装饰既有着质的区别，也是有机的一体。装修是功能与使用的实现，装饰是个性与美学的体现。它们相互影响、相互制约，两者要达到和谐的统一，就有一个怎样装修与怎样装饰的问题，这就是装饰装修设计和室内设计。

室内设计不仅要考虑室内空间的外在装饰，同时还必须涉及室内空间的使用功能和精神功能，室内空间的意境、氛围以及不同人或民族的文化内涵，还必须对室内的施工、室内的技术条件进行整体的全盘的安排。

室内设计要有一个明确的统一的主题。统一可以构成一切美的形式和本质。用统一来规划设计，使构思变得既无价又有内涵，这是每个设计师都应该追求的设计境界。装饰讲时尚但更讲个性，具体的环境不同，文化背景与风俗习惯不同，就可能产生不同的效果。所以室内设计不断创新，不拘泥于旧有的观念，通过功能的装修，美学的装饰，赋予每项室内空间设计一新的形象就非常重要。

装修和装饰也不分孰轻孰重，两者互为因果。室内设计应使两者相得益彰，通过材料的质感、颜色的搭配、饰物的布置，使装修与装饰产生超值的效果。室内设计没有一个什么定则，在人们需求日益多样化、个性化的今天，最好的东西也会过时的。新的风格不断出现并被人们所接受，才使得室内设计多姿多彩。有境界就自成风格，室内设计是装修与装饰的灵魂。要想家居能以高层次的内涵与境界使生活更美满更愉悦，看上去舒服用起来便当，就是室内设计应追求的效果。

(三) 室内设计与建筑设计的区别与联系

室内设计从过程来看是依附于建筑实体，同时在设计的内容上又是与建筑有所区别。

1. 室内设计与建筑设计的共同性

(1) 室内设计与建筑设计都要考虑其使用的功能和精神功能：建筑设计和室内设计都是为了提供人们生活、办公、生产等活动空间，满足人们遮风避雨、储物、取暖纳凉的需要，同时也能够通过外在的色彩、造型、材料给人们带来美的精神享受。

(2) 室内设计和建筑设计都受到材料、工艺条件、技术条件的制约。

(3) 无论是室内设计还是建筑设计，在设计过程中都必须依据同样的艺术规律进行设计，比如：使用对比、统一、尺度、比例、韵律等规律。

2. 室内设计与建筑设计的区别

(1) 从过程来看，室内设计是在建筑设计的基础上进行的，只有建筑设计为其创造了室内空间后，才能进行室内设计，因此室内设计依赖于建筑设计。

(2) 室内设计更注重人们的生理（与人的关系）、心理（给人的作用）效果，如：人们在空间内感觉是否舒适、是否使用方便、是否有安全感等。因为室内空间离人更近，与人接触更加密切。

(3) 室内设计更强调材料、色彩、纹理（肌理——包括视觉的和触觉的肌理）等效果的细微之处的处理。

四、现代室内设计的出发点和依据

室内设计从本质和目的上来说，是为人服务的，室内设计师必须以满足人们的生活、办公、娱乐等活动的需要作为依据进行设计。

（一）现代室内设计的出发点

1. 以人为本

“以人为本，为人服务”是室内设计的基石。现代室内设计的目的就是通过创造良好的室内空间环境为人服务的，设计人员总是把人对室内环境的需求（生理和心理需求）放在设计的首位。现代室内设计走向城市和普通民众，为改善人们的生活、工作、学习环境做出贡献。

现代室内设计需要从整体上去处理人与自然环境、人与人之间的交流等各种关系，需要在为人服务的前提下，协调好使用功能、经济效益、美学追求、文化氛围的各种要求，同时还要解决施工技术、材料的选择、设备的造型等关系，因此必须认真仔细地处理好室内空间的每一个细节，必须注重人体工程学、环境心理学、美学等的分析和研究，充分考虑人对室内环境的各种需求。

针对不同的适用对象，考虑不同要求。例如：图书馆建筑的室内要考虑书库的朝向问题，阅览室要宽敞明亮，通风良好，照明合理，室内设备必须满足读者的需要等；一些公益性的公共建筑室内同时还要考虑不同人群的特殊性，如必须考虑残疾人的使用要求，无障碍设计等，体现社会对这一群体的关爱。

同时不同文化背景的人对于室内空间的看法有所差异，设计师必须充分考虑文化在各个地区、民族以及国家之间的不同，要突出个性化的效果。

2. 符合时代发展的需要

创造具有文化价值的生活环境是现代室内设计的出发点。现代设计师必须了解社会、了解时代，应该对现代人的生活环境以及文化艺术的发展趋势有一个总体的了解。

社会是进步和发展的，室内设计反映了当代社会物质生活和精神生活的特征，反映着时代发展的脉络。不同时代，人们的需求、审美价值观、文化价值观也是不同的。另外，人们的需求永无止境，而且出现多样化的趋势。

设计师应该自觉地在设计中体现时代的精神，主动地考虑满足当代社会生活活动和行为模式的需要，并且积极地运用当代的物质技术手段来改善我们的室内环境质量。

正是这种时代的转变，现代室内设计也在发生着转变，具体有以下几个方面：

它的审美意识从建筑空间转向时空环境；强调人的参与性和体验；从单纯的形式美转向文化的延续性和再创造；强调从总体上把握现代室内空间环境；设计手段的多样化和学科的融合。

3. 科学与艺术的完美结合

室内设计中体现高度的科学性、艺术性是至关重要的。新的设计风格的兴起促使室内设计必须充分重视和积极运用现代科学技术的成果，包括：新型的材料、结构和施工工艺，以及为创造良好声、光、热环境的设施和设备。

随着人们的生活水平的提高，人们的需求不仅仅是单纯的物质上的舒适性，他们还有对室内空间的更多追求，如：空间的美感、文化氛围等，这些需求不只是通过单纯的温度、声音等技术条件能够到达的，还需要设计师运用艺术的手段来创造具有表现力和感染力的室内艺术空间，以满足人们对美的追求，创造具有视觉愉悦感和文化内涵的室内环境，使生活在当代高科技、快节奏社会中的人们，在心理上、生理上达到平衡，所谓的科学与技术的结合，事实上就是使得我们生存的空间能够平衡我们的物质因素和精神因素，为我们更好地工作、学习和生活创造良好的环境。

4. 提倡绿色设计

每一个设计师对保护环境、关注生态都责无旁贷。很难想象一个从来不关注生态和环境问题，从来不去了解生态、环境等相关专业知识的设计师，能够提出注重生态的设计理念来。

商业化大潮的冲击，流行周期的骤然缩短，促使当代中国室内设计与国际标准接轨。进入信息化时代，东西方文化交流融合的速度骤然加快，国际化和民族化共处，任何一种艺术样式都不可能轻而易举地占据统治地位，统一与多元成为时代最显著的特征。和谐完整的艺术形式作为这个多元化时代必须遵守的设计原则，已成为衡量艺术与设计质量的标准。进入21世纪，生活的空间变得越来越狭小，现代化的通信交通工具，大大缩短了时空距离。日益增长的人口数量和越来越高的生活追求，促使生产高速发展。需求与资源的矛盾越来越尖锐，人们的物质生活水平不断提高，但是赖以生存的环境质量却日趋恶化。人类社会改造着环境，环境也影响着人类社会，人类正面临有史以来最严峻的环境危机，环境问题成为人类生存的头号问题。室内设计作为一门空间艺术，无可置疑地成为人类生存环境系统中的一个组成部分。从环境艺术设计的观点出发，人工环境是以牺牲自然环境为代价的。作为现代人工环境的主体——建筑及其室内设计，也难免会扮演不光彩的角色。从环境保护的角度出发，未来的室内设计应是一种绿色设计。这里包含两层意义，一是现代室内所使用的环境系统和装饰材料，如空调、涂料之类，都在不同程度地散发着污染环境的有害物质，必须采用新技术使其达到洁净的绿色要求。二是如何创造生态建筑空间，使室内空间系统达到自我调节的目的，也包括在室内外空间大量运用绿化手段，用绿色植物创造适应人工环境的生态系统。

中国古典哲学历来主张“天人合一”，中国传统的建筑历来注重与自然的交融。因此中国传统的风水学实际上就是哲学理论与建筑实践的结合，虽然这里面不乏迷信的成分，但它却蕴含了环境设计的理念。它注重人与环境相互作用的关系，而这种关系在“人文地理学”“行为地理学”“环境心理学”中有着同样的论述。体现于21世纪的绿色设计概念与中国传统文化在本质上有着完全相融的理念。今天我们正站在21世纪的门槛上，可持续发展是整个世界的重大课题，在生态环境日益恶化的今天，绿色设计已成为我们唯一的选择。虽然绿色设计必须靠高新技术的支持，实现生态建筑也有相当长的路要走，但至少可以先改变室内设计行业的从业观念，首先确立节能环保的设计概念，做到不滥用材料过度装修，尽可能采用环保装饰材料，优化施工程序，最大限度避免资源的浪费，然后再根据科学技术发展所提供的条件，逐步达到理想中的绿色设计。

因而，面对生存环境的日益恶化，文化传统的严重失落，我们面临一个重大的挑战——如何保持人类与自然和社会文化的平衡发展及延续性。可持续发展的观念日益深入人心，于是在设计界提出了“绿色设计”的观念和原则，它着眼于人与自然的生态平衡关系，在设计过程的每一个决策中都充分考虑到环境效益，尽量减少对环境的破坏。它不仅是一种技术层面的考虑，更关键的是一种观念上的变革，它把三“RE”原则作为自己的设计原则，该原则包括：减少资源利用设计原则、可回收的设计原则以及再生性设计原则。

在室内设计中，设计师应该有责任也必须遵守这一原则，设计师不能急功近利，只顾眼前利益，而要确立节能、充分节约与利用室内的空间、力求运用无污染的“绿色环保装饰材料”以及创造人与环境、人工环境与自然环境相协调的观念。

同时，“绿色设计”不仅仅是自然资源的可持续性，也应该包括我们人类所创造和积累下来的文化遗产，保持历史文脉的持续性。在室内设计中，在生活居住、旅游休息和文化娱乐等类型的室内环境里，都要因地制宜，考虑不同地区、不同国家、不同民族历史文化的延续和发展的设计手法。但是考虑文化不能断章取义，而是应该从文化的内涵去考虑，做到“形”“神”并重。

因此，未来的室内设计，就是利用科学技术，将艺术、人文、自然进行整合，创造出具有较高文化内涵，合乎人性的生活空间。设计师必须要有环境保护意识，尽可能多地节约自然资源，不制造“垃圾”；要尽可能多地创造生态环境，让人类最大限度地接近自然，满足人们回归自然的要求。

（二）现代室内设计的依据

室内设计应该为人服务，同时它又受到诸如：科学技术、材料、施工工艺以及时代的生活习惯和审美需求的影响，因而，作为独立的室内设计学科，就应该以此作为室内设计的基本依据。

1. 人的尺度以及人在室内空间中的各种活动空间的尺度

按人在空间之中的活动范围来划分，活动空间可分为静态空间范围、动态空间范围以及人的心理安全空间范围。人的静态空间尺度就是人在室内完成各种动作时的活动范围，我们在室内设计的过程中要充分考虑这些特点，比如：门、窗的高度，台阶踏步的尺寸，家具的尺寸以及家具的放置位置和高度等；同时兼顾人们心理的自我保护意识，因此对外部事物有一个安全的距离。

2. 室内设计空间及其内部陈设物品的所需空间和尺度

任何一个空间不能仅仅只适宜人的简单活动，还应该包括人们所使用的家具、设备、灯具等陈设物品，另外，在一些特殊的室内环境中，一些绿化、环境小品等也可以起到组织室内空间、分割室内空间、丰富室内空间的作用，因此它们的尺度和比例也是室内空间设计所考虑的主要内容。

对于一些内部陈设、设备等，除了要考虑它们本身的尺寸以外，还必须设计安装这些设备所使用的管线位置和占用空间，对于空调设备的通风孔要按照室内使用的要求做出合理的造型处理。

3. 室内必须根据组成该空间的结构、构件的尺度进行设计任何一个室内空间都是由一些结构构件所围合起来的，这些结构可以作为室内设计的组成部分，同时它也体现了时代特点和科技的发展，使人们能够领悟结构构思和营造技艺所形成的空间美的环境，它们的尺寸成为设计师必须考虑的重要因素。如：建筑的梁、柱等构件对室内设计就有着很大影响。

4. 材料和施工工艺的要求

室内空间是由多个接口组成的，不同的接口对于材料有不同的要求，不同材料有着不同的施工要求和施工工艺，因此设计时要充分考虑这些条件。

5. 经济状况

投资的多少是决定室内设计的重要依据，任何一个装饰装修工程，确定的标准不同，设计时考虑的因素，如选材等级、施工质量等级等也不会相同。标准对投资影响是很大的，其投资额的差别，甚至达到数倍。

五、现代室内设计的趋势

1. 功能至上

实用的功能主义装饰装修将兴起。室内装饰以人和家庭为中心展开，满足功能需要，力求创造舒适的室内环境。各种不同风格的装饰装修均注重简洁、明快，强调以人为本，对复杂的造型要求越来越少，甚至抛弃使用功能不强的繁琐装饰。

2. 风格多元化

风格告别一枝独秀的局面，设计理念已开始与国际化接轨，逐渐趋向多元化。中式风格、日式风格、韩式风格、古典风格、新古典风格、现代风格、后现代风格以及欧陆风格等一起涌现。同时设计的水平和设计质量越来越受重视，客户到优秀的装饰装修企业寻找优秀的设计师，探讨优秀室内设计方案成为装饰装修的前提。

3. 纯正色系大行其道

装饰装修的色彩运用将更加大胆和灵活。蓝、淡黄及淡粉已经过时，纯黄、苹果绿、海蓝和深灰色，甚至大红等色系运用较多。沉稳而具有个性的咖啡色家具如：组合柜、茶几及餐桌椅等受到人们的推崇，大红色和粉藕荷色则是沙发与床上用品的主打色调。木纹饰面的家具已退出主流，混油、防火板等材料装饰以其色彩丰富而逐渐流行。

4. 非实用灯型被摒弃

灯光是装饰装修的重要因素，不仅要装饰更要实用，如就餐、看书、看电视等均有了特定光源。槽灯和射灯浪费电源，照明度又不高，且局部积聚大量热量，易造成安全隐患；水晶吊灯既占空间又昂贵，已经被造型各异、色彩鲜艳、照明层次清晰的灯具所代替。

5. 材料多样性

玻璃、不锈钢、铝合金等材质得到广泛应用。作为现代风格最有力的表现手段，继续被消费者和设计师所青睐，很多家具如错层茶几等以其造型新颖、工艺精湛，成为现代生活中的点睛之笔。采用镂空工艺的铁艺制品以其多变的造型、非凡的装饰效果流行于不同风格的装饰当中，将欧洲古典风范与东方传统文化相结合，并扮演着家具和饰品的双重角色。

6. 选材更重环保

客户积极参与装饰装修设计，并将自己的生活习惯和喜好融入展示个性空间的室内设计中。所用主材和配置的家具等均自己购买，更注重绿色环保，如环保涂料等较受欢迎，休闲家具也悄然兴起。

7. 客厅主题墙、吊顶已不再占据统治地位

客厅装饰装修更加追求使用功能，不重装饰。主题墙、电视墙不再是家装中的重点，文化石等已被软木乃至墙纸所代替，如以海蓝色的墙纸装饰卧室背景墙，会取得宁静而深远的不俗效果。居室吊顶不再风光，人们都认识到这样既浪费资金，又降低了室内的净高，并不可取。

8. 厨房个性化设计成主流

随着厨卫面积的增大，厨卫功能越来越全，趋向科学化、舒适化、人性化和无污染化发展。厨房设计以人的操作顺序为参考，力求舒适方便减轻污染；卫生间引入电视、桑拿、按摩浴缸等设备，具备休憩放松的环境功能。厨卫墙地砖的尺寸加大，由 200mm × 300mm 改为 250mm × 400mm，在吊顶材料的选择上，也由 PVC 扣板转为彩色铝质条形扣板，更符合人的视觉和其他功能的需要。

六、中国室内设计的现状

在当前国际发展大环境的条件下，中国的室内设计将处于何种地位？将如何发展？这是我们所要思考和探索的问题，尤其是在中国这样一种设计和技术都相对落后于发达国家的现实中，有很多现实问题亟待解决，有很多课题有待研究。

人类社会发展到今天，摆在面前的事实是近两百年来工业社会给人类带来的巨大财富，人类的生活方式发生了全方位的变化。但工业化也极大地改变了人类赖以生存的自然环境，森林、生物物种、清洁的淡水和空气，以及可耕种的土地，这些人类赖以生存的基本物质保障在急剧地减少，气候变暖、能源枯竭、垃圾遍地……如果按过去的工业发展模式发展下去，这个地球将不再是人类的乐园。现实问题迫使人类重新认真思考——今后应采取一种什么样的生活方式？是以破坏环境为代价来发展经济？还是注重科技进步，通过提高经济效益来寻求新的发展契机？作为一名室内设计师，必须对自己所从事的工作进行认真地思考。

人类的生存环境，是以建筑群为特点的人工环境，高楼拔地而起，大厦鳞次栉比，形成了建筑的森林。随着城市建筑向外部空间的扩张，高楼林立，形成一道道人工悬崖和峡谷。城市是人类文明的产物，但也出现了人类文明的异化，人类驯化了城市，同时也把自己围在人工化的环境中。高层建筑采用的钢筋混凝土结构，宛如一个大型金属网，人在其中，如同进入一个同自然电磁场隔绝的法拉第屏蔽，使其失去了自然的电磁场，人体无法保持平衡的状态，常常感到不安和惶恐。随着人类对环境认识的深化，人们逐渐意识到环境中自然景观的重要，优美的风景、清新的空气既能提高工作效率，又可改善人的精神生活。不论是建筑内部，还是建筑外部的绿化和绿化空间；不论是私人住宅，还是公共环境的优雅、丰富的自然景观，天长日久都可以给人重要的影响。因此，在满足了人们对环境的基本需求后，高楼大厦已不再是环境美的追求，回归大自然成了我们现代人的追求。现在，人们正在不遗余力地把自然界中的植物、水体、山石等引入到环境艺术设计中来，在人类生存的空间中进行自然景观的再创造。在科学技术如此发达的今天，使人们在生存空间中极大限度地接近自然成为可能。

另外，我们在建造中所使用的一部分材料和设备，如涂料、油漆和空调等，都散发着污染环境的有害物质。无公害的、健康的、绿色建筑材料的开发是当务之急。我们现在的施工

现状是木工、油工、瓦工、电工等一齐涌入，电锯、电锤等声音齐鸣，烟尘飞舞，刺激的气味弥漫空中，秩序混乱。据有关资料统计，在环境总体污染中，与建筑业有关的环境污染占总比例的34%。在建筑业对环境造成的污染中，又有相当大的比例是因为室内装饰装修材料的生产、施工与更新造成的。目前，我国室内装饰装修投资在工程总投资中的比例越来越高，室内设计所带来的资源和能源的高消耗对环境的严重破坏也越发严重，譬如，每年室内装饰装修消耗的木材占我国木材总消耗量的一半左右（这还不包括进口木材）。这些都是我们将要解决的现实问题，我们面临的现实情况异常严峻。因此，绿色材料会逐步取代传统的建材而成为建筑材料市场的主流，标准化的、装配式的、充满秩序的施工场面将必然代替混杂、无序的场面。这样既能改善环境质量，又能提高生活品质，给人们提供一个清洁、优雅的环境艺术空间，保证人们健康、安全地生活，使经济效益、社会效益和环境效益达到高度统一。

回溯以往，设计的目的都是为了满足人类的基本需求和享受，人们肆无忌惮地向大自然索取，使自然环境在很大程度上遭到了破坏，建成的环境也大多缺乏人性，使人们越来越远离自然，这就是人类为求得自身的发展而付出的沉重代价。但在问题逐渐暴露以及人类自我反省的延伸下，人们已经认识到设计已不单单是解决人自身问题，还必须顾及到自然环境和可持续发展，使人类的设计不仅能促进自身的发展，而且也能推动自然环境的改善、提高以及延续。

第二节　室内设计的分类和内容

现代室内设计应完成的任务与所面临的要求都十分复杂，因为人们在达到生活和生产要求的同时，对于生活环境、生产条件的质量要求也在日益提高（其中不但包括物质条件，也包括精神的需求），另外，人们生活的多样化，也要求室内空间的种类和内容丰富多彩。

一、室内设计的分类

室内设计分类的依据不同，类型的数量、种类也就不同。一种是按照建筑类型分类，把室内设计分为：民用建筑室内设计、公共建筑室内设计、工业建筑室内设计、农业建筑室内设计等；另一种是按照室内空间的使用性质来划分（把室内设计作为独立学科），分为人居环境室内设计、限定性公共空间室内设计、非限定性公共空间室内设计。此外，还可以按以下分类：

1. 居住性建筑室内设计

居住建筑室内设计包括：住宅室内设计、别墅室内设计、宿舍室内设计等，它们的内部设计具体包括：卧室、起居室、书房、餐厅、厨房以及卫生间等的设计。

2. 公共建筑室内设计

公共建筑室内设计分为：专业性室内设计和商业性室内设计。其中专业性室内设计包括：学校、幼儿园、办公楼、剧院、图书馆、体育馆、火车站等室内设计等；商业性室内设计包括：商店、旅馆、舞厅、餐饮建筑室内设计等。

3. 特殊建筑室内设计

包括：温室、工业厂房的室内设计，其中温室不单是一个室内设计的问题，同时它也是一个景观环境设计；而工业厂房的室内设计则更突出工艺性，至于生活区和办公区的设计，可以按照居住建筑室内设计和专业性建筑来考虑。

二、室内设计的内容

随着时代的发展，现代室内设计的内容日益增多，范围也越来越广，涉及的相关因素更多、更深入。它所包括的内容涉及围合室内的空间的接口及其形状、色彩、材料，内含物的尺寸，光环境、声环境以及陈设等设计。随着社会的进步，人们生活质量的提高，导致了新兴的室内设计内容不断翻新，使得室内设计的内容趋于多样化，这就要求我们室内设计师尽可能地了解多方面的内容，与各种专业人员密切配合，有效地提高室内环境设计的内在质量。

根据组成室内空间的要素以及相关的内容来分，室内设计的内容可以分为以下几个方面：

1. 室内空间的功能组织

室内空间的功能组织就是对建筑所提供的室内空间进行再创造等，其中包括室内空间的尺度、比例，空间与空间之间的衔接、过渡等问题，以及对空间使用功能进行系统的考虑，以满足使用者的各种需求。

2. 室内色彩、材料与光环境设计

光在室内环境之中具有独特的、其他要素无可替代的作用。它能够修饰形与色，丰富造型，能够改变人们对形体、色彩的感觉；它还能为空间带来生命力、创造环境气氛等。事实上，光的设计包括：采光形式（人工光线和自然光线）、光线的技术设计、灯具造型的设计以及安装方法的设计等。

色彩与材料离不开室内的光环境，运用光线、选择合适的色彩与材料可以使我们的室内空间更加丰富，根据不同的使用空间可以使用不同的颜色，而材料则是形体、色彩的载体，通过材质的设计可以使室内空间满足人们的各种需求。因此，色彩和材料设计包括：色彩和材料的搭配、不同色彩对人们的影响等。

3. 室内家具和陈设设计

家具和室内陈设是室内设计的重要组成部分，与室内环境形成一个有机的整体，室内设计的目的是为人们创造一个舒适的工作、学习、生活和娱乐的环境，它包括顶棚、地面、墙面、家具、灯具等，其中家具是室内设计中的主体，它具有实用性，在室内设计中与人的各种活动密切相关；其次就是它的装饰性，也就是它体现室内的气氛与艺术效果的主要角色。

家具和陈设设计包括：形态和造型设计、颜色设计、功能设计以及结构和构造设计等。

4. 室内绿化植物设计

随着城市的发展，建筑日益吞噬着大面积的绿地，城市中的绿化越来越少。人们开始渴望自然环境的恬静，尤其是长期在室内工作的人们，绿色更令他们向往，因而室内绿化日益成为室内设计的重要组成部分，植物与室内环境的优劣紧密相关。人们可以通过利用植物，结合园林设计的手段和方法，来组织、完善、美化室内空间，改善室内的小环境，协调人与自然环境之间的关系。

5. 室内装饰装修的构造与施工设计

室内设计是一个整体的过程设计，它不仅仅包括室内空间功能以及内部家具等的设计，它还对室内施工的过程以及一些建筑材料的具体构造做法进行设计，使得施工能够更加有序地进行，保证装饰装修的质量。

第三节 室内设计的方法和步骤

一、室内设计的方法

室内设计是涉及多学科的一项复杂的艺术创造过程，其目的很明确，即在各种条件的限制内协调人与之相适应的空间的合理性，以使其设计结果能够影响和完善人们的生活状态。

室内设计的整个过程是一个循序渐进和自然的孵化过程，设计师的设计概念应是在他占有相当可观的资料基础上的自然流露。当然在设计当中功能的理性分析与在艺术形式上的完美结合要依靠设计师丰富的专业知识与实际经验来实现，这要求设计师应该广泛涉猎不同门类的知识，对任何事物都抱有积极的态度和敏锐的观察。经过立意、构思到方案设计完成，依靠一个人的能力是有限的，人员的协助与团队协作才是关键，单独的设计师或单独的图文工程师或材料师虽然都能独当一面，却不可避免的会顾此失彼，只有一个配合默契的设计小组才能全面地完成。

二、室内设计的步骤

室内设计根据设计的进程，可以分为以下几个阶段：

1. 设计前期的准备阶段

设计的根本首先是资料的占有率，是否有完善的调查，横向的比较，大量的搜索资料，归纳整理，发现问题，进而加以分析和补充，这样的反复过程会让设计师的设计在模糊和无从下手中渐渐清晰起来。例如：计算机专营店的设计，首先应了解其经营的层次，属于哪一级别的经销商从而确定设计规模和范围。根据公司人员的组成和分配比例，管理模式，经营理念，品牌优势，以确定设计的模糊方向；横向的比较和调查其他相似空间的设计方式，了解存在的问题和经验，其地点位置的优劣状况，交通情况，如何利用公共设施和如何解决不利矛盾；根据顾客的大致范围和流量而确定顾客流线设计方案；人员的流动和内部工作商品布置的合理规化；这些在资料收集与分析阶段都应详细地分析与解决。这一阶段还要提出一个合理的初步设计概念，也就是艺术的表现形式。

2. 构思方案阶段

在深入了解设计任务和甲方意图后，即着手构思，并设计初步方案。经和甲方会商，按甲方修改意见，再进行细致的正式方案设计。进一步落实材料、色彩、照明以及室内装饰造型和艺术效果，最后完成正式方案图。正式方案图包括方案设计效果图、各部详细尺寸图，门窗、地面、顶棚、灯具、选样图。

3. 施工图设计阶段

它是在甲方同意方案设计的基础上进行的，是装饰装修设计最后的一个阶段，是纯技术设计的表现。施工图设计包括工程的平、立、剖面详细尺寸、做法、材料标准、质量要求，以及一些详细的细部节点和设备管线图、各部位构造节点做法，各部材料用量、施工说明和详细的造价预算等。

4. 细部设计阶段

它是施工图中其他各专业的设计内容以及进一步补充施工图设计。包括家具设计，装饰设计，灯具设计，门窗、墙面、顶棚连接，以及完成所有施工文件及投标文件。

5. 和甲方签订合同

中标后和甲方签定施工合同，包括造价，工期，付款方式，甲、乙双方责任和义务，以及奖罚制度，工程质量标准等。

6. 按施工图进行施工

由施工单位按进度进行施工，如前期准备、清整现场、调配工人和技术人员等。

7. 竣工验收及结算

装饰装修施工设计过程和建筑工程基本相同，本书从略。

第四节　现代室内设计风格与流派

一、现代室内设计风格形成的时代背景

室内设计风格的形成，是不同时代思潮和地区的特点，通过创作构思和表现，逐步发展成为具有代表性的室内设计形式，每一种风格的形成，总是与地方和时代的人文因素和自然条件、生产力的发展状况、人们的生活习惯和生活方式、审美需求以及相关学科如：文学艺术、科学、建筑等密切相关。

我们当前正处于一个多层面的社会之中，大多数人都是通过好几种文化渊源和联系而获得文化定位。我们是文化的混血儿。比如，今天的作家、设计师、音乐家等就强调他们不是为“一个”国家所滋养，而是从不同的国家和民族文化中得到营养。

当代室内设计的审美演变正是处于一个动荡的而且是各种美学理论多元化共存时期和普遍审美化的背景之中，它一改传统审美的无视大众的审美需求（强调人类的本质力量，竭力强调审美活动对于现实生活的创造性，竭力强调审美活动的无功利性，竭力强调审美活动的重要性），使得艺术贵族化，没有了现实性，从此与大众严重脱离；使其走向神性化，缺少应有的人性化特点；功能的明确裂解。随着现代数不胜数的多样化作品的问世，多元化越来越成为一种最根本的样式，与之相关的不再是建立在共同基础上的差异，而是根本性的不同。艺术品创造表现着不同的模式，所以需要以不同的标准判断它们，它们不再允许以同一支画笔对其上色。观察者绝不会再持单一的艺术模式，除非它完全没有感觉。这样，对于来自现代立场的美学意识来说，有两点是不证自明的，即人们必须看到单个作品中的个人习语，以及人们必须看到意识作为整体之时，其模式的深层多元性。

今天，我们生活在一个前所未有的被美化的真实世界里，装饰与时尚随处可见。它们从个人的外表延伸到城市和公共场所，从经济延伸到生态学，从室外延伸到室内，从环境延伸到人本身。

我们生活在一个全方位的审美世界之中，人们追求完全的审美化，即人们的生活方式、生活水平、审美追求的多样化。再加上当代艺术逐步走入普通百姓家，以及相关专业——建

筑行业风格的多变性和多样化，诸如此类的变化，导致了现代室内设计风格和流派表现为多样化和多元化。

二、室内设计的风格

风格是在一定的历史时期、一定的地域所形成的特定表现形式，如：古希腊风格、古罗马风格等，风格一旦形成会延续一段时间，或在一定的地域内流行，随着社会的发展、科技的进步，风格同样逐渐演变、发展。

（一）欧洲古典风格

设计受到 20 世纪 80 年代末期至 90 年代柔性科技设计语言的影响，工业设计已趋向更柔性，更具个人色彩的产品。而消费市场对具有个人色彩产品的需求日盛，亦是助长此趋势的主因。再者因工业革命孕育出大量生产的新方法、新技术与新材质的运用，使得产品设计的领域更为宽广。例如，电扇的设计不再需要考虑与热源保持一定距离或是为了控制气流而影响到外形设计，这些在设计之初被视为障碍的产品特色，对工业设计者而言，标志着产品的内在价值，而重新定义这些设计，有助于引发消费者对产品的肯定与安全感。从工业设计的角度来看，灵巧的运用组合材料是相当重要的。因此，当消费者第一次接触到产品时，会感受到产品的整体的稳重及其平衡感。另外，受到复古设计语言的影响，市面上也出现了强烈个人色彩的产品，单一色彩的款式则引领复古趋势走向巅峰。

任何一门学科和艺术总离不开传统的延续，否则将成为无本之木、无源之水，作为建筑一部分的室内设计也不例外。室内设计的传统风格，是在室内的布置、形态、色彩、材料以及家具陈设等方面，吸收传统的装饰造型和环境特征进行室内设计，传统风格包括：罗马风格、哥特式风格、巴洛克风格、洛可可风格等。

1. 罗马风格

罗马的室内朴素、严谨，常常使用已经定型的古罗马柱式和拱券，装饰的内容主要以自然界的植物为主，室内空间阴暗，多是用浮雕、雕塑以及壁画，具有神秘感，它的内部家具风格并不统一，反映了它与其他国家的文化交流状况，如图 4-1 所示。

2. 哥特式风格

哥特式风格产生于 12 ~ 13 世纪初，室内多以竖向排列柱子，窗子占满了支柱之间的整个面积，而支柱全是垂直直线，肋骨嶙峋，雕刻壁画很少，极其冷清，顶部采用尖拱，门窗也是尖拱形的，而且采用彩色玻璃，装饰采用火焰式的线脚，使用卷蔓、亚麻布、螺形等纹样装饰来创造宗教至高无上的严肃神秘氛围，室内空间挺拔向上，反映了它作为人们与上帝的交流场所，家具的装饰也通常采用建筑中的尖拱，如图 4-2 所示。

3. 欧洲文艺复兴风格

文艺复兴风格具有冲破中世纪装饰的封建性和封闭性而重视人性的文化特征，将文化的中心从宫廷移到普通民众，以及在古希腊文化、古罗马文化再认识的基础上具有古典式样再生和充实的意义。文艺复兴开始于 14 世纪的意大利，15 ~ 16 世纪进入鼎盛时期，同时又在欧洲各个地区形成不同的风格。

在建筑领域，严谨的古典柱式重新成了控制建筑布局和构思的基本因素，柱式建筑形式很快被宫廷和教会所利用，建造了大批的府邸和教堂，形成了新的建筑潮流。它创造了富有生命力的建筑型制、新的空间组合、新的艺术形式和手法，利用了科学技术的成就，形成了

图 4-1　古罗马住宅中的卧室

图 4-2　哥特式住宅内厅

西欧建筑史的新高峰。

意大利文艺复兴时期的家具多不暴露结构部件，而强调表面的装饰，多运用细密描绘的手法，具有丰裕华丽的效果。

法国文艺复兴的室内和家具的木雕饰技艺精湛，为其主要的装饰手段，如图 4-3 所示。

图 4-3　法国文艺复兴时期的宫廷卧室

英国的文艺复兴可以见到哥特式特征，后期室内的工艺占据主要地位。

4. 巴洛克风格

17 世纪为欧洲巴洛克风格的盛行时期，是文艺复兴风格的变形时期，打破了文艺复兴时期的整体造型而对其进行变形，巴洛克风格充满着矛盾的特征，在运用直线的同时也强调线型流动和变化的造型特点，具有过多的装饰和华丽的效果。巴洛克建筑展示了对生活的爱好，对世俗美的追求，以及敢于创新的精神。在室内，将绘画、雕刻、工艺集中于装饰和陈设艺术上，墙面装饰多以展示精美的法国地毯为主，以及镶嵌有大理石或镜面，用贵重木材镶边的装饰墙面等。色彩华丽且用金色与以协调，以直线与曲线协调处理的猫脚家具和其他各种装饰工艺手段的使用，大量的壁画和雕塑，璀璨缤纷、富丽堂皇，构成室内庄重、豪华的气氛，如图 4-4、图 4-5 所示。

5. 洛可可风格

17 世纪末 18 世纪初，“忠君”思想已经一去不复返了，贵族的沙龙对统治阶级的文化发生了主导作用，代替前一时期的巴洛克风格，卖弄风情的贵族趣味，这就是“洛可可”。

洛可可风格与巴洛克风格不同，室内排斥建筑的母题。过去使用壁柱的地方，改用镶板或者镜子，四周用细巧复杂的边框围起来。凹线脚和柔软的涡券代替檐口和小山花，圆雕和浮雕换成了用色彩艳丽的小幅绘画和薄浮雕，浮雕的轮廓融入底部的平面之中，丰富的花环不用了，改用纤细的璎珞。线脚和雕饰都是细细的，薄薄的，没有体积感，装饰的题材加入自然主义倾向，通常使用娇艳的色彩，喜爱闪烁的光泽，门窗的上槛、镜子和边框尽量不使用直线，而是使用多变的曲线和涡券。墙面用漆白的木板取代了又冷又硬的大理石，室内追求别致、轻松的格调，如图 4-6 所示。

图 4-4 法国凡尔赛宫室内（巴洛克风格）

图 4-5 英国斯图加特时期宴会厅（巴洛克风格）

英国的洛可可风格因受到荷兰风格的影响而形成非常高雅的风格，优美轻快的曲线处理，家具的腿有圆球的猫脚雕饰，雕饰多用贝壳纹样，造型典雅优美，是很有韵味的艺术品，如图 4-7 所示。

图 4-6　法国路易十五时期客厅（洛可可风格）

（二）中国传统风格

由于中国特有的地域条件、特有的哲学和文化内涵，形成了完全不同于西方的室内设计风格，中国的室内装饰设计更多的是与绘画、书法相联系，它的内部布局以其特有的单元——“间”作为空间的基本单位，从而组成系列性的空间。室内风格多表现为儒雅的气氛，内部多悬挂中国画和书法作品，同时在柱、梁、枋等处绘以彩画，廊柱和门两侧挂着对联，体现该建筑的功能和内涵。家具和陈设一般为木制，尤其是到了明代中国的家具作品发展到了鼎盛时期，对世界家具风格都有重大的影响，如图 4-8、图 4-9 所示。

中国的传统文化对于各行各业都有极其深刻的影响，对于艺术设计领域来讲就更是如此。继承传统始终是当代中国室内设计师在设计构思中根深蒂固、挥之不去的文化情结。缅怀于昔日的辉煌，在室内设计中体现中华民族传统文化的精髓，成为当代中国室内设计的一种主要形态。以中华民族传统文化为其主导的中国古典室内装饰设计风格与中国两千年的封建社会形态有着千丝万缕的联系，其伦理道德、政治体制、家庭结构、生活方式都对室内装饰设计产生着不可估量的影响。

图 4-7　英国乔治时期客厅（洛可可风格）

由于中国当代的意识形态和一百年前相比，已经发生了翻天覆地的变化。如果完全照搬昔日的形式，使其为今天变化多端的空间服务，要么顽固不化陈腐保守，要么不伦不类张冠李戴。

以继承传统为主要设计概念所完成的室内设计作品就呈现出两种不同的形式。一类作品视传统样式为不可更改的经典，墨守陈规追求空间视觉形象的形似，空间接口的文章做得很足，表面上看十分的中国味，但从空间的整体效果来看，好似一道道舞台布景，显得俗气作做。另一类作品则取其传统样式的神韵，从空间流动的角度出发，适当选取传统建筑内檐装修的构件作为符号，与现代建筑内部空间的结构与功能紧密结合，从而创造出具有当代中国风格的室内设计样式。从已完成的设计作品总量来看，这后一类作品并没有成为当代中国室内设计的主流。它只是中国高档室内设计的一种设计理念的追求和个别实现的范例，更多的实例则属于前者。因此真正创立具有当代中国风格的室内设计样式，并使其变成设计的主流，就成为当前中国室内设计师梦寐以求的目标。

（三）西方现代风格

现代主义建筑产生于1919年的德国鲍豪斯学派。在这一时期，现代文化影响了同时代的所有其他领域文化，在建筑界形成了具有里程碑式的现代主义建筑，鲍豪斯学派倡导人们用一种全新的观念去理解和看待建筑。现代主义观念主张设计要满足创作时代的要求，无论

图 4-8　宫廷客厅（中国式风格）

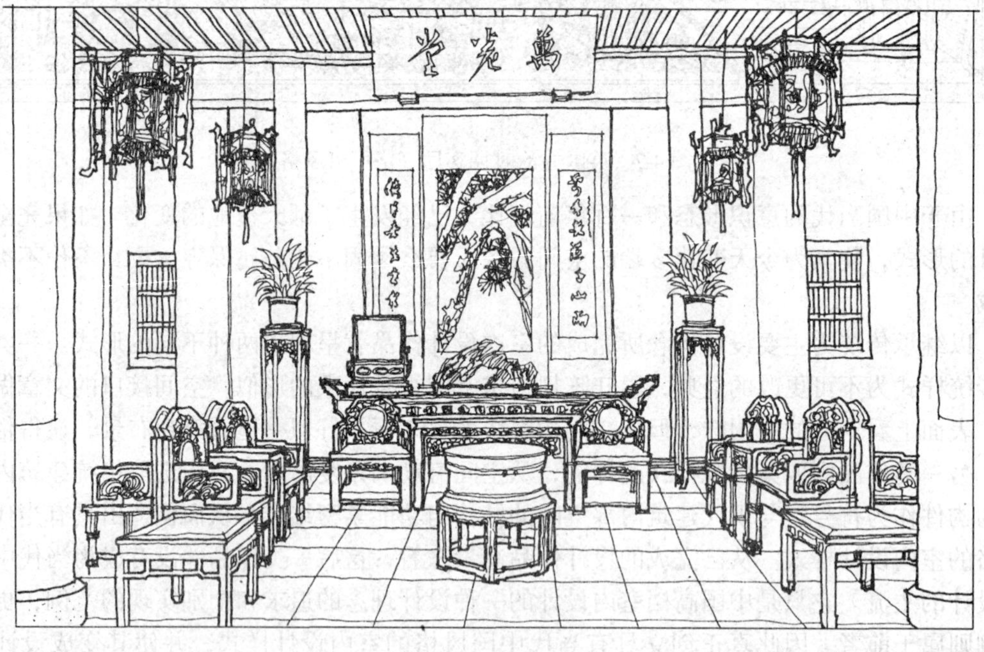

图 4-9　江南园林建筑内景（一）

是形式上还是观念上都必须反对历史的重演，要运用一种理性的、逻辑的方式去进行设计。沃尔夫冈·韦尔施在《重构美学》一书中把“现代”归纳为五个基石：新开端的激烈性、普遍性、量化、技术特征以及统一化。在室内设计领域同样形成了这样的设计观念：反传统，注重形式生成的因果性，重视设计过程的逻辑性，重视功能和空间的组织，注重发挥结构构

图 4-9　江南园林建筑内景（二）

成本身的形式美，造型简洁，反对多余的装饰，追求设计与建筑产生最大功用和效益，在概念上追求概念合乎理性，讲究真实、明晰，使含糊性与不准确性由大变小，这些事实上都是现代主义室内设计的特点。

这一时期，有许多著名的建筑大师，如：勒·柯布西耶、密斯·凡·德·罗、赖特、格罗庇乌斯等建筑师，他们对现代室内设计做出了重大的贡献。

勒·柯布西耶是法国建筑师（1887 ~ 1965），是一位集绘画、雕塑和建筑于一身的现代主义建筑大师。他在 1929 年设计的萨伏伊别墅对新的建筑语言作了总结，成为现代主义建筑设计的经典作品之一。他注重下层民众的居住研究，倡导大量的工业住宅设计和生产。1952 年他设计和完成了马赛公寓的现代主义公寓建筑作品。他对模数化和工业化预制生产进行了深入地研究，并且在实践中得到应用，它是现代主义建筑的领袖人物之一，晚年他设计了朗香教堂，室内深邃、神秘的意境和气氛给人创造难忘的体验，如图 4-10 所示。

密斯·凡·德·罗（1886 ~ 1969），是一位既潜心研究细部设计又抱着宗教般信念的超越空间的设计巨匠。他对现代主义设计影响深远，设计上倾向于造型的艺术研究和广阔空间的概念，而不是把功能作为设计的重点。1929 年设计完成了巴塞罗那博览会建筑，1968 年设计的二十世纪博物馆等是现代主义建筑设计的里程碑。他在室内空间设计上主张“灵活多用，四望无阻”，提出了“少就是多”的设计理念，造型上追求简洁的“玻璃盒子”的建筑。同时它注重室内的细部处理，对节点处理极为重视，使用材料讲究，多使用石材、玻璃、铜、钢材等。他的这些主张对现代主义建筑和室内设计产生了深远的影响，如图 4-11 所示。

赖特（1869 ~ 1959），是著名的现代建筑大师，早年创造了富于田园色彩的“草原式住宅”，造型新颖，摆脱了折中主义的倡导，建筑与环境融为一体。晚年他提出了“有机建

图 4-10　朗香教堂内景

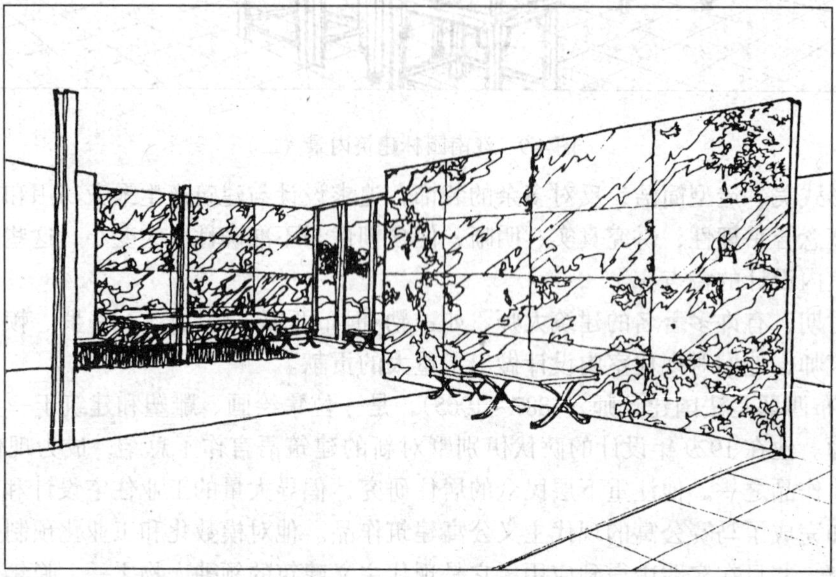

图 4-11　巴塞罗那德国馆

筑”的理念，他的室内设计与建筑协调一致，不仅满足现代生活的需要，而且强调艺术性，创造了新的室内设计构图手法，将内外空间和景观相互渗透，室外绿化引入室内，形成室内外有机的统一体。他的设计具有现代和传统相结合的精神韵味。如：流水别墅，如图 4-12 所示。

（四）西方后现代风格

后现代一词最早出现在西班牙作家德·奥尼斯 1934 年的《西班牙与西班牙语类诗选》一书中，用来描述现代主义内部发生的逆动，特别是一种对现代主义纯理性的逆反心理，即后来兴起的后现代主义，由于现代主义在其后期发展成为“国际风格”，造成了设计上完全脱

图 4-12　流水别墅内景

离传统，忽视对人的尊重等。后现代风格是对现代风格中纯理性主义倾向的批判，后现代主义强调建筑及室内装潢应具有的历史延续性，但又不拘泥于传统的逻辑思维方式，探索创新造型手段，讲究人情味，常在室内设置夸张、变形的柱式和断裂的拱券，或者把古典构件的抽象形式以新的手法组合在一起，即采用非传统的混合、叠加、错位、裂变等手法和象征、隐喻等手段，以期创造一种感性与理性、传统与现代、把大众与行家融为一体，即："亦此亦彼" 的建筑形式与室内环境。主要的代表人物有文丘里、约翰逊、汉斯·霍拉因等建筑师。其室内设计的主要特征为：

1. 造型特点繁复。一改现代主义的"少就是多"的观念，使建筑设计和室内设计的造型特点趋向复杂，强调象征阴郁的形体特征和空间关系，用非传统的设计方法来运用传统。

2. 设计语言。一种是用传统建筑组件（构件）通过新的手法加以组合；另一种是将传统建筑与新的建筑组件混合和叠加，最终求得设计语言的双重释译，既为行家欣赏，又为大众喜爱。

3. 设计手法。在设计构图的过程中，往往采用夸张、变形、断裂、片断、反射、折射、裂变等以一种不同的方法来组合，形成熟悉的饰物，用各种可以制造矛盾的手段、断裂、错位、扭曲、矛盾共

图 4-13　后现代室内设计

处等，把传统的构件组合在新的情景之下，让人产生复杂的联想。

4. 艺术表现。在室内大胆的运用图案装饰和色彩。

5. 布置特色。室内设置的家具、陈设艺术品具有象征意义，如图 4-13 所示。

后现代主义建筑大师文丘里宣称“建筑就是装饰起来的遮掩物”，这一观点对现代主义室内设计产生了深刻的影响，一反现代主义“少就是多”的观念，后现代主义建筑的室内设计趋向繁多、复杂。后现代主义的装饰主义派与乡土风格、地方风格有所区别，在环境艺术表现上更具有刺激性，往往使人有舞台美术的视觉感受。

图 4-14　地方形式室内设计

（五）中国地方和民族风格

由于我国是一个多民族的国家，不同地域、不同民族的人们生活的环境有明显差异，从而形成了他们特有的审美观念和生活方式，有些地区表现为趋于自然的风格，他们使用天然的石材、木材、竹子等材料，来建造房屋，制作室内的家具和器具等，如云南的竹楼建筑。还有一些少数民族的室内有他们的信仰和审美特点，形成我国独特的具有浓厚的乡土气息的、极为丰富的、各具特色的室内装饰风格，如新疆、西藏、云南的少数民族民居。这些都成为室内设计师参考的重要资料。现代主义、后现代主义装饰风格早已突破国界的局限，是风行世界各地，是无国籍的现代室内设计风格。现代的室内设计丰富多彩，能够满足不同人的欣赏口味和情趣，如图 4-14 所示。

（六）新自然主义——室内设计的趋势

室内设计与工业设计同样采用大量的复古风格、造型简单、自然原色与天然材质为此潮流的特色。在家具与室内设计趋势方面，“乡村住宅”的新主题反映出消费者新自然趋势的兴趣。除了色彩之外，一切保留自然材质的怀旧成分，简洁而雅致的设计更是打动消费者的心。消费者行为对产品设计、制造与包装造成相当大的影响。

三、室内设计的流派

流派是指室内设计的艺术派别。现代室内设计从所表现艺术特点上分析，有多种流派，主要有以下几种：

（一）高技派

高技派活跃于 20 世纪 50 ~ 70 年代，它是指在建筑、室内设计中坚持采用新技术，强调设计作为

图 4-15　蓬皮杜艺术中心内景

信息的媒介和交际功能，在美学上极力提倡表现现代新技术的做法，（包括战后的“现代主义建筑”）在设计理念上追求技术精美的倾向。

高技派主张用最新的材料如：高强钢、硬铝、塑料和各种化学制品来制造体量轻、用料少、能够快速和灵活装配、拆卸和改建的建筑结构与室内空间。在室内空间中暴露梁板、网架结构构件以及通风管道、线缆等各种设备和管道，设计方面强调系统设计和参数设计，强调工艺技术与时代感。表现手法多种多样，强调对人的赏心悦目的效果，反映当代最新的工业技术的“机器美”。随着科技的不断发展，高技派的室内设计着力反映工业的成就，其表现手法多种多样，强调赏心悦目的空间效果、时代情感和个性的美学效果的设计。如巴黎的蓬皮杜艺术中心，如图 4-15 所示。

（二）光亮派

光亮派也称为银色派，该派竭力追求丰富、夸张、富于戏剧性变化的室内气氛和效果。现代主义大师密斯的设计观念——体现现代材料的特性及肌理以及“水晶盒”式的设计手法的影响，室内设计中夸大新型材料以及现代加工工艺的精密细致以及光亮的效果，往往采用镜面玻璃、不锈钢、铝板、抛光的花岗岩和大理石等作为装饰的材料；在室内环境的照明方面，十分重视室内灯光照明的效果，常使用投射、折射等各类的新型光源和灯具，以增加室内空间丰富的氛围效果；使用色彩鲜艳的地毯和款式新颖、别致家具和陈设艺术品。银色派的室内设计常常具有在金属和镜面材料的烘托下，形成光彩照人、绚丽夺目的室内环境，如图 4-16 所示。

图 4-16　光亮派商场室内设计

（三）白色派

在室内设计中大量运用白色，构成了这种流派的基调，故而被称为白色派。白色派的室内朴实无华，室内各个接口甚至家具等常以白色作为基调，简洁明亮，白色给人纯净、文雅的感觉，又增加了亮度。

白色派在后现代主义的早期阶段就流行开来，因受到人们的喜爱，至今仍流行于世。白色派的室内设计的特征如下：

室内设计把空间和光线作为设计的重要因素；室内的墙面、顶棚选择的材料大多数为白色材料，或者大面积的白色，但是地面选择的色彩则不受此限；室内运用的白色材料往往暴露材料的原始肌理；室内的家具和陈设简洁、精美等。

然而，白色派出现之后，还出现了白色派和其他流派结合的做法比较流行，称“灰色派”既有白色派的特点，同时又改善了白色容易脏的特点，如图 4-17 所示。

（四）新洛可可派

新洛可可派在装饰上继承了洛可可风格繁复的装饰特点，竭力追求丰富、夸张、富于戏剧性变化的室内空间氛围和艺术效果。但是又与洛可可风格有所不同，他们不强调附加的东

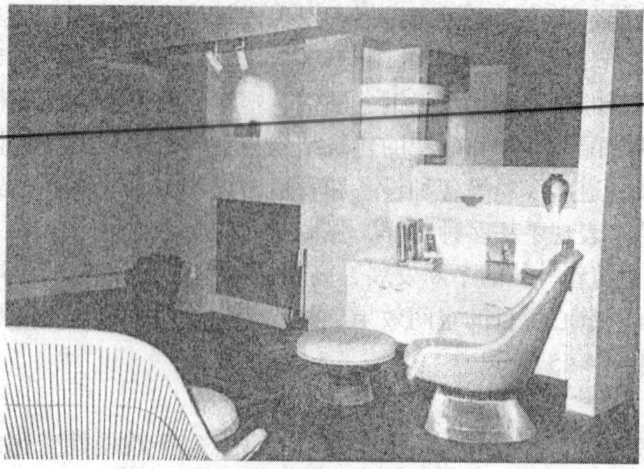

图 4-17　白色派室内设计

西，而强调现代科技提供的可能性，反映当今工业生产的特点，装饰造型的载体和加工技术运用现代新型装饰材料和现代工艺的手段，去达到 19 世纪洛可可想要达到的目的，从而新洛可可派具有华丽而略显浪漫、传统又不失时代气息的装饰氛围，如图 4-18 所示。

图 4-18　新洛可可派室内设计

（五）解构主义派

解构主义出现在现代主义之后，对现代主义原则和标准进行了否定和批判，表现为运用颠倒、重构等各种语汇去设计，使之产生新的意义。解构主义促使社会走向非人本主义和反传统主义，走向非人情化、非古典主义，它改变了建筑和室内设计形式秩序，走向取消中心、偶然、片断、疯狂的对立。解构主义设计是大胆的探索，作品与众不同，常常给人意料之外的感受，在室内设计中具体表现为：

1. 追求室内空间的复杂性，无关联的片断与片断的叠加、重组，具有抽象的废墟和形式上的不和谐性。

2. 设计语言晦涩难懂，片面强调设计作品的形式功能，比较难以理解。

3. 反对传统的设计原则，热衷于肢解理论，打破了过去建筑结构重视力学性能的常规，室内作品给人以灾难感、危险感，使人获得与室内功能相违背的感觉。

4. 设计手法的随意性，如图 4-19 所示。

图 4-19 解构主义室内设计

（六）超现实派

在室内设计中追求所谓的超现实的纯艺术，通过别出心裁的设计，力求在建筑所限定的“有限空间”内运用不同设计手法来扩大空间的感觉，并喜欢利用多种手段创造出一个现实世界中并不存在的世界。这种思想倾向与西方现代的颓废思想较接近，利用一个虚幻的空间环境填补心灵上的空虚，以满足一些人的猎奇心理。归纳起来主要有以下几点：

1. 空间的特点：标新立异，空间设计形式奇形怪状、令人难以捉摸，常使用曲线和抽象的图案。

2. 灯光：灯光效果五光十色、变幻莫测。

3. 色彩：色彩设计浓重、艳丽。

4. 家具陈设：常使用和布置造型奇异的家具和设施。

超现实派的室内设计常表现出造型的奇特，但是忽略了室内空间的使用功能设计。室内设计手法猎奇大胆，常产生出出人意料的空间效果。为了实现这些奇异的想法不惜一切代价，利用现代绘画、雕塑等作为室内空间渲染气氛的手段，有的还使用动物的皮毛以及树皮作为室内空间的点缀和装饰等，如图 4-20 所示。

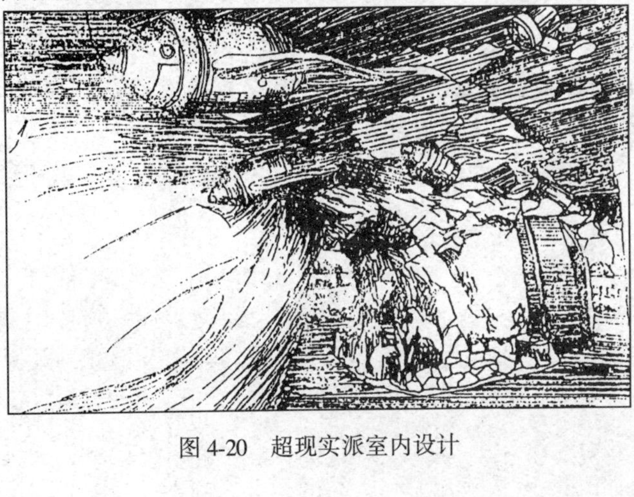

图 4-20 超现实派室内设计

（七）装饰艺术派

装饰艺术派受后现代主义建筑大师文丘里的观念“建筑就是装饰起来的遮盖物”的影响。这一观点对现代室内设计产生了深远的影响，一反现代主义“少就是多”的观点，这样在现代室内设计中开始趋向于繁多、复杂。采用的手法大致有两种：一种是用传统建筑组件（构件）通过新的设计手法加以组合；另一种就是将传统建筑组件与新的建筑组件混合，最终求得设计语言的双重“译码”，在室内大胆运用图案装饰和色彩，室内陈设和家具设计突出其象征隐喻意义。既能够被大众喜爱，又能够得到专家的首肯，如图4-21所示。

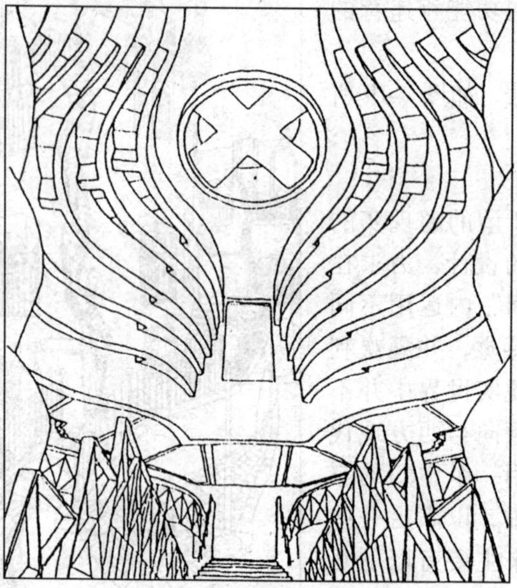

图4-21　利用曲线造成一种神秘感

复　习　题

1. 国外室内设计的产生与发展。
2. 国内室内设计的产生与发展。
3. 室内设计与装饰装修设计有区别吗？
4. 室内设计的基本理念是什么？
5. 简述室内设计的发展趋势。
6. 室内设计包括哪些内容？
7. 室内设计的风格流派的特点，如何继承与发展。

第五章　室内空间的组织

室内空间是指被各个界面围合（包括：地面、墙面、顶面以及一些隔断等）而成所限定的范围，它是人类赖以生存的保护性设施，它是完全区别于自然环境的，同时它也是人类工作、生活和学习的必需品。室内是与人最近的空间环境，人在室内活动，身临其境，室内空间周围存在着的环境和设施与人息息相关。现代室内空间让人们越来越多地生活在人工所创造的室内空间之中，离自然界相对较远，割裂了与自然之间的关系。

室内设计的任务是在建筑所提供的室内空间，依据其功能要求、使用特点，对室内空间内表面进行“再创造”和进一步细化，使各个空间的特性更完美确切的表达出来，使各空间的划分不再局限于墙体的封闭分割、围合，同时利用各空间（客厅、餐厅、书房、卧房）的逻辑关系，通过陈设、设备、光线变化，来表达空间的划分和创造出相互渗透，相互兼容，具有更大的灵活性和流动性，使空间达到最高的利用率。

具体的技术手段就是将室内墙面、地面、顶棚、门窗表面和设施陈设依据使用要求进行装饰装修，选择恰当的材料、选用协调的色彩、配置多变的灯光，创造具有文化气息、艺术情趣、优雅的生活、工作、学习环境，体现以人为本，这就是室内设计的最终目的。

第一节　室内空间的类型

室内空间的类型是随着时代的发展而变化，下面介绍几种常见的空间类型。

一、结构空间

任何室内空间都是由一定的承重构件所组成的，这些结构构件体现了时代科技的发展进程，通过对这些结构的处理，使之成为室内空间的一个部分，让人们来欣赏结构的构思和营造技术所形成的优美空间，达到结构与室内的内在审美的完美结合。室内设计师应该充分合理地利用结构本身的视觉空间艺术创造所提供的明显的或潜在的条件，同时还可以节约材料和缩短工期。

结构构件具有时代感、力度感、科技感和安全感，能够真实地反映空间的特性，具有很强的震撼力，这样的例子很多，如教堂尖拱和中国古建筑举架，即是承重构件也是室内空间的装饰构件，又如法国巴黎有名的蓬皮杜艺术中心的室内和室外的设计就是把结构和设备暴露在外，它体现了现代科技和人们审美意识的转变，为现代室内设计开创了新的思路，如图5-1所示。

二、固定空间

固定空间是由一种不变的界面围合而成，使用性质不变、位置固定、功能明确的空间，它的属性具有实体的、物理的具体特征。固定空间和建筑以及固定的界面有着自然的联系，

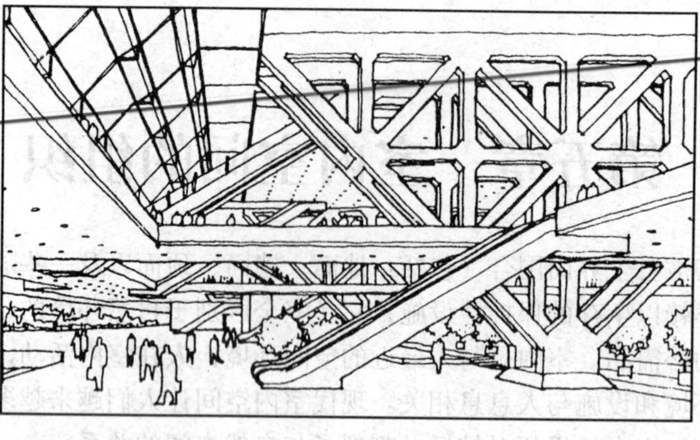

图 5-1　结构组成的空间内景

如：教室、电影院等，都属于固定空间，也是实体空间，如图 5-2 所示。

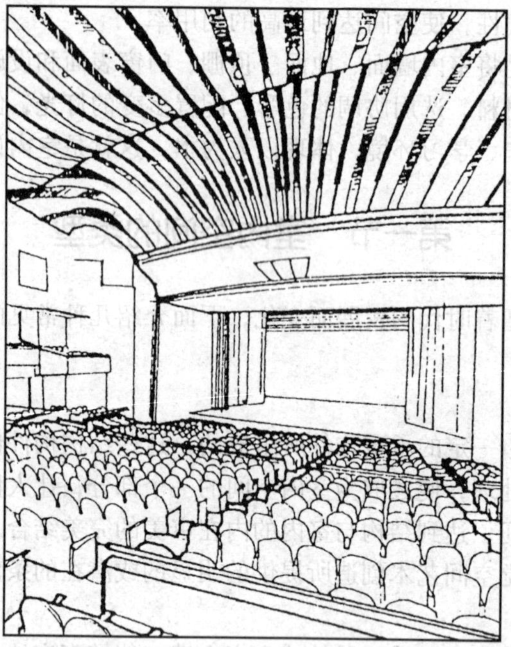

图 5-2　固定空间

三、可变空间

可变空间与固定空间相反，为了适应不同使用功能的需要而改变其空间形式，它的属性是具有变化的特征，如在较大的室内空间，利用隔断、帷幔、家具等物品来完成空间的划分和变化，使本身的空间形体根据功能要求进行各种形式的变化。

在可变空间中同时又具备实体的空间（固定空间形式）和虚空间特征，了解不同空间形式和属性是设计室内空间的前提，如图 5-3 所示。

图 5-3　布幔分隔空间

四、封闭空间

用限定性比较高的围护实体包围起来，无论是对视觉、听觉、小气候等都具有很强的隔离性，这种空间称为封闭空间。由于使用性质的不同，人们需要私密性的、不受外界干扰的空间，而封闭空间就是具有这一特点。它一般是通过固定的界面（包括墙面、隔断等）进行围合，它的性格表现为：内向性、封闭性、私密性以及拒绝性，具有很强的领域感和安全感，与周围环境的关系较小。固定空间属于封闭空间。

在心理效果上，表现为私密性和个体化，如：在进行住宅设计的时候，就需要对不同使用功能的房间进行不同性质的界定，卧室、卫生间等属于私密性的空间，要相对进行封闭，而起居室是公共空间，要相对开敞一些，如图 5-4 所示。

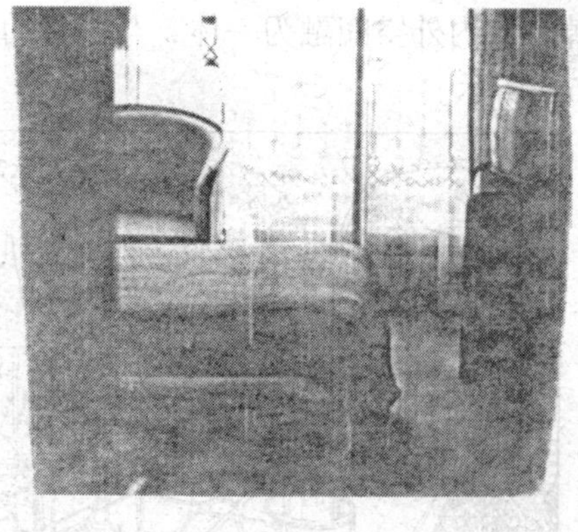

图 5-4　封闭空间

五、开敞空间

开敞空间是流动的、渗透的，它可以扩大人们的视野，观赏室外景观，它具有很大的灵活性，方便适时地改变室内的布置方式，表现为开放性，多用于公共建筑中。它的开敞程度取决于有无接口、围合的程度、洞口的大小以及开启的控制能力等。

开敞空间是外向性的，限定性和私密性较小，强调与周围环境的交流、渗透，讲究对景、借景，与自然环境的融合。在视觉上，空间要大一些，在人的心理上，表现为开朗、活跃，具有接纳性。

它经常作为室内外的过渡空间，有一定的流动性和很高的趣味性，是开放心理在环境中的反应，也是人们的开放心理在室内环境中的反馈和显现。开敞空间可分为两类：一种是外开敞空间，一种是内开敞空间。

1. 外开敞空间

这类空间的特点是空间的侧界面有一面或几面与外部空间渗透，或顶部用玻璃覆盖，也可以形成外开敞效果，如图 5-5 所示。

图 5-5　外开敞空间——宾馆大厅

2. 内开敞空间

这类空间的特点是从室内的内部抽空形成内庭院，然后使内庭院的空间与四周的空间相互渗透。有时为了把内庭院中的景观引入室内的视觉范围，整个墙面处理成透明的玻璃窗，而且还可以将内庭院中的一部分引入室内，使内外空间有机的联系在一起。也可以把玻璃都去掉，使内外空间融为一体，与内外的绿化相呼应，使人感到生动有趣，颇有自然气息，如图 5-6 所示。

(a)

(b)

图 5-6　内开敞空间

(a) 采用门洞与内庭院连通；(b) 采用玻璃门窗与内庭院有机联系起来

六、动态空间

动态空间主要是对空间的活动效果而言的，动态空间可以引导人们从动态的角度对周围的环境以及事物进行观察，把人们带到一个多维度的空间之中，它具有物理的和心理的动态效果。动态空间往往具有空间的开敞性和视觉的导向性的特点，接口的组织具有连续性和节奏感，空间的构成形式富于变化和多样性，如：自动扶梯。在视觉上可以在接口上设置一些线条或色彩，来增加空间的动态效果。动态空间一般可以分为两种：一种是包含动态设计要素所构成的空间，即客观动态空间；一种是建筑本身的空间序列引导人在空间的流动以及空间形象的变化所引起的不同的感受，这种随着人的运动而改变的空间称为主观动态空间。

1. 客观动态空间的特征

(1) 利用机械化、电气化、自动化的设备，如电梯、自动扶梯、旋转地面、可调节的围护面、各种活动雕塑以及各种信息展示等，形成丰富的动感。

(2) 采用具有动态韵律的线条，组织流动的空间序列，产生一种很强的导向作用，方向感比较明确；同时空间组织也可灵活，使人的活动路线不是单向的而是多向的。

(3) 利用自然景观，如瀑布、花木、喷泉、阳光等造成强烈的自然动态效果。

(4) 利用视觉对比强烈的平面图案和具有动态韵律的线型。

(5) 借助声光的变换给人们一种动感的音响效果，已被普遍的应用于室内设计中，音响的运用包括优美的音乐、小鸟的啼鸣、泉水和瀑布的响声等，其目的是为了尽快消除人们的疲劳，使空间充满温馨的意境，如图 5-7 所示。

图 5-7　光影变化空间（动态空间）

光线的运用：分为自然光和人工光。光线的变化可以使空间具有一种动感，还可以和其他手法综合应用，使空间丰富多彩。一些共享空间和不定空间的人工光影的变化都取得了很好的效果。

(6) 通过楼梯、陈设、家具等，可以使人们的停、动、静、节奏感显现出来，如图 5-8 所示。

(7) 利用匾额、楹联等启发人们对历史、典故的动态联想。

2. 主观动态空间的特征

由于人的位置移动而感受到的流动变化的空间，可以称为主观动态空间。人们可以通过进入到室内空间之中，随着位置的移动和时间的变化观察到不同的位置和不同视角的位移，从而产生不同的空间视觉感受。

七、静态空间

人们热衷于创造动态空间的同时，也不能忽视静态空间的需求，静态空间形式常采用对称式和垂直水平界面处理。空间比较封闭，构成比较单一，视觉常常被引导在一个方位或落在一个点上，空间表现为非常清晰明确，一目了然。它常常具有以下特点：空间的限定性较强，趋于封闭，私密性较强，多为尽端式空间，空间及陈设的比例、尺度协调、色调淡雅和谐，光线柔和，装饰简洁、视线转换平和，避免强制性引导的因素。静态空间常给人以恬静、稳重的感觉，如图 5-9 所示。

八、虚空间

现代室内设计中，虚空间是一个十分重要的概念。顾名思义，虚空间不是实体空间，它是一种利用虚拟的手法创造的空间，更确切地讲是一种无形的空间感。

虚空间的作用，一是指事实上的，二是指心理上的。虚空间被广泛地运用在现代室内设计之中，注重人们的心理效应，所以有人称之为心理空间。虚空间的作用，不管是事实上还

(a)

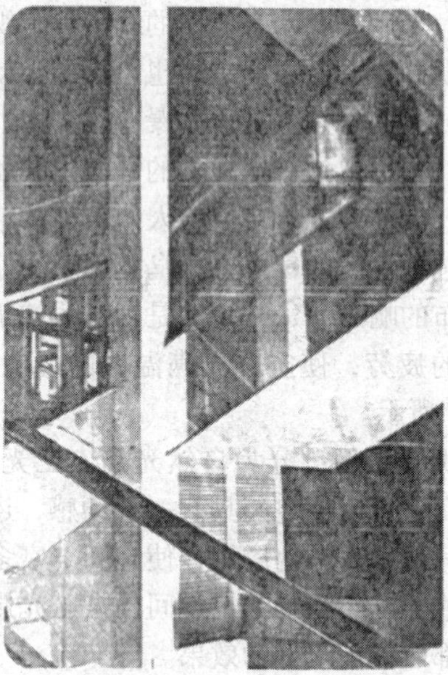

(b)

图 5-8 (a) 自动扶梯（动态空间）；(b) 照片楼梯间（动态空间）

图 5-9 静态对称空间

是心理上，都对空间的层次、空间的功能以及空间的意境起到丰富的作用，打破了空间的空旷感觉，这种手法尤其在公共场所中使用非常广泛，如：酒吧、宾馆、饭店等大厅的聊天沙龙休息接待“角”。

虚空间是一种“闹中取静”的方式，在大空间之中开辟或划分小的空间，在不同的小空间形成各自不同的特点、格调、情趣和意境，具备各自不同的功能等。

创造虚空间的手法常见的有以下几种：

1. 地台式空间（下沉式空间）

在一个固定的空间里，升高或下降部分地面，可以形成一个虚空间，利用这一环境可以创造出另一种空间意境，地台空间具有收纳性和展示性，处于地台上的人们，有一种居高临下的优越的方位感，视野开阔。而下沉空间又有较强的围护性，其性格表现为内向型。

这种抬高或下沉地面的做法，来源于人们生活中的床，人们在床上休息当然是一种功能，床作为生活中的一种实用的休息工具，同时床上的范围本身已经形成了一种空间效果，所以仔细推敲研究，就发现人们在地面上休息感到不安全，其原因是缺乏领域感和围护感，如图 5-10、图 5-11 所示。

2. 顶棚的抬高或降低

利用顶棚的升高和降低，也可以形成虚拟的空间效果，同时产生一种抑扬顿挫的效果。

在现代的室内设计中，运用顶棚创造虚拟空间手法一般常采用下降顶棚，常见于宾馆的走道、酒吧的吧台上空灯池等部分。如：有的宾馆走道较低，客房的房门部分也是相对较低，而走进房间立刻感到房间豁然开朗，这本身便在空间感上创造了一种先抑后扬的心理感受，即使人们感受到了变化，同时又合理地解决了空调、上下水、电话等各种管线的安装与铺设，如图 5-12 所示。

图 5-10　地台式空间

图 5-11　地面下沉式空间

3. 利用不同种类的灯具和不同的照明方式

照明的方式不同或不同种类灯具照明效果，也可以形成不同的虚空间。如：吊灯靠下，则感到顶棚较低，漫射光源，则感觉顶棚高。当前室内设计照明方式的特点是分区域使用光。如：在就餐区用光、读书区用光、休息区用光等，都会更好地发挥不同区域的特定功能，如学习区的用光（台灯）则给人们一种精力集中的感觉，使人们产生一种安静、集中的心理效果，从而使人更有效地读书和学习。

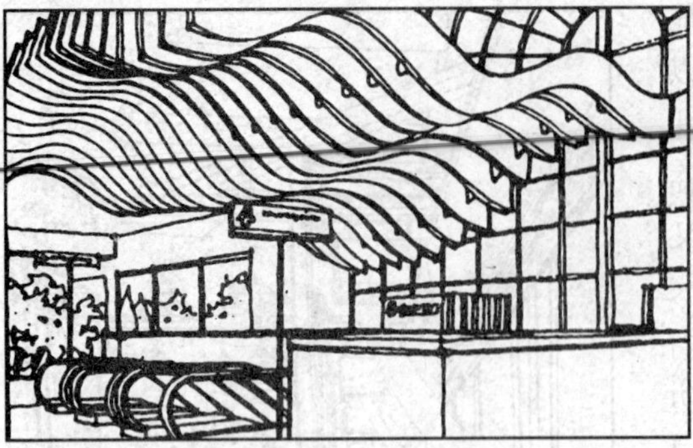

图 5-12　利用顶棚的变化分隔空间

4. 利用家具的布局

借助家具的布局创造虚空间的手法不外乎就是集中或分组，分区域、分功能的摆放，从而产生特定的空间效果，如沙发的集中摆放则自然的形成了一个相对独立与完整的会客空间，而这一会客区域则是一种虚拟的空间效果，如图 5-13 所示。

5. 借助于隔断

如墙面、屏风、帷幔等，这实质上是中国传统的创造虚空间的手法（目前国外

(a)

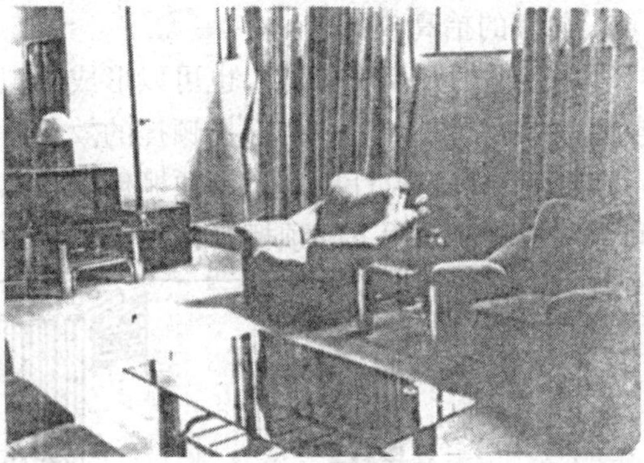

(b)

图 5-13　利用家具分隔空间

（a）利用柜台、圆沙发围成小空间；（b）利用沙发茶几围合小空间

也同样是在模仿我国的这一传统的手法），如图 5-14、图 5-15 所示。

总之，创造虚空间的方法很多，在日常生活中也随处可见，重要的是日常生活中人们很少有这种认识，虚空间概念的提出不失为一种概括和总结，充分利用虚空间的效果，使室内空间设计更具科学性、合理性，更具有多种变化的效果，更富有不同的内涵。

九、共享空间

共享空间是由美国建筑师约翰·波特曼创造，因而又可以称为“波特曼空间”，它的产生是为了适应各种频繁的社会交往和丰富多彩的生活需要，它是大型公共建筑内的公共活动中心和交通枢纽，含有多种多样的空间要素和设施，使人们在物质方面和精神方面都有较大的挑选余地，是综合性、多功能的灵活空间。

共享空间在形式上具有穿插、渗透、复杂变化的特点，通透的空间充分满足了“人看人”的心理需要。共享空间是把室外空间的特征引入室内，使大厅呈现花木繁茂、流水潺潺的景观，充满着浓郁的自然气息。同时，共享空间也具有空间界限的“不定性”，是主动和

图 5-14 利用竹帘分隔空间

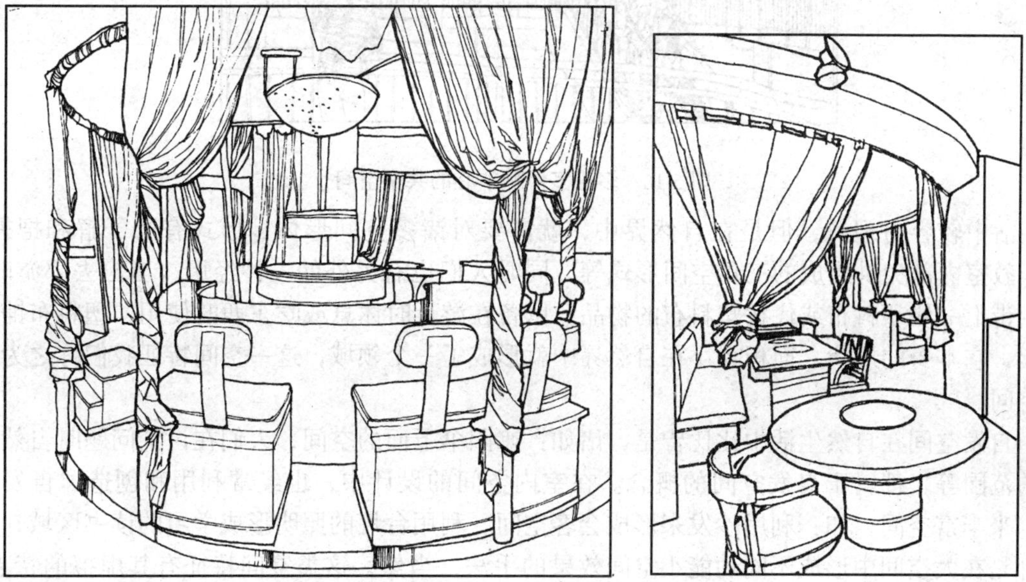

(a)　　(b)

图 5-15 利用垂直透空帘柱分隔空间，形成虚空间

（a）帷幔暗示的虚空间；（b）帷幔和家具暗示的虚空间

自然接近的空间类型，使空间充满动感，极富生命力和人性气息，如图 5-16 所示。

十、自发空间

空间与范围这个概念，在某种意义上是相同的，空间不具备范围大小的明显特征，同时也不具备纵横体量和形态的特征，室内空间的设计，不但要清楚空间的概念，还要清楚空间的形体。

空间形体在自然界和生活中多种多样，建筑是形体某种特定意义或用途的空间形式，这

图 5-16　多伦多伊顿中心的共享空间

在生活中较容易理解，但是在自然界中，就需要对诸多空间形体、形式有所了解和把握。如：教室内部尖拱形成的三角空间形式等。同时人们也有另外的一种经历，当出去郊游时，都会带上一块塑料布或代替塑料布的物品，以备在游玩时休息或吃东西时使用，塑料布铺在地上，它本身的形状、面积大小在自然界中就形成了一个领域，这一空间特征我们称之为自发空间。

自发空间在自然生活中比比皆是，诸如：遮阳伞下面的空间，人们在讨论问题时自然围合的范围等，都属于自发空间的概念。在室内空间的设计中，也经常利用和创造“自发空间”来丰富空间，如：利用沙发来形成会客空间、利用台灯的照明形成学习的读书区域，这些都是在大空间中形成不同功能小空间效果的手法，当然，这类空间特征有其虚拟的特点，也可以称之为虚空间，这种空间形成的好处是既有独立性，又与其他空间自然的发生关联。

第二节　室内空间的构图

一、构图的规律

设计必须是美的，也就是设计具有审美性。自然界是一个有序的世界，是美的，也就是说有序就应该是美的。给造型带来秩序美的原理包括：统一、均衡、比例、尺度、韵律等。

1. 统一

任何艺术上的感受都必须是统一的。这早已成为一个公认的艺术评论原则，所有的艺术作品也概不例外。

在室内设计中，我们不必为搞不成多样化而担心，室内设计的不同使用要求，会自发形成多样化的局面。当把室内空间设计得满足复杂的使用目的时，室内本身的复杂性趋势必会演化成多样化，甚至是一个非常简单的设计，也可能需要很多个不相同的结构要素。因此，一个室内设计师的首要任务就是把那些势在难免的多样化组成引人入胜的统一。

在室内设计中，最主要的、最简单的统一就是空间的形体的统一，其次就是色彩、材料以及功能的统一，色彩和材料将在以后的章节里介绍。

统一并不是简单的理解为一样，如果那样就谈不到统一了。一个好的室内设计应该充分考虑各方面因素，为建立一个好的室内空间这一主题服务，才能达到室内空间的整体性，也就是统一性，如图 5-17 所示。

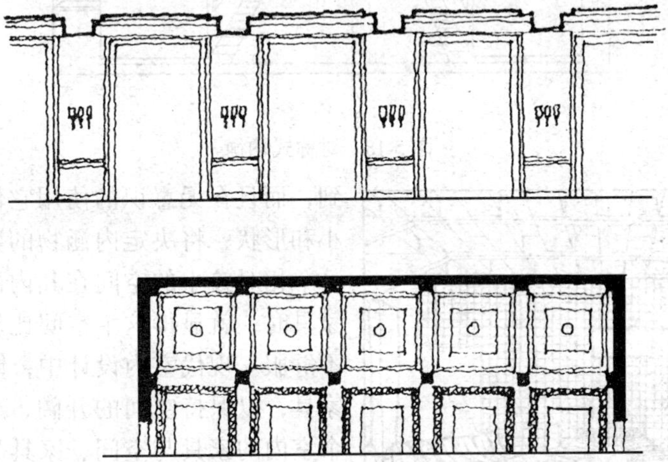

图 5-17　统一的效果

2. 均衡

在视觉艺术中，均衡是任何观赏对象中都存在的特性。在这里，均衡中心两边的视觉趣味中心分量是相当的。

由均衡所造成的审美方面的满足，似乎和眼睛浏览整个物体时的动作特点有关。假若眼睛从一边向另一边看去，觉得左右两边的吸引力是一样的，人的注意力就会像钟摆一样来回游荡，最后停留在两极中间的一点上。如果把这个均衡中心有力地加以标定，以致使眼睛能满意地在它上面停息下来，这就在观众的心中产生了一种健康的平静的瞬间。

一件良好的艺术品，必须在均衡中心上给以强调。它可以满足人们的愉快情绪。在室内设计中，室内的家具、陈设以及一些其他的内含物，可以通过它们的质量、大小、形状、色彩来达到均衡的效果，对称是最常见的均衡的实例，但是它过于严肃、呆板，因而在一些场合中一般很少采用，另一种虽然不对称但在视觉上是平衡的，这是比较常见。它显得比较活泼、富有动感，如图 5-18、图 5-19 所示。

3. 比例

所有的建筑师和室内设计师都知道比例在建筑和室内空间设计中的重要性，从中国古典建筑的屋顶与墙体的比例，到西方古典建筑的柱式的比例，这些一直是人们研究和探讨的主题。

室内设计的各个部分比例和尺度、局部和局部、局部与整体，在每一天的生活中都会遇

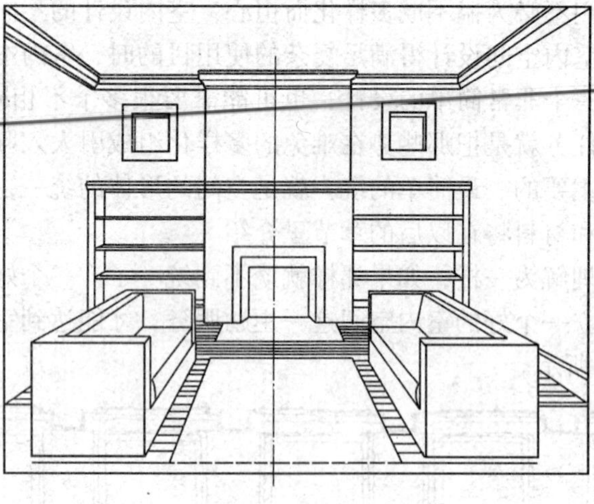

图 5-18　对称式均衡

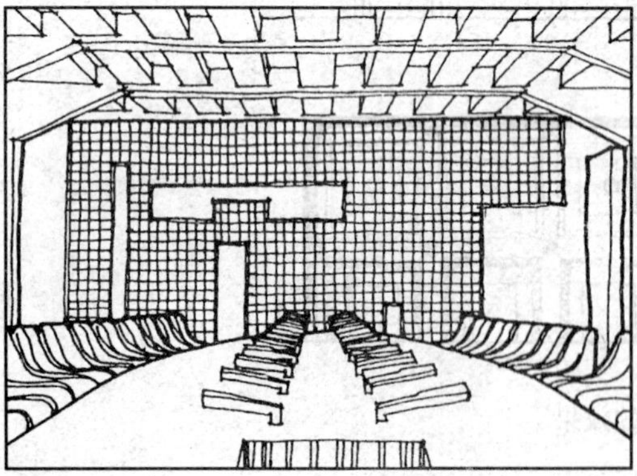

图 5-19　非对称式均衡

到，而且在无意识的使用它们。室内空间的大小和形状，将决定内涵物的数量和大小，如果一个相对较小的空间在其内部放置体量较大的家具时，就显得这个空间比较小，而且看起来不舒服。现代室内设计中，倾向于摆放少量的家具，以保持空间的开阔、通透的状态。当一个室内的家具与空间、家具与家具等各部分之间的比例协调时，人就会感到舒服，而美感、色彩、质地、线条同样对比例起着重要作用，如图 5-20 所示。

4. 尺度

与比例密切相关的另一个特性就是尺度。在室内设计中，尺度这一特性能够使室内空间呈现出恰当的或预期的某种尺寸。人们乐于享受大型公共建筑室内空间的巨大尺寸和壮丽的场面，同时也喜欢小型住宅室内空间的亲切宜人的特点，尺度的印象可以分为三种类型：自然的尺度、超人的尺度和亲切宜人的尺度。

(1) 自然的尺度：这里的自然尺度是让室内空间忠实地表现其本身的自然尺寸，使观者能够感受到室内空间的自然和真实。

(2) 超人的尺度

它企图使一个室内空间显得尽可能的大，但是超人的尺度并不是一种虚假的尺度，因为人们仰慕某种过人的扩大，这是一种共同的和健康的需求，超人尺度的巨大空间使人们对超越人自身、对于超越时代本身局限的一种憧憬。超人的尺度常用于教堂、纪念堂、纪念性建筑和一些政府建筑中。优秀的室内设计不但使用功能安排得当，结构运用合理，而且还有令人喜悦的彼此协调的比例。

要想取得优美的比例，没有捷径可以走，只有细致的研究，多次反复的推敲每一个部位，包括放宽、变窄、拉长或缩短平面的尺度相对比例，多次试验不同高度的效果，直至室

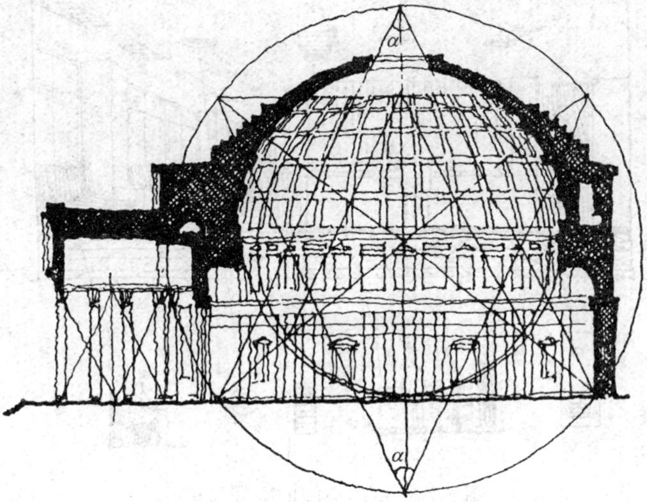

图 5-20　罗马万神庙的比例分析

内空间的基本关系的尺度最后达到完美无缺。

(3) 亲切的尺度

希望把室内做的比实际尺寸明显的小一些。例如在大型的餐馆里，从经营方面使其产生一种非正规的和私人的亲切感。而在剧院中，一方面希望有大量的座席，另一方面又希望使每一个人与舞台的关系尽可能地紧密、亲切。要想成功地解决亲切的尺度，绝不能简单地把构件放大或缩小，这样往往会适得其反，亲切的尺度可以通过利用超尺寸的装饰和十分简洁的安排相结合而获得，使矛盾双方取得协调，找出最佳结合点。

室内空间设计者最重要的任务之一，就是根据它的用途和所追求的意境以及空间环境给人们带来的心理感受所确定的尺度。空间尺度一定要协调，一旦室内空间的尺度确定，设计者必须将同样的空间尺度贯彻到全部结构中去。当然，在这个协调的空间可能分成多种等级，庞大复杂的不同用途的空间，其尺寸也是多种多样的。在小卧室或办公室，我们并不希望看到大尺度，而对于大型公共建筑室内空间或重要的厅堂及过厅就可以应用大尺度，如图 5-21 所示。如果空间尺度不协调，就很难达到理想的效果，如图 5-22 所示。

5. 韵律

在视觉艺术中，韵律是任何物体的诸元素成系统重复的一种属性，而这些元素之间，具有可以认识的关系。在室内设计中，这种重复是由构成室内空间的视觉可见元素的重复，如光线和阴影、不同的色彩、支柱、洞口及室内空间的组合等，如图 5-23 所示。

罗马大斗兽场的拱的重复、希腊神庙优美的柱廊、哥特式教堂的尖拱和垂直的重复，这说明韵律的法则从古代就开始使用。在室内设计中，有很多重复的模式，首先就是形式上的重复，如：门窗、柱、墙面等，第二就是尺寸的重复，如柱间或跨度的尺寸。同时当人们通过室内空间时，他们面前一系列变化的场景，看到的门、窗竖墙、窗户、墙面，也许会通过一个个的门洞，这些也会形成一系列韵律节奏感。人们将建筑称为“凝固的音乐”就是这个道理。

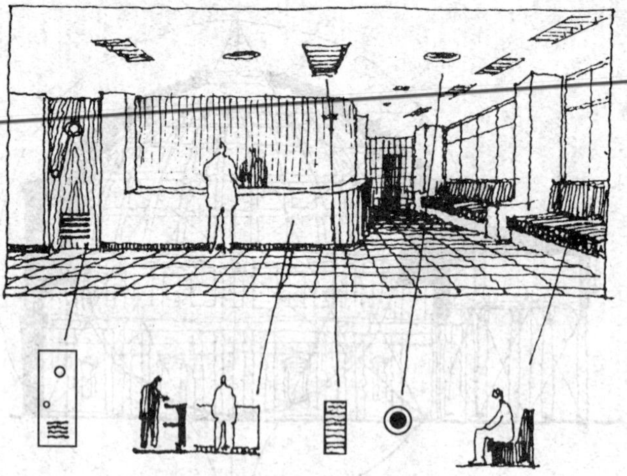

图 5-21　室内空间的空间尺度

图 5-22　室内空间尺度不协调

图 5-23　室内洞龛墙面和拱形屋顶造型

二、室内空间的性格

空间与范围在某种意义上是相同的，但空间不具备明显的大小特征，只具备纵横体积特征。空间形体是多种多样的，无范围和大小可言。建筑形体是某种特定意义和用途的空间形态。但在自然界中，空间的形体由于有各种其他形体的围合限制，形成多形态的空间或无穷尽无范围限制的形态。如：自发空间。这就是空间与范围的概念。室内设计主要以建筑室内空间形态为设计对象。

不同的空间形体具有不同的性格，是指不同的空间形体给人们不同的感受，这可以归结到最简单的造型要素——点、线、面的不同性格及各种线状的不同导向性格，从而形成不同的空间性格。

（1）圆——圆形空间属于放射性性格，圆形给人一种向外膨胀的感觉。

（2）十字路口——十字路口的空间形状给人们的感觉则是一种向心内聚感觉，这种空间的性格则是属于内聚的、向心的、集中的。

（3）转弯处——这里的空间形状也给人们某种的感觉，而同时更明显的带有一种引导的性格。

从上述三个例子可见，研究不同的空间形状，利用不同形状的空间性格，掌握带有规律性的特征，就可以使空间设计开阔思路和创造出优美的空间设计。

三、室内空间的感受

空间感与空间是两个不同的概念，室内空间感是人对于空间的一种心理感受，也就是被接口所限定的范围给人的感受或感觉，室内空间感是室内的空间设计中的一个重要环节，研究不同的空间给人的感受、不同空间效果对人的视线的影响，视域大小的影响及各种新型的材料，都有助于我们对室内空间感这一概念的理解和把握。例如大的空间并不一定给人大的感觉，而处理的得当的小空间，也不会使人感到窄小。

（1）透。空间可以给人不同的心理感受特性，产生多种多样的空间感受。在建筑上，利用多种不同的方法处理的空间会在人心理上产生不一致的空间感受。如：运用透的方法，可以延伸、延长视线、视野，这一点在中国古代的建筑室内空间中经常见到。如在一面实体的墙上开窗，便是这一原理的运用。使人们透过窗子，进而看到窗外植物在另一墙面的投影，从而使人产生一种心理上的空间界限和丰富的感受。而赋予装饰性质的漏窗形成一个个形状不同的取景框，使各种植物在不同取景框中的构图画面尽收眼底，同时也增加了空间的情趣。当然，这种透的处理方法及原则，同样被用于当代建筑及室内空间的设计。如运用玻璃的反射效果也同样可以扩大视野和空间的感受；在建筑中，可以通过玻璃帷幔或幕墙的反射作用，使周围的景物融入实际的空间，形成扩大空间的作用。

（2）围。是创造空间感受的另一方法，也较易理解，一半多用于削减空间过大而产生的空间感，具体的方法则是利用接口、家具、隔断等元素达到“围”的目的，“围”是一般建筑或室内设计所经常采用的手段之一。

充分研究处理空间的方法“围”与“透”，并掌握好这一对矛盾相互间的依存和转换的关系，才能更主动、准确地创造出形式多样的空间感受。

另外，空间也可以利用色彩、材料、线条等构成要素，创造出不同空间感受的效果。

第三节 室内空间的形态

一、室内空间形态的分类

室内空间形态大体上可以分为两类：一类是单一空间，另一类是复合空间。单一的空间又分为几何空间和非几何空间（不规则的、自由形式的）；复合空间按照其组合关系可分为几何关系和非几何关系。

单一空间是基本的，然后由它加以变化可以得到较为复杂的空间形态，在理论上，空间的组合是无穷的。

1. 单一空间形态

人们对室内空间的认识往往是从基本结构特征开始的，当人们进入一个空间时要看它是什么形状（如：是方的、圆的还是其他形状等），尽管有些是不规则的，但是人们还是想从中看出它是由哪些基本的简单形体构成的。在室内设计的过程中，单一的空间形态会经常遇到，如方形的办公室、圆形的宴会厅等，这些空间常给人以简洁明了的感觉。

2. 复合空间的形态

在室内设计的过程中，我们接触到的空间由于使用性质、所处位置的不同往往空间的形态是比较复杂的、多样的，同时空间的感染力并不局限于人们只是简单的停留在某一固定点上，而是人们往往通过连续的行动来感受它。有的空间需要把一个单一的空间划分为几个不同使用功能的空间，有的则需要几个空间组合在一起从而达到使用目的等，这就形成了多个空间之间的相互关系的处理，两者统称为复合空间。

二、空间形态的限定

空间的主要特征就是限定，它是由点、线、面、体对空间所起的作用。这种作用由于实体而形成“虚”的空间，给人们在心理及生理上不同的感受及赋予其不同含义和特征。根据不同用途我们必须对室内空间进行重新的划分和限定。

1. 点的限定

它是建立空间的中心、重点以及领域的方法，如空间中的灯具、雕塑以及装饰等。点形成了向心的空间，点群是相对集中的点的构成，对室内施加影响，往往给人以活泼、轻快和动态的感觉。

2. 线的限定

线通过架立、排列对空间的层次、深度，重点标志，如旗杆、牌楼等。线构成的空间或空间结构，具有轻巧剔透的轻盈感。

3. 面的限定

由于面的方位不同，面的形状不同，（如水平面、垂直面、斜面、曲面等），对空间的限定起着不同的影响和效果。

水平面。作为基面的水平方向可做凸起、凹陷、覆盖的处理，如依次面的低、中、高的处理必将对视觉产生不同的感受。

垂直面。垂直面是起分隔作用的，垂直面的围合，由于开口的位置、大小、方向、材料的不同，它将起着通透、穿插、隔而不围等方面的作用。另外，面的边界、相交面的处理必将给视觉带来不同的感受。

虽然空间限定的要素十分有限，基本限定的方式也是屈指可数的几类，但是，它们以不同的材料并按照不同的方式组合后形成的空间是丰富多彩的，内外的空间关系也有很大的不同。

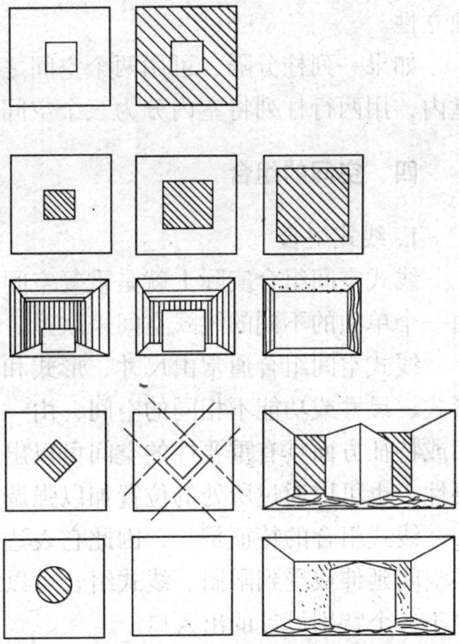

图 5-24 子母空间组合示意图

三、空间分割的形式

1. 空间内的空间

一个大的空间可以在其中包含一个或若干个小的空间，也就是子母空间，如图 5-24 所示。大空间与小空间之间很容易产生视觉上及空间的连续性，并且能够保证空间的完整性，在这种空间关系中，大空间是作为小空间的三维场所而存在的。

要使小空间具有较大的吸引力，可采用与大空间形式相同，而朝向各异的方式。这种方法会在大空间里产生一系列富有动感的剩余空间。小空间也可以采用和大空间不同的形式，以增强其独立的形象，这种形体的对比，会产生一种两者之间功能不同的暗示，或者象征着小空间具有特别的意义，如图 5-24 所示。

2. 穿插式空间

一般是由两个空间构成，各个空间的范围相互重叠而形成一个公共空间地带。当两个空间以这种方式贯穿时，仍然保持各自作为空间所具有的有限及完整性，但是对于两个穿插空间的最后造型，可产生以下三种情况：

(1) 两个空间的穿插部分，可由各个空间公共拥有；

(2) 穿插的部分与空间合并，成为它的整体空间的一部分；

(3) 中间穿插部分自成一体，成为原来两个空间的连接部分，如图 5-25 所示。

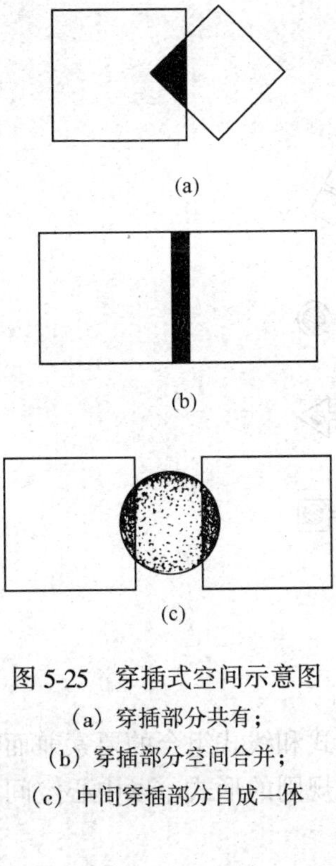

(a)

(b)

(c)

图 5-25 穿插式空间示意图

(a) 穿插部分共有；

(b) 穿插部分空间合并；

(c) 中间穿插部分自成一体

3. 相邻式空间

它允许各个空间根据各自的功能或象征意义的要求加以划定。相邻之间的视觉及空间的连续程度，取决于它们既分隔又联系在一起的那些面的特点。这些面可以限制两个相邻的空间的视觉和实体的连续，增强空间的各自独立性，并产生不同的空间效果。

分隔面作为一个独立的面设置在单一的空间里，根据这种情况，可以把一个大空间分隔成若干部分，这些部分虽然有所区分，但又相互贯通，彼此没有明确的界限，也不存在各自的独立性。

如果一列柱分隔，可用两个空间之间的高度或接口处理的变化来暗示。在西方古典式教堂内，用两行柱列将室内分为三个空间的处理手法是常见的。

四、空间的组合

1. 线式组合

线式空间组合实际上就是重复空间的线式序列。这些空间既可以直接的逐个连续，也可由一个单独的不同的线式空间来联系。

线式空间组合通常由尺寸、形式和功能都相同的空间重复出现而构成，也可以将一连串形式、尺寸或功能不相同的空间，由一个线式空间延轴线组合起来。在线式组合中，功能方面或特征方面具有重要性的空间可以出现在序列的任何一处，以尺寸和形式来表明它们的重要性，也可以通过所处的位置加以强调。

线式组合的特征是长，因此它表达了一种方向性，具有运动、延伸、增长的意味。有时候空间延伸或受到限制。线式组合可以终止于一个主导的空间或不同形式的空间，也可以终止于一个特别设计的出入口。

线式组合的形式本身虽然具有可变性，容易适应环境的各种条件，可根据地形的变化而调整，既能够采用直线式、折线式，也能够用弧线式，但是线性空间往往具有一定的局限性，一个是受建筑形式的影响，一个就是受结构形式的制约，如图 5-26 所示。

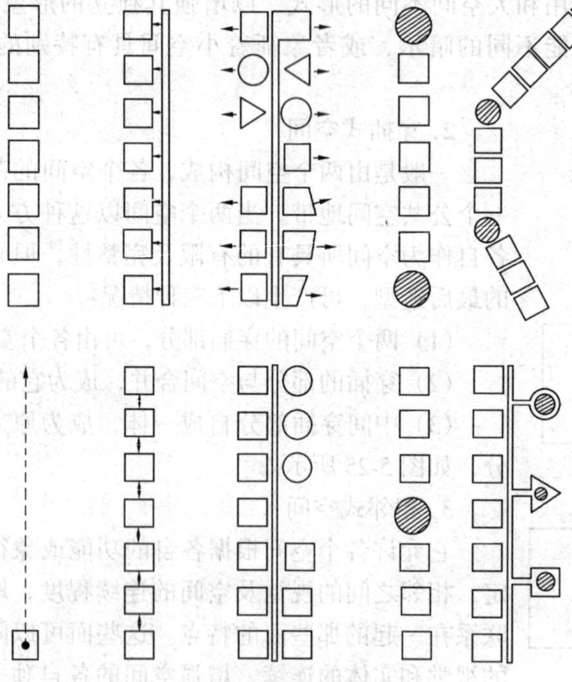

图 5-26　线式组合

2. 辐射式组合

空间是从中心空间辐射状扩展，在辐射式空间组合中，集中式和线式组合的要素兼而有之，集中式组合是内向的，趋向于向中心空间集中，中心空间是规则的形式。以中心空间为核心呈线式组合向外扩展，可在形式、长度方面保持灵活，可以相同，也可以相互不同，以适应功能和整体环境的需要，如图 5-27 所示。

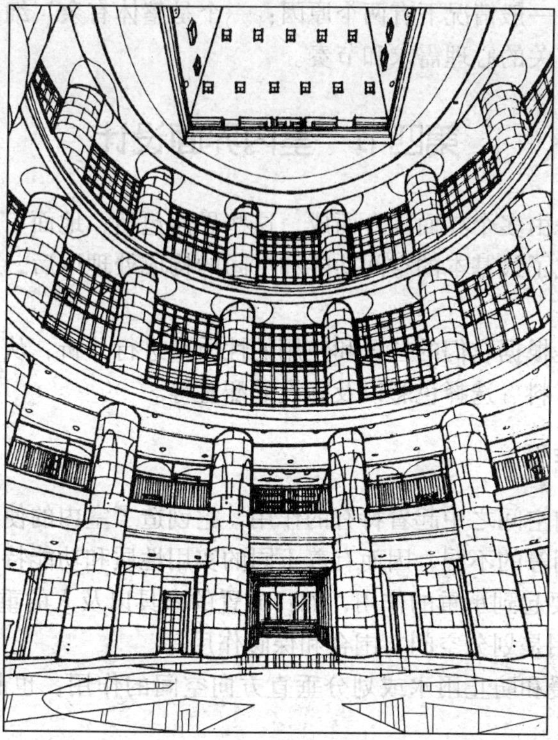

图 5-27 大小圆形空间的对比呈辐射式空间组合

3. 组团式组合

把位置的接近、共同的视觉特性或共同的关系组合的空间，称之为组团式组合。它是通过紧密连接使各个空间之间相互联系，一般由重复出现的网格式空间组成，这些网格式空间具有类似的功能，并且在形状方面具有相同的特征。

由于组团式组合造型中没有固定的重要位置，因此必须通过造型之中的尺寸、形状或者功能，才能显示出某个空间所具有的意义。有时在对称或有轴线串联的情况下，将各个局部空间组合起来，以加强某一空间的重要性，当然也有利于加强组团式空间形式的整体效果。

4. 网格式组合

网格式组合的空间位置和相互关系，通过一个三度的网格形式或范围使其规则化。

两行平行线相交而建立了一个规则的点，这样即产生了一个网格。形成三维网格，并转化为一系列的重复的空间模数。网格的组合来自于规则性和连续性，它们渗透在所有的组合要素之中，即使网格组合的空间尺度、形状和功能各不相同，但是仍能合为一体，具有一个共同的关系。

在建筑中，网格多数是通过框架结构体系的梁柱来建立的，它可以进行削减、增加和重叠，而依然保持网格的统一性，具有空间组合的能力，在网格范围中，空间既能以单独实体出现又能以重复的方式出现。无论这些形式和空间在该范围中如何布置，如果把他们看成是“正”空间，那么随之就会产生一些“负”空间，二者可以相互转化。

总之在具体的空间组合中，还会存在多种多样的手法，因为空间的组合关系及组合形式的合理运用只能说是满足了一方面的要求，是一种概念化的东西，室内空间设计是一个既理性又感性的综合性的艺术创造，有时我们在设计中，经常会遇到空间的组合感觉还可以，但是效果往往无法达到，一般情况下有两个原因：一个是整体有余，细节不足；一个是忽略了人的因素，缺乏与人有关的心理需求和节奏。

第四节 室内界面设计

任何一个空间都是由多个界面围合而成，这些界面包括：地面、顶棚、墙面以及各种隔断等，当室内设计围成了最基本的空间功能和空间的构成处理以后，对于界面的处理就显得尤为重要了。

界面的处理首先是根据它们的位置和使用的性质来进行分析，从而确定界面处理的要点和依据，包括：选择材料、选择色彩以及陈设的配置等。

一、室内界面的作用

室内的界面在室内空间之中起着特有的作用，它创造了室内的使用空间。但是界面由于它们所处的位置、作用等的不同，因而有着不同的实用性质和功能特点。

1. 室内的地面主要起到承重的作用，如：放置的家具以及人的重量等。

2. 墙面的主要作用是划分空间、围合和保暖作用等。

3. 顶棚主要起保暖和防止雨水或划分垂直方向空间的作用，也起承载一些悬挂物的作用等。

二、界面的基本要求

由于界面的位置和所起的作用的不同，对于界面的要求也不同。

1. 各种界面的共同要求

(1) 耐久性要求。人和界面都受到使用年限的制约。

(2) 防火性要求。室内设计时尽量不使用易燃并且释放大量浓烟及毒气的材料。

(3) 无毒。由于现代室内装饰装修材料大部分是合成或者是化学制品，因而这些材料会释放大量的有害物质，在使用这种材料时一定要注意其是否达到无害标准，否则不能使用。

(4) 无放射性。在室内设计的过程中我们经常采用一些天然石材，这些材料多数含有剂量不等的对人体有害的放射性元素，有的是超标的，应该检查其含量报告，慎重使用。

2. 各个界面的特殊要求

(1) 地面（楼、地面），坚固、耐磨、防滑、易清洁和防静电等。

(2) 墙面（墙面、隔断），具有一定的隔声、隔热以及保暖性能，同时还必须遮挡视线。

(3) 顶面（顶棚），轻质、反光效果好、隔热以及保暖的要求。

三、室内界面设计

界面的设计由于在室内空间中起的作用不同，因而它的设计既有功能技术要求，也有造型和美观的要求，界面的设计包括界面的造型、色彩的设计和材料的选择等。

对界面依据空间功能的要求进行装饰装修，以取得良好的生活、工作、学习和娱乐等室内环境，不仅可以赋予空间以特性，而且还可以加强空间的整体统一性。

室内空间界面是由地面、墙面、吊顶围合而成，界面设计就是针对地面、墙面、吊顶“三要素”的处理。

1. 顶棚

作为空间的顶界面最能反映空间的形状及关系，易引人注目，透视感也十分强烈。有些建筑空间，单纯依靠墙或柱，很难明确地界定出空间的形状、范围以及各部分空间之间的关系，但通过顶棚的处理则可以使这些关系明确起来。通过不同的处理方法有时可以加强空间的博大感、深远感，有时则可以把人的注意力引导到某个确定的方向。另外，通过顶棚处理还可以达到建立秩序，克服凌乱、散漫，分清主从，突出重点和中心等多种目的。通过顶棚处理来加强重点和区分主从关系的例子很多。在一些设置柱子的大厅中，空间往往被分隔成若干部分，这些部分本身可能因为大小不同而呈现出一定的主次关系。若在顶棚上再作相应的处理，这种关系则可以得到进一步加强，如图 5-28 所示。

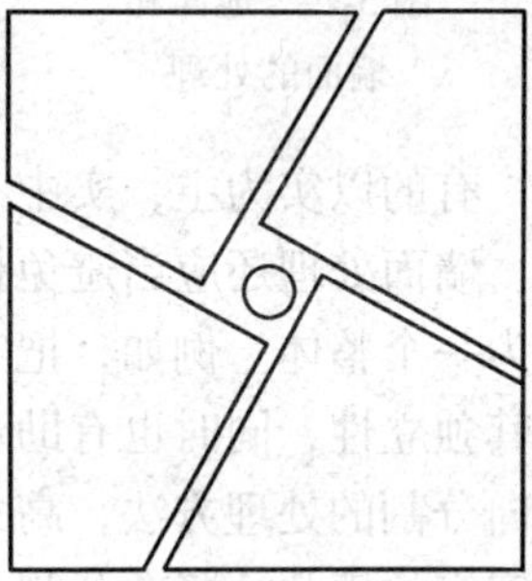

图 5-28　顶棚的处理图案

顶棚的处理比较复杂。这是由于顶棚和结构的关系比较密切，在处理顶棚时不能不考虑结构形式的影响。另外，顶棚又是各种灯具所依附的地方，在一些设备比较完善的建筑中，还要设置各种管道和空调系统的进、排气孔以及电气、照明设备和管线、灯槽、灯池等，这些在顶棚的设计中都应给予妥善的处理。顶棚的处理虽然不可避免地要涉及很多具体的细节问题，但首先应从建筑空间整体效果的完整统一出发，才能够把顶棚处理好。

在条件允许的情况下，顶棚的处理应当和结构巧妙地结合。例如在一些传统的建筑形式中，顶棚的处理多在梁板结构的基础上进行加工，并充分利用结构构件起装饰作用。

近代建筑所运用的新型结构，有的很轻巧美观，有的构件所组成的图案具有强烈的韵律感，不加任何处理，就可以成为优美的顶面构图。

2. 地面

作为空间的底界面，是以水平面的形式出现的。由于地面需要用来承托家具、设备和人的活动，并且又是借助于人的有限视高来透视，因而其显露的程度则是有限的，从这个意义上讲地面给人的影响要比顶棚小一些。

地面的处理用不同色彩的大理石、水磨石、马赛克等拼成图案以起装饰作用。地面图案设计大体可以分为三种类型：一是强调图案本身的独立完整性；二是强调图案的连续性和韵律感；三是强调图案的抽象性。第一种类型的图案不仅具有明确的几何形状和边框，而且还具有独立完整的构图形式。这种类型很像地毯的图案和古典建筑所具有的严谨的几何形状的平面布局。近现代建筑的平面布局较自由、灵活，一般比较适合采用第二种类型的图案。这种图案较简洁、活泼，可以无限地延伸扩展，又没有固定的边框和轮廓，因而其适应性较强，可以与各种形状的平面协调。

为了适应不同的功能要求可以将地面处理成不同的标高，巧妙地利用地面高差的变化，有时也会取得良好的效果。

国外有些新建筑，采取抽象图案来做地面装饰，这种图案虽然要比地毯式图案的构图自由、活泼一些，但要想取得良好的效果，则必须根据建筑平面形状的特点来考虑其构图和色彩，只有使之与特定的平面形状相协调，才能求得整体统一的良好效果，如图5-29所示。

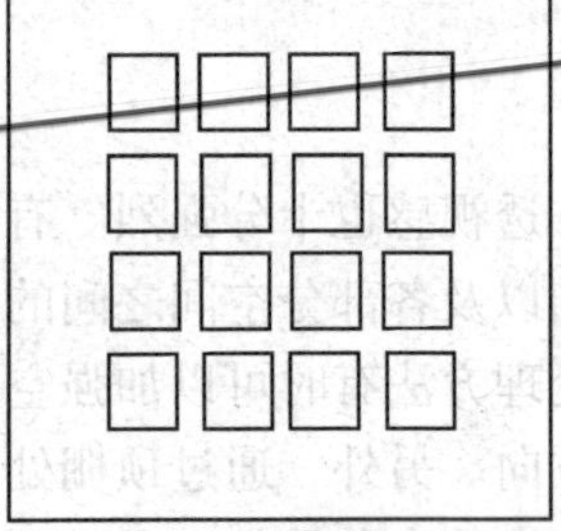

图5-29 地面和墙面的处理

3. 墙面

墙面也是围成空间的要素之一。墙面作为空间的侧界面，是以垂直面的形式出现，对人的视觉影响是至关重要的。在墙面的处理中，大至门窗，小至灯具、通风孔洞、线脚、细部装饰等，只有作为整体的一部分而相互有机的联系在一起，才能获得完整统一的效果。

墙面处理最关键的问题是如何组织门窗、洞口与墙面比例关系。门、窗为虚，墙面为实，门窗、洞口的组织实质上就是虚实关系的处理，虚实的对比与变化则往往是决定墙面处理成败的关键。墙面的处理应根据每一面墙的特点，有的以虚为主，虚中有实；有的以实为主，实中有虚。应尽量避免虚实各半平均分布的处理方法。

墙面处理还应当避免把门、窗等孔洞当作一种孤立的要素来对待，而力求把门、窗组织成为一个整体。例如，把它们纳入到竖向分割或横向分割的体系中去，这样，一方面可以削弱其独立性，同时也有助于建立起一种序列视觉。在一般情况下，低矮的墙面多适用于采用竖向分割的处理方法，高耸的墙面多适用于采用横向分割的处理方法。横向分割的墙面常具有安定的感觉，竖向分割的墙面则可以使人产生兴奋的情绪。

除虚实对比以外，借窗与墙面的重复、交替，还可以产生韵律美。特别是将大、小窗洞相同排列，或每两个窗成双成对的排列时，这种韵律感就更为强烈。

通过墙面处理还应当正确地显示出空间的尺度感，也就是使门、窗以及其他依附于墙面上的各种要素，都具有合适的大小和尺寸。过大或过小的内檐装修，都会造成错觉并歪曲空间的尺度感，如图5-29所示。

四、形态（造型）设计

界面的处理可以根据不同的使用性质，通过设计界面的形态来实现，室内界面设计的基本设计手法主要有以下几个方面：

1. 结构的界面

室内空间的设计过程中，结构本身就是界面，通过暴露这些结构面来达到室内风格的表达，如：一些木结构的建筑物本身的木结构屋顶无须处理就已经有了材料和韵律美了，同时它也满足了现代人对自然的追求，如图5-30所示。通过暴露一些通风管道或采光的顶棚，来表现科技的发展以及所体现的现代美，既节省了材料同时又达到了审美的效果，如图5-31所示。设计时还可以利用储藏空间制作柜子的造型来达到界面的设计，如图5-32所示。

图5-30 木结构顶棚

2. 几何形体的界面

通过几何形体对室内空间的界面进行处理，达到丰富空间和体现空间的性质和设计风格的作用。如利用简洁富有变化的几何形状处理室内空间的顶棚，可以打破单调感，还可以表现材料和工艺的特点，如图 5-33 所示。通过几何形体对一些隔断进行处理，隔断与台面运用直线及平面几何形体穿插咬接，新颖别致，如图 5-34 所示。

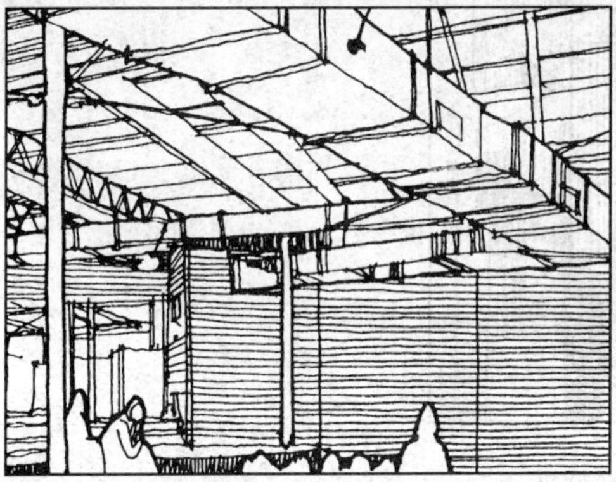

图 5-31　暴露设备的室内

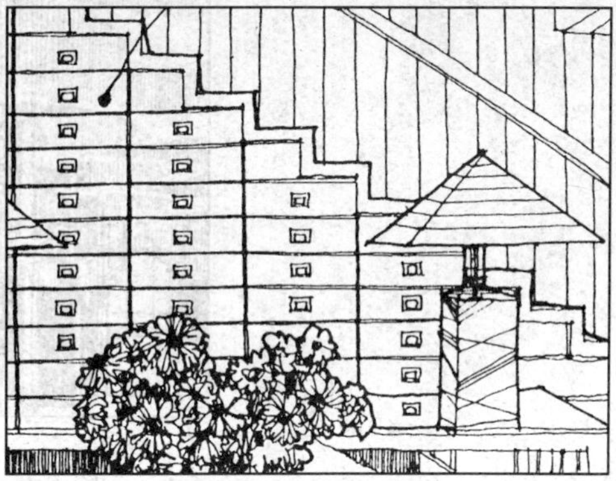

图 5-32　楼梯间的处理

3. 光影的界面

光在室内造型中起着独特作用，是其他要素无法代替的。它能够修饰形和色，使本来简单的造型变得丰富，并在很大程度上影响和改变人们对形和色的视觉感受，为空间带来生命力、创造环境气氛等，如图 5-35 所示。

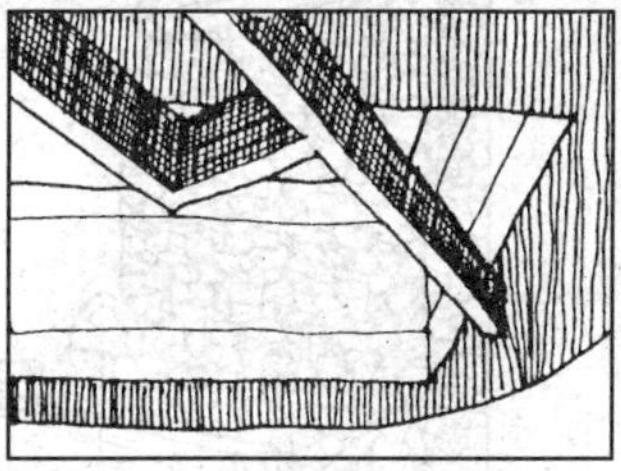

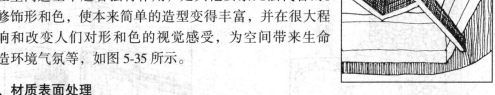

图 5-33　利用几何形体穿插处理顶棚

五、材质表面处理

形成内部空间的天花、地面、墙面都是由各种材料构成，不同的材料具有不同的质感效果。与室外相比，室内空间与人

(a)

(b)

图 5-34　隔断与台面的界面处理

(a) 隔断与平台的咬接；(b) 隔断与地面的交接

的关系非常紧密，如内墙面，人们可以轻易的用手触摸到它。一般而言，室内空间的材料细腻、光滑一些，但是在某些情况下为了达到特殊的效果，也可以局部选用一些比较粗糙的材

料作为墙面、地面或者顶面。利用材料的不同来处理各个界面，从而达到美化空间、创造室内空间的气氛和分割空间的作用。如：碎石效果的墙面使室内空间充满乡土气息，如图 5-36 所示。拆模后不加修饰的混凝土墙面，粗犷而自然，如图 5-37 所示。

图 5-35　顶棚的灯光

图 5-36　碎石墙面

图 5-37　不加修饰的混凝土墙面

第五节　界面材料的选择

室内设计中界面材料的选择是室内设计中重要的环节，它直接影响到室内的整体效果，关系到整个室内设计的经济性、实用性、艺术性以及室内的审美要求。

一、影响选择材料的因素

1. 室内空间的功能性质

室内空间的使用性质是多种多样的，因而就需要使用相应的材料来满足各种使用性质的空间要求，包括空间气氛的创造及各个界面的具体要求等。例如，家庭的室内空间一般比较温馨，在使用材料上要使用软质的、导热系数相对较小的材料；而办公环境的室内设计则要求空间要严谨、明快、安静的气氛，在选择材料的时候，往往选用颜色比较明亮的、易于施工的材料等。

2. 界面所处的位置

界面在室内空间中所处的部位不同，使用材料也就各不相同。建筑外部使用的材料，要求具有耐腐蚀、耐风化的性能，由于大理石中的成分是碳酸钙，比较容易被一些酸性的物质所腐蚀，因此在室外的装饰装修中应少使用大理石；地面材料应选择耐磨性较好、易清洗的材料；而墙面则常常使用一些易清洁、耐污染的材料。地面、内墙面和吊顶装饰装修的特性分别见表 5-1、表 5-2、表 5-3。

表 5-1　地面装饰装修材料的特性和应用范围

材　料	特　性	应　用　范　围	备注
水泥砂浆	造价低，施工简单、用工少、耐磨，可调制彩色浆	应用广泛，可做面层基层，可作彩色图案，在装饰工程中可作基层	
水磨石（现浇、预制）	可做各种彩色图案、易清洁、防滑	适用于公共活动房间和厨、厕、盥洗房间	
PCV 卷材、片材等制品	彩色和花色品种繁多，有弹性、易清洁、易施工	适用于公共活动和居住房间，人流量大的房间不宜选用	
木材及木制品	有纹理形成天然图案，隔热保温、有弹性	适用于居室、幼儿园、高级办公室、舞厅等房间	
陶瓷地砖、锦砖	易清洁、耐磨、吸声差、易施工	适用于公共活动房间、餐厅、大厅过厅及厨、厕、盥洗房间	
各种石材及表面加工石材	耐久、耐磨、易清洁、花色图案多样，可磨光可火爆粗面、纹理自然天成	适用于高级装修部位如门厅、休息厅、走廊、餐厅及展览馆等房间	

表 5-2　内墙面装饰装修材料的特性和应用范围

材　料	特　性	适　用　范　围	
普通涂料	花色品种多，以环保绿化涂料为主，防水、防潮等	适用于居住办公等房间，应用广泛	
高级涂料	花色品种多具有吸声、杀菌等各种性能	适用于宾馆、餐厅、高级住宅、办公、各种公共建筑	
墙纸、墙布	花样图案丰富多彩、可洗擦、美观	适用于宾馆、餐厅雅间、办公及各种公共建筑中接待用房	
人造革、织锦缎	花样多，具有富丽堂皇之感，施工方便，但施工技术要求高	适用于会堂、贵宾室、接待室、餐厅雅间、高级住宅	
PVC 板（胶合板）	PVC 板花色品种多易清洗、胶合板装修表面时可作图案	适用于办公、餐厅、会议室及墙裙等	胶合板面层基层均可选用
陶瓷面砖	表面光洁，易擦洗、花色图案较多。	适用于实验室、厨、厕、盥洗房间和壁画	
大理石、花岗石、其他石材	有天然纹理、表面可磨光、花色品种多	适用于高级宾馆大厅、门厅、会议厅等	
玻璃及其制品	具有扩大空间感的作用，光亮宜人，易碎	适用于舞厅、商业橱窗、文艺训练厅等	

表 5-3　吊顶面装饰装修材料和应用范围

材　料	特　性	应 用 范 围	
涂料	普通型涂料，色彩品种多	适用于各类普通房间，应用广泛	
高级涂料	色彩品种多，有各种专用涂料，防锈防腐等	适用于各类高级房间及专用特殊房间	
墙纸墙布	色彩丰富，具有豪华感觉，耐久性一般	适用于客房、居室、一般会议室、办公室等	
木装修用材	易燃，装修气氛好，需经阻燃处理	适用于居住建筑、会议室、贵宾室、娱乐文艺活动房间	
石膏类制品	阻燃、可作花纹图案，但不耐潮湿	适用于各类公共活动房间和封闭管道、保护。	
PVC 吊顶板	自熄性材料，易施工，质轻，可压花纹，不耐久	适用于各类建筑室内吊顶，有很好装饰效果	
矿棉制品	松、软、轻、保温隔热、阻燃、隔音	适用于剧场、娱乐场所室内吊顶、吸音等部位	
金属板（铜、铝、钢）	自重轻，强度高、装饰性强、表面可作成彩色涂层金属板，镀层金属板	适用性广泛，除吊顶还可作屋面板、墙板	

说明：①本表只是概括介绍各类应用范围，装饰材料更新较快，设计时应查阅材料手册。

②材料种类繁多，这里仅为初学者提供基本知识和材料类别粗略分项。

3. 美观的要求

室内设计的目的是起满足室内空间功能的作用，另一目的就是使我们生活的室内空间能够满足人们的审美要求，因而在室内设计的过程中往往把室内空间的美放置在重要的位置上，俗话说："爱美之心人皆有之"就是这个道理。但是，不同的人的审美观念是不同的，故室内设计就会出现差异，这些差异的体现或者表达一方面是通过色彩、造型来实现的，另一个更重要的方面就是材料的选择，选择不同的材料可以达到不同的室内空间效果，给人们不同的空间感受等。例如：采用木质材料装修的房间给人以亲切温馨的感觉，有一种回归自然的情趣。如果使用一些金属的材料则有一种清爽沉静有着阳刚气息的感觉，能够体现现代人的生活节奏等。

二、装饰装修基本材料简介

室内设计实际上主要是材料的设计，它受到材料性能的制约，而且室内更新的速度加快，使每一种新材料的出现总能够带动室内设计时尚的创新，同时，它的环保性能有着明显的提高。一个成功的室内设计作品往往在材料的使用上是成功的，因而设计师必须了解材料的性能与应用范围，及时掌握新型装饰装修材料的产品信息，以便及时应用到室内设计中去。下面介绍一些常见的装饰装修材料。

1. 木材

是一种人类使用最悠久的传统装饰装修材料，它质轻、强度高、韧性好、热工性能佳，纹理和色泽优美自然，柔和温暖的视觉和触觉使其他材料无法替代的。同时，易于着色和油漆，便于加工、连接和安装，对电有高度的绝缘性，对热和声音有很好阻断性，但防火性能和防腐性能较差，使用时必须进行防火和防腐处理。

（1）杉木、松木，常用作室内的骨架材料，经过处理也可以用于饰面材料，木质松软易加工。

（2）柳桉，有黄、红不同的品种，易于加工，不翘曲。

（3）水曲柳，纹理好看，木质硬度适中，广泛应用于饰面材料和家具。

（4）椴木，纹理好看，木质较软，易于加工。

（5）桦木，色泽清淡，用于饰面材料。

（6）胡桃木，色泽好看，目前比较流行，常作饰面材料。

（7）榉木，纹理好看，色泽淡雅。

当然在室内设计中使用的木材还很多，如：花梨木、樱桃木等，设计师应该根据实际情况恰当灵活地选用这些材料。

2. 石材

是一种比较常见的传统装饰装修材料，它厚重，耐久性和耐磨性能较好，纹理和色泽优美，颜色也很丰富。石材在使用过程中，根据不同的适用特点、不同的适用范围可以加工成多种规格的制品，可以运用现代的技术抛光、火爆、剁斧等，但是天然石材由于产地的不同，它的硬度、色彩以及纹理等特性都是不同的，甚至有的含有放射性物质，当放射能量超过标准，将会对人体构成危害，因而在使用石材时一定要慎重，要验证法定部门发放的相关产品证件。

（1）花岗岩

①黑色——济南青、福鼎黑、蒙古黑、黑金砂等。

②白色——珍珠白、银花白、大花白等。

③麻黄色——麻石（产于江苏金山、浙江莫干山、福建沿海等地）、金麻石、菊花石等。

④绿色——栖霞石、宝兴绿、印度绿、绿宝石等。

⑤深红色——中国红、印度红、将军红、南非红等。

⑥还有其他各种花色品种。

（2）大理石

①黑色——桂林黑、黑白花等。

②白色——汉白玉、雪花白、宝兴白、大花白等。

③绿色——丹东绿、莱阳绿、大花绿、孔雀绿等。

④麻黄色——锦黄、旧米黄等。

⑤红色——铁岭红、珊瑚红、陈皮红、挪威红、万寿红等。

（3）其他材料：PVC 板材、复合板材（大芯板、中、高密度板、泡花板、胶合板、蜂巢板、饰面板等）、墙纸、涂料等。

复　习　题

1. 室内空间的类型有哪些？
2. 室内空间的形态、空间组合的形式有哪些？
3. 室内空间的界面设计方法有哪些？
4. 室内各界面所用的材料及选择有哪些？

第六章　室内色彩、材料和光环境设计

在室内设计中，表现室内景观因素之一的是形，如家具的造型、款式等，另一个重要的因素就是色彩，色彩作为烘托室内的整体气氛的主要方式，是设计者充分展示自己才华的手段。

室内设计的色彩与形（家具的款式、造型等）的关系是互补的，起到相互调剂的作用，缺一不可，只有好的家具是不够的，同时更重要的是有合适的色彩搭配，室内的色彩往往起到影响人们情绪的作用，如使人愉快、宁静、温暖等。

现代风格的色彩设计受现代绘画流派思潮影响很大。通过强调原色之间的对比协调来追求一种具有普遍意义的、永恒的艺术主题。装饰画、织物的选择对于整个色彩效果也起到点明主题的作用。

第一节　色彩的基本知识

一、色是什么

1. 人们能够认识物体的存在是因为可以看到物体的形，而且常常考虑到形上带有的色彩。因此，在白纸上用白颜料画任何形态，我们都无法看到，这是由于纸的色和图形的色彩完全相同的缘故。从这种认识出发，可以明白要想看到图形，就必须使图形的色彩和背景完全不同，有色才能看到形态这是很简单的物理想象，因而能够确定物体存在的基本视觉因素就是色。

2. 光是一切物体颜色的来源，也称为光源。人们一般感觉到的是可见光，光线刺激到人们的视网膜便形成色觉，人们通常见到的物体颜色，是指物体的反射颜色，没有光也就没有颜色。物体的颜色表面，色光的某种波长比反射其他光的波长要强得多，这个反射的最长的波长，通常称为该物体的颜色。表面的颜色主要就是从入射光中减去（被吸收的、透射）一些波长而产生的，因此感觉到颜色的存在，表示颜色主要取决于物体的光波反射率和光源的发射光谱。

3. 色彩的分类

(1) 无彩色：白、灰、黑等，无色彩的色叫做无彩色。

(2) 有彩色：无彩色以外的一切色，如红、黄、蓝等有色彩的色叫做有彩色。

二、色彩的基本属性

衡量色彩的性质可由三个方面来评价，即色相、明度以及彩度。简称色彩的“三属性”。

(1) 色相

对于有彩色的色称为具有某种色相，包含该色准确度的含义。无彩色就是没有色相。对光谱色的顺序按环状排列叫做色相环，如图 6-1 所示。

(2) 明度

色的明亮程度叫做明度。明度最高的色是白色，最低的色是黑色。它们之间按不同的灰

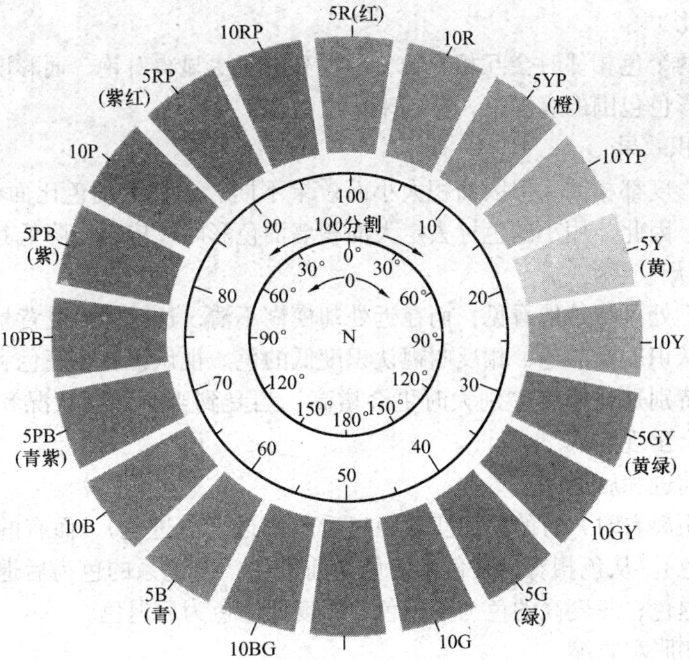

图 6-1　色相环（参考有关美术书籍）

色排列既显示了明度的差别，有彩色的明度都是以无彩色的明度来确定的，如图 6-2 所示。

(3) 彩度

色的鲜艳程度叫彩度。鲜艳色的彩度高叫清色，混浊色的彩度低叫浊色。同一色相其彩度高的色叫纯色。它的色相特征很明显，无彩色没有彩度，如图 6-3 所示。

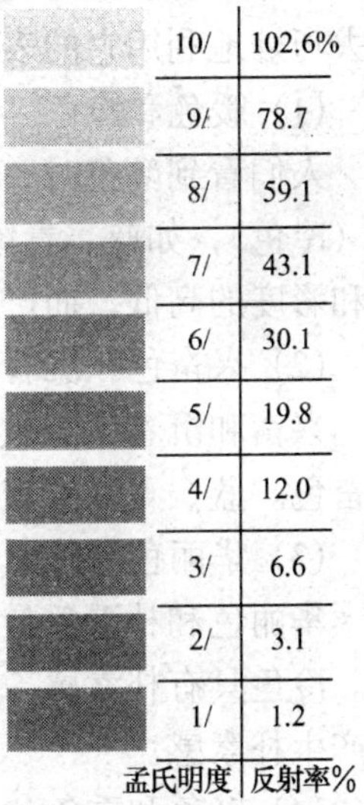

10/
102.6%
9/
78.7
8/
59.1
7/
43.1
6/
30.1
5/
19.8
4/
12.0
3/
6.6
2/
3.1
1/
1.2
孟氏明度
反射率%

图 6-2　明度（参考有关美术书籍）

三、色彩的基本知识

按照色彩的使用方法，可使色彩的识别方式产生出种种的变化，在进行色彩设计时，若能很好地运用则可获得较好的效果。

1. 色彩的对比

两色相邻时与单独见到该色时的感觉不同，这种现象叫做色的对比。色的对比有两个色同时看到时产生的对比，叫同时对比。先看到一个色再看到另一个色时产生的对比叫即时对比。即时对比在短时间内要消失。

(1) 色相对比

对比的两个色相，总是出在色相环的相反方向上，红和绿、黄和紫。这样的两个色成为补色。两个补色相邻时，看起来色相不变而彩度提高，这种现象称为补色对比。

图 6-3　彩度（参考有关美术书籍）

(2) 明度对比

明度不同的两个色相邻时，明度高的色看起来明亮，而明度低的色看起来更为暗一些。这样看起来明度差异增大的现象叫明度对比。

（3）彩度对比

彩度不同的两个色相邻时会互相影响，彩度高的色更显得鲜艳，而彩度低的色看起来更混浊些，而被无彩色包围的有彩色，看起来彩度更高。

2. 色彩的面积效果

色的明度、彩度都相同，但因面积大小而效果不同。面积大的色比面积小的色其明度、彩度看起来都高。因此，用小的色标去定大面积墙面色彩时，应多少降低其明度与彩度。

3. 色彩的视认性

色彩有时在远处可清楚地看见，而在近处却模糊不清，这是因为受背景色的影响。清楚可辨认的色叫视认识度高的色，相反叫视认识度低的色。视认识度在底色和图形色的三属性差别大时增高，特别是在明度差别大时更会增高，当受到当时照明状况和图形大小的影响时，视认识度也会出现高低。

（1）色彩的前进和后退

色彩在相同距离看时，有的色比实际距离看起来近（前进色），而有的色则看起来比实际距离远（后退色）。从色相看，暖色系的色为前进色，冷色系的色为后退色；明亮色为前进色，暗色为后退色；彩度高的色为前进色，彩度低的色为后退色。

（2）色彩的膨胀和收缩

同样面积的色彩，有的看起来大一些，有的则小一些。明度、彩度高的色看起来面积扩张，而明度、彩度低的色看起来面积缩小。暖色为膨胀色，冷色为收缩色。

4. 色彩的表情

形体是有表情的，同样色彩也具有表情，有引起人们各种各样感情的作用，因此我们必须去巧妙地利用它的表情。

（1）暖色和冷色

人们看到颜色时，有的颜色会使人感到温暖（暖色），如红、橙色。有的则使人感到寒冷（冷色），如蓝、青绿、蓝紫色。这是由于色相产生的结果。绿和紫是中性色，以它的明度和彩度的高低，而产生冷暖表情的变化。无彩色中白色冷，黑色暖，而灰色则为中性色。

（2）兴奋色和沉着色

兴奋和沉着由刺激的强弱引起，红、橙、黄色的刺激性强，给人们以兴奋感，因此称为兴奋色。蓝、青绿、蓝紫色的刺激较弱，给人以沉静感，因此称为沉着色。

（3）华丽色和朴素色

华丽色和朴素色是因彩度和明度的高低不同而感觉。彩度或明度高的颜色，给人以华丽感。冷色具有朴素感，白、金、银色有华丽感，而黑色按使用的情况有时产生华丽感，有时则产生朴素感。

（4）轻色和重色

轻、重是由色彩的明度高低而具有的感觉。明亮色感觉轻快，而暗色则感觉沉重。色彩在明度相同的情况下，彩度高的感觉轻，彩度低的感觉重。

（5）阳色和阴色

暖色红、橙、黄为阳色，冷色青绿、蓝、蓝紫为阴色。明度高的色彩为阳色，明度低的色彩为阴色。明度和彩度均低时使人感到阴气，白色在与其他纯色一起使用时产生阳气，黑色使人感到阴气，而灰色为中性色。

(6) 柔软色和坚硬色

柔软和坚硬是由明度和彩度高低而具有的感觉。一般地讲，明度高，彩度低的颜色常产生柔软感，而明度低彩度高的色给人坚硬感，白和黑有坚硬感，灰色则具有柔软感。

(7) 色彩的联想特征

看到红色时，人们会联想到火或血，当看到蓝色时人们也许会联想到水或者天空，这是根据人们的生活经验，记忆或知识而产生的，又会因性别、年龄、民族的不同而不同。一般来讲，共性的联想是相当多的。另外，对颜色的联想社会化，变成习惯或制度的称为色彩的象征，但是因民族的、阶级的不同，色彩的联想又具有差异，色彩的联想见表 6-1。

表 6-1　色彩的联想

色＼联想	抽象联想	具体联想
红	热情、兴奋、危险	火、血、口红、红果
橙	华美、温情、嫉妒	橘子、柿子、秋天
黄	光明、幸福、快活	光、柠檬、香蕉
绿	和平、安全、成长	叶、田园、森林
蓝	沉静、理想、悠久	天空、海
紫	优美、高贵、神秘	紫罗兰、葡萄
白	洁白、神圣、虚无	雪、白糖、白云
灰	平凡、忧恐、忧郁	阴天、鼠、铅
黑	严肃、死灭、罪恶	夜、墨、煤炭

(8) 色彩的喜好

对色彩的喜好因性别、年龄、阶层、职业、环境、地区、民族而有所不同，另外也因个人性格、趣味的不同而不同，但存在共同的倾向，见表 6-2。

表 6-2　色彩的喜好区别

色＼地区	中　国	日　本	欧　美	古埃及
红	南（朱雀）、火	火、敬爱	圣诞节	人
橙	—	—	万圣节	—
黄	中央、土	风、增益	复活节	太　阳
绿	—	—	圣诞节	自　然
蓝	东（青龙）、木	天空、事业	新　年	天空
紫	—	—	复活节	地
白	西（白虎）、金	木、清静	基　督	—
黑	北（玄武）、水	土、降伏	万圣节前夜	—

四、色彩的搭配

颜色之间的搭配叫做配色，若颜色之间的搭配给人以愉悦感叫调和；相反，给人以不愉悦感叫不调和。但是，人的感觉会有相当大的差别，色彩的性质又是很复杂的，不同性质受周围的影响及照明等光的作用，使色彩产生不同的效果。

1. 色彩搭配的感觉分类

（1）同一调和：同一色相的色进行变化统一，是只有明度变化的配色，给人以亲和感，在设计的过程中，比较容易把握，效果比较好。

（2）类似调和：色相环上相邻色的变化统一的配色，给人以融合感，室内设计多属此类。

（3）中间调和：色相环上接近色的变化统一配色，给人暧昧感觉。

（4）弱对比调和：补色关系的色彩，明度虽然相差甚远，但不恰当的对比配色，给人以明快感。

（5）对比调和：补色及接近补色的对比色配合，明度和彩度相差甚远，给人以强烈和强调的感觉。

2. 色彩的调和分类

（1）原色：红、黄、蓝称为三原色，这三种颜色不能够再分割了，因此称为原色。

（2）间色：由原色调配而成。如：红 + 黄 = 橙，蓝 + 黄 = 绿。

（3）复色：优良中间色调配而成的颜色称为复色。如：橙 + 紫 = 橙紫。

（4）补色：在三原色中，其中两种颜色调和而成的颜色与另一种颜色称为补色，如：红与绿，黄与紫等。

第二节　色彩在室内空间的应用

确定学习色彩的主要目的就是将色彩在室内空间中的应用，如何把这些规律应用到设计中是关键。在室内设计的过程中首先要确定各个接口位置以及所需要搭配的颜色。

一、室内各部位用色的要点

1. 墙面色

墙面是构成室内环境的主要部分，在室内空间的气氛创造和划分上起着支配作用。墙面较暗时，即使灯光明亮，室内的空间也会显得暗淡。暖色系的色彩能产生快活温暖的气氛，冷色系的色彩会有清凉感。

一般情况下，墙面要比天花色稍深，采用明亮的中间色，而不是用纯白色，往往加入一些彩度低、明度较高的淡色为佳，可以按照房间所处的方位来确定使用颜色的种类。

2. 墙裙色

为了使墙裙不被碰脏，往往使用明度较低的颜色。

3. 踢脚线色

应采用明度比墙面低的颜色。

4. 地面颜色

地面色不同于墙面色，一般采用同色系的颜色时可以适当降低明度来达到对比的效果。

5. 天花色

天花可用白色，或接近于白色的明亮色，这样室内照明效果较好，在采用与墙面同一色系时，应比墙面的明度更高一些。

6. 装修配件色

门框、窗框的色彩不应与墙面形成过分对比，一般采用明亮色。为了统一各个房间，所有墙面色彩都应调和，中明度的蓝灰色、浅灰色均可，墙面较暗时，可反过来用比较亮一些的颜色。门扇应尽量做得明亮一些，但是在墙面为明亮色时，暗色门扇也可以使人感觉醒目，窗扇长处在逆光环境下时，色彩不可过深。

7. 家具色

一般不可以一概而论，办公用的桌子、椅子、柜子、书架等功能性强的家具，采用无刺激的色相和彩度低的色彩。书架、柜子等可采用同色系色相，变化其明度来取得较好的效果；若选用不同色相则可取得对比的效果。

暗色系的墙面，家具一般选用冷色系或中性色相。冷色系或无彩色的墙面时，家具若采用暖色系色，效果比较好。

二、色彩的物理和心理效应

色彩心理学的研究结果提示出的色彩心理效果的初步规律，色彩是视觉形态的因素之一，室内色彩的应用，其效果一个是物理效应，一个是心理效应。

1. 室内色彩的物理效应

色彩从室内设计的运用角度讲，具有物理效应，总地来说，高明度的色彩有扩张感，低明度的色彩有收缩感，所以利用色彩可以调节室内空间的感受。如：室内的顶棚偏高，则可以利用明度较低一些的色彩来进行顶棚的处理，而使四壁色彩的明度有意识的提高，从而达到降低顶棚的偏高感觉，使现有的空间感觉发生变化。室内色彩的物理效应主要有以下几个方面：

(1) 温度感

暖调子的色彩使人感觉温暖、温柔、温度偏高等。冷调子的色彩则相反，使人感觉凉爽、温度较低。如：新房的色彩通常采用暖调子的色彩，以配合房间的喜庆气氛。而医院则多采用冷调子的色彩，从而造成宁静的气氛，以利于病人的休息和疗养。

(2) 重量感

色彩的明度低，使人感觉重，又下沉的感觉，彩度低的冷的也有类似的感觉；色彩的明度高，则相反，使人感觉轻，有上升的感觉。

(3) 距离感

暖色有前进感，冷色有后退感。如红色距人 1m 时，则有一种前进的感觉，（故红色在室内设计中亦称为前进色）；黑色距人 1m 时，则有后退感（其感觉中的距离要比实际的远 1m），故黑色在室内设计中也称为后退色。所以通过恰当的使用色彩则可以适当的解决空间的一些问题。

(4) 体积感

明度高的色彩（浅色），体积感觉大，低明度的色彩（深色），体积感觉要小。

2. 室内色彩的心理效果

不同的色彩或不同的色彩组合，会使人产生不同的心理效果，影响人的情绪。所以运用好色彩是室内设计的一个重要环节。

例如，绿色：便于休息，有安逸感，可以使人容易入睡；粉红色：表示柔和，使人安静；红色：有扩展感，如乐队在红色的房间中演奏，其音响效果感觉较大；黄色：使人感觉舒适；一半红一半绿色：利用互补色会使人产生烦躁不安的感觉（心理效果），国外一些专家经过研究，把监狱的牢房处理成一半红一半绿的互补色，从而使犯人达到烦躁不安的效果。

上述内容是色彩在室内设计运用中产生的物理及心理效果的一般知识。色彩是丰富的，其所产生的效果也是丰富的，这需要设计者在设计的实践中做出进一步的研究。

三、室内色彩设计的要点

色彩的设计是室内设计的关键，在设计时要注意以下几点：

1. 选择的配色要迎合环境的功能要求、使用要求、要与气氛、意境相符合；
2. 注重室内空间的整体效果；
3. 尊重使用者的性格和喜好；
4. 色彩的使用种类不宜太多，最好不要超过三种；
5. 注意室内的结构与室内空间整体设计风格的统一；
6. 注意色彩与光源的协调关系；
7. 充分了解装饰装修材料的性能和色彩；
8. 考虑各个房间之间的协调关系，从而使人们能够在心理上适应房屋之间的风格变化和颜色变化。

室内色彩运用的原则，犹如画一张图案，色彩也要统一，要在和谐中寻求对比、变化，要注重协调的对比关系。如室内色彩的大同小异，如果整体采用的是低明度的色彩，适当点缀高明度色彩物品作为装饰，可以丰富整体的色彩效果，这就是俗语的“万绿丛中一点红”所揭示的道理，绿色更加郁郁葱葱，红色更加鲜艳夺目。总之，色彩的运用要做到像迪卡尔说的：“彼此拥有一种恰到好处的协调”。

另外，色彩与其质感的关系是很微妙的。有时质感也会影响到色彩给人的感觉，如：十分好看的木质纹理，浅色处理，这就需要综合地考虑，既要结合材质，又不要使色彩失去作用。

总之，色彩是一个很复杂的东西，它既有客观性，又有主观性；既有社会性，又有自然性（区域性）。所以，在室内设计单色彩运用中要把这些问题全面考虑进去，如色彩的主观性是和个人的喜好、兴趣、习惯分不开的，在设计运用时主要考虑不同对象的区别。

四、色彩设计的新趋势

现代设计的色彩趋势表现为多样化，但色彩搭配也因个人品味不同而异。对当前而言，有两个清楚的颜色方向：亮色和暗色。新近发展的塑料组件色彩与表面质感已受到广泛喜爱，不但摆脱低价形象更赋予塑料制品新生命，同时也能大量满足市场需求。单色：此种简明的色彩语言之特征是大胆，活泼生动，予人十足的信心，颇具科技与天然的美感。灰阶浅色：除了单色之外便是灰阶浅色潮流，这些颓废色是基本颜色，永不退出流行，然而消费者对于时下流行的颜色已感到厌烦，目前仍以单色调为主流。图案：最新产品在图案的运用上各有不同，将色彩与图案印在产品上已蔚为风尚。在工业设计上，立体图案常被用来装饰单调的表面。

第三节　室内设计中材料质感的选择

实体都是由材料组成，这就带来了肌理的问题，肌理即材料表面组织构造所产生的视觉感受。每一种材料都有其特定的属性，不同肌理有助于实体的形态表达不同的表情。室内除了运用空间、形态和色彩来体现空间的特点以外，材料质感的设计也是室内空间的重要因素之一，材料的质感在视觉和触觉上都能够满足室内设计所要求的风格，因而，质感同样能够带给人们快感。

装饰装修材料的质感从使用功能与装饰艺术要求上讲，大致可以从以下几个方面来衡量：

一、粗糙与光滑

表面粗糙的材料有很多种，如：天然的石材、砖块、喷砂玻璃、粗糙织物等。光滑的材料有玻璃、光滑的金属、釉面陶瓷、铝板等。但是，同为粗糙的材料，在人们的视觉和触觉上是不同的。如：砖表现为硬，而粗糙的织物则相对较软，玻璃和丝绸同样是光滑的，但是一个表现为坚硬，一个表现为柔软。

二、柔软与坚硬

许多纤维织物都有柔软的触感，如：纯羊毛织物虽然可以编织成粗糙的织物，但是在我们摸上去时是柔软的。棉麻织物，它们都耐用而且柔软，常作为轻型的面材或窗帘。玻璃纤维织物、细亚麻布，易于保养，能防火，价格低，但其触感却是柔性不足，质地偏硬，给人以不舒服的感觉。硬质的材料耐久、不变形、线条挺拔。如：砖石、金属、玻璃。硬材多数有很好的光洁度，晶莹明亮，使室内富有生机、但从触觉上说，人们一般喜欢光滑柔软，而不喜欢坚硬冰冷。

三、冷与暖

质感的冷与暖表现在触觉上或心理上，座面、扶手、躺卧之处，都要求柔软和温暖。金属、玻璃、大理石则给人带来冷硬的触觉，如果用多了可能产生冷漠的效果。但在视觉上由于色彩的不同，其冷暖也是不一样的，如红色花岗岩、大理石的触觉冷，但是在视觉上是暖色的。而白色的羊毛触感是暖的，但视觉上是冷的。选用材料时应当从两方面同时考虑。木材在表现冷暖软硬上有独特的优点，比织物冷，比金属、玻璃暖，比织物硬，比石材又较软。其便于加工，既可以作为装饰材料，又是家具的首选材料。

四、光泽与透明度

许多经过加工的材料具有很好的光泽，如抛光金属、玻璃、磨光的花岗岩、大理石、通过光滑表面的反射，可以使室内空间感扩大，同时映出光怪陆离的色彩，使室内充满豪华富丽的气氛。又如搪瓷、瓷砖等，具有表面光泽、易于清洁的特点，用于厨房，卫生间是十分适宜的。

透明度也是材料的一大特色。常见的透明、半透明材料有玻璃、有机玻璃、丝绸、纱，利用透明材料可以增加空间的广度和深度。在空间上，透明材料是开敞的，不透明材料是封闭的。在物理方面，透明材料具有轻盈感，不透明材料具有厚重感和封闭感。例如在家具布置中，如利用玻璃隔断，由于其透明，使得较狭隘的室内空间变得宽敞，利用镜面反射也可以扩大虚拟的空间视觉，通过半透明材料隐约可见背后的模糊景象，在一定情况下，比透明材料的完全暴露和不透明材料的完全隔离，更具有较大的魅力。

五、弹性

人们走在草地上比走在混凝土地面上舒适，坐在有弹性的沙发上比坐在硬面椅子上感觉舒适，因为有弹性的材料产生反作用，达到力的平衡，从而感到省力并得到休息的目的，这是软材料和硬材料都无法达到的。弹性材料有泡沫塑料、泡沫橡胶、竹子、藤、软木等。弹性材料主要用于地面、座椅、床板。

六、纹理

材料的纹理，有均匀无线条的、水平的、垂直的、斜纹的、交叉的、曲线的等天然纹理。保留天然的色泽纹理比刷油漆更好。某些大理石的纹理，是人工无法达到的天然图案，可以作为室内的欣赏装饰品，纹理组合特别的材料，必须在拼装时注意其相互关系以及其线条在室内所起的作用，以便达到统一的效果。在室内，纹理过多也会造成人们视觉上的混乱，应尽量避免。

有些材料可以通过人工制作，如将竹子、藤、织物等，进行不同材料的组合，从而形成完美的、供观赏的艺术品。

总之，每一种材料都有它固有的感觉、触觉特性相吻合的表情。如粗糙的毛石墙有着原始的粗犷的力量感。同样有原始感的毛皮则是温暖舒适的。光洁的水泥表面令人感到冰冷、生硬而无人情味，而斩假石表面则有一种人为雕凿的痕迹特性。金属材料令人感到有现代感，精确、坚固但不沉重。有时，相同的造型，材料不同或相同材料造型不同也会产生完全不同的视觉效果，在室内设计时常可碰到这种情况。同样的空间，由于使用不同的材料、不同的色彩搭配，会产生不同的空间感受。同样的一种材料，与其他不同的材料组合搭配在一起时，也会产生不同的效果。

另外，在室内选材的时候，还应该考虑具体的位置与视距的问题。如果视距近时，材料看得清楚，远时，一些小的纹理则看不清楚，想要得到预期的效果，则应使用质感较粗、纹理较明显的材料。有些部位没必要使用高级材料，用一些价格便宜又适用的反而会显得恰如其分。室内设计选材，既要考虑材料本身的特性，又要考虑材料的经济、施工技术等实际问题。

第四节　室内采光、照明设计

光在室内空间所起的作用可以分为：物理意义上的光现象和美学意义上的光现象。

一、光的物理意义

对于建筑的室内来说，照明是最基本的功能，因为视觉对象的形状、大小、材料的纹理、色彩、相互关系以及位置等都是由于光才使人们觉察到的，而且物体离光源的远近关系、光源的强弱、色彩、特点等都会在物体上反映出来，光的照明有助于我们加强对观察与认识空间环境的感受。光的功能要求首先反映在照度上，不同的场合和环境需要不同的照度。在办公室中，为了能够清楚地读写，要求有较高的照度，以满足人们工作、学习和其他使用上的需求。

二、光源的种类

光源可以分为自然光和人工光。自然光主要是通过太阳光直接照射或经过反射、折射、漫射而得到的。太阳光变化较大，人工不易控制，强烈而有生气，常可以使空间构成明晰清楚、环境感觉也比较明朗和有气势。人工光源是通过人工的手段达到照明的作用。火光可能是最原始的人工光源，随着时代的发展，人工光源的种类越来越多，也越来越先进。人工光源可产生极为丰富的层次与变化，可以按设计的要求，达到各种不同的艺术效果。

（一）自然采光

利用自然采光，不仅可以节约能源，而且在视觉上更为习惯和舒适，在心理上能够与自然接近、协调。

顶部采光：作为自然光源的利用，顶部采光是一种基本形式，光线自上而下，亮度高，光色自然，效果宜人。顶部采光的照度分布比较均匀，但是当上部有障碍物时，照度影响比较大，同时，管理和维修相对较困难。

（二）人工采光（照明）

人工采光是为了弥补自然采光的不足，或者满足人们晚上工作、学习而设置的，主要有：白炽灯、荧光灯、汞灯、金属卤化物灯、高压放电灯。

1. 白炽灯

白炽灯是人们使用时间最久的一种照明灯具。它主要是通过灯丝加热而发光，为了控制白炽灯的发光方向和变化，通常增加玻璃罩、漫射罩以及反射板、透镜和滤光镜等。一般适用于表现光泽和阴影，暖色光适用于气氛照明。

（1）白炽灯的优点

光源小、便宜；

具有种类较多的灯罩形式以及多种使用方式；

通用性强，彩色品种多；

具有定向、散射、漫射等多种形式；

能用于加强物体的立体感；

显色性较好。

（2）白炽灯的缺点

发光效率比较低，仅为20%，而产生的热量为80%，耗能大；

发光的颜色为黄色，不利于显示黄色的物体；

寿命相对较短。

但是随着科学技术的发展，这些缺点在逐步的改变。

2. 荧光灯

荧光灯是一种低压放电灯，灯管内部是荧光粉涂层，它能把紫外线变成可见光，分为冷白光、暖白色和增强光等。颜色变化是由管内荧光粉涂层所控制的，荧光灯能够产生均匀的散射光，发光效率为白炽灯的1000倍，其寿命也是白炽灯的10～15倍，因此荧光灯不仅节约电能，还能减少更换的费用。它的发光效率高，显色性也很好，露出的亮度低，眩光小，因为可以得到扩散光，故而难以产生物体的阴影，可做成各种各样光色和显色灯具。

3. 日光灯

日光灯一般分为三种形式，即快速启动、预热启动和立即启动，这三种都为阴极机械运动。快速启动和预热启动的灯管在开灯后，短时发光；立即启动的灯管在开灯后立即发光，但是耗电稍多。由于日光灯灯管的寿命与使用启动的频率有关，从长远看，立即启动灯管花费多，快速启动灯管在电能使用上较为经济。

三、室内照明的方式

照明根据在使用过程中的要求，可以通过照明方式的选择来满足其不同的使用要求。如：有的空间要求使用直接照射的光线，而有的空间为了达到特殊的效果需要漫反射的光线等。具体的照明方式有以下几种：

1. 直接照明

直接照明主要是为了满足一些对光线的照度有特殊要求的空间照明，直接照明的方式有利于显示物体的造型，如办公室、书房、商场、画室等空间经常使用。

2. 间接照明

间接照明是使光线折射而产生柔和效果的一种照明方式，通常是利用反射灯槽把灯光反射出来，使用间接照明方式可以造成无阴影，是理想的整体照明。从顶棚上和墙上反射下来的间接光，会造成天棚升高的感觉，但是单独使用间接光，容易使室内空间平淡。

3. 混合照明

这是一种经常使用的照明方式，在室内设计的过程中，人们对光的需求往往不是单一的一种用途，而是多方面的，因而在设计中经常同时使用直接照明和间接照明。例如：在购物的环境中，要求照度能够清晰地观看商品，此外还必须有装饰性的照明。

四、光线的艺术效果

虽然人工照明是室内最基本、最原始的功能，但是采光和照明并不是建筑设计和室内设计的最终目的。光在室内造型中所起的作用是独特的，是其他因素所不能代替的。它能够修饰形体和色彩，使本来简单的造型变得丰富，并在很大程度上影响和改变人们对形体和色彩的视觉感受，它还能为空间带来生命力、创造环境气氛等。

光对室内空间的作用有以下几方面：

1. 光能够表现室内构成物的形的特征

这里的形不光是包括其整体形状、造型结构特点，也包括其表面的肌理等。如果没有适当的光线，一些实体部件的立体感就无法显示或显示不够充分，相互间的关系也不清楚，会使设计中许多丰富的艺术特征起不到应有的作用。有些节点细部、孤立的家具、陈设，特别是像雕塑之类的能让人独立欣赏的艺术作品，更应该用适当的照明来表现它的个性和特点。在美术馆的展厅内，往往在漫射的天光中再加上适合于作品的局部照明，就可以更完美地将作品的特征表现出来。

2. 光可以表现材料的质感

材料的质感的表现，更需要借助于光的作用。光在很大程度上具有重塑功能，可以把很平常的材料表现得丰富多彩。光滑表面的材料可以产生强烈的反光，例如：玻璃、镜面、抛光的金属等，但是它们在无直线照射的环境中常会显得暗淡无光；粗糙表面的材料会产生许多细致的阴影，这些阴影显出其凹凸起伏的特征，但是侧光能够使这种视感突出，正面光往往效果并不明显，墙面上的浮雕等更是如此。有时候，光还能够在一定的程度上改变某些材料的视觉感受，并使它产生在冷暖、轻重、软硬等感觉上的微妙变化。

3. 光的装饰效果

这是指光本身的造型效果，它往往是与实体形态共同作用的。例如：本身平淡无奇的结构排列在一起，在阳光下，除了本身的立体感明显外，也为墙面或地面撒下了一条条阴影，这种明暗变化形成了视觉上的虚实对比，也强调了建筑的节奏感和空间的深度，往往会给人明确、单纯的印象。如果是人工光源，也可以不强调光源而突出本身的特点，因为不同种类、不同照度、不同位置的光有着完全不同的表情，利用光和影本身的效果，完全可以创造出不同的情调。光和影也可以构成很美的构图，而且非常含蓄。

灯具本身也具有装饰作用，以灯具的造型来作为一种装饰的实例很多，例如：许多西洋古典建筑中的大厅内，大型灯具的主要作用是为了装饰，其效果使室内环境显得富丽、豪华，同时也作为一种空间的填充。

4. 光对空间的作用

光的强弱虚实会使空间的尺度改变，比例与形状的感觉也有所不同；光的位置、投射角度不同，使人对相同形体的空间产生迥然不同的心理感受。另外，光还可分割空间，创造子环境并给人区域感，虽然这种分割方式的限定性不能与实体相比，但它确实是最便利、灵活的处理方法。最典型的例子就是现代舞台上，在广大的演出区中，将演员的表演中心区用灯光强化，强光区不是一个点，而是一个似乎很明确的、有边界的区域。而光区之外又是黑暗、隐蔽的，不为人们注意的。所以在一些酒吧、茶座经常有意识地将吧台及乐队、歌星的部位射以强光，而座位部分很暗，这样产生了很强的安定感。

对空间来说，由于光强的部位视感清楚，而弱的部位相对模糊，这与距离远近变化对视感的影响相似，故空间就有了深度感、层次感，这些光影变化也常为空间带来动人的情调。

5. 光对空间氛围的烘托

光对于室内空间可以起到烘托气氛的作用，有效的明暗调子的配置是表达情感的重要手段，光在这方面的潜力是无限的。光可以创造不同的环境气氛，可以是刺激醒目的，也可以是柔和朦胧的；可以是安静优雅的，也可以是活跃纷繁的；可以是温柔或忧郁的，也可以是冷峻或热烈的，它甚至可以给人带来某种特殊的意境，柯布西耶设计的朗香教堂可以说是运用光创造环境气氛的极好例子。

形、色、质感与光在室内设计中不是相互独立的，而是共同作用并为整体服务的。我们分析这些要素的目的，是为了更加全面地理解室内设计的语言，这种整体气氛不是凭空而来，而正是由这些具体形态要素所共同创造的，这是一种综合性的作用。

复　习　题

1. 室内设计中如何考虑色彩的运用?

2. 色彩的特性是什么?

3. 室内设计中色彩的应用注意事项有哪些?

4. 照明灯具布置方式有哪些?

5. 光对室内空间有哪些作用?

第七章　室内陈设和家具设计

第一节　室内陈设和家具设计概述

一、室内陈设设计知识

室内的陈设艺术设计是室内环境设计中的一个重要组成部分，它包括室内家具、灯具和陈列品的选型、设计等内容。合理的、有计划的室内环境设计不但能够满足人们的生活需求，同时还能够美化人们的生存空间和生活环境。现代室内家具、灯具和陈列品的选型，要服从整体空间的设计主题。

家具应依据人体一定姿态下的肌肉、骨骼结构来选择、设计，从而调整人的体力消耗，减少肌肉的疲劳。

在陈列品的设置上，应尽量突出个性、艺术性和美感。室内的陈设设计往往是在室内设计整体创意下，作进一步深入细致的具体设计，体现出文化层次，以获得增光添彩的艺术效果。

现代陈设和家具设计中，广泛使用的是可拆装、多变的组合式系列家具，其与室内设计的整体关系更为密切。可以说，室内设计在空间分隔和环境气氛的创造方面，对家具的配置、组合、运用起了极其重要的作用，无论是用于睡眠、休息的床、榻、沙发和椅子，学习用的座椅、书橱，还是用于储藏衣物的橱柜、陈列品的板架等，都不再仅仅是为了实用，人们越来越重视家具和陈列品在室内环境的气氛和情调的创造中所担任的精神功能作用。其配置和形体的显示，实际上是一种时尚、传统、审美情趣的符号和视觉艺术的传递，或者说是一种情趣、意境，一种向往的物化。追溯家具设计的发展史，可以上溯久远的年代。然而，家具的设计从开始就是与人的生活密切相关的，就是为了人们使用提供方便的。随着时代的发展，除了满足功能以外，人们越来越注重家具的审美设计，同时材料和加工工艺的发展对家具的造型和使用产生着极大的影响。

二、室内陈设的内容和分类

室内陈设的内容主要包括：家具、灯具、日用器皿、装饰织物、观赏性陈列品、家用电器等，其内容较多，涉及的范围也较广。室内陈列品通常情况下以家具（包括灯具）作为主要部分和总体的核心，然后铺设帘幔、装饰织物、地毯等，再配以精美的点缀物，形成一个有机的、格调统一的整体。

室内陈设设计包括的内容相当丰富，所处的环境特别复杂，也由于地域风俗的不同、使用功能的差异、陈设的展示效果的区别等，分类的方式也有很多种，如按使用功能分类、按动与静分类、按空间环境分类、按室内风格样式分类等。

但是，任何室内空间的环境陈设设计都具有两种功能：一种是以实用为主的陈设，如家具、灯具、器皿、运动器材、书架等。此种陈设物以生活为实用目的，属于实用性陈设。陈设使用恰当，造型新颖，色彩亮丽，能够使人们精神愉悦，具有审美的视觉效果，能起到一定的观赏作用。另一种是以观赏为主，如艺术品、工艺品、纪念品、织物等陈设物，此类物品是以自身的品味、造型优美、摆设组合有韵味取得应有的观赏效果，具有良好的装饰效果和具有浓厚的艺术趣味，富于深刻的精神意义和特殊的纪念意义。

（一）实用性陈列品

实用性陈列品是指本身除供观赏外，还有很强的实际使用功能的物品。这类实用物品在满足功能要求的前提下，十分注重造型、色彩与材质的要求。

1. 家具

家具是人们经常使用的一种陈设品，它除了拥有满足人们坐、卧、储藏、就餐、办公以及操作等功能外，它所使用的材料、色彩以及形态也能够称为室内空间中重要的装饰用品，(以后的章节会重点介绍）如图 7-1 所示。

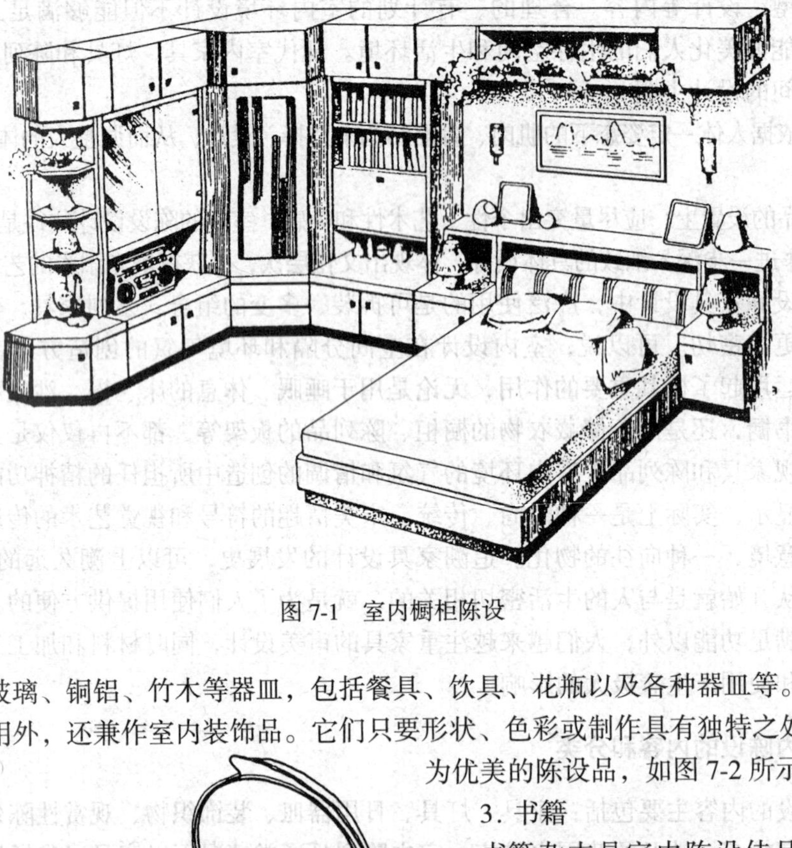

图 7-1　室内橱柜陈设

2. 器皿

如陶瓷玻璃、铜铝、竹木等器皿，包括餐具、饮具、花瓶以及各种器皿等。这些物件除日常生活使用外，还兼作室内装饰品。它们只要形状、色彩或制作具有独特之处，都可以成为优美的陈设品，如图 7-2 所示。

图 7-2　室内陶瓷陈设

3. 书籍

书籍杂志是室内陈设佳品之一。合理布置不仅可以增加阅读时的方便，而且可使室内充满文雅书香气息，这在学者、文人及文学爱好者的生活环境中较为常见。

4. 化妆品

化妆品的容器具有造型美、色彩艳丽的特征，即便是最普遍的梳子、刷子和镜子等梳妆用具也都造型优美，是梳妆台或化妆室的良好陈列品。若巧妙搭配鲜花、玩具或首饰等物品，更能够产生动人的情趣。

5. 玩具

玩具是儿童喜爱的物品，即使是成年人，甚至是老人也会对玩具垂青。玩具不仅是儿童环境的最佳陈列品，在室内的其他空间环境中，亦可颇具匠心地加以点缀，这样的布置可以产生情谊和纯朴天真的童趣，如图 7-3 所示。

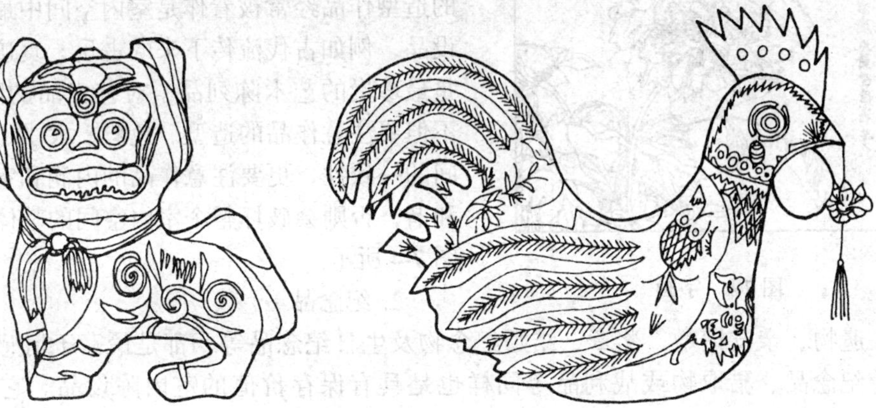

图 7-3　民间玩具陈设

6. 音乐器材

乐器的造型通常情况下比较优美，布置在室内可以增加音乐氛围，这是音乐家或音乐爱好者所热衷的。

7. 运动器材

运动器材作为室内陈设，可以表现出爽朗活泼和朝气蓬勃的生活气息，一些造型优美的器材，如弓箭、刀剑等，都具有装饰效果，这类陈设适用于运动员或体育爱好者的生活环境。

8. 炊具和食品

可供室内陈列的食品包括新鲜的蔬菜、水果，包装精美的糖果、蜜饯、饮料、酒类等食品及其容器。此外，厨房内的炊具、碗筷等，若能善于利用，巧为安置，都可以使室内环境增色。

9. 家用电器

电视机、录像机、洗衣机、电冰箱、空调以及电烤箱等大小家电，一般都具有优美的造型和独特的视觉效果，也可作为家中陈设品。

10. 屏风

屏风主要起阻挡人们视线、遮蔽风尘和保温御寒的作用。由于它的可移动性和可变性，自古以来就与建筑结合在一起成为引导、分隔和组织空间的重要构件。此外，它的装饰美化环境的作用，又对空间环境起着十分重要的影响。因而屏风在现代室内空间环境中已成为不可缺少的组成部分。

还有许多实用性的陈列品，很难一一列举。如文房四宝、办公用品以及日常生活用品等，都可以看作是实用的陈列品，它们都具有各自的个性和特色，只要善于安排，巧于布置，都可成为室内环境中令人欣赏的陈列品。

（二）装饰性陈设

装饰性陈设是本身的美学价值多于使用价值的陈设品。如：书画、雕刻、古董等，这类陈设品大都具有浓厚的艺术氛围及强烈的装饰效果，或者具有深刻的特殊的纪念作用。

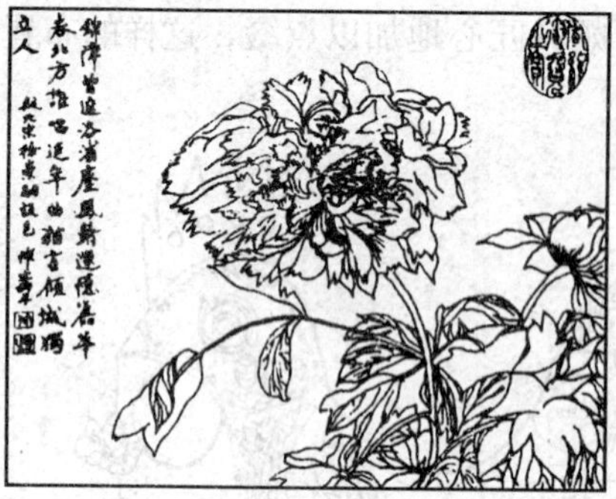

图 7-4　字画

1. 艺术品

绘画、书法、雕刻、摄影作品、饰物等纯粹的造型作品经常被看作是室内空间中最珍贵的陈设品，例如古代流传下来的古玩、真迹理所当然是最珍贵的艺术陈列品。对艺术品的陈列布置，不但要注意作品的造型、色彩、大小、尺寸和空间的一致性，更要注意作品的内涵和室内格调的和谐，否则会破坏整个室内空间的整体效果，如图 7-4 所示。

2. 纪念品

先人遗物、亲友馈赠、奖章、结婚纪念物及生日纪念品等，都是最富于情感的有情之物。旅游纪念品、猎取物或战利品等同样也是具有保存价值的室内陈设品。它们虽然不是价值千金，但却是有人情味和令人回忆的物品，将其布置和陈列是人们怀念和精神的寄托。

3. 爱好品

由于个人的喜好而收藏的物品，内容甚为广泛，其中很多是可以作为陈列品的，如织物的标本、邮票、模型、烟斗、茶具以及民俗器物、服饰等，都是别具风格、耐人寻味、极富个性的室内陈列品。

三、室内陈设品的布置原则和设置位置

（一）室内陈设的选择原则

室内陈设品的种类极其广泛，而每种陈设品都具有自己的个性。如果不能妥善地选择题材，则会导致与室内环境的风格及形式的冲突，这样不但无助于视觉效果，反而会破坏室内环境的整体风格，削弱室内环境的精神意境。选择室内陈设品时，应该注意以下几个方面：

1. 陈设品的风格

由于陈设品总是布置在具有一定风格气氛的室内环境中，因而风格就成为选择室内陈设品的首要依据。陈设品布置要与室内整体风格统一和协调，但是有时候为了达到特殊的室内空间的效果，常常在整体风格统一的前提下，选择一些造型、色彩、质感等较为强烈的陈设品，以使在统一中求得适度变化的视觉效果。

2. 陈设品的形状

在实际选择的过程中，除了考虑陈设品的风格和自身形状的美丑以外，还需要考虑其形状与所处的环境协调一致，否则就很难取得良好的视觉效果。比如在一面朴素简洁的墙上选择墙面挂饰时，如果选用平淡单纯的体形，就必然会产生单调乏味的感觉。相反，若能够采用形状生动，线条复杂的挂饰，则将会取得强烈而生动的效果，这是由于加强了与背景对比的结果。

3. 陈设品的色彩

陈设品的色彩经常会作为整个室内色彩设计中的重点来加以处理。一般情况下，除室内色彩非常丰富多彩或室内空间十分狭小外，陈设品的色彩只有选用较为强烈的对比色彩才能取得生动强烈的视觉效果。所谓色彩的对比，应包括色相、色度和彩度的不同对比。例如在一间素雅浅蓝色调的起居室里，悬挂黄橙色调的油画，可取得强烈的对比效果。但是，陈设品色彩过分突出，会产生凌乱生硬的感觉。总之，陈设品色彩必须结合室内环境的色彩，经过反复比较，妥善选择后才能加以选择。

4. 陈设品的质感

由于陈设品的种类繁多，所用材料十分复杂，而且其加工方式、肌理特征各不相同。在选择时，如果能够充分注意这些特点，就可以促进和加深视觉效果。例如：精加工的大理石器皿能够表现出光洁细腻的韵味，拉毛处理的器皿却显示出浑厚的质感。

5. 陈设品的大小

陈设品的大小千变万化，要根据室内空间的大小进行选择，才能形成恰当的比例关系，否则就会比例失调。例如：在儿童房间，如果使用尺度过大的动物玩具，可能会产生不良的效果。

总之，选择陈列品必须结合室内环境综合地加以考虑。不必追求数量多、价格高、尺度大，只要各方面相互协调搭配合理即可。陈设品经过精心选择与布置，可以取得画龙点睛的视觉效果，会令人心满意足；相反，则会破坏整个室内空间的整体效果。

(二) 陈设品的布置原则

1. 必须依据室内空间环境构图的要求

一件家具、一幅字画，其色彩、形态，不仅单纯表现自身的特点和内容，它还必须与空间场所相协调。只有这样才能反映不同空间特色，形成独特的环境氛围，赋予深刻的文化内涵，而不流于华而不实的外在表现。

室内陈设应该和室内空间的其他元素组合成完美的整体，应该符合形式美的原则。在室内陈设布置中，经常采用有规则与不规则两种布置方式。规则式的布局往往采用对称的形态，有明显的轴线，有庄重、严肃和稳定的特性，常应用在会议室、宴会厅和我国传统建筑中厅堂的陈设布置中。相反，不规则的构图布置则显得轻松活泼，常用在比较自由随意的场所。

2. 必须依据室内空间的使用要求

室内的陈设品应该和空间的功能特点相一致，因而在摆放家具或者一些装饰品时一定搞清空间的适用性质，如茶具、餐具等日用器皿，在观赏其造型、色彩、质感和工艺的同时，还要兼顾适用方便的要求，不宜放置在太高或太低的地方。家具布置应满足人们的使用要求，其造型、色彩必须和室内空间的风格、色彩等相协调，以达到整个室内空间整体性的效果。当然室内的陈设品除了一般的使用和观赏功能外，还要考虑其特殊的功能，如标志性陈列品就是其中的一种，它能够起到引导和指示的作用。如理发店的入口空间形状比较狭长，可以在墙上陈列大小不一、神态各异、发型不同的人像的照片，这样既起到了广告美化作用，又起到满足顾客选择发型的作用。这些都是进行室内陈设布置要考虑的重要因素。

3. 必须依据使用者的生活、工作的内容、方式的要求

室内空间的服务对象不同，他们生活、工作的内容和方式自然也不同，这些差异必然影

响室内陈设的种类、色彩和布置。例如：有些人喜欢收集古玩，因而在自己的房间自然会到处摆放自己的收藏品。

室内陈设的布置最忌讳排列呆板，陈设布置是供人们观赏的，应该排列有序、有重点，但是又不能杂乱无章，关键在于因地制宜、随机应变。

室内陈设应该具有可变性，否则即使是最好、最美、最吸引人的陈设布置，亦会日久生厌，久而久之就没有使人神往之处了。室内陈设，一定要随时间和季节的变化，进行增减和变幻，并注入新的内容，从而激发人们的新活力和新感受。

4. 必须依据使用者心理、生理上的不同要求

陈列品布置要考虑不同的使用者的文化水平、欣赏水平、个人素质、生活习惯、男女差别等因素，进行恰当的布局。

（三）室内陈设的设置位置

1. 贴墙陈设

一般是指悬挂于墙面的陈列品，其范围比较广泛。我国传统的字画、匾联、画轴、浮雕绘画、装饰挂件、挂毯等都属于此类。这类陈设的布置首先必须选择较为完整、适用于观赏的墙面位置，必须注意对象的大小和数量的多少、是否与墙面的空白、邻近的家具以及其他陈设品有良好的比例关系。如墙面过小而画面过大，会有拥塞之感，墙面过大而画面过小，又会使人感到空洞无物。所以，在构图上、比例上要认真推敲。

在布置方式上，采用对称的墙面布置，可以取得稳健庄重的效果，但有时也会过于严肃呆板，而采用非对称布置，则易于获得生动活泼的效果。这要根据陈列品的内容来确定。陈列的方向在墙面陈设中也很讲究。相同数量的一组绘画作品，水平排列时，容易获得安定平静的效果；垂直排列时，则易取得上升的效果。采用墙面陈设品的数量较多，大小迥异，题材和风格较为复杂，则必须注意加强整体效果，尤其对大小面积的配置及色彩的分配等，必须搭配调整恰当，避免凌乱混淆，以取得完整协调的视觉效果。

2. 悬挂陈设

空间高大的厅堂，常采用悬挂各种饰品，如织物、绿化、抽象金属雕塑、吊灯等，来弥补空间竖向的空旷感觉，或者烘托室内的气氛，同时还有一定的吸声或扩散的效果。这些饰物经常悬挂在家具的上方或者共享空间的上部，对室内空间氛围的形成和增强具有十分重要的作用。

3. 台面陈设

这类陈设一般放置在台面或桌面上，因而也被称为桌面陈设。台面的陈设包括不同的情况，如办公桌、餐桌、茶几、会议桌，台面陈设和墙面陈设大体相同，数量不宜太多。

台面陈设必须兼顾生活的需要，尽量留出一定的台面供使用。例如：茶几上的烟具、茶具等物品，必须保证使用的方便并且有足够的移动空间；插花是纯粹的装饰品，在注意视觉构图的前提下，以不妨碍上述活动为原则。台面陈设的排列布置，必须搭配和谐、比例匀称、排列有序，与室内环境整体相一致。切忌排列的呆板，杂乱无章。

4. 橱架展示陈设

橱架既有展示作用又有储藏作用。它适用于单独或综合陈列数量较多的陈设品，如古董、工艺品、纪念品、器皿、玩具等。

橱架多采用壁架、书架、、陈列橱等形式。因橱架有展示作用，所以橱架本身的造型、

色彩必须绝对的单纯和简洁。陈设品的数量，要根据橱架空间的大小而决定用多或者用少。陈设数量不宜过多过杂，不要过分拥挤、负荷过重，可以将陈设品分期分批按主题陈列展出，以达到展示的效果。

5. 落地式陈设（这里不包括展览馆的陈设布置）

落地式陈设一种是摆放在大型公共建筑的厅堂、餐厅、办公楼的会议室、过厅等中，其陈设品体型较大，如大型雕塑、大型工艺品、大型健身器材、观赏花卉以及分隔空间的屏风等。另一种是陈设物较小，如小型健身器材、中型工艺品以及花卉等。

陈设物的摆放位置，除满足人们的使用要求外，还要不妨碍人们在室内的活动，其位置可设在房间的角落。

第二节　家具的演化与发展

家具陈设是室内陈设的重要设计内容，在室内环境中，只要有人生活工作的环境，就有家具存在。家具是一种能满足人们的生活需要，追求视觉的产物。一般的家具必须具有实用、美观等特点。家具在世界各国都有着悠久的历史，在不同的国家、不同的地区、不同的民族、不同的气候环境、不同的风俗习惯、不同的发展时期，人类都创造了形形色色的家具形式，有古色古香、古老文明的家具，有轻松愉快的本土家具，有豪华典雅的宫廷家具，有造型简洁大方舒适耐用的现代家具，还有构思大胆造型奇异的新潮家具等。

家具的演化和发展与人们的生活方式和工作性质密切相关，同时也与科学技术的发展、艺术的思潮、社会观念相关。通过家具可以了解当时的建筑风格、生活工作状况、社会制度、艺术思潮和经济发展状况。家具的发展与演变分为古代传统家具与现代家具。

一、我国古代传统家具

我国古代传统家具从商周至宋元可分为五个阶段，即商周战国时期、晋隋唐的时期、宋辽时期、明朝时期和清朝时期。

（一）商周战国时期家具

家具已初步产生了几、榻、桌、箱柜的雏形，也是我国古代低型家具形成的时期。这一时期家具的主要特征是造型古朴、用料粗壮、漆饰单纯、纹饰粗犷，结构组合产生了榫卯构造，并逐渐发展，为以后榫卯构造组合奠定了基础，如图 7-5 所示。

到了汉代低型家具有了进一步发展，坐榻、坐凳开始出现。高型家具已出现萌芽，如图 7-6 所示。

（二）晋隋唐时期家具

这一时期是我国家具从低型向高型的转换时期，低型家具逐渐淘汰，高型家具有了进一步发展和提高，用料比较粗大但制作比较精致，如图 7-7 所示。

（三）宋辽时期家具

这一时期高型家具得到了巨大的提高和定型，家具的品种增多，生活中所需的家具如桌椅、橱柜、榻凳等出现，采用了朴素不奢华的漆饰，并开始走入普通百姓家，如图 7-8 所示。

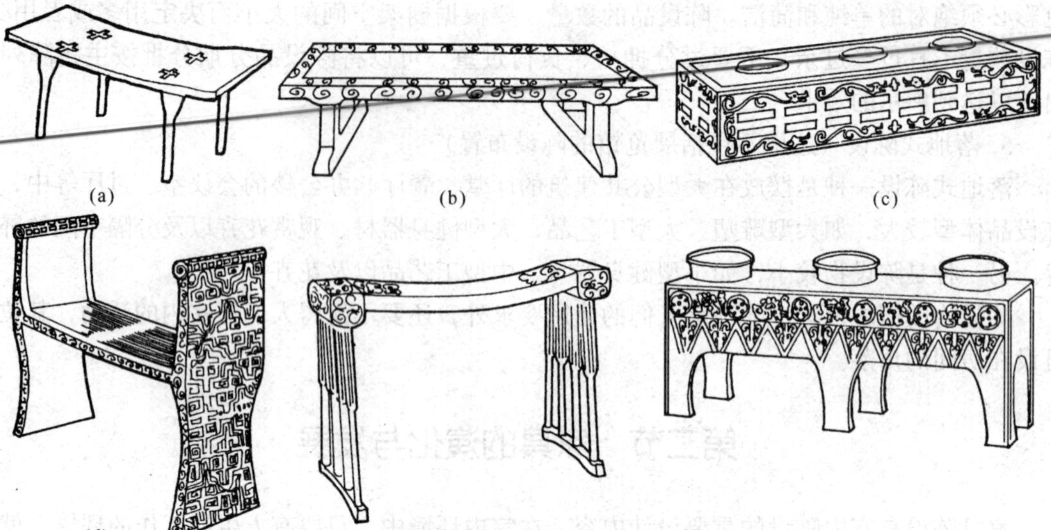

(a)　(b)　(c)　(d)　(e)　(f)

图 7-5　商周时期家具

(a) 铜俎（安徽寿县）；(b) 漆案（长沙刘城桥楚墓）；(c) 铜禁（陕西宝鸡台周墓）；(d) 漆几（随县曾侯乙墓）；(e) 雕花几（信阳楚墓）；(f) 铜甗（安阳妇好墓）

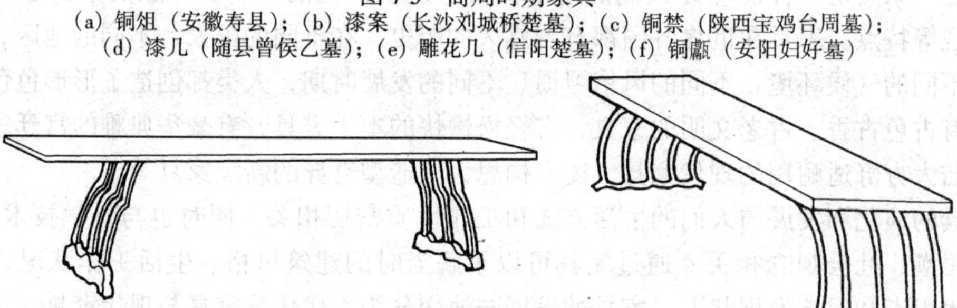

(a)　(b)

图 7-6　汉代家具

(a) 木案（甘肃　武威汉墓）；(b) 栅足书案；（沂南汉墓）

(四) 明朝时期家具

明式家具在传承古代传统家具基础上，创造了独特的明式家具。从当时的制作工艺和艺术造型来看都达到登峰造极的水平，甚至对西方家具的发展产生了较大的影响，在我国和世界家具发展史上占有重要的、不可忽视的地位。它以形式简洁、构造合理、造型俊秀挺拔、素雅端庄，同时又重视选材、注重材质天然纹理和色泽美，符合人体工程学原理和现代设计理念，如图 7-9 所示。

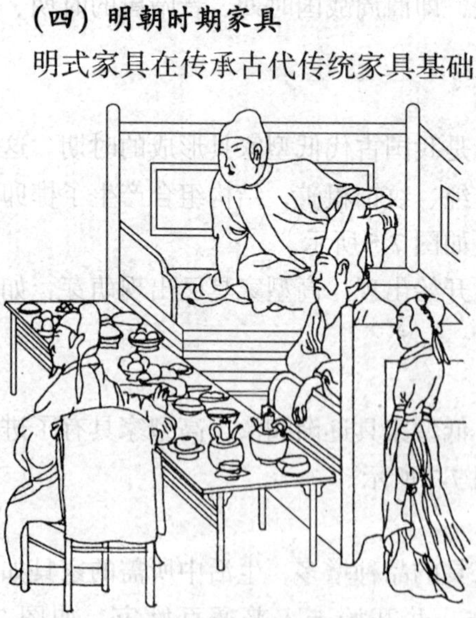

图 7-7　晋隋唐时期家具

1. 明式家具的产生

明式家具产生于以苏州为中心的江南地区，该地区除了经济物质丰富、气候环境宜人外，其形成的主要原因有：

(1) 大批江南园林的兴建促使苏州地区家具制造业的高速发展，江南园林多是由文化界人士直接或间接参与设计和投资兴建的私家庭院，具有简洁、疏朗、雅致、天然特色、富有浓郁文化气息等特点，园林史上称为文人园林。当然，在文人园林内的家具也会受到文人的重视和符合文人的要求。

(2) 园林家具制作是以文人审美、情趣、爱好、风雅、丰富的想象力和观点为指导原则。如书桌，提倡取中心阔宽，四周和边阔仅半寸，桌脚稍矮而细。认为狭长混角的形制表面漆饰俗气，椅子宜矮不宜高，宜宽不宜窄。以乌木镶大理石最为贵重、高雅，家具不宜装饰烦琐，略雕云头和线角、不宜雕龙画凤、花草纹饰，不宜施金漆描线。

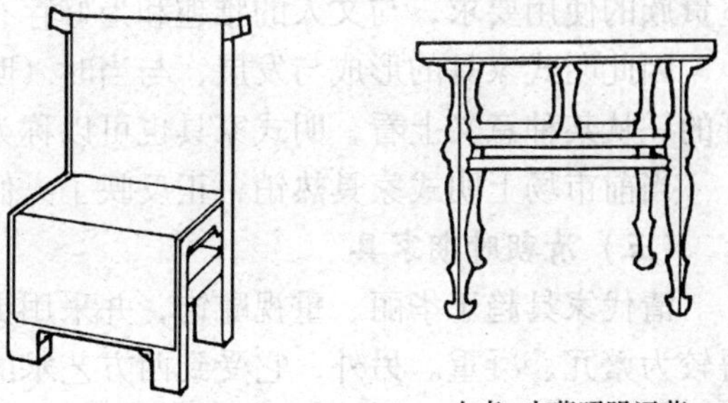

灯挂椅 盐城宋墓　　木桌 内蒙昭盟辽墓

图 7-8 宋辽时期家具

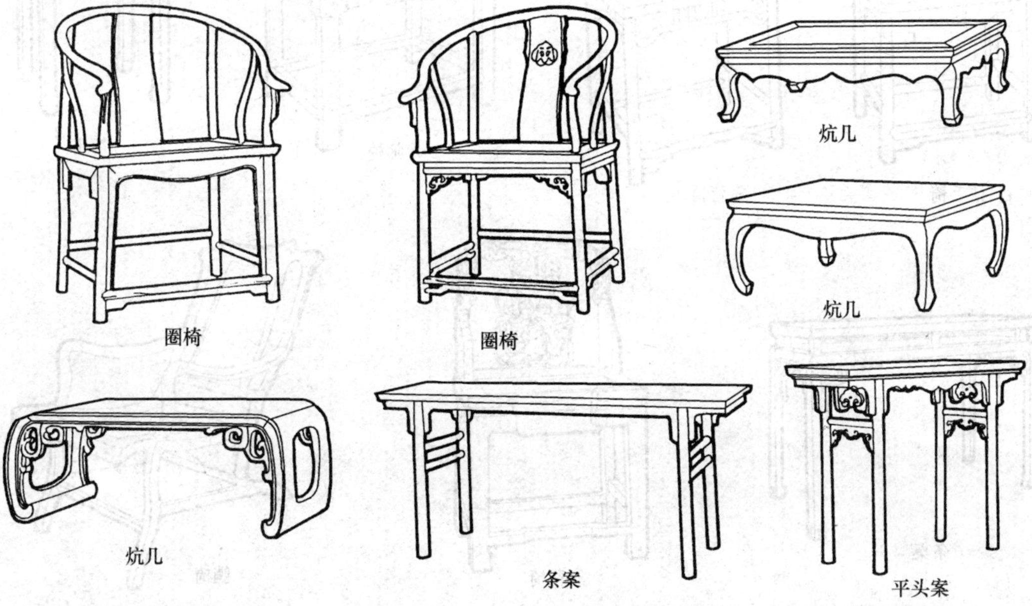

图 7-9 明式家具

(3) 明式园林家具尺度、造型、表面修饰是依据室内环境、房间使用功能而制作。古人制作家具并无统一的尺度规定，但是将家具布置在书斋或房间、厅堂等空间里，总是显得那么协调、古雅，恰到好处。或坐或躺或写字或用餐，无处不如人意，人们在此休闲，谈古论今，鉴赏书画，陈设古玩，稍事休息都会感到十分舒适。

(4) 明式家具是依据家具所处的位置、家具的功能等因素来选材的。常用的材料有花梨木、紫檀木、鸡翅木、铁梨木等红木及楠木、榉木、榆木等硬木，其中花梨、铁梨、香楠等具有木纹美观、图案高雅自然等特点。

2. 明式家具的特点

文人造园，其家具必然以文人的审美观为指导原则，以简洁雅致为特点。而那些具有繁琐的雕刻镶嵌、鲜艳的色彩漆绘、金碧辉煌的气势、大量选用高档木材的家具，只能适宜皇室贵族的使用要求，与文人的雅趣和爱好存有巨大的差异。

因此明式家具的形成与发展，与当时（明中叶至清初）文人审美观和创造的影响是分不开的。从某种意义上看，明式家具也可以称为文人家具，或者说具有文人气息和魅力。

当前市场上明式家具热销，正反映了人们文化水平的提高和人们对高尚生活的追求。

（五）清朝时期家具

清代家具趋于华丽、重视雕饰，并采用更多的嵌、绘等装饰手法，从现代观点来看，显得较为繁冗、凝重。另外，它受到西方艺术的影响，更注重雕饰，如图 7-10 所示。

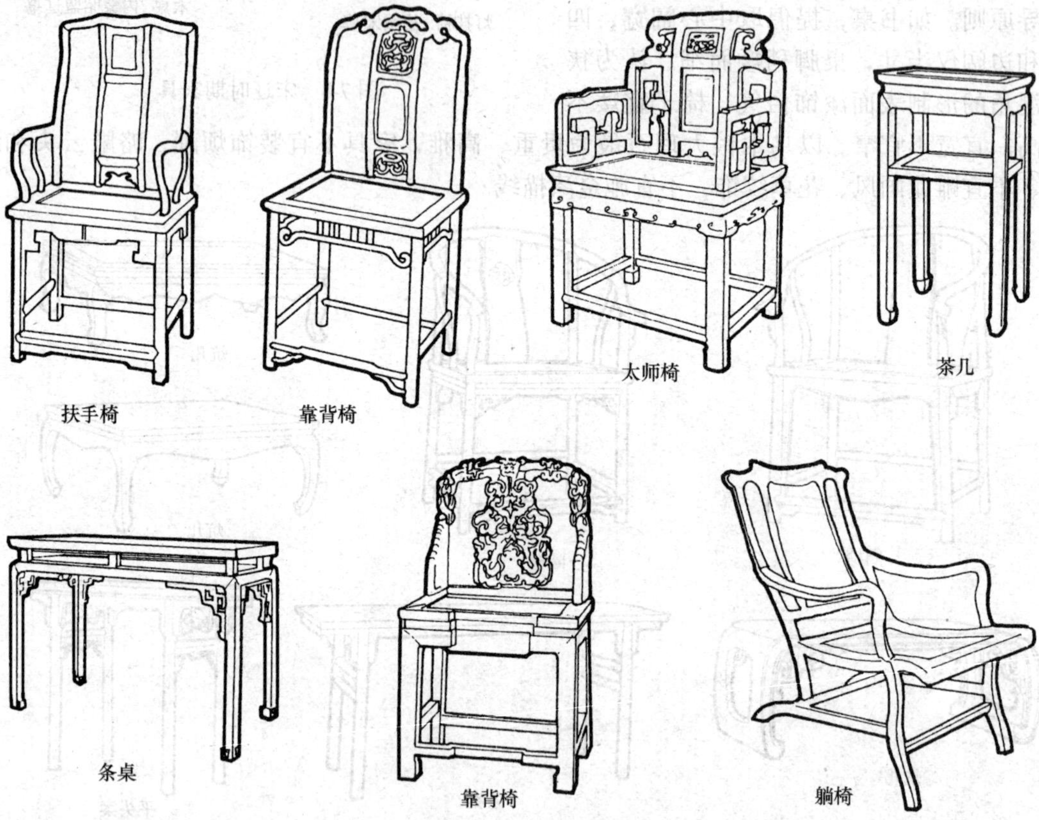

图 7-10　清代家具

二、国外家具

1. 古埃及、古希腊和古罗马时期的家具特征

古埃及人身高相对较矮，并有蹲坐的习惯，因此座椅较低。这时家具的特点是多用直线，采用动物的腿脚，矮的方形和长方形靠背和宽而低的坐面，侧面成凹形或曲线形，采用几何或螺旋形织物图案装饰，用贵重的涂层和各种材料镶嵌，使用鲜艳的颜色，并富有象征性，桌椅是这一时期的主要家具，如图 7-11 所示。

古希腊由于人们的生活节俭，因而家具比较简单朴素，但是比例优美，装饰俭朴，已经开始有附加的织物装饰，如图 7-12 所示。

古罗马家具知识来自壁画、雕刻和拉丁文中偶然有关家具的记载，而罗马家庭的家具片段，保存在庞贝城和赫库兰尼姆的遗址中。

古罗马家具设计是从希腊式样演变而来。家具厚重，装饰复杂、精细，采用镶嵌与雕刻，旋车盘腿脚足、狮身人面及带有翅膀的鹰头狮身的怪兽。桌子作为陈列或用餐，腿脚有小的支撑，椅背为凹面板。这时期的家具结合了建筑特征，采用了建筑处理手法，三腿桌和主座很普遍，使用珍贵的织物和垫层，如图7-13 所示。

2. 中世纪（1～15 世纪）高直和文艺复兴时期（800～1150 年）的家具

在中世纪，西欧处于动乱时期，罗马帝国崩溃后，古代社会的家具形式也随之消失。中世纪人们居住在装饰贫乏的城堡中，家具不足，在骚乱时期少有幸存。其中在拜占庭时期（323～1453年），除富有者精心制作的嵌金象牙的椅子外，家具类型也不多。

（1）高直时期（1150～1500 年）的家具特征

采用哥特式建筑形式和厚墙的细部设计，采用建筑的装饰主题。如拱、花窗格、四叶式（建筑）、布卷褶皱、雕刻品和镂雕，柜子和座位部件为镶板结构，柜子既作储藏又作座位，如图 7-14 所示。

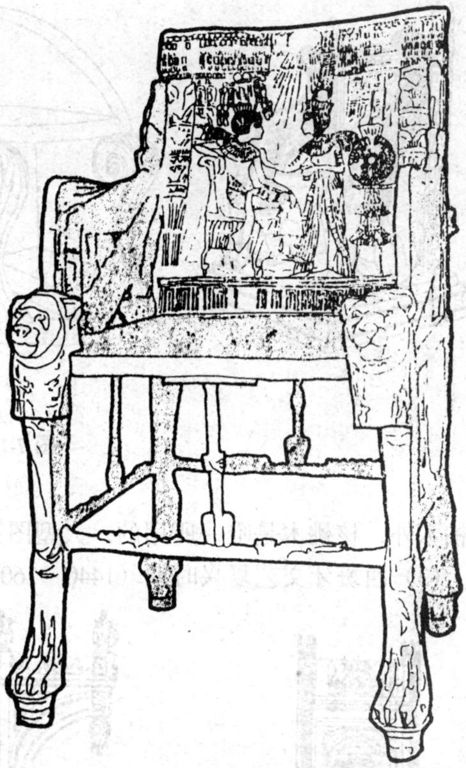

图 7-11　埃及早期扶手椅

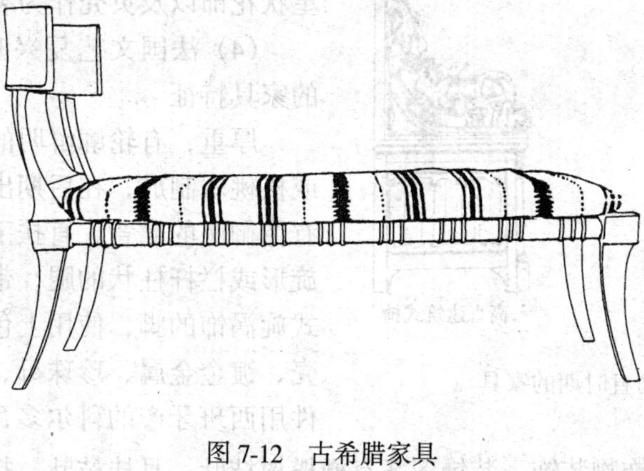

图 7-12　古希腊家具

（2）意大利文艺复兴时期（1400～1650 年）的家具特征

一种强调用人文主义来代替神权主义的运动，其特点是庄重稳健，兼有华丽的细节。为了适应社会交往和接待增多的需要，家具靠墙布置，并沿墙布置半身雕像、绘画、装饰品等，强调水平线，使墙面形成构图的中心。

意大利文艺复兴时期家具的特征是：普遍采用直线式，如图 7-15 所示。以古典浮雕图案为特征，许多家具放在矮台上，椅子加装垫子，家具部件多样化，除用少量橡木、杉木、

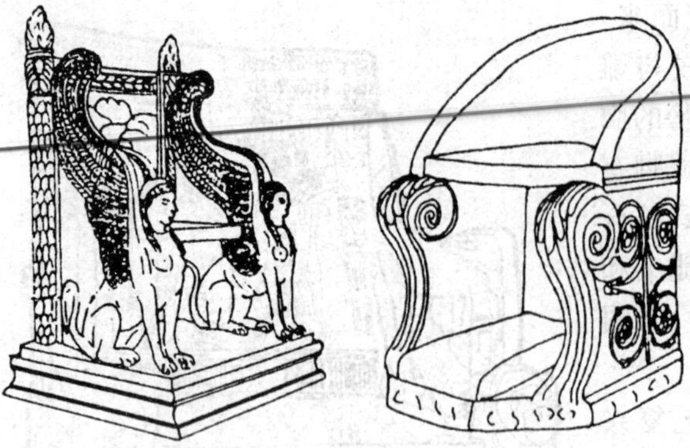

(a)

(b)

图 7-13　古罗马家具

(a) 御座；(b) 卓

丝柏木外，核桃木是唯一所用的，大型图案的丝织品用作座椅等的装饰。

(3) 西班牙文艺复兴时期（1440～1600 年）的家具特征

御座

高直建筑式椅

图 7-14　高直时期的家具

厚重的比例和矩形形式，结构简单，缺乏运用建筑细部的装饰，有铁支撑和支架，钉头处显露，家具体型大，富有男性的阳刚气，色彩鲜明（经常掩饰低级工艺），用压印图案或简单的皮革装饰座椅，采用核桃木比松木更多，图案包括短的凿纹、几何形图案，腿脚是“八”字形倾斜式的，采用铁和银的玫瑰花饰、星状花饰以及贝壳作为装饰，如图 7-16 所示。

(4) 法国文艺复兴时期（1485～1643 年）的家具特征

厚重，有轮廓鲜明的浮雕，由擦亮的橡木或核桃木制成，在后期出现乌木饰面板，椅子有像御座的靠背，直扶手以及有旋成球状、螺旋形或栏杆柱状的腿，带有小圆面包形或荷兰式旋涡饰的脚，使用上色木的镶嵌细工、玳瑁壳、镀金金属、珍珠母、象牙，家具的部分部件用西班牙产的科尔多瓦皮革、天鹅绒、绣花边、锦缎及流苏等装饰物装饰，装饰图案有橄榄树枝叶、月桂枝叶、打成旋涡叶箔、阿拉伯式图案、玫瑰花饰、旋涡花饰、圆雕饰、贝壳、怪物、鹰头狮身带翅膀的怪物、棱形物、奇形怪状的人物图案、人像柱，家具连接处被隐蔽起来，如图 7-17 所示。

3. 巴洛克时期（1643～1700 年）

巴洛克一词，原出于珠宝商用以形容珠宝表面崎岖不平的葡萄牙文字。巴洛克的最大特征是以浪漫主义风格作为形式表现的基础，以丰丽柔婉的造型，表现出一种动态的抒情效果。

法国巴洛克风格亦称法国路易十四风格，其家具特征为：豪华艳丽的皇家艺术及带有夸

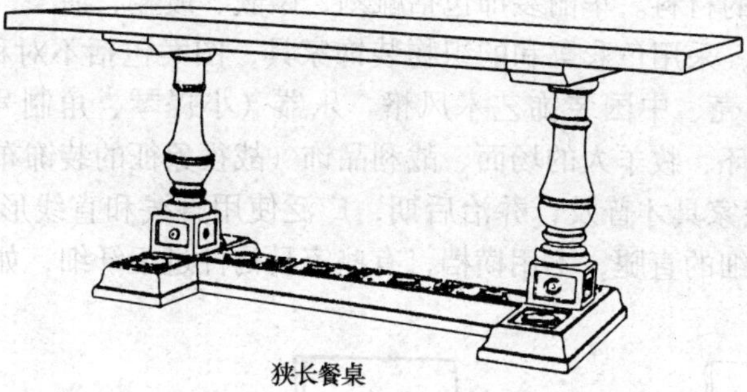

狭长餐桌

图 7-15　意大利文艺复兴时期的家具

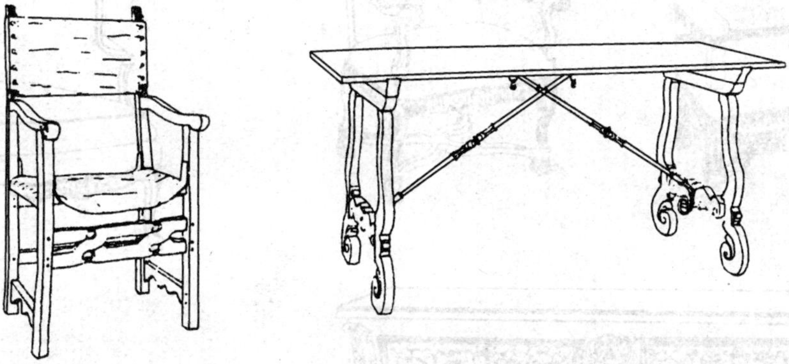

图 7-16　西班牙文艺复兴时期的家具

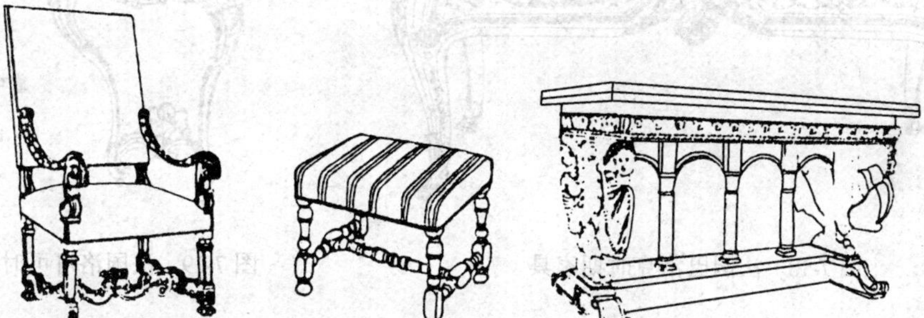

图 7-17　法国文艺复兴时期的家具

张的、厚重的古典形式，雅致优美重于舒适，虽然用了垫子，采用直线和一些圆弧形曲线相结合及矩形、对称结构的特征，采用橡木、核桃木及某些欧椴和梨木，嵌用鹅掌楸木等。靠背椅均采用涡纹雕饰，接以优美的弯腿，结构上给人以圆润优雅的装饰效果。座位靠背采用豪华的锦缎织物，并喜欢用强烈的对比色，如图 7-18 所示。

4. 洛可可时期（1730～1760 年）的家具特征

法国宫廷艺术开始演变为洛可可风格。洛可可风格由于融会了自然主义风格，形成了一种极端纯粹的浪漫主义风格。家具是娇柔和雅致的，符合人体尺度，重点放在曲线上，特别是家具的腿，无横档，家具比较轻巧，因此容易移动。核桃木、红木、果木以及藤料、蒲制品和麦秆均作为家具的材料。华丽装饰包括雕刻、镶嵌、镀金、油漆、彩饰。初期有许多新家具引进或大量制造，采用色彩柔和的织物装饰家具，图案包括不对称的断开的曲线、花、扭曲的旋涡装饰、贝壳、中国装饰艺术风格、乐器（小提琴、角制号角、鼓）、爱的标志（持弓的丘比特）、花环、牧羊人的场面、战利品饰（战役象征的装饰布置）、花和动物。

直到1750年油漆家具才普及，乔治后期，广泛使用直线和直线形家具，小尺度、优美的装饰线条，逐渐变细的直腿，不用横档，有些家具构件过于纤细，如图7-19所示。

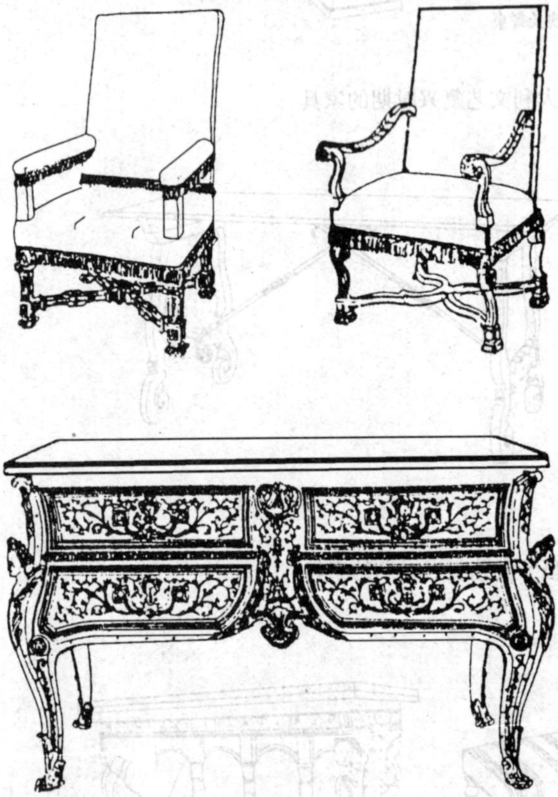

图7-18　法国巴洛克时期家具

图7-19　法国洛可可时期家具

5. 新古典主义（1760～1789年）的家具特征

法国庞贝式风格（路易十六时期）的家具特征：古典影响占统治地位，废弃曲线结构，直线的造型成为自然的趋向，形体较小，因而家具更轻。考虑人体舒适的尺度，对称设计，带有直线和几何形式，家具的支架多采用刻有槽纹的方腿，形体上由上至下逐渐缩小，结构上加强了力量，形式上表现出优雅的效果。大多为喷漆的家具，橱柜和五斗柜是矩形的，在箱盒上的五金吊环四周饰有框架图案，座椅上装座垫，直线腿，由上向下逐渐变细，箭袋形或细长形，有凹槽，椅靠背是矩形、卵形或圆雕饰，顶点用青铜制，金属镶嵌有节制，镶嵌精细及镀金等，装潢精美雅致，装饰图案源于希腊，如图7-20所示。

法国大革命后的家具特征：法国大革命以后，以前豪华优雅的室内形式和家具被废弃，而象征平等、自由和博爱的蓝、白、红三色成为流行的时尚。室内和家具深受古典风格的影响，采用庄重的形式，带有刚健的曲线和雄伟的比例，体量厚重。装饰包括厚重的平木板、

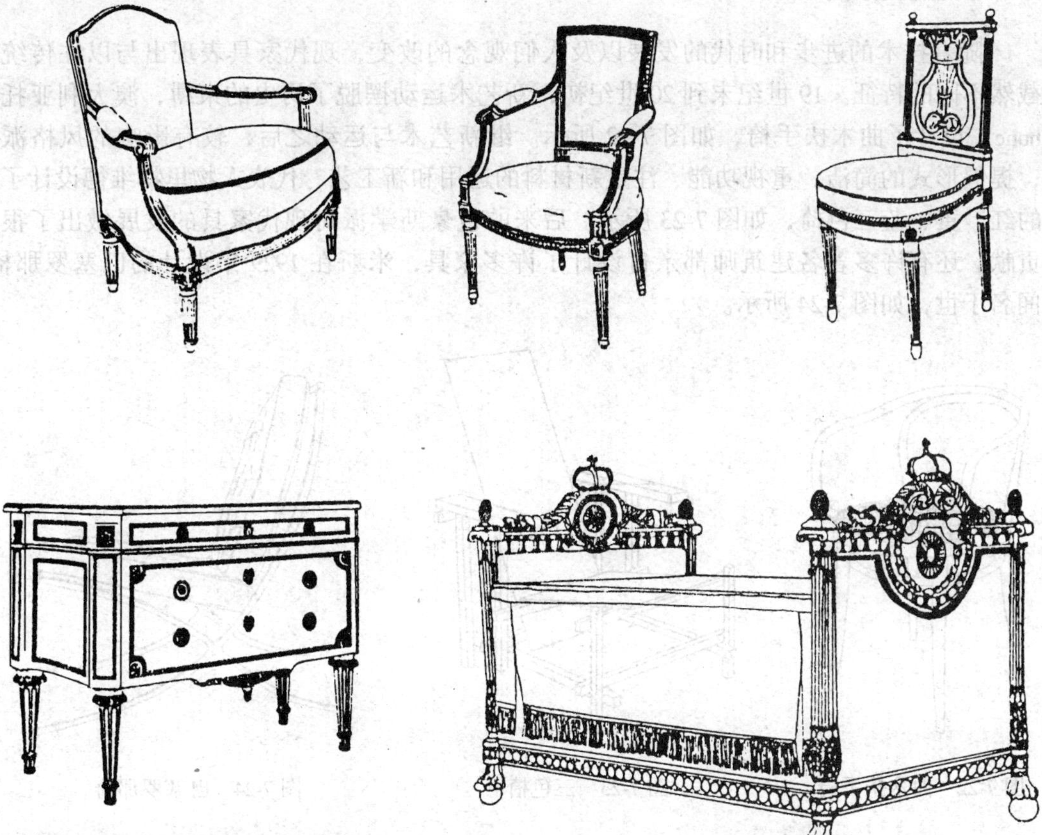

图 7-20　法国庞贝式家具

青铜支座，镶嵌宝石、银、浅浮雕、镀金，广泛使用旋涡式曲线以及少量的装饰线条，家具外观对称统一，采用暗销和胶粘结构。家具材料以花梨木和桃花木等深色木材为主，色彩则以深红、紫、绿、黄和金色等强烈色彩为主，充分表现出古罗马的特色，如图 7-21 所示。

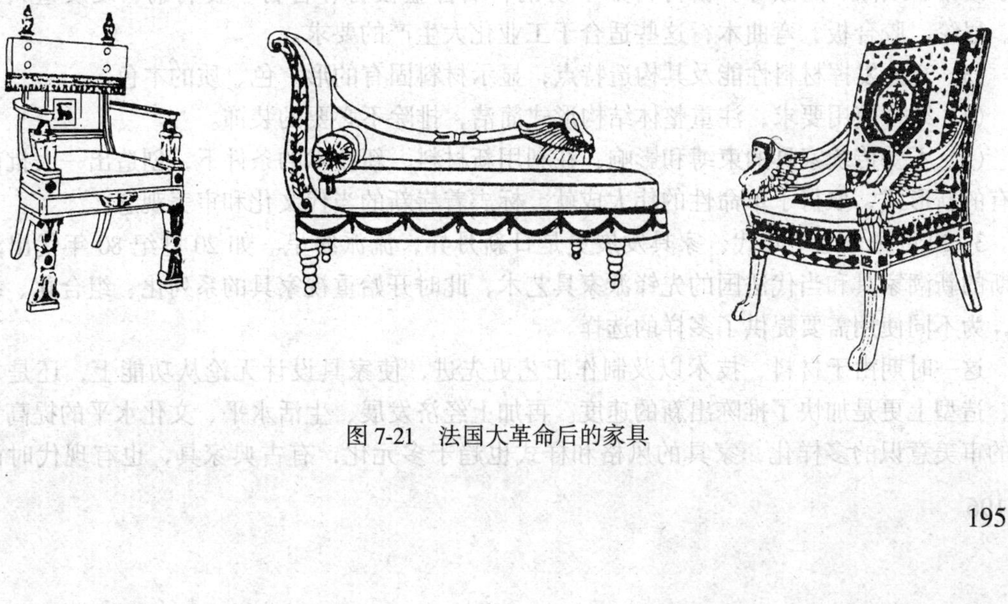

图 7-21　法国大革命后的家具

三、近现代家具

1. 随着技术的进步和时代的发展以及人们观念的改变，现代家具表现出与以往传统家具截然不同的特征。19 世纪末到 20 世纪初，新艺术运动摆脱了历史的束缚，澳大利亚托尼（Thone）设计了曲木扶手椅，如图 7-22 所示。继新艺术与运动之后，较有影响的风格派兴起，提倡形式的简洁，重视功能、注重新材料的运用和新工艺，代表人物里特维德设计了著名的红、黄、蓝三色椅，如图 7-23 所示。后来的包豪斯学派对现代家具的发展做出了很大的贡献。还有许多著名建筑师都亲自设计了许多家具，米斯在 1929 年设计的巴塞罗那椅，也闻名于世，如图 7-24 所示。

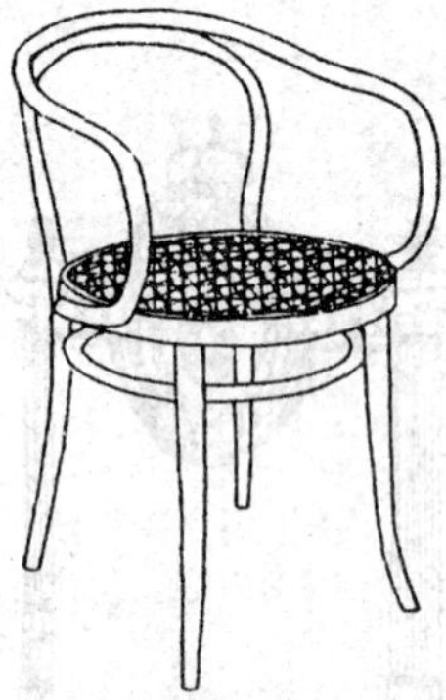

图 7-22　曲木扶手椅

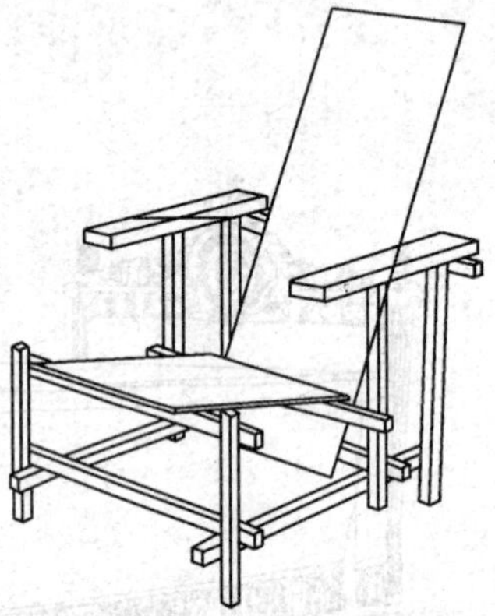

图 7-23　三色椅

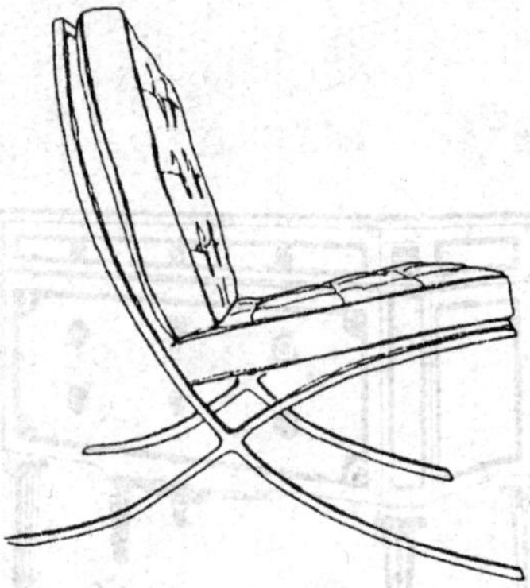

图 7-24　巴塞罗那椅

2. “二战”以后，工业技术进一步发展，家具从功能、材料、技术和造型等方面出发，导致了现代家具设计的多元化风格。家具设计发生了划时代的变化，设计者把家具的使用功能作为家具设计的基本出发点，考虑现代人活动、坐、躺的方式，他们的姿态和习惯与中世纪或其他年代有差别，他们的生活方式也有些变化等，其主要表现在以下几方面：

（1）把家具的功能性作为设计的出发点。

（2）充分利用现代先进技术和多种新材料、加工技术，如冲压、模铸、注塑、加固成型、镀铬、喷漆、烤漆等。新材料如不锈钢、铝合金板材、管材、玻璃钢、硬质塑料、皮革、尼纶、胶合板、弯曲木，这些适合于工业化大生产的要求。

（3）充分发挥材料性能及其构造特点，显示材料固有的形、色、质的本色。

（4）结合使用要求，注重整体结构形式简洁，排除不必要的装饰。

（5）不受传统家具的束缚和影响，在利用新材料、新技术的条件下，创造出一大批前所未有的新形式，取得了革命性的伟大成就，标志着崭新的当代文化和审美观念。

3. 20 世纪六七十年代，家具发展更是日新月异，流派纷呈。如 20 世纪 80 年代出现孟菲斯的新潮家具和当代法国的先锋派家具艺术，此时开始重视家具的系列化、组合化、装卸化，为不同使用需要提供了多样的选择。

这一时期由于材料、技术以及制作工艺更先进，使家具设计无论从功能上，还是从色彩、造型上更是加快了推陈出新的速度。再加上经济发展、生活水平、文化水平的提高，人们的审美意识的多样化，家具的风格和样式也趋于多元化，有古典家具，也有现代时尚家具，特别是明式、欧式家具已在市场上占据主流。

第三节　家具设计与布置

家具是指日常生活使用的床、桌子、椅子、凳子、橱、柜、屏风等具有支撑、储藏和分隔作用的设备，是服务于人的，因此家具的尺度、造型和布置应符合人体尺度及人体各部分的活动规律，以达到牢固、安全、舒适、方便和美观的目的。

一、家具设计（包括室内设计、建筑设计、产品设计）与人体工程学的关系

人体工程学是一门独立的学科，其早期偏重于研究如何把装置复杂的机械及快捷的交通工具和人结合起来，如今则开始把研究兴趣转移到环境领域，体现出从人—物体系发展到人—空间体系的趋势。人体工程学对于室内设计、建筑设计、产品设计都具有重要的作用，如果室内设计缺乏必要的人体工程学知识，则难以创造出完美的内部空间，因此，人体工程学是室内设计师、建筑师必备的基础知识之一。

自然的尺度：任何一种室内空间的尺度，都是和其使用功能紧密协调的，这是很自然的设计规律，它能使观者认为这种空间尺度是正常的、熟悉的、恰当的。如对住宅、商场、工厂等建筑，都会感到相应尺度自然的存在。

1. 尺度

尺度是某种物体或空间与人体对比时所出现的某种比例关系，这在生活、生产中经常碰到。因此人体的标准实际尺寸就成为尺度的“母度”，即人体尺度。在建筑设计、室内设计、工业产品设计中是极为重要的设计参数。利用对人体生理、心理测试等手段，来研究人体结构与空间环境、使用过程之间的关系、效果和感受，以取得完善的设计成果。如对室内门高宽的确定，楼梯踏步尺寸的选择，栏杆扶手上皮的高度，室内家具高宽、倾斜的尺寸角度的选择等，必然应以人体标准尺度为依据。

2. 我国人体尺度的标准参数

由于人体尺度是各行业设计中的标准参数，因此，各国对本国的人体尺寸作了大量的调查研究工作，作为设计工作的法定文件公布。我国以长江附近居民为调查基地（即以中国中部地区为标准），我国标准化与信息分类编码研究所于 1988 年正式公布了人体标准尺度参数，这是我国建国以来第二次人体标准尺度参数的制定。它是一项动态参数，今后还会根据社会的发展而调整。

人体的尺度分为静态尺寸和动态尺寸，各国均不相同。

（1）人体静态尺寸（结构尺度）

按 1988 年我国标准化与信息分类编码研究所正式公布的资料，我国成年人的平均身高：男子为 167cm，体重 59kg；女子身高为 157cm，体重 52kg。我国地域辽阔，人体尺度亦有所差异，人体静态尺寸，如图 7-25 所示。

（2）人体动态尺寸（功能尺寸）

功能尺度是在人体活动条件下测得的，也称之为动态尺寸。虽然静态尺寸对某些专业设计来讲具有很好的意义，但在大多数情况下，动态尺度的用途更为广泛。

在运用动态尺寸时，应充分考虑人体活动的各种可能性，考虑人体各部分协调工作的状

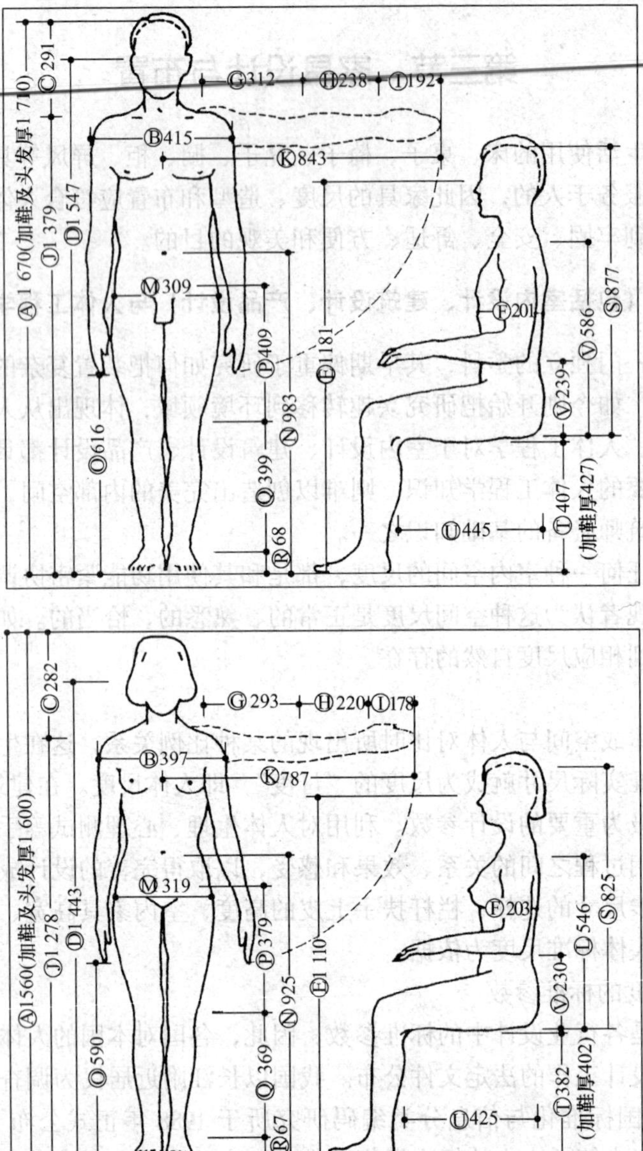

图 7-25 人体静态尺度

况和空间范围。例如，人体手臂能达到的范围绝不仅仅取决于手臂的静态尺寸，它必然受到肩的运动和躯体的旋转、可能的弯背等影响。因此，人体手臂的动态尺寸远大于其静态尺寸，这一动态尺寸对于大部分设计工作更有意义，人体动态尺寸如图 7-26 所示。

（3）家具设计的基准点和尺寸的确定

人的生活行为可以分为直位、坐位、卧位等各种姿态，以此测定其基准点，作为家具设计尺寸的依据。规范家具的基本尺度及家具间的相互关系，以达到家具使用的舒适度和增进人的身心健康。

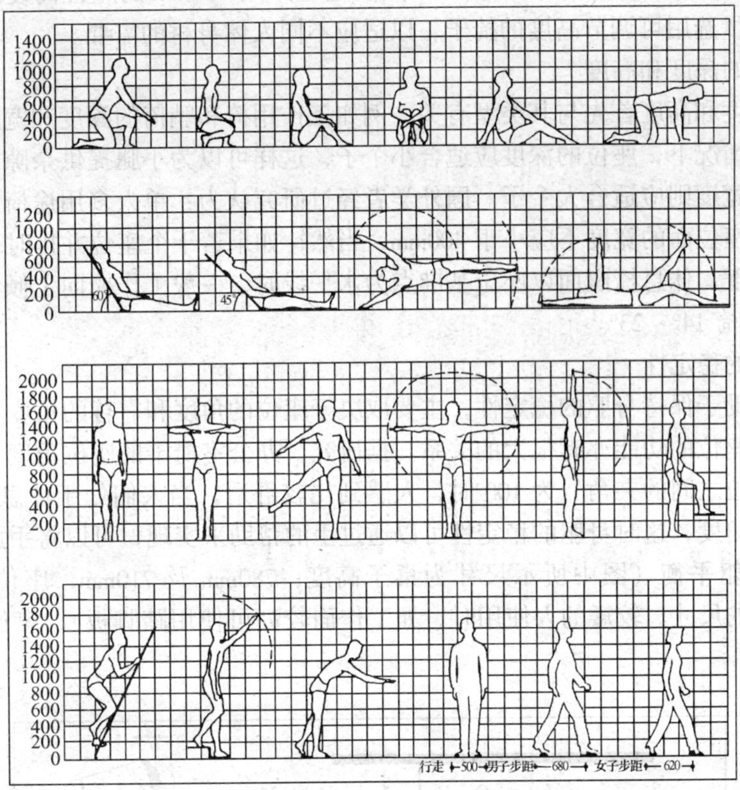

图 7-26　人体动态尺寸

3. 人体座位的设计与尺寸的确定

(1) 座位的压力

坐卧类家具支持整个人体的重量，和人的身体接触最为密切。家具中最主要的是桌、椅、床和橱柜的设计，桌面高度小于下肢长度 50mm 时，体压较集中于坐骨骨关节部位，等于下肢长度时，体压较分散于整个臀部，像酒吧间的高凳，一般应考虑脚垫或脚靠。所以工作椅椅面高度以等于或小于下肢长度为宜，坐位压力分布如图 7-27 所示。

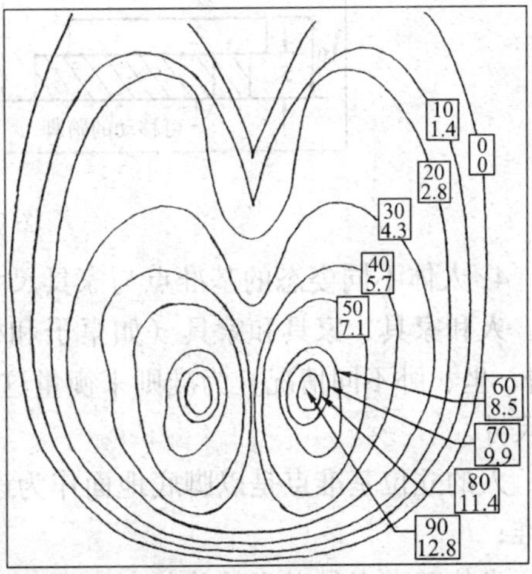

图 7-27　座位压力分布图

(2) 座位的高度

确定座位的高度一定要避免使大腿受压面有过高的压力，否则会使人的腿部产生麻木感。因此，座位前沿的高度不应大于坐着时从地板到大腿受压面的距离（腿弯处的高度）。然而这个数值对于身材较高的人，可能是使其腰背部分呈凸出而不是凹进去的姿势。加之考虑到鞋跟的高度，因此，在实践中可采用加高 30 ~ 50mm（妇女还可多一些）。根据美国资料，男性和女性座位尺寸分别为390mm和360mm，在实践中则普遍地采用430mm的座位高度。当然，如果条件允许，则尽量选用可调节高度的椅子，以适应不同人体身材的需要。

（3）座位的深度和高度

座位的深度和高度首先与其类型有关，例如工作用椅和躺椅的深度和宽度就有明显的不同。然而一般情况下，座位的深度应适合小个子，这样可以为小腿提供余隙，且减小大腿压力，而座位的宽度则应适合大个子。国外学者经过研究认为：单人多用途椅子的深度不应超过430mm，而座位面的宽度不应小于400mm，当然，如果若干个座位并排时，则必须同时考虑肘与肘的宽度。休息椅座面以座位基准点为水平线时，一般工作椅向上倾角为3°~5°，沙发6°~13°，躺椅14°~23°。

（4）身躯的稳定性

使座椅有助于保持身躯的稳定性，主要取决于座位的角度和靠背的角度，当然，与座位靠背的曲线和座位的功能亦有很大的关系。据研究，办公室椅子的座位角度为3°，靠背的角度（靠背和座位之间的夹角）为100°时，人感到比较舒适，当人们处于休息和阅读状态时，希望有较大的角度，这时身躯的稳定性可以通过手的帮助来实现，可以将手放在工作面或桌面上来达到身躯平衡（图中所示尺寸为桌子高度：780mm及710mm，座位与桌面之间有280mm间隙时的尺寸。较矮的人使用时，如工作面较高可使用踏脚板），座位的高度尺寸如图7-28所示。

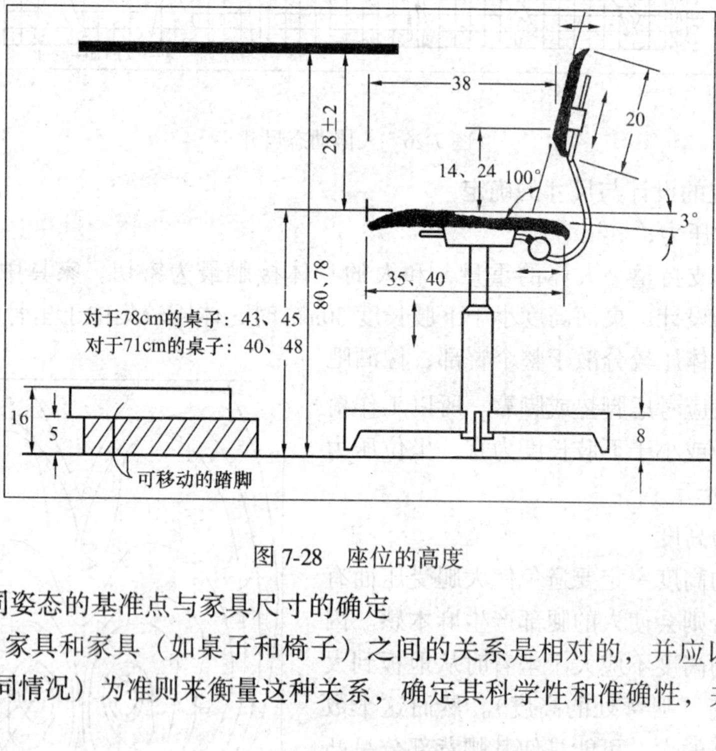

图7-28 座位的高度

4. 人体不同姿态的基准点与家具尺寸的确定

人和家具、家具和家具（如桌子和椅子）之间的关系是相对的，并应以人的基本尺度（站、坐、卧不同情况）为准则来衡量这种关系，确定其科学性和准确性，并决定相关的家具尺寸。

人的立位基准点是以脚底地面作为设计零点的标高，加20mm（即脚后跟底面加鞋底厚）为准；

坐位基准点是以坐骨关节点为准；

卧位基准点是以髋关节转动点为准。

(1) 对于立位使用的家具（如柜）以及不设座椅的工作台面等各部高度，应以立位基准点的位置计算。而对座位使用的家具（桌、椅等），过去确定桌椅的高度均以地面作为基准，这种依据是和人体尺度无关的，不科学的。应依据人在座位时，眼的高度、肘的位置、脚的状况，从坐骨关节点为准计算。

(2) 桌面高的确定：桌面高 = 桌面至座面差 + 座位基准点高

一般桌面至座面差为 250 ~ 300mm。座位基准点高为 390 ~ 410mm。

所以一般桌高在 640mm（390mm + 250mm）~ 710mm（410mm + 300mm）这个范围内。

桌面与座面高差过大时，双手臂会被迫抬高而造成不适；当然高差过小时，桌下部空间相应变小，不能容纳腿部时，也会造成困难。

(3) 为了使家具尺寸和房间尺寸相协调，尽量建立统一模数制。

(4) 此外，还有活动式的嵌入家具、固定在建筑墙体内的固定式家具、一具多用的多功能家具、悬挂式家具等类型，都要依据家具功能、人体尺度、使用特点来确定家具的各部尺寸。

(5) 说明：由于我国地域广阔，东西南北各地人体尺度差别较大，只能取其中间占多数的人体尺寸为标准尺度。但在差别较大的地区，经国家批准也可以建立地方标准。

5. 家具形态、色彩、室内空间环境对人体心理、生理方面的影响

(1) 不同的家具、不同的室内空间环境会造成不同的心理影响（感受与效应），表现为愉悦、压抑、放松或紧张等各种情绪的流露。因此，在家具和环境设计中，尽量满足和创造愉快、舒适、有益于人们身心健康的环境和气氛。

(2) 各种形态的家具对人产生的感受如：点的数量和密集的程度会造成人员心理孤独、兴奋、紧张、平和等不同心理变化；斜线会造成飞跃滑落心理，水平直线会造成安定、精致、敏感等心理，垂直线则会形成严肃、上升、下落的感觉，自由曲线就容易产生不安、焦虑等感受……

(3) 色彩的感受：色彩对人心理影响是最为强烈的。人类的色彩行为 90% 受感情和心理支配。不同色彩会引起人的不同联想和感受，甚至影响人的行为。这里仅举几例，详细内容可看色彩设计学。

白色产生明快、洁净、纯真的感觉；

黑色产生严肃、静寂、庄重的感觉；

红色产生华贵、热烈、喜庆、刺激等感觉；

绿色产生平和、宁静、希望、生长、春天的感觉；

蓝色产生深远、广大、沉静、凉爽感觉。

二、家具在室内环境中的作用

家具的作用按它对人们和环境空间产生的作用可以分为：使用功能和精神功能。

1. 家具的使用功能

(1) 家具本身的使用功能以及识别空间使用性质的功能

家具的主要功能就是满足人们的需求，如支撑人体、储藏物品以及满足家庭生活的一部分使用功能。另外，家具是空间实用性质的直接表达者，家具的组织形式和布置也是空间组织使用的直接表现，是对室内空间组织、使用的再创造。良好的家具设计和布置形式，能充

分反映使用者的目的、规格、等级、地位以及个人特性等，从而赋予空间一定的环境品格，设计者应该从这个高度来认识家具对组织空间的作用。

(2) 分隔和组织功能

利用家具来分隔空间是室内设计的一个重要内容，在许多设计中得到了广泛的应用，如在办公室中利用家具或单元沙发等进行分隔和布置空间；在住宅设计中，利用壁柜来分隔房间；在餐厅中利用桌椅来分隔用餐区和通道；在商场、营业厅利用货柜、货架、陈列柜来分划不同性质的营业区域等。因此，应该把室内空间分隔和家具结合起来考虑。通过家具分隔既可减少墙体的面积，减轻自重、提高空间使用率，还可以通过家具布置的灵活变化组合，以适应不同功能要求的空间。此外，某些吊柜的设置也具有分隔空间的作用，并对空间作了充分的利用，如开放式厨房，常利用餐桌及其上部的吊柜来分隔空间。室内交通组织的优势，依赖于家具布置的得失。当用家具布置工作区或休息谈话区时，不宜有交通穿越，因此家具布置应处理好与入口的关系。

(3) 填充室内空间的作用

任何家具除了它的使用功能以外，还起到对室内空间的填充作用，以满足人们的心理需求和安全性。但是家具的填充作用，不是越多越好。家具过多使人感觉室内空间狭促、拥挤并有窒息感；家具过少又会产生空旷、冷漠的感觉。因此，室内家具数量必须在满足使用功能的前提下，与室内空间的大小相协调，做到恰如其分。

2. 家具的精神功能

家具的发展，既反映了人类物质文明的发展，同时也反映了人类精神文明的发展及更多的要求，使人们在使用的过程中不知不觉、潜移默化地接受它的影响和熏陶，在整个家具的精神功能中主要有以下几点作用：

(1) 形成特定的气氛和意境

室内空间的气氛和意境是通过多方面的因素共同作用而实现的，家具作为室内空间的重要构成部分，其对创造室内空间的氛围起着至关重要的作用。由于家具在室内空间所占的比重较大，体量十分突出，因此家具在室内空间表现中扮演着重要角色。人们对家具除了注意其使用功能外，还利用各种艺术手段，通过家具的形象来表达某种思想和含义。这在古代宫廷家具设计使用中可见一斑，那些家具已成为封建帝王权力的象征。

家具和建筑一样受到各种文艺思潮和流派的影响，自古至今，千姿百态，无奇不有。家具既是使用品，也是一种工艺美术品，这已为大家所共识。家具作为一门美学和艺术，在我国目前还刚起步，还有待进一步发展和提高。家具应该是使用与艺术的结晶，那种不惜牺牲其使用功能，哗众取宠是不足取的。

从历史上看，家具具有纹样的选择、构件的曲直变化、线条的刚柔运用、尺度大小的改变、造型的粗犷或柔细、装饰的繁琐或简练等不同的特点，人们可利用家具的语言，表达一种思想、一种风格、一种情调，造成一种氛围，以适应某种要求和目的。现代社会流行着怀旧情调的仿古家具、回归自然的乡土家具、崇尚技术形式的抽象家具等，也反映了各种不同的思想情绪和某种审美要求。

现代家具应在应用人体工程学的基础上，作到结构合理、构造简洁，充分利用和发挥材料本身性能和特色。根据不同场合、不同用途、不同性质的使用要求，取得和建筑有机地结合与协调。发扬我国传统家具特色，创造具有时代感、民族感的现代家具，是我们努力的方向。

(2) 陶冶人们的审美情趣

好的室内家具可以起到陶冶人们的审美情趣的作用。有人认为，室内家具的风格，从某种意义上讲是主人的自画像。室内家具的风格直接体现了主人的修养、气质、喜好、文化程度等，同时也体现了不同区域、不同民族的不同特点。人们生活在室内的环境中，不可避免地受到家具风格特征的熏陶，并在此过程中不断改变，提高自己的情趣和审美观，这也成为了物质文明和精神文明不断发展的标志。

(3) 反映民族的文化与传统

室内设计是室内信息的重要载体，特别是当代宾馆的设计，更应该通过家具及其组合体现不同的民族特色，使用者在不同环境中领略不同的民族历史和不同的历史阶段以及文化、风土人情等，尤其在当代，家具的风格也开始利用传统和各民族的形式来达到体现民族性和传统的目的性，以满足人们在这方面的审美需求和猎奇的需要。

三、家具的分类

室内家具可按使用功能、制作材料、结构构造体系、组合方式以及艺术风格等方面来分类。

1. 按使用功能分类

即按家具与人体的关系和使用特点分为：

(1) 坐卧类。支持整个人体的椅子、凳子、沙发、躺椅、床等；

(2) 凭倚类。人体赖以进行操作的书桌、餐桌、柜台、作业台及几案等；

(3) 贮存类。作为存放物品用的壁橱、书架、搁板等。

2. 按制作材料分类

不同材料有不同的性能，其构造和家具造型也各具特色，家具可以用单一材料制成，也可和其他材料结合使用，以发挥各自的优势。

(1) 木制家具。木材强度高，易于加工，而且其天然的纹理和色泽具有很高的观赏价值和良好手感，使人感到十分亲切，是人们喜欢的理想家具材料。自从中密度板和层压板加工工艺的发明，使木制家具进一步得到发展，形式更多样，更富有现代感，更便于和其他材料结合使用，如图 7-29 所示。常用的木材有柳桉、水曲柳、山毛、柚木、楠木、红木、花梨木等。

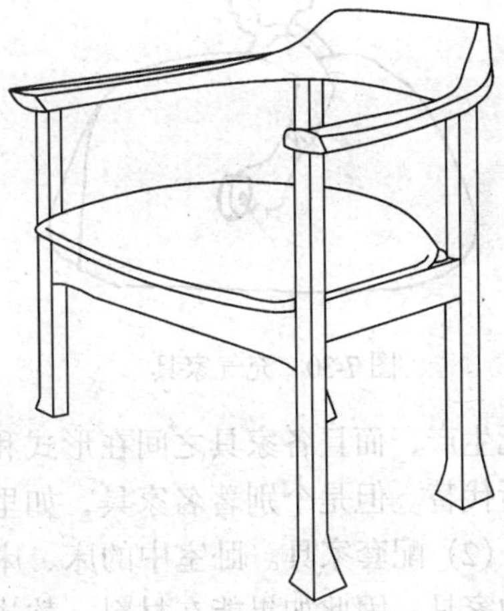
图 7-29 木制家具

(2) 藤、竹家具。藤、竹材料具有质轻、高强和质朴自然的特点，而且更富有弹性和韧性，易于编织，竹制家具又是夏季消暑使用的理想家具。藤、竹都有浓厚的乡土气息，在室内别具一格，常用的竹藤有毛竹、淡竹、黄枯竹、紫竹、莉竹及广藤、土藤等。但各种天然材料均须按不同要求进行干燥、防腐、防蛀、漂白等加工处理后才能使用。家具成型后可刷清漆，既保持原有的色泽和纹理又耐久。

(3) 金属家具。19 世纪中叶，西方曾风行铸铁家具，一些国家将公园里的椅子用铸铁材料制作至今还在使用。铸铁后来逐渐被淘汰，代之以质轻高强的钢和各种金属材料，如不锈钢管、钢板、铝合金等。金属家具常以金属管材为骨架，用环氧涂层的电焊金属丝作座面和靠背，但与人体接触部位，即座面、靠背、扶手，常采用木、藤、竹、大麻纤维、皮革和高强人造纤维编织材料，更为舒适。在材质色泽上也能产生更强的对比效果。金属管外套软而富有弹性的氯丁橡胶管（Neoprene Tubing），更耐磨，并克服了冷硬感，适用于公共场所。

（4）塑料家具。一般采用玻璃纤维塑料，模具成型，具有质轻高强、色彩多样、光洁度高和造型简洁等特点。塑料家具常用金属作骨架，成为钢塑组合家具。

（5）玻璃家具。使用钢化玻璃制作的家具。

3. 按构造体系分类

（1）框式家具。以框架为家具受力体系，再覆以各种面板，连接部位的构造以不同部位的材料而定。有榫接、铆接、承插接、胶接、吸盘等多种方式，并有固定、拆装之区别。框式家具常有木框及金属框架等。

（2）板式家具。以板式材料进行拼装和承受荷载，其连接方式也常以胶合或金属件连接等方法，按不同材料而定。板材可以用原木或各种人造板。板式家具平整简洁，造型新颖美观，运用很广。

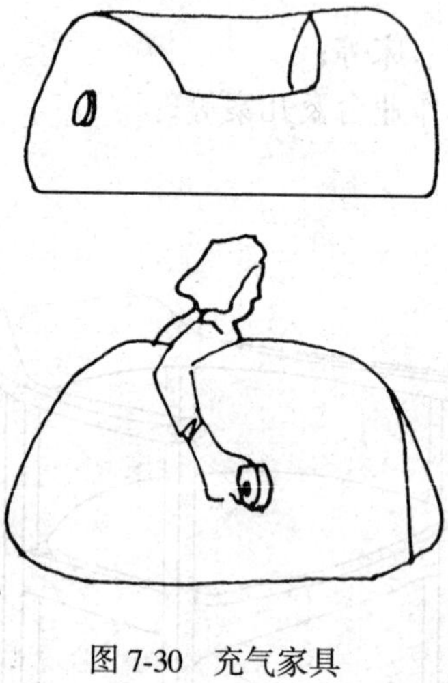

图 7-30　充气家具

（3）注塑家具。采用硬质和发泡塑料，用模具浇注成型的塑料家具，整体性强，是一种特殊的空间结构。目前，高分子合成材料品种繁多，性能不断改进，成本低，易于清洁和管理，在餐厅、车站、机场等公共场所中广泛应用。

（4）充气家具。充气家具的基本结构为聚氨基甲酸乙酯泡沫和密封气体，内部空气空腔，可以用调节阀调整到最理想的坐位状态，如图 7-30 所示。

4. 按体形形式来分类

（1）单体家具。在组合配套家具产生以前，不同类型的家具，都是作为一个独立的工艺品来生产的。它们之间很少有必然的联系，用户可以按不同的需要和爱好单独选购。这种单独生产的家具不利于工业化大批生产，而且各家具之间在形式和尺度上不易配套、统一，因此后来为配套家具和组合家具所代替。但是个别著名家具，如里特维德的红、黄、蓝三色椅等，现在仍有人使用。

（2）配套家具。卧室中的床、床头柜、衣橱等，常是因生活需要自然形成的相互密切联系的家具，因此如果能在材料、款式、尺度、装饰等方面统一设计，就能取得十分和谐的效果。配套家具已经发展到各个领域。如旅馆客房中的床、柜、桌椅、行李架……的配套，餐室的桌、椅的配套，客厅中沙发、茶几、装饰柜的配套，以及办公室家具的配套等。配套家具由于使用要求的不同，从而产生各种档次和功能的配套系列，使用户有更多的选择自由。

（3）组合家具。组合家具是将家具分解为一两种基本单元，再拼接成不同形式，甚至不同的使用功能。如组合沙发，可以组成不同的形状和布置形式，可以适应坐、卧等要求。又如组合柜，也可由一两种不同单元拼成不同数量和形式的组合柜。组合家具有利于标准化和系列化，使生产加工专业化。在此基础上，又产生了以零部件为单元的拼装式组合家具。单元生产达到了最小的程度，如拼装的条、板以及连接零件。这样生产更专业化，组合更灵活，也便于运输。用户可以买回配套的零部件，按自己的需要自由拼装，如图 7-31 所示。

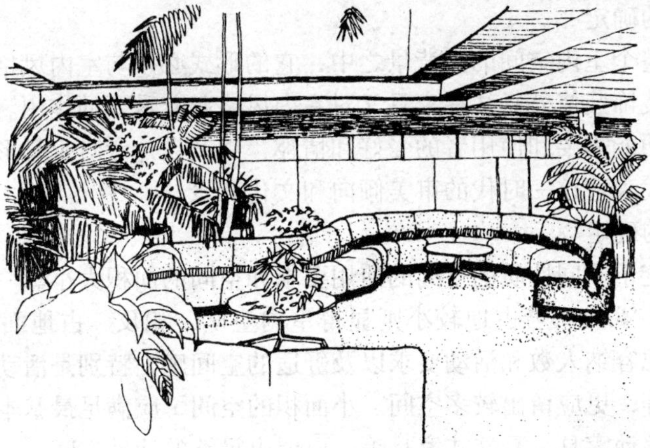

图 7-31　组合家具

四、家具布置原则

1. 根据使用的合理性布置家具

在通常情况下，人在活动中可能或必须停留的地点以及人们休息、工作、学习的地点是设置家具的地方。室内空间的位置环境各不相同，在位置上有靠近出入口的地带、室内中心地带、沿墙地带或靠窗地带以及室内后部地带等区别，各个位置的采光效率、交通影响、室外景观各不相同。应结合使用要求，使不同家具的位置在室内各得其所。例如宾馆客房、床位一般布置在暗处，休息座位靠窗布置；在餐厅中常选择室外景观好的靠窗位置放置餐桌餐椅；客房套间的谈话、休息处布置在入口的部位；卧室在室内的后部等。

室内家具在使用上都是相互联系的，如餐厅中的餐桌、餐具和食品柜等，学习工作区的书桌和书架，厨房中洗、切、蒸、煮等设备与厨柜、冰箱等，它们的相互关系是根据人在使用过程中达到使用方便、舒适、省时、省力等的活动规律来确定。

2. 根据空间的特点来布置家具

家具本身不仅具有满足人们使用的功能，而且还具有改善原有空间不合理的功能。对一些不完善的空间，如过大、过小、过长、过狭等都可能成为某种缺陷，经过家具布置后，可以改变原来的面貌使之更合理、更能满足人们的需要。因此，家具不但丰富了空间内涵，而且可以改善空间、弥补空间不足。布置时应根据家具的体量大小、高低，结合空间给予合理的、相适应的位置，对空间进行再创造，在视觉上达到良好的效果。

3. 根据充分利用空间来布置家具

在室内空间中如何有效地利用空间是室内设计中必须考虑的因素，我们可以通过在室内空间中设置可移动的家具来利用空间，充分地利用室内的转角部位也可以节省空间。如一个餐厅能安排多少餐桌，一个商店能布置多少营业柜台，这对经营者来说不是一个小问题，合理压缩非经营性面积，充分利用使用面积，对家具布置提出了相当严峻甚至苛刻的要求。在重视社会效益、环境效益的基础上精打细算，充分发挥单位面积的使用价值，无疑是十分重要的。

4. 家具形式与数量的确定原则

（1）家具形式的确定

由于家具处在整个室内空间的大背景之中，它的形式必须与室内风格相一致，而室内风格的表现，除界面装饰装修外，往往家具又对室内风格起着重要的作用。另外，室内的整体形式又取决于室内功能需要和使用者的爱好和情趣，以及设计者对家具形式的把握等。任何时代的家具，往往代表着这一时代的审美倾向和文化背景。

（2）家具数量的确定

家具的数量决定于不同性质的空间的使用要求和空间的面积大小。一般情况下，家具占地的面积应在35%～40%，若占地较小则显得室内空旷，相反，占地面积过大，则室内空间显得拥挤。要考虑容纳人数和活动要求以及舒适的空间感，特别是活动量大的房间，如客厅、起居室、餐厅等，更应留出较多空间。小面积的空间，应满足最基本的使用要求，如采用多功能家具、可移动家具、悬挂式家具等，以留出足够的活动空间。

五、家具布置方式

在布置家具的过程中，应结合空间的性质和特点，确立合理的家具类型和数量，根据家具的单一性或多样性，明确家具布置范围，达到功能分区合理、组织好空间活动和交通路线，使动静分区明确，分清主体家具和从属家具，使之相互配合，主次分明。安排组织好空间的形式、形状和家具的组团、排列的方式，达到整体和谐的效果。在此基础上，进一步从布置格局、风格等方面考虑。从空间形象和空间景观出发，使家具布置具有规律性、秩序性、韵律性和表现性，获得良好的视觉效果和心理效应，因为一旦家具设计好和布置好后，人们就要去适应这个现实的存在。

不论在家庭或公共场所，除了个人独处的情况外，大部分家具的使用都处于人际交往和人际关系的活动中，如家庭会客、办公交往、宴会欢聚、会议讨论、车船等候、逛商场或公共休息场所等。家具设计和布置，如方位、间隔、距离、环境、光照等，往往是在规范着人与人之间的相互关系、等次关系、亲疏关系（如面对面、背靠背、面对背、面对侧），影响到安全感、私密感、领域感。每个人既是观者又是被观者，人们都处于通常说的“人看人”的局面中。

因此，我们在设计布置家具的时候，特别是在公共场所，应适合不同人们的心理需要，充分认识布置形式代表的不同含义，比如，一般有对向式、背向式、离散式、内聚式、主从式等布置，它们所产生的心理作用是各不相同的。从家具在空间中的布置方式可分为以下几种：

1. 周边式

家具沿四周墙布置，留出中间空间位置，空间相对集中，易于组织交通，为举行其他活动提供较大的面积，便于布置中心陈设，如图7-32所示。

2. 岛式

将家具布置在室内中心部位，留出周边空间，强调家具的中心地位，显示其重要性和独

图 7-32 周边式布置

立性，周边的交通活动，保证了中心区不受干扰和影响，如图 7-33 所示。

图 7-33 岛式布置

3. 单边式

将家具集中在一侧，留出另一侧空间（常成为走道），工作区和交通区截然分开，功能分区明确，干扰小，交通成为线形，当交通线布置在房间的短边时，交通面积最为节约，如图 7-34 所示。

4. 走道式

将家具布置在室内两侧，中间留出走道，可节约交通面积。一般客房活动人数少，都会采取这样的布置，如图 7-35 所示。

5. 其他形式布置

以使用方便、舒适、注重交通顺畅等的布置，如图 7-36 所示。

图 7-34　单边式布置

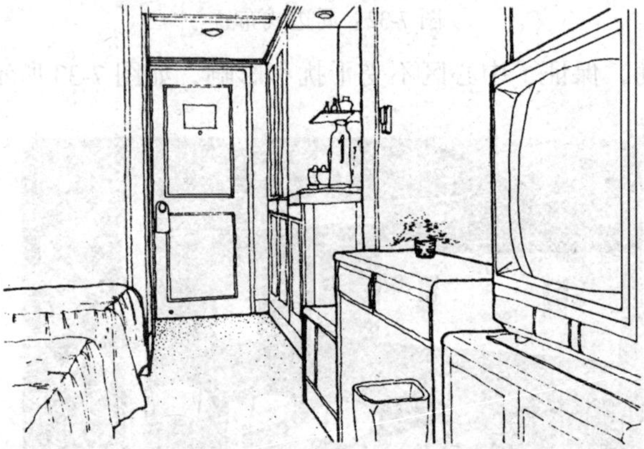

图 7-35　走道式布置

六、家具设计方法

1. 家具设计应注意的问题

（1）家具设计首先要根据使用要求来设计结构和构造。藏储的组合与分割也要考虑使用者方便取物和存储以及与座位的关系。

（2）根据室内环境选择家具造型、色彩和涂饰，以及在心理上、生理上给人们带来的感受是否恰当，是否和室内环境协调统一。

（3）遵循一切美学原则，如韵律、均衡、比例、色彩、线条，创造良好的室内环境，给人以舒畅。

（4）科学地确定家具各部分尺寸，要符合人体尺度和活动尺度，以提高工作效率，节约时间，增强舒适感，减轻人体能力的消耗和疲劳，以增强身心健康。

（5）依据家具使用要求和艺术要求，精心选择材质。恰当的材质，更能增强家具的魅力。

(6) 在选材时，还要注意加工工艺的精工细作，安全、牢固和稳定要求。

2. 家具设计的一般过程

家具设计是建立在工业化生产方式基础上，综合功能、材料、经济和美学诸方面因素，以图纸方式表示出来的设想和意图。这样，正确的思维方式、科学的程序和工作方法是非常重要的。有了明确的设计意图和设计要求，便于着手进行设计。

(1) 方案草图。这是设计者对设计要求理解之后设计构思的形象表达，是捕捉设计者头脑中涌现出的设计构思形象的最好方法，一般用徒手画。

(2) 搜集设计资料。以草图形式固定下来的设计构思是个初步的原型。设计者还要收集有关工艺、材料、结构、成本等资料，这都是设计的必备资料。然后进行分析、研究，为设计提供依据。

(3) 绘制三视图和透视效果图。这一阶段是进一步将构思的草图和搜集来的一些设计资料融为一体，使之进一步具体化，更接近于成品的实际效果。

(a)

(b)

图 7-36

(a) 顶部繁星点点，四周设反射灯光带；(b) 顶部各种日光灯构图组合延伸至立柱为竖向光带

三视图指的是按比例的正投影法绘制的正立面、侧立面和俯视图。三视图应解决以下三个问题。首先，家具造型的形象按照比例绘出，能看出它的体型、状态，以便于进一步解决造型上的矛盾。第二，要能反映出主要的结构关系。第三，家具各部分所使用的材料要明确。在此基础上绘制的透视效果图，才具有真实感。

虽然三视图和透视效果图已经将设计意图充分地表达出来了，但是三视图和透视效果图都是平面的，再加上它们都是以一定的视点和方向绘制的，这其中就难免存在不全面和虚假。因而在设计的过程中，使用简单的材料和加工工艺，按照一定的比例（通常是 1∶10 或 1∶5）制做出简易模型，可帮助深入推敲。在制作中，边研究设计，边推敲造型比例、确定结构方式和材料的选择与搭配，这也是一种更切合实际的设计过程。制作好的模型，从不同的角度拍成照片，更具有真实感。

(4) 完成方案设计，向委托者征求意见。由构思开始直到完成设计模型，经历了一个设计的全过程。设计者对于设计要求的理解、选用的材料、结构方式以及在此基础上形成的造型形式，它们之间的矛盾如何协调、处理、解决，设计者的艺术观点等，最后都通过设计方案全面的反映出来。不尽之处，再辅以文字说明。

(5) 制作实物模型。实物模型是在设计方案确定下来之后，制作 1∶1 的实物。称为模型是因为它的作用仍具有研究、推敲、解决矛盾的性质。

(6) 绘制施工图。施工图是家具生产的重要依据，是按照国家有关家具制图标准绘制的。它包括总装配图、零部件图、加工要求、尺寸及材料等。施工图是按照产品的样品绘制的，以图纸的方式固定下来，确保产品与样品的一致并保证产品的质量。

复 习 题

1. 简述国外古代家具的历史演变。
2. 简述古代中国家具的历史演变。
3. 室内陈设方式选择的原则有哪些?
4. 家具陈设的方式有几种?
5. 简述我国明式家具产生与发展。
6. 国外家具的发展概况。
7. 家具布置的方式有哪些?
8. 家具与人体尺度的关系如何确定?

第八章　室内绿化设计

在当代城市环境污染日益恶化的情况下，通过室内绿化把生活、学习、工作、休息的空间变为“绿色空间”是环境改善最有效的手段之一。苏东坡就曾说过：“宁可食无肉，不可居无竹”，由此可见绿色盆栽植物起到不可或缺的作用。

第一节　室内绿化的作用

随着今天生活质量的提高，室内绿化成为一道亮丽的风景线并与室内装修紧密相关。它主要解决了人——建筑——环境之间的关系，利用植物材料并结合园林常见的手段和方法，组织、完善、美化室内空间，协调人与环境的结合。作为室内绿化设计的主要材料，绿色植物具有丰富的内涵和多种作用。它可以创造出特殊的意境和气氛，使室内变得生机勃勃、亲切温馨，给人以不同的美感。观叶植物青翠碧绿，使人感觉宁静娴雅；赏花植物绚丽多彩，使人感觉温暖热烈；观果植物硕果累累，使人欢喜愉悦。利用植物塑造景点更具有以观赏为主的作用。

绿化作为室内设计的要素之一，在组织、装饰、美化室内空间中起着重要的作用，运用绿化组织室内空间大致有以下一些作用。

一、净化空气、调解气候作用

(1) 室内绿化具有净化室内空气，增进人体健康的功能。人们都知道，氧气是维持人们生命活动所不可缺少的气体，人们在呼吸活动中吸进氧气，呼出二氧化碳，而花草树木在进行光合作用时吸收二氧化碳，吐出氧气，所以花草树木可以维持空气当中的二氧化碳和氧气的平衡，保持空气的清新，某些植物还能分泌出杀菌素，杀灭室内的一些细菌，使空气得到净化。各种兰花、仙人掌类植物、花叶芋、鸭跖草、虎尾兰等均能吸收有害气体。例如在室内养一盆吊兰就能将空气中由家电、塑料制品及烟所散发出来的一氧化碳、过氧化碳等有害毒气吸收。室内尘埃时时刻刻都在危害着人们的身体健康。尘埃的来源很广，地壳的自然变化，人类的活动、宇宙万物的运动，都会产生尘埃，污染空气，而植物，特别是树木对粉尘有明显的阻挡、过滤和吸附的作用。

(2) 室内植物时时刻刻都在蒸发水分，从而降低空气中的温度和增大湿度。

(3) 植物还有阻隔和吸收强烈噪声的作用。

因此，植物确实是人类身体健康和生命安全默默无闻的卫士。它在整个生命活动中不声不响地和许多危害人们的不利因素进行斗争，又不声不响地为我们创造出优美舒适的生活环境。

二、对使内外空间的过渡与延伸作用

植物是自然界的一部分，人们在有绿色植物的环境中，会感到仿佛身处大自然中。将植物引

进室内，使室内空间兼有外部大自然的因素，达到内外空间的自然过渡和延伸，这能使人减小突然从外部自然环境进到一个封闭的室内空间的感觉。为此，我们可以在建筑入口处设置花池、盆栽或花棚；在门廊的顶部或墙面上作悬吊绿化；在门厅内作绿化甚至绿化组景，也可以采用借景的办法，通过玻璃和透窗，使人看到外部的植物等，使室内室外的绿化景色互相渗透，连成一片，使室内的有限空间得以扩大，又完成了内外过渡的目的，如图 8-1 所示。

图 8-1　内外空间的过渡与延伸

三、分割、调整、提示作用

1. 限定与分割空间

建筑内部空间由于功能上的要求常划分为不同的区域。如宾馆、商场及综合性大型公共建筑的公共大厅，常具有交通、休息、等候、服务、观赏等多种功能；又如开敞办公室中的工作区与走道；有些起居室中需要划分谈话休息区与就餐或工作区。这些多种功能的空间，可以采用绿化的手法把它们加以限定和分隔，使之既能保持各部分不同的功能作用，又不失整体空间的开敞性和完整性。

限定与划分空间的常用手法有利用盆花、花池、绿罩、绿帘、绿墙等方法作线型分隔或面的分隔，如图 8-2 所示。

图 8-2　空间的限定和分割

2. 调整空间

利用植物绿化，可以改造空旷的大空间。在面积很大的大空间里，可以筑造景园，或利用盆栽组成片林、花堆。这样，既能改变原有空间的空旷感，又能增加空间中的自然气氛。空旷的立面可以利用绿化分割，使人感到其高度大小宜人。

3. 柔化空间

现代建筑空间大多是由直线形和板块形构件所组合的几何体，使人感觉生硬冷漠，利用室内绿化中植物特有的曲线、多姿的形态、柔软的质感、悦目的色彩和生动的影子，可以改变人们对空间的印象并产生柔和的情调，从而改善原有空间的空旷及生硬的感觉，使人感到尺度宜人和亲切，如图 8-3 所示。

图 8-3 柔化空间

4. 空间的提示与导向

现代大型公共建筑，室内空间具有多种功能。特别在人群密集的情况下，人们的活动往往需要提供明确的行动方向。因而在空间构图中能提供暗示与导向是很有必要的，它有利于组织人流和提供活动方向。由于观赏性的植物能强烈地吸引人们的注意力，因而常常被巧妙而含蓄地使用，起到提示与指向的作用。在空间的出入口、变换空间的过渡处、廊道的转折处、台阶坡道的起止点可设置花池、盆景作提示，以重点绿化突出楼梯和主要道路的位置。借助有规律的花池、花堆、盆栽或吊盆的线性布置，可以形成无声的空间诱导路线，如图 8-4 所示。

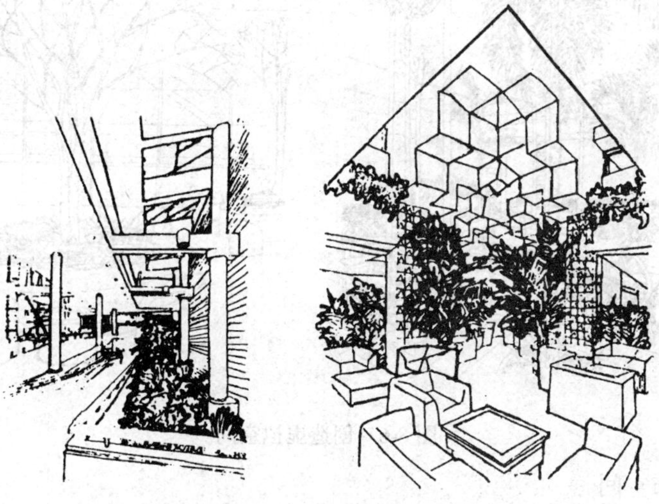

图 8-4 空间的提示与导向

四、装点、美化作用

1. 装点室内剩余空间

在室内空间中，总有一些死角不好利用，这些剩余空间，利用绿化来装点往往是再好不过的。如在悬梯下部、墙角、家具或沙发的转角和尽端、窗台或窗框周围，以及一些难以利用的空间死角进行恰当的布置绿化，可使这些空间景象焕然一新，充满生气，增添情趣，如图 8-5 所示。

图 8-5　用绿植装点室内剩余空间

2. 创造虚拟空间

在大空间内，利用植物，通过模拟与虚构的手法，可以创造出虚拟的空间。例如利用大型植物的伞状树冠，可以构成上部封闭的空间；利用框架与植物可以构成周围与顶部都是植物的绿色空间，其空间似封闭又通透，如图 8-6 所示。

图 8-6　创造虚拟空间

3. 美化与装饰空间

以婀娜多姿具有生命的植物美化与装饰室内空间，是任何其他物品都不能与之相比的。植物以其多姿的形态、娴静素雅或斑斓夺目的色彩、清新幽雅的气味以及独特的气质作为室内装饰物，创造室内绿色气氛，美化室内空间。植物是真正活的艺术品，常常使人百看不厌，令人陶醉，让人在欣赏中去遐想、去品味它的美。

具有自然美的植物，可以更好地烘托出建筑空间和建筑装修材料的美，而且交相辉映，相得益彰。以绿色为基调兼有缤纷色彩的植物不仅可以改变室内单调的色彩，还可以使其色调更丰富更调和；形态富于变化的植物可以柔化生硬单调的室内空间。利用植物，无论装饰空间，装饰家具、灯具或烘托其他艺术品如雕塑、工艺品或文物等，都能起到装饰与美化的作用。

利用造型优美、色彩夺目的植物作为室内重点装饰物，不仅具有良好的吸引力，而且可提高整个室内的品味。利用植物既可创造出幽静素雅的环境气氛，也可创造出色彩斑斓引人注目的动人景色，如图 8-7 所示。

图 8-7　美化空间

观叶植物已成为世界各国室内绿化的主要植物。它与现代化建筑的内部装修，器物陈设结合更协调、更具现代感，所以生产开发观叶植物已成为目前不可缺少的产业。目前花卉生产发达的国家荷兰、丹麦、比利时等国，每年都有大量的观叶植物和花卉空运到世界各地销售，并且每年都有新的品种推出。许多适宜室内绿化的植物采用无土培养，干净卫生无污染，很受人们的喜爱。

第二节　室内绿化布置方式

室内绿化的布置在不同的场所，如酒店宾馆的门厅、大堂、中庭、休息厅、会议室、办公室、餐厅以及住户的居室等，均有不同的要求，应根据不同的目的和作用，采取不同的布置方式。空间位置可分为：

（1）处于重要地位的中心位置，如大厅中央；

（2）处于较为主要的关键部位，如出入口；

（3）处于一般的边角地带，如墙边角隅。

绿化布置应根据室内不同的部位，选好相应的植物品种。室内绿化通常总是利用室内的剩余空间，或不影响交通的墙边、角隅，并利用悬、吊、壁龛、壁架等方式充分利用空间，尽量少占室内使用面积。同时，某些攀援、藤萝等植物有宜于垂悬以充分展现其丰姿。因此，室内绿化的布置，应从平面和垂直两方面进行考虑，以形成立体的绿色环境。

一、重点装饰与边角点缀

图 8-8　重点装饰

室内植物作为装饰性的陈设，比其他任何陈设更具有生机和魅力。丰富的形态和色彩做良好的背景，更能引人入胜和突出主题，从而成为室内的重点装饰。把室内绿化作为主要陈设并成为视觉中心，以其行、色的特有魅力来吸引人，是许多厅室常采用的一种布置方式，可以布置在厅室的中央，如图 8-8 所示。

二、结合家具、陈设等布置绿化

室内绿化除了单独落地布置外，还可与家具、陈设、灯具等室内物件结合布置，相得益彰，组成有机整体，如图 8-9 所示。

三、组成背景、形成对比

绿化的另一作用，就是通过其独特的形、色、质，不论是绿叶还是鲜花，不论是铺地还是屏障，都可集中布置成背景，如图 8-10 所示。

图 8-9　组合柜布置绿化

四、垂直绿化

垂直绿化通常采用天棚上悬吊的方式，也可以利用每层回廊栏板布置绿化等，这样可以充分利用空间，不占地面，并造成绿色立体环境，增加绿化的体量和氛围，并通过成片垂直而下的枝叶组成似隔非隔，虚无缥缈的美妙情景，如图 8-11 所示。

五、沿窗布置绿化

靠窗布置绿化，能使植物接受更多的日照，并形成室内绿色景观。可以做成花槽或低台上置小型盆栽等方式，如图 8-12 所示。

图 8-10　以绿化为背景布置空间

图 8-11　垂直绿化

图 8-12　沿窗布置绿化

六、使室外绿化引入室内

在一些高级宾馆、别墅、度假村以及建于青山碧水花园内的休闲建筑中，室内布局要考虑为绿化引入室内创造条件，使室外室内绿化连成一体，可以将入口大厅设玻璃墙、采光顶，内部布置水池、假山、绿色植物等，形成室内微型花园。

第三节　室内绿化与养护基本知识

绿化植物一般分为观叶植物（如凤尾竹、吊兰、龟背竹、滴水观音（海芋）等和观花植物（如君子兰、水仙、月季、杜鹃等）。

一、植物生长特性

不同植物种类对光照、温湿度均有不同的要求。清代陈子所著《花镜》一书，曾记述："植物有宜阴，宜阳、喜燥、喜湿、当瘠、当胞等习性"。一般称植物生长所需条件如下：

1. 温度

普通生长温度多在 15～34℃，夏季不宜越过 34℃，冬季不低于 6℃，理想温度为 22～28℃，白天可在 29.4℃，夜间 15.5℃。

2. 湿度

植物的生长是通过根部吸取土壤中水分和养分，开花结果。对空气的相对湿度，也有一定要求。一般在 30%～40%相对湿度即可，但利用人工方法对室内湿度进行控制是比较困难。在干燥的环境中，一般采取在早晨、午前向植物叶表面喷洒水雾来增加湿度，减轻过度蒸发，平时经常适度浇水，但不宜过多。夏季勤浇，冬季少浇，并根据植物习性区别对待。

3. 光照

一般植物要求低照度，为 215～750Lx，大多数要求 750～2150Lx，超过 2150Lx，即高照度要求。对室内植物要选择高照度植物，观花植物比观叶植物需要较多的光照。

4. 土壤

植物对土壤的要求是保水、保肥、排水、透气，并按不同植物喜性选择土壤的酸碱度。

多数植物喜微酸或中性。常用不同土质，经灭菌混合后配制，如沙土、半沙土、沼泥、腐殖土、泥炭土或者用纯砂（无土栽培）还有用膨胀珍珠岩、蛭石粉末等的。

5. 施肥

花卉常用的肥料有氮（豆饼、菜籽饼浸液），能使枝叶茂盛；磷（鱼鳞、鱼肚肠、肉骨等动物杂碎，加水发酵变黑色液汁）可促进花色鲜艳果实肥大。钾（草木灰）可促进根系、茎干粗壮、挺拔。注意春夏施肥，秋季少施肥，冬季停施肥的规律。

二、选择室内植物的注意事项

1. 应选择能耐低光照、低湿度、耐干旱、耐高温的植物。一般情况观花植物比观叶植物需要更多的细心养护。

2. 植物养护要根据植物品种、习性采用不同的养护措施，如浇水、施肥、修剪、绑扎、治虫等，多应参照养护方法，采取适当、适量做法，切记匆超量，以达到植物生长茂盛。

3. 选择植物品种形态、造型、色彩，要和室内气氛相一致。

4. 要注意保持室内良好的通风和充分的光照条件。

5. 依据室内空间大小、家具尺度，选择比例协调的植物尺寸，小型植物在 0.3m 以下，中型植物为 0.3～1.0m，大型植物为 1.0m 以上。有些乔木可选择抑制生长速度或选择树桩盆景。

6. 种植物容器应按照花形、体量选择大小、质地和造型，避免选用釉彩花饰容器以防其喧宾夺主。

第四节　室内绿化植物的种类

室内植物种类繁多，大小不一，形态各异。常用的室内观叶、观花植物如下：

一、木本植物（图 8-13）

1. 印度橡胶树。喜温湿，耐寒，叶密厚而有光泽，终年常绿，树形高大，3℃以上可越冬，应置于室内明亮处。原产印度、马来西亚等地，现在我国南方已广泛栽培。

2. 垂榕。喜温湿，枝条柔软，叶互生，革质，卵状椭圆形，丛生常绿。自然分枝多，盆栽成灌木状，对光照要求不严，常年置于室内也能生长，5℃以上可越冬。原产印度，我国已有引种。

3. 蒲葵。常绿乔木，性喜温暖，耐阴，耐肥，干粗直，无分枝，叶硕大，呈扇形，叶前半部开裂，形似棕榈。我国广东、福建广泛栽培。

4. 假槟榔。喜温湿，耐阴，有一定耐寒抗旱性，树体高大，干直无分枝，叶呈羽状复叶。在我国广东、海南、福建、台湾广泛栽培。

5. 苏铁。名贵的盆栽观赏植物，喜温湿，耐阴，生长异常缓慢，茎高 3m，需生长 100 年，株粗壮，挺拔，叶簇生茎顶，羽状复叶，寿命在 200 年以上。原产我国南方，现各地均有栽培。

6. 诺福克南洋杉。喜阳耐旱，主干挺秀，枝条水平伸展，呈轮生，塔式树形，叶秀繁茂。室内宜放近窗明亮处。原产澳大利亚。

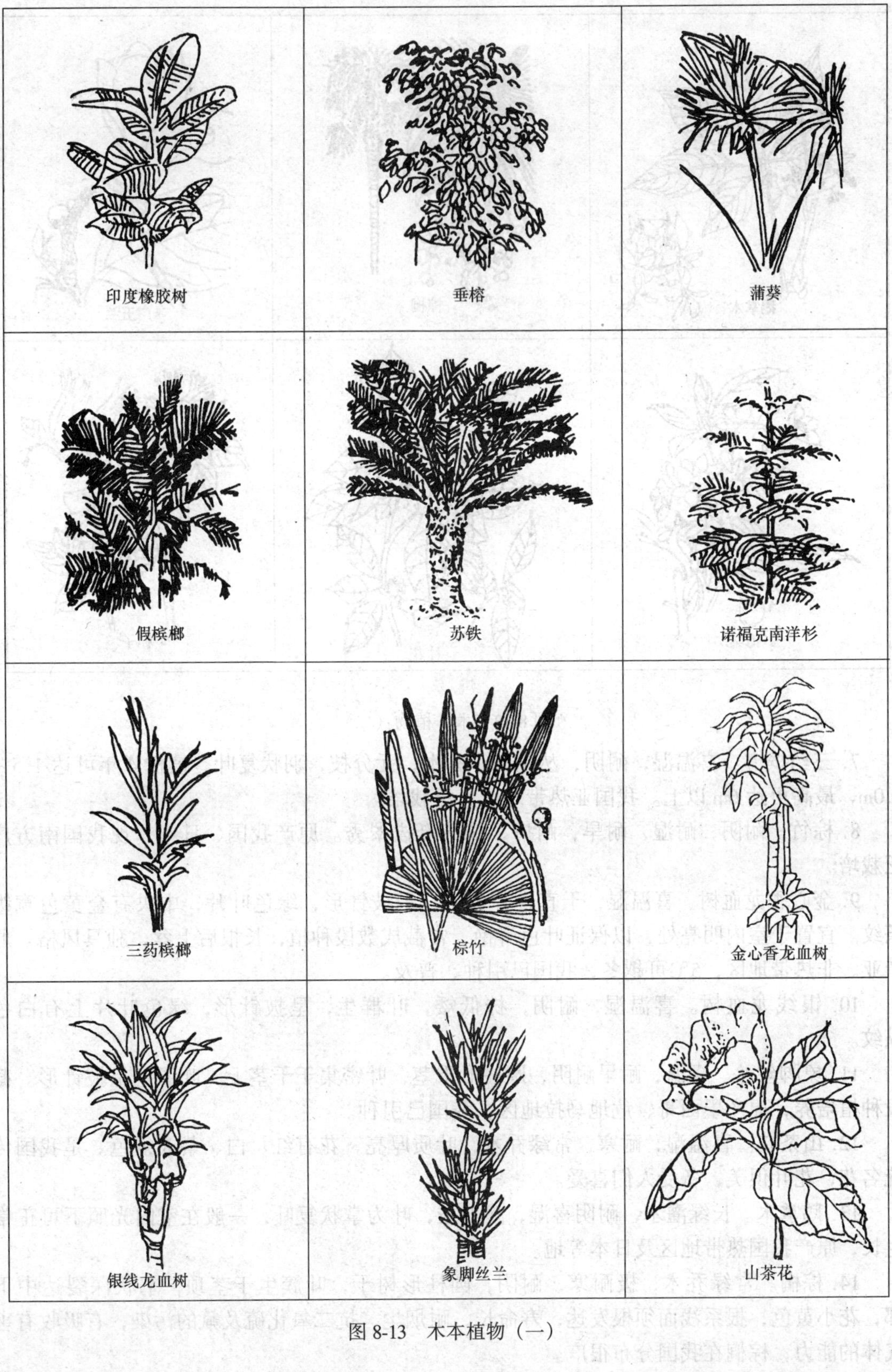

图 8-13　木本植物（一）

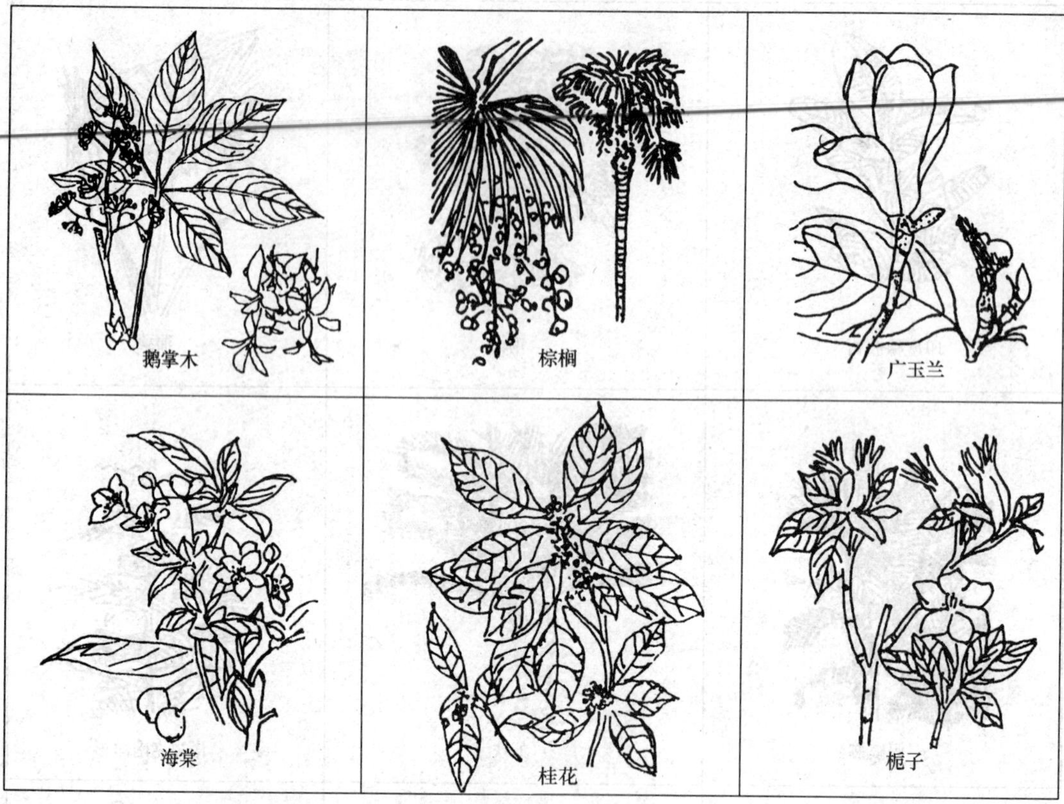

图 8-13　木本植物（二）

7. 三药槟榔。喜温湿，耐阴，丛生型小乔木，无分枝，羽状复叶。植株 4 年可达 1.5～2.0m，最高可达 6m 以上。我国亚热带地区广泛栽培。

8. 棕竹。耐阴，耐湿，耐旱，耐瘠，株丛挺拔翠秀。原产我国、日本，现我国南方广泛栽培。

9. 金心香龙血树。喜温湿，干直，叶群生，呈披针形，绿色叶片，中央有金黄色宽纵条纹。宜置于室内明亮处，以保证叶色鲜艳，常截成数段种植，长根后上盆，独具风格。原产亚、非热带地区，5℃可越冬，我国已引种、普及。

10. 银线龙血树。喜温湿，耐阴，株低矮，叶群生，呈披针形，绿色叶片上有白色纵纹。

11. 象脚丝兰。喜温，耐旱耐阴，圆柱形干茎，叶密集于干茎上，叶绿色呈披针形。截段种植培养，原产墨西哥、危地马拉地区，我国已引种。

12. 山茶花。喜温湿，耐寒，常绿乔木，叶质厚亮，花有红、白、紫或复色。是我国传统名花，花叶俱美，备受人们喜爱。

13. 鹅掌木。长绿灌木，耐阴喜湿，多分枝，叶为掌状复叶，一般在室内光照下可正常生长，原产我国热带地区及日本等地。

14. 棕榈。常绿乔木，极耐寒、耐阴，圆柱形树干，叶簇生于茎顶，掌状深裂达中下部，花小黄色，根系浅而须根发达，寿命长，耐烟尘，抗二氧化硫及氟的污染，有吸收有害气体的能力，棕榈在我国分布很广。

15. 广玉兰。常绿乔木，喜光，喜温湿，半耐阴，叶长椭圆形，花白色，大而香。花期6个月，对二氧化硫、氯气等抗性强。

16. 海棠。落叶小乔木，喜阳，抗干旱，耐寒，叶互生，花簇生，花红色转粉红，品种有贴梗海棠、垂丝海棠、西府海棠、木瓜海棠，为我国传统名花，可制作成桩景、盆花等观赏效果，宜置室内光线充足、空气新鲜之处。我国广泛栽种。

17. 桂花。常绿乔木，喜光，耐高温，叶有柄，对生，椭圆形，边缘有细锯齿，深绿色，花黄白或淡黄，花香四溢，树龄长。我国各地普遍栽种。

18. 栀子。常绿灌木，小乔木，喜光，喜温湿，不耐寒，吸硫，净化大气，叶对生或三枚轮生，花白香浓郁。宜置室内光线充足、空气新鲜处。我国中部、南部、长江流域均有种植。

二、草本植物（图 8-14）

1. 龟背竹。多年生草本，喜温湿、半耐阴，耐寒耐低温，叶宽厚，羽裂形，叶脉间有椭圆形孔洞。在室内一般采光条件下可正常生长。原产墨西哥等地，我国现已很普及。

2. 海芋。多年生草本，喜温耐阴，茎粗叶肥大，四季常绿。我国南方各地均有培植。

3. 金皇后。多年生草本，耐阴，耐湿，耐旱，叶呈披针形，绿叶面上嵌有银灰色斑点。

4. 银皇帝。多年生草本，耐湿，耐旱，耐阴，叶呈披针形，暗绿色叶面嵌有银灰色斑块。

5. 广东万年青。喜温湿，耐阴，叶卵圆形，暗绿色。原产我国广东等地。

6. 白掌。多年生草本，观花观叶植物，喜湿耐阴，叶柄长，叶色由白转绿，夏季抽出长茎，白色苞片，乳黄色花蕊。原产美洲热带地区，我国南方均有种植。

7. 火鹤花。喜温湿，叶暗绿色，红色单花顶生，叶丽花类。原产中、南美洲。

8. 菠叶斑马。多年生草本观叶植物，喜光耐旱，绿色叶上有灰白色横纹斑，中央呈环状贮水，花红色，花茎有分枝。

9. 金边五彩。多年生观叶植物，喜温，耐湿，叶厚亮，绿叶中央镶白色条纹，开花时茎部逐渐泛红。

10. 斑背剑花。喜光耐旱，叶长，叶面呈暗绿色，叶背有紫黑色横条纹，花茎绿色，由中心直立，红色似剑，原产南美洲的圭亚那。

11. 虎尾兰。多年生草本植物，喜温耐旱，叶片多肉质，纵向卷曲成半筒状，黄色边缘上有暗绿横条纹似虎尾巴，称金边虎尾兰。原产美洲热带，我国各地普遍栽植。

12. 文竹。多年生草本观叶植物，喜温湿，半耐阴，枝叶细柔，花白色，浆果球状，紫黑色。原产南非，现世界各地均有栽种，历史悠久。

13. 蟆叶秋海棠。多年生草本观叶植物，喜温耐湿，叶片茂密，有不同的花文图案。原产印度，我国已有栽培。

14. 非洲紫罗兰。草本观花观叶植物，与紫罗兰特征完全不同，株矮小，叶卵圆形，花有红、紫、白等色。我国已有栽培。

15. 白花吊竹草。草本悬垂植物，半耐阴，耐旱，茎半蔓性，叶肉质呈卵形，银白色中央边缘为暗绿色，叶背紫色，开白花。原产墨西哥，我国已引种。

16. 水竹草。草本观叶植物，植株匍匐，绿色叶片上满布白色纵向条纹，吊挂观赏。

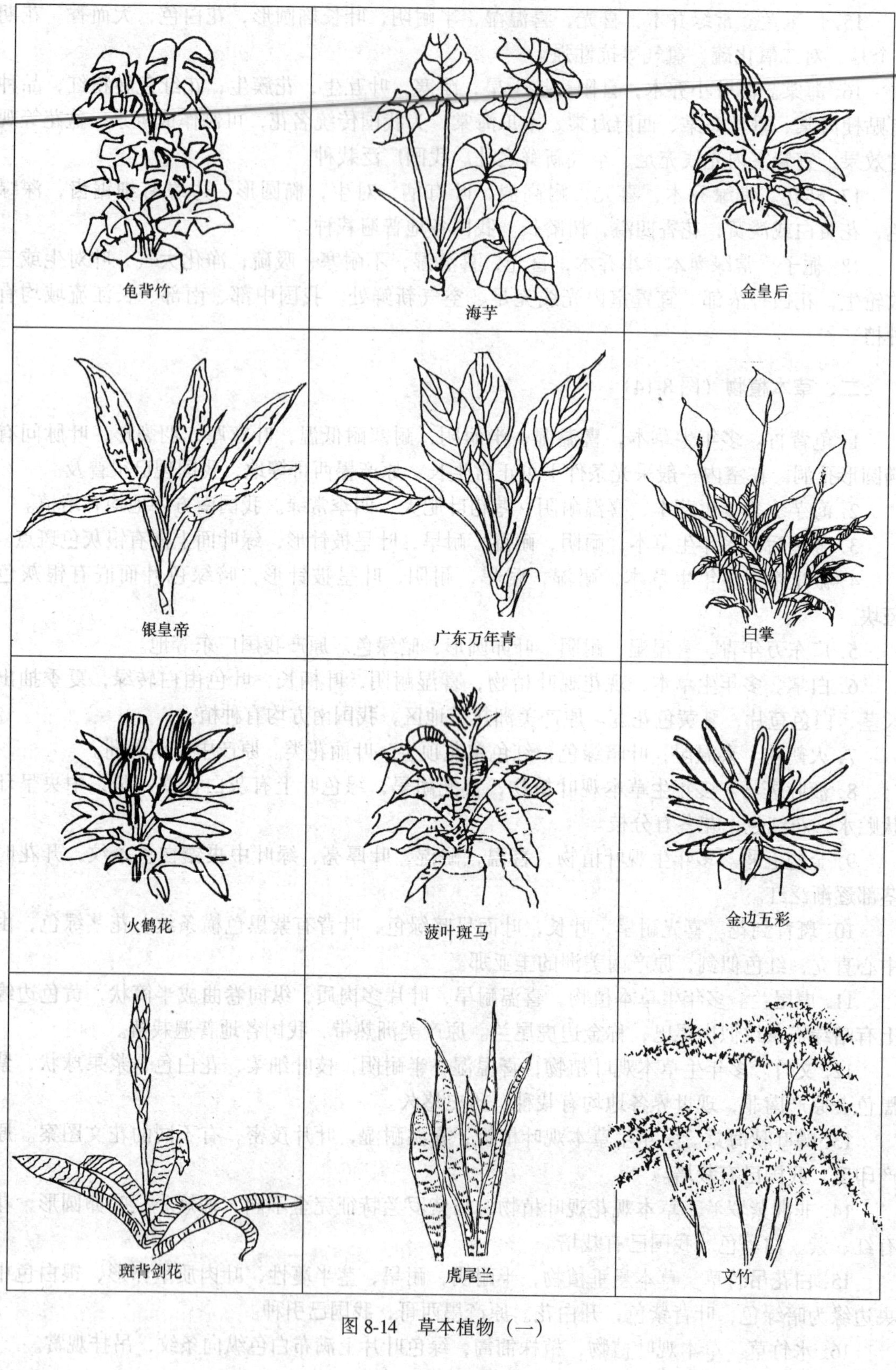
龟背竹
海芋
金皇后
银皇帝
广东万年青
白掌
火鹤花
菠叶斑马
金边五彩
斑背剑花
虎尾兰
文竹

图 8-14　草本植物（一）

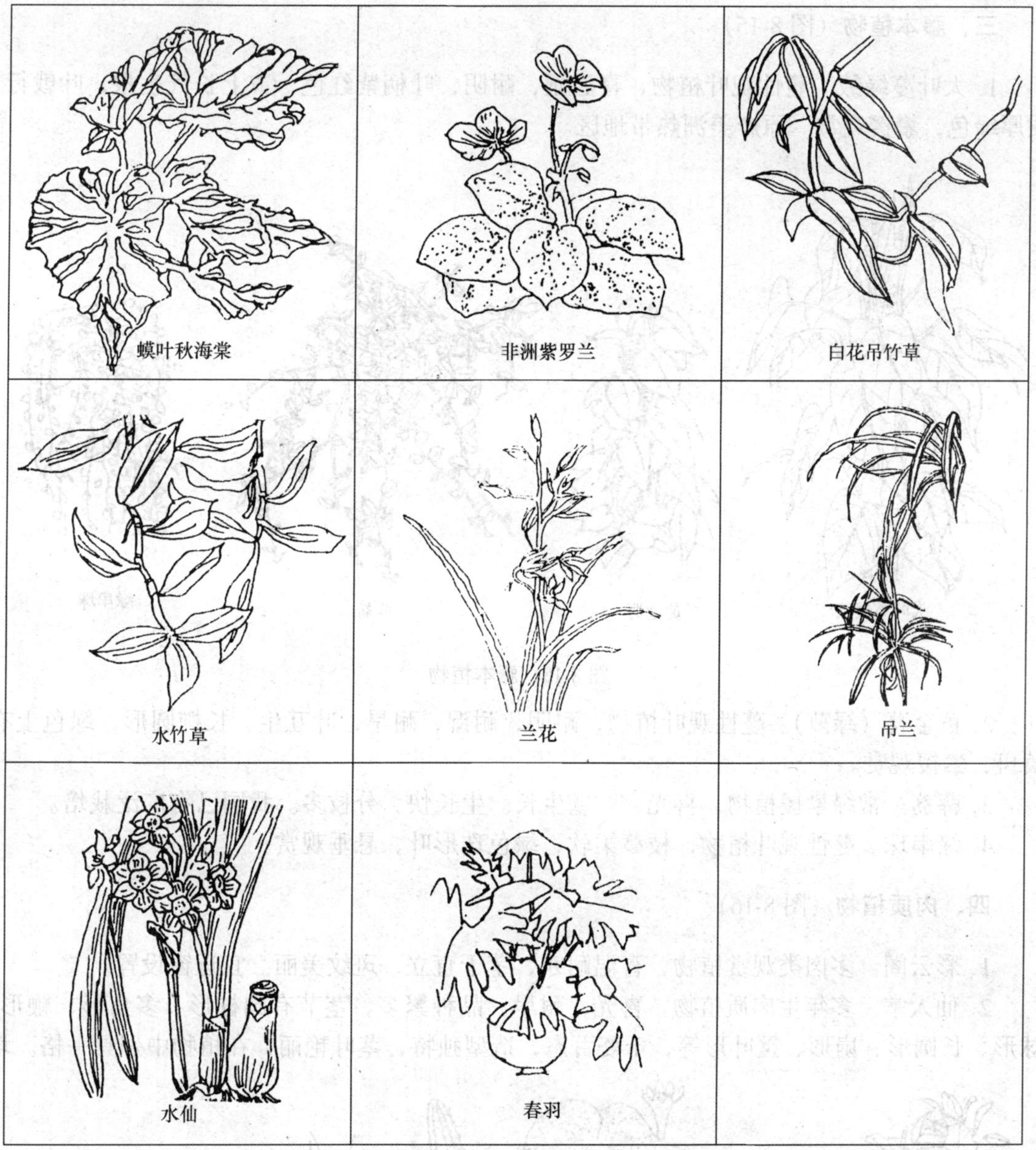

图 8-14　草本植物（二）

17. 兰花。多年生草本植物，喜温湿，耐寒，叶细长，花黄绿色，香味清香，品种繁多，为我国历史悠久名花。

18. 吊兰。常绿缩根草本，喜温湿，叶基生，宽线形，花茎细长，花白色。品种多，原产非洲，现我国各地早已有广泛培植。

19. 水仙。多年生草本，喜温湿，半耐阴，秋种，冬长，春开花，花白色芳香。我国东南沿海地区及西南地区均有培栽，历史悠久。

20. 春羽。多年常绿草本植物，喜温湿，耐阴，茎短，丛生，宽叶，羽状分裂，在室内光线高于微弱之地，均可盆养。原产巴西、巴拉圭等地。

三、藤本植物（图 8-15）

1. 大叶蔓绿绒。蔓性观叶植物，喜温湿，耐阴，叶柄紫红色，节上长气生根，叶戟行，质厚绿色，攀援观赏。原产美洲热带地区。

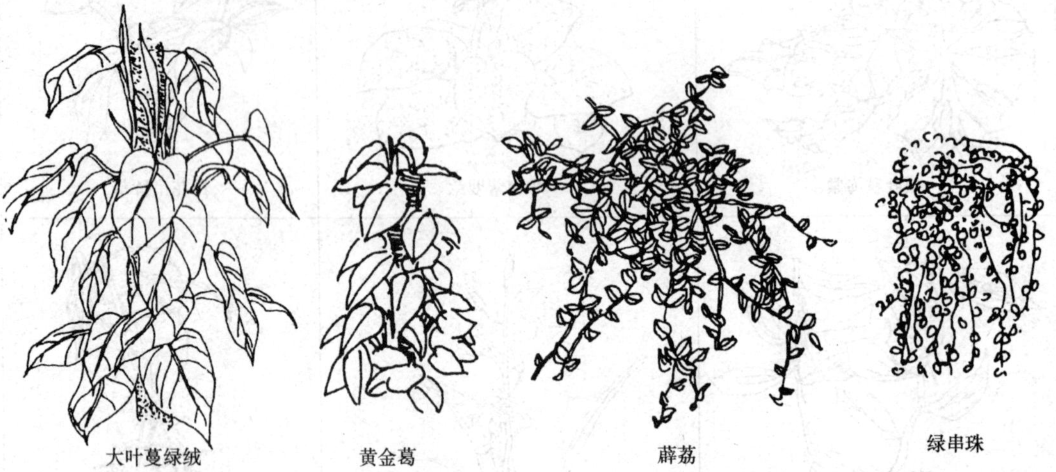

图 8-15　藤本植物

2. 黄金葛（绿萝）。蔓性观叶植物，耐阴，耐湿，耐旱，叶互生，长椭圆形，绿色上有黄斑，攀援观赏。

3. 薜荔。常绿攀援植物，喜光，贴壁生长。生长快，分枝多。我国已有广泛栽培。

4. 绿串珠。蔓性观叶植物，枝蔓柔软，绿色珠形叶，悬垂观赏。

四、肉质植物（图 8-16）

1. 彩云阁。多肉类观赏植物，喜温耐寒，茎干直立，斑纹美丽。宜近窗设置。

2. 仙人掌。多年生肉质植物，喜光，耐旱，品种繁多，茎节有圆柱形、多角形、鞭形、球形、长圆形、扇形、蟹叶形等，千姿百态，造型独特，茎叶艳丽，在植物中别具一格。培

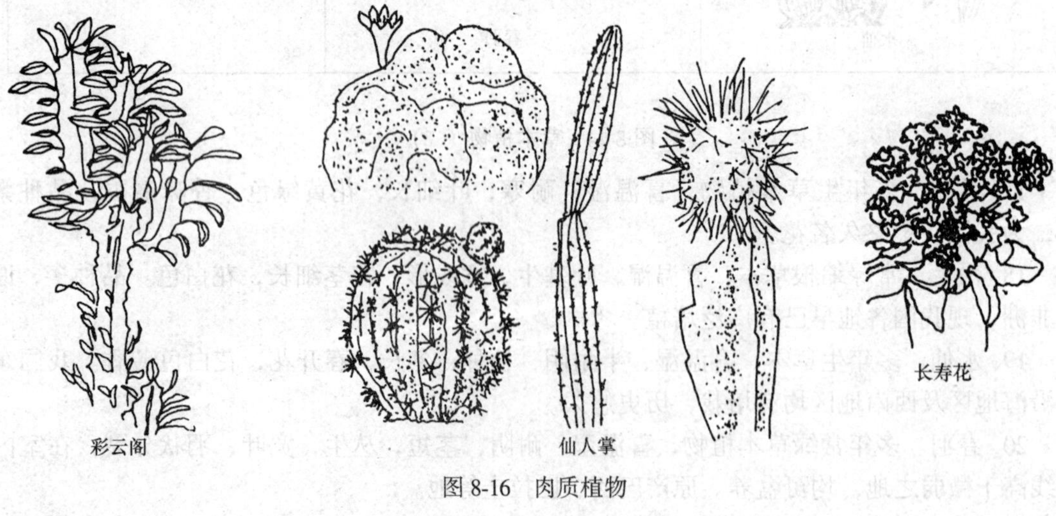

图 8-16　肉质植物

植养护都很容易。原产墨西哥、阿根廷、巴西等地，我国品种少，但已广泛培植。

3. 长寿花。多年生肉质观花观叶植物，喜暖，耐旱，叶厚呈银灰色，花细密成簇形，花色有红、紫、黄等，花期甚长。原产马达加斯加，我国早有栽培。

复 习 题

1. 室内绿化的作用是什么？
2. 室内绿化布置方式有哪些？
3. 室内绿化布置注意事项有哪些？
4. 室内绿化植物的选择有哪些？
5. 室内绿化所需要的花卉品种如何选择？

第三部分

建筑外环境景观设计

第九章 建筑外环境景观设计

环境的含义在不同的地域有着不同的名词解释。《中国大百科全书（环境科学卷）》指出："环境是围绕着人群的空间及其中可以直接、间接影响人类生活和发展的各种自然因素的总体。"《韦氏新大学词典》（第9版）则为环境定义了两项词义：a项词义是"作用于生物或生物社会并最终决定其形式和生存的物质的、化学的和生物的因素（如气候、土壤和生命体）"。b项词义是"影响个人或社会生活的社会和文化条件的总和。"有的学者则认为，在环境科学中，环境一般是指围绕着生物圈的空间和其中可以直接、间接影响人类生活和发展的各种自然因素和社会因素的总体。上述各概念大同小异，可以概括为：环境是围绕人群（或生物、或生物圈）的空间、它是影响人类生活的各种自然因素和社会因素的总体。

第一节 概 述

一、建筑外环境

建筑外环境是指室外空间围绕着人的行为活动，直接或间接地与人有密切联系的一切有形或无形的外部条件。

1. 随着社会的进步，经济技术的发展，人们对环境的认识也逐渐加深，对环境的要求也越来越高。人们对活动空间的认识已经从单纯的建筑与人的关系，扩大到环境、建筑与人的关系，强调"以人为本"的理念，要求环境设计做到能够最大限度地体现对人的关怀。近几年，经过实践、改进、试验、研究，逐渐从环境工程学中产生了一门建筑外环境设计学，也称为环境景观设计学，并成为环境工程学的一个重要分支。因为环境工程是一项非常重要且庞大的系统工程，涉及各个学科，遍及各行各业。从人们在地球上生存的延续，到人们具体的日常生活，都和环境有着密切的关系。

2.20世纪70年代以来，生态环境问题日益受到关注，环境景观成为一个包括地质、地形、水文、土地利用、植物、野生动物和气候等决定性因素相互联系的整体 。与之相应，人们也越来越注重在建筑与环境规划设计中强调以人为本，遵从自然规律和生态环境。逐渐摒弃了那些只考虑纯美学的手法、艺术化布置环境、与周围生态环境不相匹配的设计思路。当前的一切观念都告诉我们，除了人与人的社会联系之外，所有的人都天生地与地球的生态系统紧紧相连。人的行为活动，必须遵守"可持续发展"的准则。

二、建筑外环境景观设计

从学科体系来看，建筑外环境景观设计跨越两个体系。一方面属于建筑技术体系，即从建筑物理、建筑构造、施工等工程技术手段对外部景观进行设计，以满足使用者的生理、心理与行为需求，补充并完善建筑的外部功能，提高建筑外部环境效益；另一方面又属于环境艺术体系，即上述各种技术手段总是被赋予建筑艺术和环境艺术的美感形式，并符合艺术设计的美学规律，满足设计者、使用者的审美情趣。所以建筑外环境景观设计是处于技术与艺术的交叉点上，是融规划、建筑、园林、技术、人文、心理为一体的交叉学科。具体内容如下：

1. 景观设计包含的内容很广泛，要考虑气候、空气、通风、吸声、隔声、噪声控制、日照、采光、照明、隔热、色彩匹配和风格等自然环境、物理环境以及人工环境，同时还要考虑这些景观设计对人的行为活动所产生的心理、生理等物质与精神上的影响。景观环境包含三方面内容。

(1) 自然景观

自然景观由山、水、动植物和云、雨、风、雪、光、气象等景观组成。山、水、动植物等是城市中常见的自然景观，它可以经过人工改造，具有山、水风光，成为城市立体轮廓的骨架。而云、雨、风、雪、光、气象等自然景观，一般是不能改变的，但是可以加以利用。

(2) 人文景观

人文景观包括各种建筑、街道、构筑物、小品、雕塑等人工设施以及历史文物古迹；各种与景物相联系的艺术作品如诗文碑刻，各种人造的堆山、堆石、凿洞、挖地、人工瀑布、跌水和绿化、铺地等，这些都是构成人文景观环境的主要部分，其优劣直接影响到景观环境质量的好坏。

(3) 社会景观

以社会场景和人为活动作为主要内容的景观。

2. 设计中要依靠和利用相关学科的知识与原理组成景观学科的内容体系。这些学科包括：

(1) 自然学科：建筑学、城市规划、生态学、生理学、人体工程学、市政工程学等。

(2) 社会学科：行为心理学、社会学、美学、人文学、经济学等。

上述各学科的理论和技术是指导建筑外环境景观设计的理论依据，运用这些理论和技术可解决设计中的具体问题。同时，还需要依靠工程实践、生活常识作为环境设计和实际施工的基本技术。

三、建筑外环境景观设计的任务和要求

（一）建筑外环境景观设计需要满足的原则

(1) 生存要求：安全性、便捷性、生态性、地方性、满足可持续发展的要求。

(2) 生活要求：便利性、舒适性、经济性、实用性。

(3) 行为要求：功能合理性、多样性。

(4) 观赏要求：艺术性、趣味性。

（二）建筑外环境景观设计的具体工作任务

1. 因地制宜，创造个性

城市改扩建区域和小区建设必须和城市设计以及建筑单体设计同步进行，借鉴国内外的先进的设计理念与手法，因地制宜，创造性地进行景观设计，并应注意历史文脉、地方特色与个性特征的结合，提高环境品质。

2. 保护和改造

当前世界各国在城市发展建设中都存在着许多不尽如人意的问题：土地不足、人口密集、居住面积不足和拥挤、环境日益恶化、日照通风条件变差等，这是各国在经济发展过程中普遍出现的问题，所以建筑外环境设计工作还肩负着延续城市历史与文脉，保护文物古迹

的任务。因此，景观设计师必须具备建筑学、人文学、园林学等多学科的素质，才能完成环境景观设计工作。

四、建筑外环境景观设计与其他设计的关系

建筑外环境景观设计与城市、乡镇规划、居住小区设计、古建筑维护与改造、建筑设计等都有密切联系。规划总图、建筑工程技术以及基础资料的调研为环境景观设计提供了条件与要求。环境景观设计必须充分了解其他设计意图，与其他设计相辅相成，互为补充与完善，图 9-1 是某开发区环境景观设计效果图。它必然和建筑设计、规划设计、景观设计结合起来，走向三者合一共同完成。

图 9-1　景观设计、建筑设计的结合效果图

景观设计将各个学科交叉融合汇集在一起，进一步推进了学科发展的多元化。知识的广泛性，使得相关学科专业人员有机会参与景观设计，使得环境景观设计更多元化、更完美、更全面、更合理。

五、城市建筑外环境景观设计思想的演变

（一）城市环境设计中自然要素和人工要素相结合的思想

由于人们对社会工业化带来的负面效应的认识，在建筑外环境设计中开始较多地关注自然要素的作用和价值。

1. 早在 18 世纪，西方资产阶级的启蒙运动时期，思想家卢梭就提出了“返回自然”、“个性解放”，主张“人类只因情感而伟大”，赞美“心灵的想象”等艺术主张。这些思想对当时环境设计中的中国学派、英国式园林以及浪漫主义产生了重要的影响。

2. 19 世纪中后期，面对工业化时代兴起所带来的诸多城市问题，许多设计师都在尝试以重新纳入自然要素的方法而进行种种探索。如英国的社会活动家霍华德在《明日的花园城市》中把“有机体或组织的生长发展都有天然限制”的概念引入城市规划中来。他认为城市的生长应该是有机的，一开始就应对人口、居住密度、城市面积等加以限制，配置足够的公

园和私人园地，城市周围有一圈永久性的农田绿地，形成城市和郊区的永久结合，使城市如同一个有机体，能够协调、平衡、独立自主地发展。

3. 在美国，郊区墓地园区风景在 19 世纪中叶成为一种时尚。美国造园先驱唐宁指出："这些墓园对城市居民的吸引力在于它们固有的美和利用艺术手法和谐组织起来的场地……这种景色有一种自然和艺术相统一的魅力。"在浪漫郊区设想中，他表达了对工业城市的逃避和突破美国方格网道路格局的意愿。

在建筑及其环境设计中，能将自然要素与人工要素成功结合的典范性代表人物当属美国现代主义建筑大师赖特。无论是其"草原住宅"这样的早期作品，还是其"流水别墅"之类的后期作品，都充分体现了建筑与周围自然环境的完美结合。赖特的"有机建筑论"是受当时欧美"工艺美术运动"及中国道家哲学双重影响的结果，赖特认为"有机"表示内在的哲学意义上的整体性。在这里，整体属于局部，局部属于整体。他认为"有机建筑"就是"自然的建筑"，房屋应当像植物一样，是"地面上的一个基本的和谐的要素，从属于自然环境，从地里长出来，迎着太阳"。

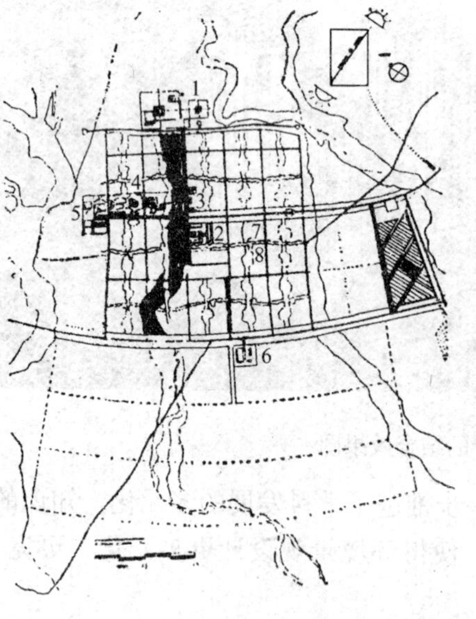

图 9-2　昌迪加尔城

1—行政中心；2—商业中心；3—接待中心；4—博物馆与运动场；5—大学；6—市场；7—绿地与游憩设施；8—传统商业街

4. 奥地利城市规划师卡米罗·西特在承认城市之美的同时，强调城市公园对于城市的健康所起到的作用；公园是能使城市保持卫生的绿地，是城市的肺。同样的设计理念也体现在现代主义建筑大师柯布西耶身上，他在 1951 年为印度昌迪加尔城所作的规划时，将格网式的绿化系统与格网式的道路系统穿插布置，似肺叶、气管般地分布于整个城市的肌体中，如图 9-2 所示。

可见，现代建筑外环境设计是理解自然、理解人与自然的相互关系、尊重自然的过程。这些要素既有纯粹自然的要素如气候、土壤、水分、地形地貌、大地景观特征、动物、植物等，也有人工的要素如建筑物、构筑物、道路等。在景观设计中对诸要素的综合考虑必须放在人与自然相互作用、相互协调的前提下。

5. 近年来，生态环境的恶化使得生态设计日益受到人们的关注。正如著名的景观建筑学理论家西蒙兹所说："自然法则指导和奠定所有合理的规则思想。"同时，他还引用辛·范·德·赖恩和斯图尔特·考恩的话说："生态设计仅是有效地适应自然过程并与之统一。"美国著名的生态设计学家麦克哈格在他著名的《设计结合自然》一书中也对此做了很好的说明。他一反以往土地和城市规划中功能分区的做法，强调土地利用规划应遵从自然固有的价值和自然过程。这为我们建筑环境和景观规划设计如何正确对待自然指明了方向。

（二）建筑外环境设计理念的人性化

建筑外环境设计理念带有鲜明的人性化倾向。当代建筑环境设计师的终生目标和工作就是理解、尊重人的行为活动和人类文化，让诗人、建筑物、社区、城市以及他们共同生活的地球和谐共处。

1. 在古代的环境设计中已经出现过这样一些令人满意的例子，如中国的天坛（图9-3）、日本的龙安寺、法国的香榭丽舍大道等（图 9-4）。景观设计家西蒙兹根据这些杰出的实例将

图 9-3　天坛祈年殿

图 9-4　法国香榭丽舍大道

现代环境设计的本质理解为：人们规划的不是场所空间，也不是物质形态，首先是确定使用功能及环境对人的行为和心理的感受，其次才是关于形式和空间的有意识的设计，以实现希望达到的效果。场所、空间或物体都根据这种思路来设计。1977 年，国际建协修订的城市新宪章——《马丘比丘宪章》，进一步肯定了以上的指导思想。该宪章对区域规划、城市增长、分区概念、住房问题、城市运输、自然资源与环境污染、工业技术、设计与实施、城市与建筑设计等都提出了建设性的意见。

2. 在设计中，进行全方位考虑的人性化特点十分清晰地表现在居住区、步行商业街区、

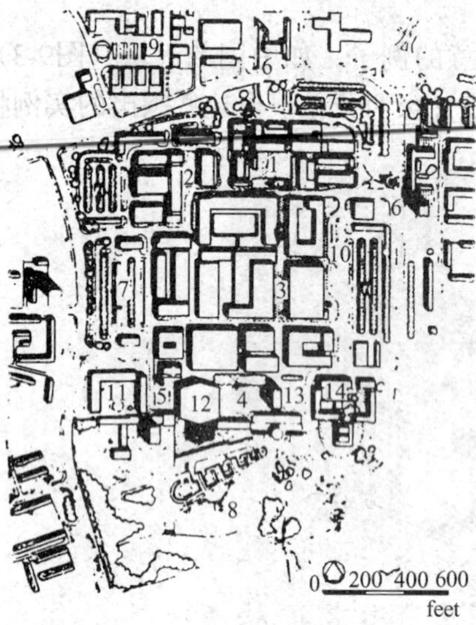

图 9-5　伦敦哈罗市中心平面

1—商业广场；2—文娱广场；3—主要商业街；4—市中心广场；5—教堂广场；6—地下自行车道；7—停车场；8—几何形庭园；9—服务区；10—公共汽车站；11—科技学院；12—公共会堂；13—市政府厅舍办公楼；14—法院

公园及广场等公共性空间环境中。各国卫星城理论的实践应用大大改善了中心城市的人居环境，美国首先倡导的“邻里单位”理论和苏联的“街坊”理论对居住区的规模进行了合理的控制，有效地保证了居住环境的质量。

（1）城市中心商贸区的步行空间体系构成了许多城市核心空间的重要内容。如 1947 年开始规划设计的伦敦近郊的哈罗新城便是一个典型的例子，如图 9-5 所示。该城市中心的东广场主要布置行政建筑，西广场布置高校、剧院及教堂等建筑。东西广场之间的中心广场形成一块无车辆干扰的开阔公共空间，布置图书馆、饭店和博物馆。中心广场的南侧与公共花园绿地相接，北面有数十个商店构成了商业步行街和商业广场。为了能保证整个市中心的步行环境，而城市的公交系统（包括公交站点、停车场等）则位于其周边地区。其他如英国考文垂市中心街区，如图 9-6 所示；瑞典新城魏林比市中心的岛式步行区，如图 9-7 所示；荷兰鹿特丹市中心的林巴恩步行购物街等也是如此布局。

（2）现代城市外部环境对人最大关怀的重要表现内容是城市公园。在 19 世纪的自然主义运动中，出现了美国现代景观设计的创始人奥姆斯特德。他和英国建筑师沃克斯合作设计的纽约中央公园给城市提供了大片的绿地和休憩场所，已成为现代城市环境设计的典范，如图 9-5 所示。此后，中央公园在许多国家都得到了公众赞赏，美国甚至把公园建设当作促进城市经济和提供自然景色的一项有益活动，兴起了城市公园运动，奥姆斯特德成为这场运动的领导人。这一时期规划设计的公园有布鲁克林的希望公园、芝加哥的城南公园、费城的费蒙公园、旧金山的金山公园、圣路易斯的森林公园、圣

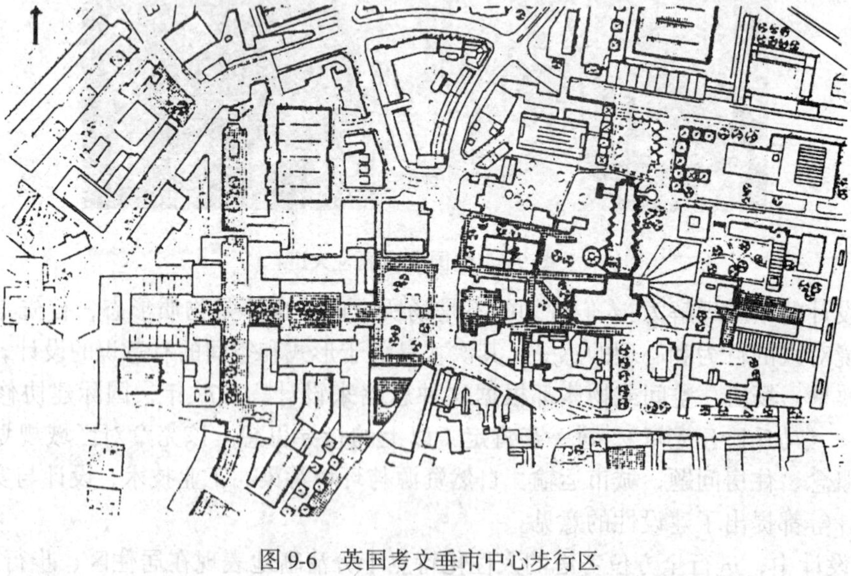

图 9-6　英国考文垂市中心步行区

弗兰西斯科的金门公园以及波斯顿的福兰克林公园等，都为人们创造了优美、休闲、舒适、有益健康的环境。图 9-8 所示为美国纽约中央公园。

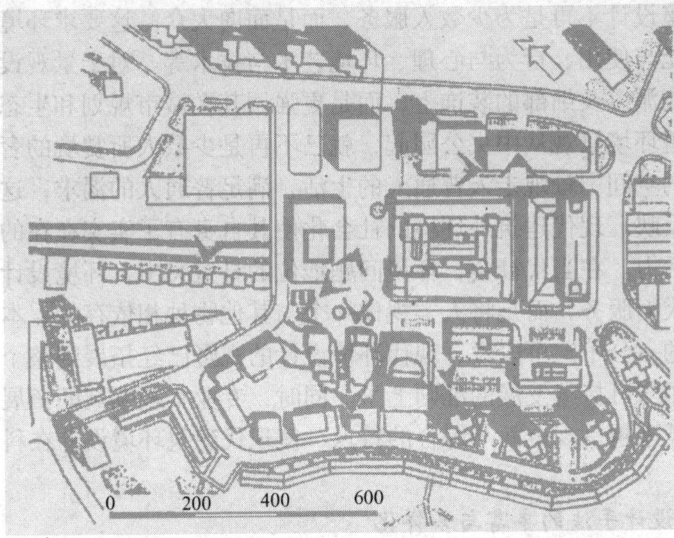

图 9-7　瑞典斯德哥尔摩魏林比市中心的岛式步行区

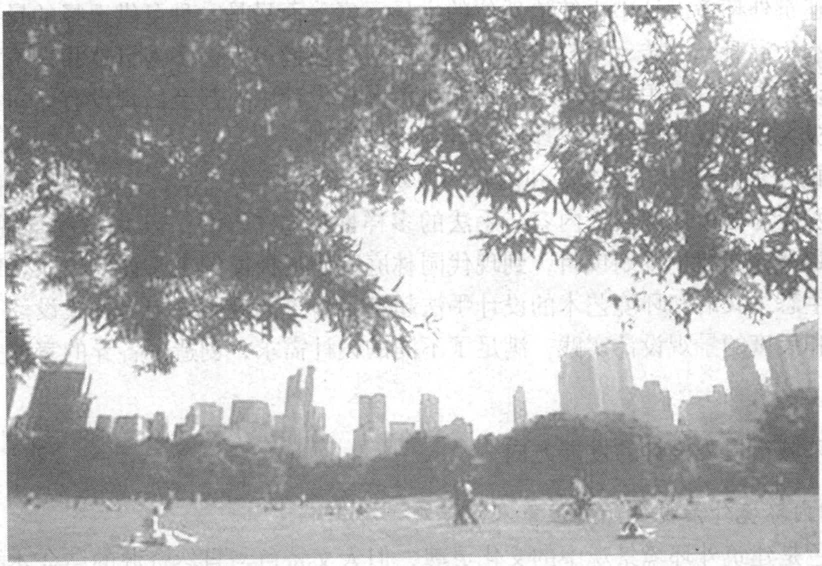

图 9-8　美国纽约中央公园

(三) 城市设计领域更加广泛

随着社会的发展和人类对自然认识的不断扩大，环境设计进一步扩展到整个人居环境中。当然，传统小尺度的私人花园和园林设计可能仍然在继续，而诸如大地生态规划、区域景观保护与规划、国土景观资源的调查评价与保护管理这些专业实践使环境设计在更广泛的层面和更为公共的尺度上操作。时至今日，外部环境绝不再是建筑庭院的放大版本，而是一个几乎涵盖人与自然环境关系的方方面面的实践学科，其理论方法与社会责任也随之拓展和改变了。这是当代人面对人类社会逐渐远离自然环境的全面反思和积极弥补。

（四）城市环境设计的服务对象扩大

当代的建筑环境设计不再是为少数人服务，而是面向大众。这要求环境设计必须考虑更多的因素，包括功能与使用、行为与心理、环境艺术与技术等。对于景观设计的研究也不能仅仅停留在风格、流派以及细部的装饰上，而是更强调其在城市规划和生态系统中的作用。

如美国现代建筑环境景观从中央公园起，就已不再是少数人所赏玩的奢侈品，而是适应普通公众各种需求的空间。景观走入普通人的生活，满足普通人的渴求，这是现代社会与民主在环境设计中的反映。现代建筑外环境的社会化使其自身有了实实在在的生活根基，有了持续不断的生机与活力。在当代社会，环境问题地位的日益突出，环境设计也不再局限于为特殊地位的某一群人而服务，而是将人类视作一个与其他物种相依存的、本身有着多种文化关联的自然系统中的一分子。可以说，现代环境设计的视野已经拓展到整个人类文化圈与自然生物圈的相互作用与可持续发展的准则上了。同时，专业实践领域的拓展使建筑环境设计师所需的专业知识越来越呈现全面与综合的特点，使现代建筑环境设计在科学与艺术两个方面不断深入与完美。

（五）城市环境设计手法的丰富与多样化

1. 材料的发展与丰富

现代建筑外环境设计的具体应用素材远远超越了传统园林设计中常见的素材。在这里，植物不再是建筑外环境设计中占统治地位的主导元素，而只是一种可供选择的景观材料。土地、岩石、水、混凝土、砖、木材、瓦、钢、塑料和玻璃等许许多多自然和人工素材都可以在现代环境设计中得以运用。在一些先锋派城市园林设计中，甚至出现没有任何自然材料的景观空间，极大地挑战了传统建筑环境和景观设计规则。

2. 材料的发展促进了设计方法和内容的改革

材料的发展为城市环境设计内容与手法的多样性创造了条件，从大尺度景观规划设计、高速公路规划和自然保护规划项目，到现代园林庭院中的极简约主义设计，众多理性的、功能主义的、生态主义的和环境艺术的设计手法超越了传统的规则式与自然式设计手法，适应了多种范畴和尺度的景观设计实践，满足了不同的设计需求，创造了各异的室外空间和景观形象。

六、未来城市景观设计的发展方向

（一）室内环境外景观设计更注重人文景观

人文特色是建筑外环境景观中的文化灵魂，但人文特色与自然资源的结合才能体现其最终表现力。景观的自然资源增加了自身美学欣赏性，而人文资源则增加了它的文化内涵，因此对这类景观的规划设计必须建立在两者的互相依托和互相借助的基础之上。人文景观的规划设计包括对历史遗产、历史建筑的保护、继承和利用，使建筑历史文脉得以延续。

1. 历史遗产的保护

历史遗产保护主要是在环境设计中实现考古场地保护与自然景观结合。如南非卡拉哈利自然保护区，1925 年当地采石工人于该地沙漠边缘的一处悬崖发现了早期人类头骨（距今 250 万年）和较晚的石器时代遗址。为了保护这些考古场地和早期人类活动遗址，这里的采矿业被停，并将 1400 公顷土地辟为自然保护区。

该地区环境设计正是基于历史保护这一理念展开的，规划设计任务包括利用旧建筑作采矿历史博物馆，合理设置旅游休闲设施（包括天然小径、烧烤地、野餐地、篷车区和野营区），并改善附近村落布克斯顿村的自然与生活环境。在这里，建筑室外景观工程包括稳固陡坡、增加植被、进行道路建设、停车场、野餐区、给水系统等基础建设。维特沃特斯兰德大学已在此开展长期研究项目，标出有研究价值的地方，保护化石出土地。今后，这里将建立解说中心，重修采矿建筑作为接待区、茶室和手工艺工作室，并申请“世界文化遗产”。

2. 自然景观中赋予文化主题

在建筑外环境中，人们既需要享受到自然的优美景色和舒适环境，还需要结合这些环境欣赏具有“点题”作用的造型元素，如有主题的雕塑、小品、碑刻，甚至是深化景观意义的点景题名或诗词文句，以很好地结合自然景观与文化主题，形成一个充满“场所与精神相对话”的室外景观空间。在人文景观和自然景观相结合的设计方法中，中国古典园林便是杰出的例子。例如颐和园利用园名阐发的是“颐养冲和”的文化蕴涵；圆明园景点“九州清晏”则含有祈愿“国家太平”的帝王思想；苏州留园的景点“揖峰轩”则引用了“米芾拜石”的典故，标举了古代文人亲和自然的雅趣；天津塘沽外滩的汉字文化墙通过各种书写体和拓印碑帖展示了文字的演变历史。以上种种手段能够进一步激发观赏者的景观联想，使景观的现实感觉、景观经验与意向相叠加，从而实现由景观到审美意境的升华。

例如，德国斯克劳斯公园在原有的白杨树林中进行景观设计，试图创造场所与诗的对话。该项目由艺术家及景观设计师合作，他们清理公园中的河道，调节各树种的数量，引进野花和灌木品种，使原先单调的杨树林成为各类树种共生的景观树群，并在原有14世纪的城堡及新改造成游客中心的消防站之间设计了一条笔直的通道斜穿树林，跨越小湖并沿路开辟楔形草坪，以混凝土矮墙分割草地与树林。树林中的通道以自然形态的枝干搭成连续的门架棚廊。树林中散布刻着诗的碑石，其中诗意与环境相吻合。跨越小湖的道路路基侧面刻着描写天鹅的诗篇，使观赏者对湖面的景色增添优美的联想。

3. 历史景观的改造和与现代生活的结合

一些历史景观如广场、历史街区由于附近交通的变迁、人口以及社会情况的变化导致它们不再适应现代社会生活需要，必须对其空间、交通出入口、构筑物进行相应的改造，才能使其适应现代的城市生活方式，真正能够被社会公众充分利用，并成为城市开放空间的一部分。

如美国纽约第五大街临近于图书馆的布瑞彦特公园的景观改造工程。20世纪70年代时，布瑞彦特公园由于环境封闭、公众使用不充分和管理维护不力，成为流浪汉与毒品交易聚集的地方。很多治安案件在此发生，使公众更加不敢涉足该公园。这些不利因素主要归结于公园的最初设计。因为，1934年的设计，采用法国规则式平面风格，使公园被各种围栏和树篱围合，与大街相隔离。

改造后去除了公园的围墙及树篱，使视线通透，拓宽并增加了出入口，增设残疾人坡道、中心草坪、花坛、建筑小品、厕所等设施，尤其是改善了照明系统。新的照明系统非常有特色，除了配备一般性的路面路灯照明外，还在45层高的纽约电报电信大楼顶层设置了俯照的泛光灯以创造“朗月”的总体环境效果，灯光的亮度恰到好处，既不是太强，不会破坏私密性，也有足够的亮度方便人们夜间活动。改造后的公园吸引了大量的周边公众和外地游客，使周围地价大幅增值，公众和商业信任度显著增加。

（二）室外环境景观更要注重工业化和高科技的应用

随着科技和时代的进步，工业景观发生了很大的改变，早期工业时期的一些重工业场地由于技术更新或场地老化，成为废弃的工业遗址，这些工业遗址代表了一个时代的工业文化景观，具有纪念性，同时它们又具有某些景观上的观赏性和游乐性。因此，对这些景观的适当改造利用既符合经济学资源再利用原则，又可以形成城市的新景观类型。

设计中应从后工业时代的景观理念出发，可对原有的工业遗迹进行改造，使其纳入景观的审美范畴，打破人们以“公园”式样作为室外景观评价标准的传统美学观，并突破环境设计的传统原则。肯定对工业遗存物的保留和美学欣赏，对其有效地利用而不是破坏或隐藏，展现工业时代的真实是历史赋予每个设计师的责任。

同时，城市用地的紧迫不断要求城市绿地景观选址的灵活性，而新的技术使这一要求成为可能，都市景观日益呈现出用地的多元化态势，而与技术直接相关的就是复式景观，即利用屋顶、地下停车场的地面等。

位于日本琦玉县的空中树林广场是一个集合科学技术和艺术的景观作品。景观观念的核心在于创造性地应用技术来移植和再生自然。

琦玉空中树林是一个大型装配式花园，由街道层和5.5米高的广场层组成，规划设计了200多株树形成“飘浮”在空中的树林。这些树种植在中心广场花园的巨大土质层厚板上。土层的边缘套以特殊的强化玻璃，可以透视到这一独特的种植体系。该项目中运用复杂的生态程序，使用液体栽培技术来促进城市树木的生长和排水，并同时可以减少树木疾病。

树干从几何形装配不锈钢铺板的地面下生长出来，与支撑广场的网格构筑柱列相呼应。新技术将传统的树支撑在半空中，成为对照于现代社会与历史文脉关系的一种视觉暗喻，新与旧联合产生的复杂性在设计中分层反映出来，成为构成场所精神的基础。

（三）室外环境景观应注重生态化

由于工业化进程造成的环境破坏以及人口剧增与自然资源紧缺之间的矛盾，使人们认识到良好生态环境的重要意义。人类是整个地球生态系统的一部分，其自身的发展离不开环境的依托，盲目的工业化时代造成的巨大资源浪费和环境污染已经给人类带来巨大苦果。由于认识到良好的生态是一切景观以及人类生活的基础，人类对景观关注的重点重新回到生态环境的治理方面。一方面对受到环境污染威胁的区域进行生态整治，恢复自然生态，并寻求区域内的景观与人类聚居活动的新发展，同时利用生态方式改造废料填埋场等场所，减少甚至杜绝人类对环境的破坏；另一方面，对脆弱的环境区域进行保护，利用科学研究成果和技术帮助自然界达到自身平衡的成熟阶段，同时可以有计划地利用和开发生态环境资源，用于教育、旅游等，从而在经营运作和管理运作上形成完善的体系。

室外环境景观的生态化在设计中主要表现为景观生态治理和生态改造利用。二者皆将环境生态观念置于首位，并与就业、住宅及经济再生相联系的概念之上，使每个个体的建筑外环境设计成为营建整个生态网的有机组成部分，以利于环境活力的恢复和再生。如果生态化环境的经营能达到较高的品质和水准，还可以此为基础发展生态旅游，增加环境的经济效益和社会效益。

（四）室外环境景观更注重艺术化、个性化

景观作为与人生活密切相关的事物，已经成为一种表达人类理想和个性生活的方式。景观的艺术化表现在很多方面：特殊艺术气氛的创造，如神秘感、童话气氛等；将观赏、休

闲、参与结合在一起的立体化景观空间；结合平面拼贴的艺术形式创造的景观空间充分发挥游戏景观的自由想象；具有开放式功能的参与性景观；创造特殊情调和反映地方特色以及表达某种深刻寓意的景观行为作品等。

位于美国加利福尼亚的赫曼·米勒公司的环境设计具有独特的神秘气氛，景观设计使建筑与大地连接在一起，通过明确地限定和感染力达到振奋人心的效果。赫曼·米勒公司的主体建筑由建筑师盖里设计，建筑造型长而低矮，有如孤立横卧的巨石，覆以镀锌金属板表面或铜皮包裹。建造于巨大的岩石山脉上，建筑采用冷酷的现代主义形式。景观设计师在设计过程中为了强调原来自然地面零星岩石散布的特色，在地面上铺设草坪、野花、零星岩块、砾石，使地面看起来像是刚下过一场天外的“陨石雨”。在建筑周围，碎石基座环绕建筑，特意创造出丰富的多色灰调，强烈、小巧的天然石块和榆树在路边形成图案式的间隔地带，这些景观元素之间好像在对话，犹如在遥远土地上发生的某种超现实主义事件的见证。

第二节　建筑外环境设计风格

一、中国古代建筑外环境设计风格

中国古代建筑的主要类型有居住建筑、政权建筑（如宫殿、衙署等）、礼制建筑（如坛庙、祠堂、陵墓等）、宗教建筑、商业建筑、教育及文化娱乐建筑、园林与风景建筑、市政建筑（如钟楼、鼓楼等）、标志建筑（如牌坊、华表、风水塔等）及防御建筑（如城垣、城楼等）。中国古代建筑外环境设计正是围绕这些建筑展开的。

（一）建筑与环境的关系

中国古代三大文化主流派别——儒家、佛家与道家都主张“天人合一”的思想。在长期的历史发展过程中，这种思想促进了建筑与自然的相互协调与融合，从而使中国建筑有一种和环境融为一体的、与天地自然高度协调的气质。历史上，建设者们主要从以下几个方面来处理建筑与环境的关系。

1. 精心地选择基址

在古代，无论城镇、村落、宅第、祠宇、墓穴等，都通过“卜宅”、“相地”来对地形、地貌、植被、水文、小气候、环境容量等方面进行勘察，究其利弊尔后做出抉择。春秋时，吴王阖闾派伍子胥“相土尝水”选择城址（今苏州）及明初朱元璋命刘基为新宫觅址于钟山之阳（今南京）都属这类工作。其中，风水理论在选址时曾起过重要的指导作用。

“风水术”是中国特有的一种古代建筑文化现象，从两汉到明清曾长期流行于南北各地。它以阴阳、五行、八卦、“气”等中国古代自然观为理论依据，以罗盘为操作工具，掺以大量禁忌、命卦、星象等内容，以之进行建筑选址，并参与建筑布局的工作。它既有符合客观规律的经验性知识，也有大量迷信内容。尽管如此，风水确实在历史上造就了许多优秀的建筑，北京十三陵和皖南众多村落是其突出范例。因此可以这样认为：风水在古代特定条件下创造出来的许多实绩，今天仍可作为历史经验供我们借鉴，而它所依据的理论和手段与当代科学相比，已不能承担指导环境设计的重任了。

选好基址后，往往因地制宜，尽量减少土方量，即随地势高下、基址广狭以及河流、山丘、道路的形势，综合考虑恰当布置建筑与村落城镇。因此，我国山地多有错落有致的村落佳作，水乡多有绕水临流的民居妙品，而佛道名山则多有无数建筑群依山就势的神来之笔。唐代柳宗元在论述景观建筑时提出了“逸其人、因其地、全其天”的主张，就是提倡因地制宜、节省人力、保存自然天趣。而三者之中，“因其地”是关键。

2. 设计中注重对环境的综合整治

即对环境的不足之处作补充与调整，以保障居住者的生活质量。如开池引流、修堤筑堰、植林造桥、兴建楼馆，以满足供水、排水、交通、防卫、消防、祭祀、娱乐等方面的需求。也就是说，人们对环境不是完全被动的顺应，而要作适当加工。唐宋时期杭州西湖的白堤、苏堤工程就带有这一特点。通过工程建设一方面清除了湖中淤泥以防水患，同时又增加了景观效应，为人在湖中游赏提供了新的渠道。再如清代乾隆时期清漪园（今颐和园）昆明湖的建设，既借此整体疏理了北京西郊的河道系统，保障了附近农田的灌溉，形成了北京城水源的储备，同时又构成了皇家园林的重要水景区。

除了上述环境整治外，中国古代还往往采用文学的和风水的手段进行精神境界的提升或心理补偿。例如许多村镇城市都有“八景”、“十二景”、“二十景”……每景都冠有诗情画意的名称，并用各种匾联、题刻和诗文加以颂扬，以增强本乡本土的吸引力和凝聚力；又如人们受趋吉避凶心理的驱使，听任风水师的摆布，或确定房屋、道路的布置方式，或添置“泰山石敢当”碑和八卦镜之类的镇物，以求化解凶患。这一雅一俗的两种举措，都是为了满足心理平衡的需求。

(二) 中国古代建筑外环境设计的特点

中国古代的建筑外环境设计一般具有积极利用环境、注重安全性、注重交通运输、关注小气候以及积极营造理想的景观模式等特点。

1. 近水利而避水患

要求建筑选址要接近水源但地势要高于洪水位。在北方山区是通过接近河流，接近河谷地带，接近山泉，即接近地下水源以保证打井时获得稳定充足的水源来完成的。五台山众多的寺庙井水长年不枯竭就是这种选址的例证。防水患在南方多山地带除了选择地势高爽之外，还要求选择在河岸的凸起段，这不仅避开河流冲刷，还因沉积缘故使村址逐年扩展，可耕地与可居之地日益增多。在平原地区选择高处为城址，并建城墙来抵御水患也是常用的办法。

2. 注重建筑的防卫性

提高防卫性能是古代人类社会中对防止外部侵袭，（包括军事侵袭）的基本聚落环境要求，故多选取易守难攻、通道数量有限、便于控制与防御的地带。例如新疆交河故城南北两侧为沟壑；重庆云阳盘石城与之相似，颇有“一夫当关，万夫莫开”之形势；在平原地带通过工程手段兴建城墙和护城河提高防卫性。在江南丘陵地带的村落，利用山水为屏障，如浙江永嘉的蓬溪村与鹤阳村，仅以一条道路（古代为栈道）与外界相通，平原地带则修建寨墙与堡墙或利用河网作防御用。

3. 注重建筑的交通运输

交通通畅，供应有保障，这一点在较大的消费性城市尤为重要。在自给自足的村落中选址注重村落在防卫圈内有足够的可耕地，江南不少村落甚至通过建造城寨将可耕地圈入寨内，然而对于稍大一点的县城、州府城，以至都城，是不可能做到自给自足的，因而保证有可靠的补给线和补给基地是城市选址的必要条件。中国古代大宗货物的运输主要靠水运，因而与近水利的原则相结合，在可通船的河岸上选建城市成了选址的重要原则，当这一点无法满足时就通过修筑运河来改善水网系统。中国历史上都城不断东移的原因之一就是因生态变化、河道淤塞、水运线路中断所被逼做出的选择。

4. 注重小气候

相地过程实际上就是选择最佳微环境的过程，除了考虑微环境中的水、土、防卫与交通因素之外，小气候也是重要的一条，尤其是在大气候较差时，小气候良好更值得重视。江南村落选址常常选择在冬季西北寒风小，夏季有山谷风，冬季日照多，夏季又稍凉爽的环境，因而北与西以山为屏障，南与东面为开阔地的村址常能入选，从而被选中建村的。这种对小气候的独特性的研究，比仅凭全地区的气象等资料下结论更有价值，也更有现实意义。

5. 理想的景观模式

对于古代的中国人，在“天人合一”观念的影响下，不存在作一种纯粹的形式美的景观，而是将景观与人事相联系，与人的理想相联系，尤其常因“人杰”而感“地灵”，将人才辈出与山川秀丽建立关系，又由于整体思维模式与古代地理学中对位置环境关系中的形势的关注，而将景观上升为“形胜”，融入了大量自然地理、人文地理的内涵，并辅之以风水之说。

（三）中国古代建筑外环境设计形态的两大类别：对称式与非对称式

建筑外环境形态的特点与建筑及建筑群的空间组织形态是紧密相关的。在古建筑的空间组织形态中，擅于运用院落的组合手法来达到各类建筑的不同使用要求和精神目标。由屋宇、围墙、走廊等边界要素围合而成的庭院，构成了内向性的空间，它能营造出宁静、安全、洁净的生活环境，同时也是实现建筑采光、通风、排水等功能的必要手段，更为进行户外活动和室外环境设计提供了理想的基础条件。

1. 对称式

受传统礼制文化的影响，中国古代建筑空间的主流形态是对称式，这在中国古代宫殿、陵墓、坛庙、衙署、宅邸、佛寺及道观等建筑中均有明显体现。

对称式的空间形态设计手法，常常沿着一条纵深的轴线，对称地布置一连串形状与大小不同的院落和建筑物，烘托出种种不同的环境氛围，使人们在经受了这些院落与建筑物的空间艺术感染后，最终能达到某种精神境界，或崇敬、或肃穆、或悠然出世，这是中国古代建筑群所特有的艺术手法。当一座大建筑群的功能多样、内容复杂时，通常的处理方式是将轴线延伸，并向两侧展开，组成三条或五条轴线并列的组合群体（图 9-9），但其基本单元仍是各种形式的庭院。

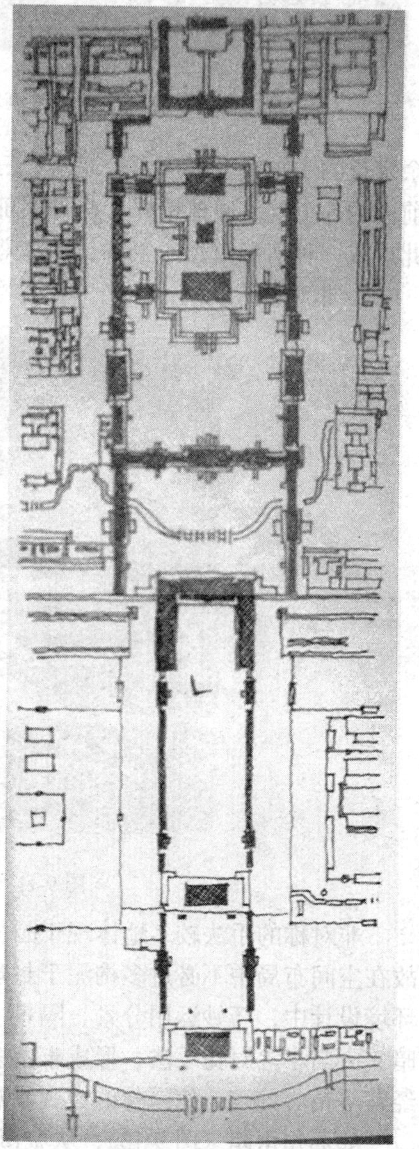

图 9-9　明清北京故宫中轴线平面布局

图 9-10　故宫中轴线建筑

明清北京故宫（图 9-10、图 9-11），中轴线上自南而北由大清门（低、小）→T形狭长庭院→天安门（高、大）→长方形庭院→端门（高、大）→纵长形庭院→午门（高、大）→横长宽阔庭院→太和门（低）→方形宽大庭院→太和殿（最高、大）。在达到主殿太和殿前需经过 1600 余米长的轴线及高低大小不同的五门五院，以衬托皇帝至高无上的威严。其他内廷和外朝两侧的附属建筑与庭院相对降低减小，形成以三殿为中心的皇宫中最高规格的建筑群以突出皇权的至高无上。

再如山东曲阜孔庙（图 9-12），在 460 余米长的中轴线上经历六个院落、三座牌坊、七座门殿才达到主殿大成殿。和故宫不同的是前面的 5 个院落遍植柏树，都是郁郁葱葱的绿色环境，大成殿前主庭院内也是古柏参天，因此形成一种清静肃穆的氛围，这和尊崇孔子“先师”地位的要求相符。

2. 非对称式

图 9-11　太和殿是中轴线的核心和制高点

非对称的手法较多地体现于园林建筑中，因为园林以家居生活和休闲娱乐为主要功能，故在空间布局中不必过多拘泥于封建礼教的约束，从而能形成更加自由灵活的空间环境。在环境设计中，巧妙运用分景、隔景、框景、对景、借景以及奥（幽闭）与旷（开敞）、明与暗、大与小等对比手法，形成丰富多变的景观效果。对具体的景观，则进行叠山理水、花木经营等精心处理，使园林的宏观景观效果和微观景观效果都异彩纷呈。

如苏州留园（图 9-13），从城市街道进入园门后，需经过 60 余米长的曲折、狭小、时明时暗的走廊与庭院，才到达主景所在的“涵碧山庄”。该园成功地运用了以小衬大、以暗衬明、以少衬多的对比手法，使园林空间与景色收到豁然开朗、山明水秀的效果。这一段 60

图 9-12　曲阜孔庙

图 9-13　苏州留园

米的路程也把城市的喧嚣隔绝在外，使人们的情绪得到净化而进入悠游山水园林的境界。这就像中国山水画的一幅长卷，游于其中能产生"步移景异、引人入胜"的效果。

二、西方古代建筑外环境设计风格

西方古代建筑最早可追溯至距今约五千多年的古埃及、古希腊时期，直至资产阶级革命时期经历了数千年的建筑历程。其主要类型有宗教建筑（如神庙、教堂、清真寺等）、宫殿建筑、居住建筑、陵墓建筑、商业建筑、教育及文化娱乐建筑（如图书馆、浴场、竞技场等）、园林与风景建筑、防御建筑（如卫城、城垣等）、纪念性建筑及市政公益建筑（如钟塔、输水道）等。而在不同的历史时期，处于不同文化圈的国家和地区又有着不同的建筑风格和室外环境设计风格，以下只能择其主要方面进行概括。

（一）西方古代建筑与环境的关系

与以中国为代表的东方式和谐建筑环境观不同，西方古代建筑与环境的关系多以改造自然的模式加以实现。

从古埃及始，金字塔凝重硕大的建筑体量就显示了人类征服自然的伟力。进入古希腊、古罗马这一时期，随着生产力的发展和建筑技术的进步，建筑得以更好地克服自然条件的限制而极尽人力之能。尤其是罗马时期，由于拱券体系和穹顶结构的高度成熟，产生了一批如嘎合输水道、卡拉卡拉浴场、斗兽场、万神庙之类的大型建筑或建筑群。古罗马人完全沉醉于技艺宏伟的建筑梦想之中，很少考虑建筑形态与自然环境相协调的问题。

随后的中世纪和文艺复兴时期依然如此，建筑很少像中国古代那样因地制宜地顺应山形水势，而是多将建筑场地整平之后再进行人工营建，同时建筑环境中的自然要素（如水体、植物等）也要经过一番精心的裁剪整形，使之呈现出人为的设计形态来。这可以从文艺复兴时期的许多建筑上反映出来，如著名的尤利亚三世别墅、圆厅别墅及圣彼得教堂及其广场等。可以说，建筑及环境人工化形态构成了西方建筑外环境的主流特点。

当然，西方古建筑中也有一些与自然协调处理的例子。如古希腊时期的露天剧场便是建在山坡或山谷上，利用坡地加以适当改造就形成了逐级升高的半圆形看台。此外，古罗马时期出现了一些结合山地而建的帝王或贵族别墅；意大利文艺复兴之后的巴洛克时期建筑的室外，常常结合雕塑而设置喷泉及叠石；尤其值得一提的是英国在18世纪下半叶出现的一种东方化的建筑外环境新风格——“英中式园林”，追求天然野趣和中国园林的情调。

尽管如此，建筑与自然环境有机结合的观念在西方仍是非主流的，而强调建筑对环境的改造始终是建筑外环境设计的主旋律。

（二）西方古代建筑外环境设计的特点

西方古代建筑的外环境设计一般具有注重防御性、注重公共性空间、关注宗教生活及精神象征意义等主要特点。

1. 注重建筑的防卫性

与中国古代的城市及聚落相仿，西方古代建筑外环境同样注重防御性与安全性。早在距今约3500年前，地中海北岸爱琴文明的重要核心地区之一——迈锡尼，便出现了“卫城”这种“城中之城”的建筑防御性体系。迈锡尼城内的卫城坐落在高于四周四五十米的高地上，外周石质城墙厚达数米，使其内部的宫殿、宅邸、陵墓等建筑具有了安全封闭的防御性外部空间。迈锡尼的南部港口要塞泰仑卫城则更以设防严密、固若金汤的巨石城墙而闻名于世。此外，古希腊时期的雅典卫城、欧洲中世纪的城堡等，均以建筑室外空间的防御性而著称。在战事频繁的古代社会，建筑及城市环境的防御性是保障居民安定生活、生产的必要条件。

2. 注重公共性空间

中国古代建筑比较重视空间的私密性和领域性，因此建筑室外环境多表现为内向型的庭院空间及其组合。而西方古代建筑则较多地关注空间的公共性和开放性，如古希腊时期的圣地建筑群，一般多以神庙为中心，周围建有竞技场、旅馆、会堂、摊贩敞廊等公共建筑，所以建筑之间彼此开敞，无围墙或庭院的分隔，形成了公共性很强的建筑外空间。许多圣地定期举行节庆，人们从各个城邦汇集而来，举行体育、戏剧、诗歌及演说等比赛，同时商贩云集。

西方建筑外环境设计中注重公共性空间的特点尤其表现为一种特殊的空间场所类型——城市广场。西方的广场大致有帝王广场、宗教广场、市政或文化广场、休闲性广场、商业性广场及综合性广场等类型。这些在中国古代很少见的城市广场反映了西方人注重公共性交往空间的文化精神,如古罗马时期的奥古斯都广场、意大利文艺复兴时期罗马市政广场、圣彼得教堂大广场、威尼斯圣马可广场等，尤其是著名的城市广场圣马可（图9-14），因其良好的开放性和

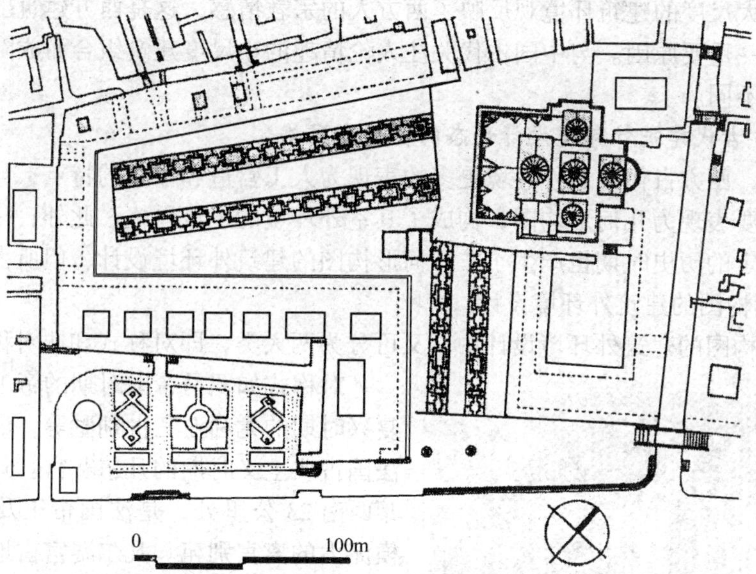

图 9-14　意大利威尼斯圣马可广场

交往性，被誉为“欧洲最漂亮的客厅”。

3. 关注宗教生活及精神象征意义

如果说中国古代都城或城市是以宫殿或衙署为空间核心的，那么西方古代城市则多数是以宗教建筑为核心，如古埃及后期城市中的太阳神庙、古希腊圣地建筑群中的神庙、古代美洲（如玛雅文明、阿兹特克文明、印加文明等）城市中的太阳神庙和月亮神庙等。

尤其是欧洲中世纪时期的城市，由于受基督教文化的熏染，城市多以哥特式教堂或拜占庭式教堂为建筑群体空间的核心。一千多年来，这些教堂既是基督信徒朝拜耶稣的神圣之所，又是他们获得心灵慰藉的庇护所和精神安宁的栖息地。法国的巴黎圣母院、德国的科隆大教堂以及拜占庭首都君士坦丁堡的圣·索非亚大教堂等，都是城市空间和景观环境的构图核心，同时也是文化凝聚力的精神象征。

4. 大尺度的建筑及环境空间

与中国为代表的东方古代建筑相比较，西方古代建筑具有大尺度、大体量的特点，具体表现在两个方面：即大的跨度和高度（尤其体现在纪念性建筑和宗教建筑上）。早在古埃及时期，吉萨金字塔群中的胡夫金字塔已高达 146 米，古罗马时期的万神庙穹顶的高度和跨度均达 43 米（图 9-15），文艺复兴时期的圣彼得大教堂高 138 米。而中国古代建筑一般多为单层（佛塔等除外），建筑一般高度不超过 30 米，尺度宜人而和蔼可亲，不追求庞大的体量（藏式建筑除外）。而西方古代建筑除了一些大体量的单层建筑外，还有很多低层建筑甚至是多层建筑，如古罗马时期的大角斗场、中世纪意大利的比萨斜塔、文艺复兴时期的美第奇府邸等。这种追求超

图 9-15　万神庙

人的大体量、大尺度的建筑环境观反映了西方人的宗教情感，这是西方建筑出现大体量、大尺度结果的另一重要原因。与中国古代关注人伦情趣的小尺度建筑组合而成院落群的环境设计手法有很大不同。

（三）西方古代建筑外环境设计形态的类别和风格

如前所述，西方古代建筑外环境更多的表现为人工营造和雕凿的特点；与之相应，从其设计形态上主要表现为几何形构图，构成了其室外环境的主流风格。此外，一些特殊的国家和地区，在特定的历史时期也产生了非几何形构图的建筑外环境设计，但所占比例甚微。

1. 几何形构图的建筑外环境设计

在几何形构图的建筑外环境设计中，又可分为两大类，即对称式和非对称式。

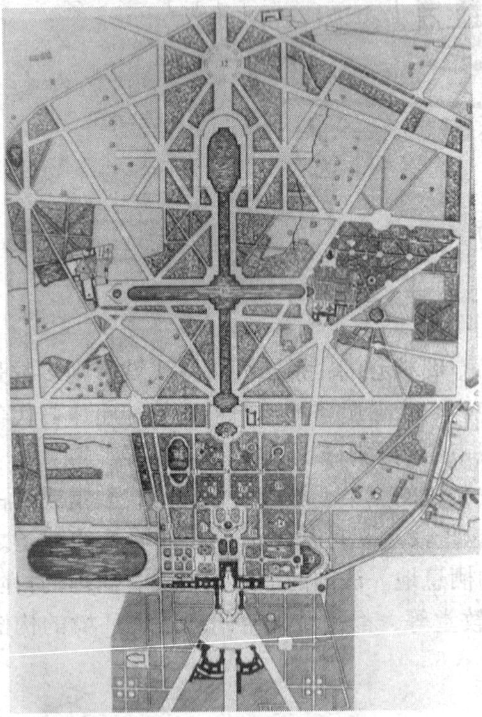

图 9-16　凡尔赛宫平面

对称式如罗马帝国时期的帝王广场群、文艺复兴时期的尤利亚三世别墅等，最为经典的当属法国古典主义时期的凡尔赛宫。凡尔赛宫位于巴黎西南 23 公里处，是法国帝王及皇室的一所规模庞大的离宫别苑。凡尔赛宫占地面积很大（围墙长达 45 公里），宫殿建筑及园林形态以东西向的长轴为对称进行设置，其中建筑占地极少，位于轴线上偏东的位置。宫殿之东，以大理石院为中心，有三条林荫大道左右对称地辐射出去，中央一条通向巴黎市区，如图 9-16 所示。宫殿建筑西面便是规模宏大的皇家园林，紧靠宫殿的是几何形的花坛及水池见图 9-17，它们的西边是被几何划分（以矩形为主）的小园林，再往西是大园林，沿中轴有一个十字形的水景区。整个场地由东西向、南北向的纵轴、横轴以及放射状的道路体系形成轴线对称式的环境空间布局，这种布局强化了法国绝对君权时期的政治象征意义。

对称式几何构图的典型例子还有罗马圣彼得大教堂的前广场和印度莫沃尔王朝时期的杰出建筑——泰姬玛哈尔陵园。这个带有浓烈伊斯兰建筑风格及空间特色的陵园从总平面布局上体现出了明显的对称式构图，所有场地均被进行了几何形划分，尤其是第二进院落中的呈正方形的庭园绿化空间，其纵横轴线上设置了一个有宗教含义的十字形水渠，它与纵轴尽端的主体建筑及前端的入口相呼应，更强化了整个建筑环境的对称式布局。

2. 非几何形构图的建筑外环境设计

西方建筑外环境除了几何形构图这一主流性的空间模式外，还有一些非几何形构图的情形。如爱琴文明时期克里特岛的克诺索斯宫殿、迈锡尼的泰仑卫城、古希腊的雅典卫城、德尔菲的阿波罗圣地建筑群，以及 17、18 世纪的英国式园林等。其中最典型的莫过于意大利威尼斯的圣马可广场了。圣马可广场是威尼斯的中心广场，包括大广场和小广场两部分，二者相互垂直。大广场东西向，位置偏北；小广场南北向，在大广场东南，与大广场对角相接

图 9-17 凡尔赛宫的皇家园林

并面向海口。两个广场形成一个接近“L”形的公共性室外空间，打破了形式刻板对称的建筑外环境空间及景观模式。

古希腊的雅典卫城坐落在雅典城中央一个不大的孤立的山冈上，山冈顶面形状不规则，东西长约 280m，南北最宽处约 130m。卫城发展了民间自由活泼的布局方式，建筑物的安排顺应地形地势，为了同时照顾山上山下视线无遮挡的景观观赏，主要的建筑物贴近西、北、南三面的场地边缘而布置。故卫城中各个单体建筑的地面标高、方向及位置关系都是因地制宜地进行自由组织。与之相应，建筑外环境空间的便呈现出一种非几何性构图的自由布局特色，如图 9-18 所示。

在 17、18 世纪时，由于世界各地的文化交流日渐普遍，欧洲（尤其是英国和法国）兴起了中国学派景观热，将西方非几何形环境景观的风格推向了高潮。在意大利和法国园林风靡欧洲的时候，通过一些研究中国景观的学者介绍，中国园林率先影响到了英国。

在介绍和传播中国园林美学的过程中最为主要的人物是曾任英国皇室建筑师的钱伯斯。

图 9-18 雅典卫城

1757年，他在一篇题为《寺庙、房屋、园林及其他》的文章中写道，中国园林的艺术精华是师法自然，范本就是自然，目的是要模仿自然的不规则之美。1772年他又发表了《东方园林概论》，推崇中国的造园家远远超越了园艺家，他们是画家和哲学家。在钱伯斯等人研习中国园林风潮的影响下，产生了提倡自然化、不规则、浪漫的英国式园林。英国式环境设计风格往往选择天然的草地、树林、池沼，一派牧歌式的田园风光。

三、现代的建筑外环境设计风格

什么是现代的建筑外环境设计呢？它与古代的建筑外环境设计的分水岭是什么？简言之，是西方工业革命，出现于18世纪下半叶。19世纪飞速发展的工业化进程，带来了人们对建筑及其环境观念的重新反思，这正是引发现代的建筑外环境设计的真正动因。

工业革命以前，在封建社会内部发展起来的早期资本主义城市，其城市结构与布局同先前封建城市无根本变革。有一些建设较好的巴洛克或古典主义城市尚有较好的体形秩序。但自18世纪工业革命出现了大机器生产后，引起了城市结构的根本变化，破坏了原来脱胎于封建城市的那种以家庭经济为中心的城市结构与布局。大工业的生产方式使人口像资本一样集中起来。城市中出现了前所未有的大片工业区、交通运输区、仓库码头区、工人居住区。城市规模越来越大，城市布局越来越混乱。

城市土地成为资产阶级榨取超额利润的有力手段。土地因在城市中所处位置不同而地价悬殊。土地投机商热衷于在已有的土地上建造更多的大街与广场，形成一块块小街坊，以获取更多的临街面高价租赁利润。有的城市开辟很多对角线街道，使城市交通复杂，特别是铁路线引入城市后，交通更加混乱。城市环境与城市面貌遭到破坏，城市绿化与公共、公用设施异常不足，城市已处于失控状态。

刘易斯·芒福德的《城市发展史》中详细地描述了当时欧洲的城市面貌：一个街区挨着一个街区，排列得一模一样；街道也是一模一样，单调而沉闷；胡同里阴沉沉的，到处是垃圾；没有供孩子游戏的场地和公园；当地的居住区也没有各自的特色和内聚力。窗户通常是很窄的，光照明显不足。某些收入较高的人住在较为体面的居住区里，也许住在一排排的住房中，或者住在半独立的住宅里，宅前有一块不太好的草地，或者在狭窄的后院有一棵树，整个居住区虽然清静，但是有一种使人厌烦的灰色气氛。比这更为严重的是城市的卫生状况极为糟糕，缺乏阳光，缺乏清洁的水，缺乏没有污染的空气，缺乏多样的食物。

面对城市聚居环境的恶化，郊区和乡间村镇成了人们心中理想的居住环境，在那里可以呼吸新鲜的空气，享受家庭生活，可以钓鱼、聚会、散步。怎样改善城市居住环境，防止城市居民大量地涌入乡村，真正地保持城市和郊区的平衡及稳定持久的结合，成为城市规划学家和环境设计学家面临的最为紧迫的问题。

工业革命后欧美资本主义城市的种种矛盾，随着资本主义的发展而日益尖锐。这些情况引起了城市规划师的高度重视，为尝试缓和社会矛盾，曾实施过一些有益的探索，其中著名的如巴黎改建“协和新村”（Village New Harmony）、“花园城市”（Garden City）以及“工业城市”（Industrial City）等。

在现代主义建筑的探索期和高潮期，许多流派都十分关注从建筑及其外环境设计的角度改造城市工业化的消极影响。比较典型的如19世纪后半叶首先在英国出现的“工艺美术运动”（Art and Crafts Movement）、现代主义时期以德国建筑为代表的表现主义、现代主义建筑大师赖特所倡导的有机主义建筑、北欧著名建筑师阿尔托的地方性建筑风格等。

现代主义对建筑环境设计最积极的贡献是确立了“功能是设计的起点”这一理念，现代环境景观摆脱了某种美丽的图案或风景画式的理想构图，得以与场地和时代的现实状况相适应，赋予了景观建筑适用的理性和更大的创作自由。设计师最为关心的不再是规划中构成的秩序，而是空间的利用，是自由的设计语言以及由设计本身、场地和雇主要求之间的整体平衡。设计成为生活本身的映射，设计中的社会作用和在公共生活中的作用被加强了，对功能的追求成为产生真正艺术的动因。建筑外环境设计不仅是提供优美的城市风景，更是提供人们休憩的场所，从而成为城市中人性化的开放空间，如图 9-19 所示。可以说，现代主义环境设计是通过对社会因素和功能的进一步强调，走上了与社会现实同步的道路。

“二战”之后，对建筑及环境等问题的认识日益科学化、系统化和综合化，建筑外环境设计理念步入更为健全的时代。尤其是 20 世纪 70、80 年代一些西方国家随着后工业社会的到来，建筑等各种文化艺术形态迎来了所谓的“后现代主义”时期。人们对建筑及其外环境的关注焦点凝聚在了历史文脉的连续性、建筑环境的有机性、生态化以及其精神意蕴和文化内涵上。与此同时，社会民主所带来的公众参与决策制度促进了当代环境设计程序的变革，如通过讨论会和信息反馈等方式实现的公众参与设计，使社会意愿及具体需求得以在建筑环境设计中体现出来。

图 9-19　城市的开放空间

在后现代主义的环境设计与景观艺术探索中，现代主义景观中的呆板与理性被超越了。设计者以艺术的构思与形式表达了对景观做出的新的理解：景观是一个人造或人工修饰的空间的集合，它是公共生活的基础和背景，是与生活相关的艺术品。后现代主义者有时甚至是以近乎怪诞的新颖材料和交错混杂的构成体系反映了复杂、矛盾、综合而多元的社会现实，以多样的形象体现了社会价值的多样性。在表现风格上，虽与 19 世纪的新古典主义建筑及其环境景观有着相似之处，但又有着某种本质的不同。在这里，文化的历史性、个人的想象力与现代主义完善的功能实现了高度综合。景观中的社会要素被视为创作的机会而不是设计的制约，艺术在创造独特的景观环境上的作用重新确立和深化了。

第三节　建筑外环境景观的设计原则

建筑外环境是主客观因素综合的结果，是主体“人”和客体“物质环境要素”综合的产物。首先，它是人们感觉空间的创造，设计者和使用者的文化水平、社会素质、感知程度以及现实条件决定了其环境空间形态的最后形成。人是环境中的主体，建筑外环境最终也是为人服务的，故设计应遵循“以人为本”的基本原则，从人的行为、习惯出发进行设计。无论是设计者还是使用者，他们属于一个地区、一个民族，他们的生活方式、行为习惯、观念习俗大体是相同的，会以共同的目光看待周围的环境，这就要求建筑外环境能够适应大多数人，服务于人、满足于人、取悦于人的空间，这是建筑外环境设计的直接目的。

一、影响建筑外环境设计的因素

（一）要考虑人的各种行为因素

1. 人的一生中有一部分时间是在室外度过的，在室外行走、漫步、逗留、交谈、小憩，不同的活动要求需要有不同的室外空间。人们的行为空间范围依据活动性质与活动内容而定，从较大型的社会性活动直到各种小型的个人活动，相对应就需要较大型的室外空间直至各种小空间。

2. 对于建筑外部的行人而言，外环境的街道、小区便道、胡同等形成流动空间，道路两侧环境质量的好坏，决定了能不能吸引行走者停下来逗留。一是取决于两侧的视觉空间效果，两侧景观能吸引散步者去注目、去聆听、去触摸，吸引人的感官对环境做出评价，能吸

图 9-20　吸引散步者的景观

引散步者的景观就是好的建筑外环境，如图 9-20 所示。二是逗留的场所的空间效果，通常要在道路和景观之间为散步者提供这样的场所空间，或坐、或靠、或站在树荫下、草地旁、水池边。这个场所既不妨碍道路交通，又能有恰当的公共性或私密性。同时，这些室外景观也通过行走路线的展开和连接，形成了建筑外环境空间的各个节点和标志物，如图 9-21 所示。

（二）要考虑感观、联想因素

环境是人们感知的对象。人的行为动作是在环境中进行的，环境质量的好坏决定了头脑中形成印象的深刻程度。这种印象一旦形成，在头脑中势必产生对环境的评价标准，对建筑外环境中能够直观感受到的空间形态所处的位置、色彩、肌理、质感、尺度、形状等做出种种审美性认知。

（三）要考虑物质组成的外环境因素

建筑外环境是由各种物质环境实体构成的，这些环境实体组成了建筑外环境的空间形象，人们有时会因为对某种物质环境实体有感情而投身到对整个外环境的热爱。不同环境实

图 9-21 逗留的场所景观

体的组合会产生不同的空间形态，使外部空间具有不同的功能。客观存在的物质实体构成了空间，决定了空间特征。图 9-22 所示为以座椅为主的空间是为了休息、交谈之用，图 9-23 中的一段矮墙是为了分隔空间，形成私密空间之用，而图 9-24 以雕塑为主的空间能引起视觉愉悦、表达某种象征意义等。

图 9-22 座椅为主的空间

在经过一定时期的欣赏后，随着社会进步、科技水平的提高，人们对原有环境设计，也会产生过时、陈腐的不满，企盼外环境有新的创造和提高。所以，外环境设计也要随时采用新的物质材料，新的艺术手段进行更新换代。

（四）要考虑社会制度、经济水平、文化时尚等方面的影响

在外环境的设计过程中，还会受到社会政治、经济、文化的影响。文化是建筑外环境的深层内涵，建筑外环境与环境艺术和其他艺术一样，是反映观念形态的。因此，外环境的设计取决于社会的整体观念。当然，随着时间、地点和使用者的不同，建筑外环境设计也将随之改变，因此外环境既要有共性，又要有个性；既要服务于个体使用者，也要服务于社会；既要改善城市局部景观和整体景观环境，同时也要满足政治、经济、文化的需要。

总之，人类社会进步的根本目标是要充分认识人与环境的双向互动关系。把关心人、尊重人的概念具体体现于城市空间环境的创造中，重视人在城市空间环境中活动的心理和行为，从而创造出满足多样化需求的理想空间。

图 9-23　一段矮墙形成的私密空间

图 9-24　雕塑为主的空间

二、建筑外环境的设计原则

（一）视觉设计的原则

1. 建筑外环境是视觉意义上的空间

视觉是人类对外界最主要的感知方式，在对景观认识过程中，视觉比听觉、嗅觉、触觉等发挥着更大的作用。

人们往往通过视觉感知外界的变化，由于本能作用，对外界环境中的形状、色彩、光的变化特别敏感，通过视觉上的直观感受对视野中的环境对象做出积极的、迅速的评价，是接近还是离开。外部空间往往通过形状、色彩、光影来反映空间形态，最终表达空间的比例尺度、阴影轮廓、差异对比、协调统一、韵律结构、意蕴、美感等，完全是视觉意义上表达的空间概念。空间存在完全是为了满足视觉需求的。

建筑外环境同样属于视觉上的空间，环境的空间形象、小品、雕塑等会以其造型、色彩、光影效果吸引人的注意力，并带来某种心理感受。因此，室外环境的设计就是要吸引人的目光，表达某种信息，指导行为的完成。

人们心理的喜好是通过视觉指导来完成的，而环境最能表达心理上的意义。如文艺复兴时期的建筑就是古典（古希腊、古罗马）风格与形式的复兴，也就是视觉形象的复兴；而哥特式教堂也是通过视觉感受表达心中向往的世界，等等。人们通过视觉看这个世界、感受这个世界、了解这个世界。

城市标志物的存在，也是视觉感受的要求。从观察者的角度出发，加强对城市的记忆，就是需要城市有空间的参考点，而标志物以其鲜明的形象、突出的地位强调空间的标识性，加深人们印象，以求得唤起对空间的回忆，如城市中的电视塔、高层建筑物等，人们一望见它就知道自己的位置，并且能唤起过去积累的印象，在现实中得以证实，看到它雄伟壮丽的艺术形象，深深地体会其传达的信息、揭示的内涵，人们完全融入到其所控制的环境中。

2. 满足适当的观看距离

观察者和对象之间的距离关系到景观效应的实现。观察者和观察对象处于怎样的距离才能完整清晰地实现观察者的意图呢？扬·盖尔在《交往与空间》中提到社会性视距的理论：在500～1000m的距离内，人们根据背景、光照、移动可以识别人群；在100m可以分辨出具体的个人；在70～100m可以确认一个人的年龄、性别和大概的行为动作；在30m能看清面部特征、年龄和发型；在20～25m，大多数人能看清人的表情和心绪，在这种情况下，才会使人产生兴趣，才会有社会交流的实现。

同样，要想把室外环境中的某个具体的空间景点从背景环境中脱离出来，看清环境的细部，包括空间的造型、色彩、质感等，形成相对独立的小环境，也需要20～30m的视距。日本学者芦原义信在《外部空间设计》一书中提出的“外部空间模数”，也把25m作为外部空间的基本模数尺度。

中国古代对外部空间尺度则有“千尺为势，百尺为形”的认知理论。势是整体形象，形是具体形象，距千尺的地方可以看到群体建筑的完整形象，距百尺的地方可以看出单体建筑的完整形象。古代的千尺折合成现代的公制大约为230～350m，百尺大约为23～35m，我国古代建筑是按照这个尺度标准规定营建的。

无论是扬·盖尔的社会性视距、芦原义信的“外部空间模数”，还是我国古代的尺度制度，都是把25m左右的视距作为空间设计的尺度基础。人们的视距以25m左右为视觉模数，空间也以25m作为转换，当人们和对象处于25m远的距离，心理会有所变化，通过视觉开始传达信息。这个距离不但是控制室外环境中个体空间尺度的依据，同时也是设定各景点间距离的依据。

3. 保证良好的视野

看清对象，除了需要有足够的视距外，还应有良好的视野才能保证视线不受干扰，才能完整而清晰地看到“景观”。视野是脑袋和眼睛固定时，人眼能观察到的范围。眼睛在水平方向上能观察到120°的范围，在垂直方向能观察到130°的范围，其中以60°的范围较为清晰，中心点15°最为清晰，如图9-25所示。

在进行建筑外环境设计时，设计者应利用门廊、构架、台阶、坡道、扶手及其他能形成韵律和方向感的环境要素来引导人们视线的角度，使观察对象恰当地纳入观察者的视线中。同时还应将观察对象安排在观察者的正前方，

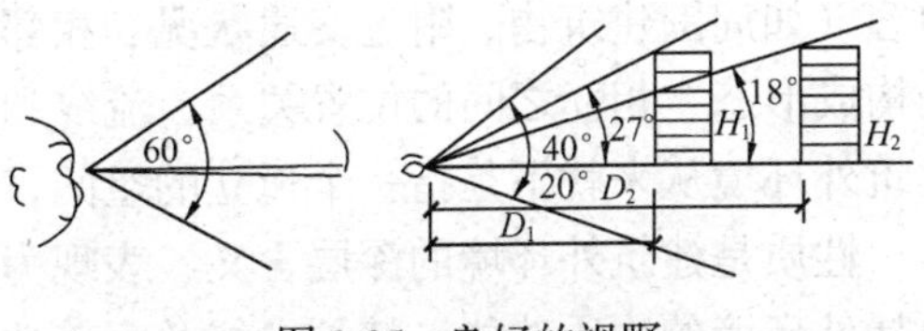

图9-25　良好的视野

图 9-26　我国古代园林的空间处理手法

以吸引观察者的兴趣。我国古代园林的空间处理手法如对景、借景等都是为了吸引视线的成功典范，如图 9-26 所示。

此外，通过精心地设计各个室外景观的视野，可以获得开敞性、封闭性不同的空间，以适应公共性和私密性不同的空间功能需求。或者通过有机地组织这些开敞性不同的空间，形成空间对比或空间过渡，进而形成变化丰富的空间序列。我国北京现存的明清时期故宫，其中轴线上串联着一系列尺度不同的室外庭院空间，这些空间有着或开敞或封闭的空间视野，可创造出如音乐节奏般变化的空间感，如午门前狭长空间的肃穆感、太和殿前广场的宏阔感，御花园“曲径通幽”的亲切感等。

在外环境的整体设计中，还应做到有主有次，由主要的空间可以看见其他小环境，为人们的参观、交往提供场所。

4. 精心设计景观对象

建筑外环境是城市这个大景观中的“景观”，其景观质量是决定能否吸引人们注目的关键。景观是从背景环境中分离出来的，由环境构成要素组成，具有一定特征和表现力的设施。室外空间中所有的形态构成要素，包括建筑小品（如亭、台、榭等）、雕塑、标志物、灯杆、铺地、花坛、树木、池沼及石头等都是具体的景观内容。它们个体造型的优劣、彼此之间的和谐与否直接关系到建筑外环境设计的成败。

要想设计好的建筑外环境景观，就必须把握其外在形象和内在结构所表现出来的综合特征。具体而言，是由表象、关系和性质三个方面组成的。

表象是指建筑外环境及设施的表面特征和外部形式。如其具体形象、功能、材质、色彩、质感、肌理、尺度、高度、形状、平面位置等。

关系就是“结构”，是建筑外环境内部自身的种种联系及其与周围环境的关联。对建筑外环境自身而言，这种结构表现为组成室外环境的环境设施之间的空间组合方式，一种场所的内聚力，具体体现在建筑外环境中必须有反映基本功能的主要环境设施，包括环境设施之间的位置、组合关系和设施之间所表现的对比、协调、主从、统一、韵律感等手段。对建筑外环境与周围环境而言，这种结构还表现为某一建筑外环境在整个大环境中和其他城市景观内容（如周围建筑物、附近交通状况、相邻的其他室外环境等）之间的组织方式，包括空间的构成形态、相互之间的位置关系、流线和功能关系以及该环境所体现的场所氛围。可见，建筑外环境从来就不是指一个孤立的空间，只有和其他环境结合才有意义。

性质是建筑外环境的深层含义，表现为环境的功能和文化价值的内在取向。其功能内涵包括外环境的物质功能、精神功能及审美功能。文化价值内涵包括环境个性（民族性、地域性、独创性）、社会观念、艺术风格和美学特征。也就是说，建筑外环境设计必然反映时代和文化特征，代表一定的流派，体现一定的风格，与历史存在着一种必然的联系，也和周围的环境存在着美学、风格的联系，这种联系是通过设计者和使用者潜移默化地在环境中表现出来的。

只有把握外环境景观的这些内涵，了解城市景观环境、建筑环境、建筑外环境的深层内涵，才能把握其文化形态，理解环境真正的含义，设计出优秀的作品来。

5. 保证供观看的停留空间

当有可供观察的景观时，人们会自然地寻找一个可停留空间，与景观对象形成良好的视线关系。如在街道两侧，常常会有人靠墙或立或坐，注视着街景；在选择座位时，总是喜欢选择能够很好地观察周围景色的地方，边休息边注视着四周的活动；人们喜欢从一个小环境看到另一个小环境的景观。以上种种情形，都必须为人们提供休息空间，布置休息设施。常用的休息设施有很多种，石椅、石凳、矮墙和划分空间的台阶、栏杆、建筑物的台阶、转角、凹处等。

人们在逗留、观看时，会受到各种客观因素（如天气变化等）的影响。为此可提供适宜的环境设施，改善小环境的微气候状况，将休息设施、步行道等一些小空间安排到最有利、最方便的位置并对小环境的内部空间进行精心的组织，同时对构成要素也要进行尺度设计，如矮篱、矮墙的高度能遮风，设置顶棚以能避雨。

（二）空间设计的原则

建筑外环境从属于整个城市景观环境系统，是从背景环境中分离出来，具有一定功能，表达一定含义的空间，同时本身也具有相对独立意义。

1. 建筑外环境的边界

要使建筑外环境形成空间感、领域感，应精心组织其周围环境的边界。边界是人们进入环境的界限，明显边界的出现，有助于让人们从心理上感到进入到另外一个空间，增强对小环境空间的心理认知，更好地把握建筑小环境的空间范围。

建筑外环境的领域范围一般是根据使用功能、使用要求、条件、环境要求自发地形成的，当空间不能满足活动要求时，人们会自发地越过这个边界。我们可以人为地综合各种因素制定这个边界，一方面改善边界内的环境设置条件，使空间更具吸引力，另一方面加强边界感，使人们能看到明显的界限，人们一般不会忽视它的存在。

建筑外环境的边界处理手段是多种多样的，可以利用绿篱、栏杆、矮墙、高差、台阶、坡道、建筑物的外墙等进行边界的划分。

（1）绿篱

绿篱常常用来区分两种完全不同的环境，比如区分硬地和草地，绿篱完全起到环境的过渡界限作用。由于相对较宽，而且高度随树种的不同可以人为地加以控制，人们一般不会跨越。绿篱相对较封闭，由它围合的空间，随高度的增加围合效果越强，形成较为私密的空间。绿篱本身也是环境绿化的一部分，在公园、步行道旁、装饰草坪边缘也常采用这种形式的绿化。

（2）栏杆

栏杆是较简单的划分空间的一种手段，因为其比较通透，不能遮挡人们的视线，环境的空间感不强，边界不明显，人们容易忽视它的存在，随意跨越这个边界，并视它为行走的障

图 9-27　通透的栏杆划分空间

碍。当无其他休息设施存在时，人们也依托栏杆休息，成为环境的辅助设施（图 9-27）。

（3）高差

利用高差的变化作为小环境的边界，可以加强小环境的空间边界感，使人清楚地区分内外两个空间。当高差不大时，人们可以坐在这里，内外空间都会形成较好的视野；当高差较大时，低处可以形成较封闭的空间，有利于较私密、安静的活动的展开，而高处可以俯视全局，保证良好的视野，形成开阔的小环境。利用边界高差的变化，可以很好地界定一个小环境，带来两种完全不同的空间感受（图 9-28）。

图 9-28　地面高差界定不同的空间

（4）台阶和坡道

台阶和坡道在环境中具有明显的引导作用，可以引导人们从一个空间到达另外一个空间，作为环境的边界，起到过渡空间的效果，人们根据坡道或台阶带来的高差变化，会明显地感觉空间的转换。在划分空间时往往利用台阶或坡道，使空间有所变化，形成内外有差异的空间。台阶在外环境中往往起到休息设施的作用，而坡道对残疾人有所帮助（图 9-29）。

（5）矮墙

矮墙会使小环境具有较强的封闭感，对空间界限的划分也最为明显，随着墙的高度、布置方式的不同，空间感也不同。这样的空间界限明显，当有必要完全分离两个空间时，常采用这种手法，即可以把一个室外环境从其他环境中区分出来（图 9-30）。

2. 室外环境的空间引导

当建筑室外环境界定以后，有时因为其边界用墙、矮篱围合，或掩映在树丛中，空间较

图 9-29　台阶起到休息设施的作用

为封闭，使在室外活动的人不容易发现，很少有人光顾，外环境也就失去了存在的意义。这样在进入该环境之前，需要采用种种引导手段，使人直接或间接地到达。引导的手段有多种，在步行道 25m 范围内布置的建筑室外小环境，人们可以方便地识别并到达。此外，还可以通过道路、台阶、坡道、标牌、空间导向物等能够表达一定方向的设施的指示，向人们暗示前面空间的到来。在城市景观环境设计时，主要是对道路、台阶、坡道、指示牌进行精心地设计，表达一定的方向意图，也可以通过对地面材质的选择、色彩的选用、文字和符号的设计进行总体的把握（图 9-31）。

图 9-30　矮墙使空间界线明显

在我国古代园林空间处理上，往往为了强调某一景色，采用先抑后扬的手法，在空间的前面，用树丛、墙等掩藏手段，通过漏窗、对景等吸引人们进入空间。前后空间对比强烈，效果反差比较大，达到耳目一新、豁然开朗的效果。在外环境的空间处理上，也可以采用这种先抑后扬、藏露结合的处理手法。

3. 室外环境的内部空间层次

建筑外环境是由各种环境构成要素组成的，环境要素的差异影响着它的功能，同时各种环境构成要素组合方式的不同也使空间内部呈现不同的形态。环境构成要素的选择应该利于空间的形成和人们的健康发展，特别应该满足人的尺度，服务于人们社会交往的需要，以形成多方位、多类型的外环境。

各种要素的组合应根据人们自发形成的空间和参考人为的调节综合布置，人们生理、心理要求不同，交往方式、活动人数的不同，熟知程度也不同，这就要求室外环境内的空间应

图 9-31　室外环境导向处理方法

该有个好的划分。如恋人的空间应该放在环境内相对较安静处，而孩子的活动空间则应放在环境的中间；这时对空间构成要素的需求也会不同，恋人仅需一个双人靠背椅和一个安静的角落就行了，而对于孩子则可选用沙坑、水池、攀爬玩具等。设施划分直接影响到人们对空间的喜好和使用。

环境的高度和宽度比值不同，对空间形态和人们的心理都有很大的影响。芦原义信在《外部空间设计》一书中提出了空间的宽度 D 和两侧建筑高度 H 的比值对空间感的影响。他提出："以 $D/H=1$ 为界限，当 $D/H>1$ 时，随着比值的增大，即成远离之势，两侧建筑对空间的影响减弱，空间感减弱；当 $D/H<1$ 时，随着比值的减小，形成迫近之感，两侧建筑对空间影响加强，空间的封闭感加强；而在 $D/H=1$，空间呈现平衡、均质状态。"当 D 和 H 比值的不同，人们对空间中的构成要素的注意也会有所变化，大则注意整体，小则注意细部。在小环境设计中，为了达到适宜的空间意境，可考虑空间内要素的 D 和 H 的关系，使小环境更加宜人、亲切（图 9-32）。

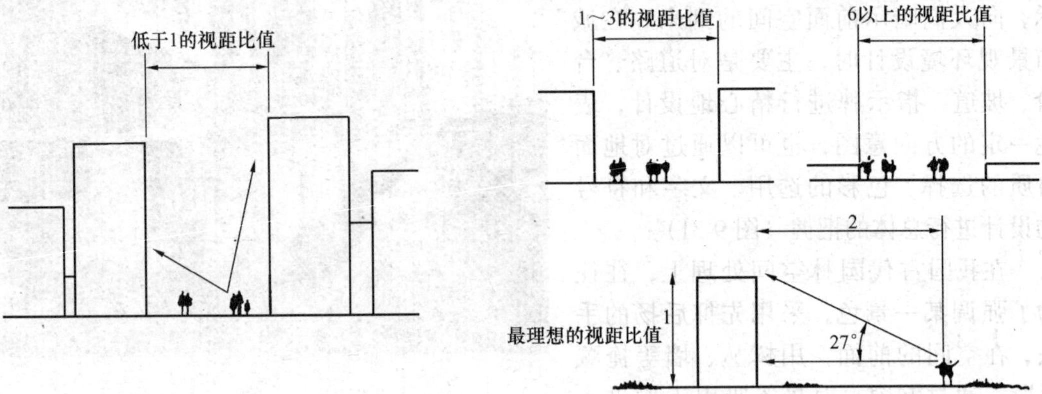

图 9-32　视距比

外环境的空间层次同时表现为视觉层次。处理好前景、中景和背景的关系，有助于形成好的空间层次。如一座雕塑会成为一个视觉中心，但也应有基座、地面和周围环境的陪衬，更需有一个好的视距、视点，使室外环境以一个有序的整体出现在视线中。同时应考虑各个角度的观瞻，形成多角度、多层次的景观环境。

（三）功能设计

1. 户外活动与空间

扬·盖尔在《交往与空间》一书中，把人们在公共空间中的户外活动分为三种类型：必要性活动、自发性活动和社会性活动。他指出：必要性活动包括那些多少有点不由自主的活动，如上学、上班、购物、候车等人们在日常生活中不同程度参与的活动；自发性活动是指人们有参与的意愿，并且在时间和地点可能的条件下才能发生的活动，这一类的活动如散步、呼吸新鲜空气、晒太阳等；社会性活动是指人们在公共空间内各类活动有赖于他人的参与，共同实现，包括进行各类游戏、打招呼、交谈、交往、跳舞等。三种活动类型概括了人们在室外全部的活动方式。

各种不同类型的活动决定了人们对室外公共场所的空间依赖性的不同，同时也决定了在城市外部环境设计中应针对不同类型活动，提供不同的环境设施。必要性活动由于是人们不由自主的活动，本身具有规律性、方向性、目的性，在不同的场合都会发生，因此室外环境对这种活动影响不大，人们没有选择的余地，也没有选择的必要；而自发性活动却依赖外部环境的好坏，这种活动完全是单个人和环境的对话，环境好了会接受，环境坏了人们可以离开进行其他活动或选择另外的环境重复这个目的，也就是说天气适宜、环境适宜和人们心理平衡等条件允许的情况下才能发生；社会性活动是人们最主要的活动方式，也是三种活动类型中最普及的一种方式，人不是封闭的个体，人属于社会中的一员，人们希望有朋友、熟人，希望融入到整个社会中，希望进入各类公共场所和熟悉的人或即将熟悉的人打招呼、闲聊、跳舞、集会、凑热闹，这些活动大多发生在室外的公共空间内，社会性活动依赖于这些空间。

人们最初是由单个人无目的的徘徊、散步，眼睛在向四周寻视，当在一个有利的空间内，会和熟悉的人或因为某种共同的事件而联系在一起的人进行交谈、注目，人们原先的必要性活动和自发性活动就有可能转变为社会性活动。有利的空间条件，使人们的目的性发生改变。室外公共空间的改善间接地促进了社会性活动。

人们的日常活动离不开室外空间，特别是社会性活动正是在公共空间内进行的。在休息时间，人们在室外散步、在街上闲逛，在门前长椅上小坐都会和不同的人接触，从打招呼、擦身而过到坐下来交谈，进行着不同程度的社会性活动，也就是进行交往，获得信息、情感的沟通。这种社会交往需要各种空间，建筑小环境正是为满足人们的各种社会性活动而提供的空间载体，小环境内部空间形态、构成要素的布置是满足交往的物质条件。

2. 功能需求与空间的公共性、私密性和领域性

人们为自身建立一种领域感、安全感和从属感的同时，也进行各种公共性的社会交往。在进行各种活动的室外空间正是由私密性、半私密性向半公共性、公共性转化，在奥斯卡·纽曼的《可防卫空间》一书中对这些进行了详细的阐述。这种室外空间的划分适应了人们在交往过程中保持的社会距离，同时也适应与空间尺度布局相一致，如图 9-33 所示。

(1) 空间需求的公共性

人们对空间公共性的需求主要体现在人际交往方面。人的社会性决定了人们之间要进行信息、思想和感情的沟通，这种交往行为大多是在公共空间内进行的。

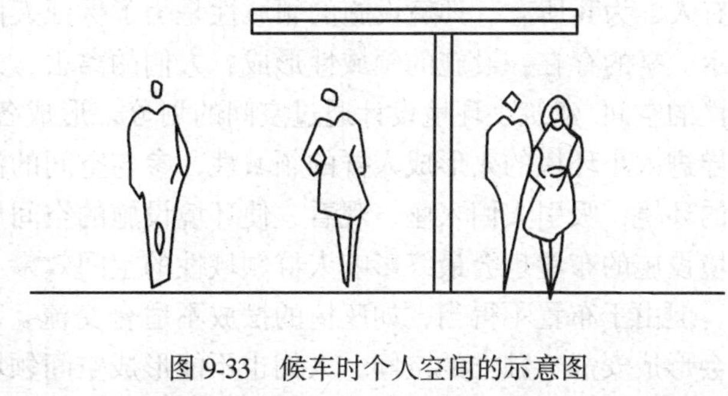

图 9-33　候车时个人空间的示意图

例如，国外许多办公楼前都有小广场，中午时分会聚集很多人，公司的同事三五成群地来到广场，一边谈

论业务或交流感情，一边进行喝咖啡、品茶等休闲活动，有时老板谈生意也在这里。到办公楼前的广场成为职员每日重要的活动内容。正是人们的使用需求，决定了在室外环境中应多设计一些公共性的环境。

(2) 空间需求的私密性

人是社会中的一员，同时也有着个性，即是“他我”，也是“自我”。在“自我”的观念的支配下，在社会、物质、精神方面表现强烈的自我意识，强烈的个人私密性，这种私密性具有孤独性、亲密性、匿名性、保留性等特点。每个人周围都会形成私人空间，“私人空间不得侵犯”，同时私人利益受到道德、规章和法律的保护。

私密性是人们对个人空间的基本要求，保证空间的私密性，也是进行环境设计的一个重点。中国古代传统建筑的四合院空间、四合院的前后院、皇宫的后寝、宅院的绣房内室等都是为保证人们行为的私密性而设置的空间。私密性的空间是相对于公共性的空间而言，本身的私密性具有相对性，建筑小环境相对于城市环境就是属于私密空间，而小环境内也同样存在着相对的私密空间。

讨论空间的公共性和私密性就是为了在小环境设计时应充分考虑这些因素，保持空间的公共性和私密性的结合，使空间处于最佳的状态、最佳的尺度，满足最佳的活动方式。具体的公共性和私密性应从心理学角度入手，这里仅是简单介绍。

(3) 空间需求的领域性

领域就是人和物体在空间中能够控制的一定范围，领域性表现为人们有主动占有空间和物体被动占有空间的特性。领域空间的形成，标志着空间所属的转变，空间的私有性加强，公共性减弱。公园中的座椅是为大家所属的公共性的设施，当一个人坐在上面，就变成了他属，形成了个人的领域，别人无权也无道理让他离开，直至他自已离开座椅又成为了公共设施。座椅的本质并没有改变，而是随着使用者发生了所属的变化。空间领域性是由人的领域性确定的。人们都具有占有领域的行为特征。一个沙坑，一群相互熟悉的孩子在里面尽情玩耍，他们是不会让不熟悉的孩子进入的，因为这时空间是他们的，直至他们离开或大人的干扰，另一孩子才可能进入，但最初没有人和他在一起玩。这种占有领域的特征在任何公共空间内存在，如候车室、公园内、阅览室及一些小环境内。

环境设施也同样具有领域性，当然它是人为设置的领域性，是为了满足个人或小群体的空间领域感的形成。一个小凳表明它占据了一定的空间，又反映了一定的功能，形成领域性，当人们坐在上面，设施领域性转变为个人领域性。因此我们可以看到在图书馆或教室的座位上，如果放着一本书，就代表此座有人，同样在候车室座位上放一个包，表示此位置已经有人，为我所有。环境设施的领域性是为了保证人们空间需求的领域性的存在，如图 9-34 所示。亭的存在，设施的领域性形成，人们的离去，人在亭中的领域性消失，亭又转变为公共性的空间。建筑小环境设计通过空间的划分，形成各种形式的空间布局，通过设施布局的引导进入小环境的人形成人群的领域性，参与空间的活动。小环境通过良好的设施，周围优美的环境，吸引人们入座、观看，使环境设施的空间位置转变成人群的领域性，同时不同的环境设施的布置也会最终影响人群领域性的空间效果。本来周围景观都很优越能吸引人们注目，但由于布置不得当，如座椅的摆放不适合交流，不利于观赏，有的被交通主流线打断，不会形成安静、独立的空间，人们也不能形成空间领域性。芦原义信在《外部空间设计》一书中，就曾阐述空间的周围布置对空间领域性的形成的影响，从而决定人们对空间的最终选

图 9-34　设施的领域性

择。确保空间领域性的形成是保证建筑小环境的空间独立性、适宜性的基础。

第四节　建筑外环境的设计分类与内容

一、建筑外环境景观设计分类

根据不同的分类标准可将建筑外环境设计进行不同的分类。

1. 按照环境因素来考虑，建筑外环境可分为空气环境、热环境、声环境、光环境、色彩环境等。与之相对应，建筑外环境设计可分为空气环境设计、热环境设计、声环境设计、光环境设计、色彩环境设计等。

2. 按照环境构成种类来划分，建筑外环境设计可分为软质环境设计和硬质环境设计（软质环境设计主要包括水体设计和绿化设计等，硬质环境设计主要包括硬质铺地）、建筑外环境设施设计（包括建筑小品、环境小品以及环境设施等设计内容）、城市照明设计等。

3. 建筑外环境设计也可依照不同的建筑类型进行分类。如居住区环境设计、工业建筑外环境设计、交通建筑外环境设计、行政建筑外环境设计、文化教育类建筑（如各级学校、图书馆、文化馆、博物馆、展览馆等）外环境设计、商业类建筑（如商场、超市、餐饮店）外环境设计、文化娱乐建筑（剧场、影院、歌舞厅等）的外环境设计等。

4. 建筑外环境设计还可根据不同的场地类型进行分类。包括广场环境设计、公园环境设计、滨水环境（如河岸、湖滨）设计、街景（如商业街、道路交叉口）设计等。

二、建筑外环境景观设计内容

著名景园建筑师哈普林曾这样描述："在城市中，建筑群之间布满了城市生活所有的各种环境设施，有了这些设施，城市空间才能使用方便。空间就像是包容事件发生的容器，城市则如一座舞台、一座调节活动功能的器具。如一些活动标志、临时性的棚架、指示牌以及工人们休息的设施等，还包括这些设计使用的舒适程度和艺术性。

建筑外环境景观设计要依据不同使用性质，不同周围环境、不同地域条件来进行设计，用平面方案图和效果图表达其构思，通过施工图供现场施工。景观设计涉及内容较为广泛，涉及工作量大小不等，在整个城市的环境景观规划方案的控制下，按建设工程开发计划和工程各个阶段设计过程参与设计。其中有大到公园、城市街景，小到社区的环境景观设计。其内容如下：

（一）绿化设计

1. 树木、草皮、花卉等景观植物的品种选择、布置方式、栽种方式。

2. 自然地形、地貌的利用和人工景观的设计。

3. 环境周围的自然景物实体，造型特点的利用和借景。

4. 绿化与道路的协调布置。

5. 将设计意图、布置方案物种选择写出文字说明，绘制表现图。

（二）水体设计

绿化与水体设计统称为软体环境设计，按设计原则进行具体设计。

水体形态设计包括如下内容。

1. 水体形态分为

点——喷泉、小水池。

线——瀑布、河渠、溪流。

面——湖泊、池塘等较大的水面。

2. 设计手法

确定喷泉造型，音乐喷泉动感造型形态与乐曲的配合，确定瀑布的落差，水线的形态，人工水的循环方式等，确定人工湖的形式、蓄水深度，确定自然河、渠、溪流的利用与堤岸的修饰与亲水平台设施。

（三）硬质景观环境设计

1. 设计的项目包括道路网络设计、广场设置、城市小型主题公园（纪念性、文化性、休闲性）地面的铺装形式的艺术处理等。

2. 铺装材料的选择。

3. 铺装施工方式。

（四）城市环境景观设施

景观设施主要介绍各种设施的功能作用，设施布置注意以下内容。

1. 服务设施。

2. 信息服务设施。

3. 卫生设施。

4. 休息设施。

5. 道路交通设施。

6. 交通安全设施。

7. 照明设施。

8. 消防设施。

9. 无障碍设施。

10. 标志性设施。

11. 游乐和文化性设施。

12. 桥梁、灯塔等设施。

(五) 灯光照明设计

详见有关章节。

(六) 色彩设计基础知识

详见有关章节。以上内容，是建筑外环境景观中经常应用的知识，随着今后的科技发展还要补充新的理论和内容。

第五节　建筑外环境的设计工作程序

一、概述

建筑外环境设计的方法和程序一般有两个含义。

1. 广义的设计程序

广义的设计程序则复杂得多，它除了设计师自己的思维过程以外，还包含怎样和甲方、施工方、使用者相互交流的过程。这一过程的主体是设计师、甲方、策划方、施工方和使用者多方面的综合体，主体中最为重要、负责整体协调的是景观设计师。在从事一个建筑环境设计项目时，需要设计者从策划、实地勘察、设计、与甲方交流思想以至于施工、投入运行、信息反馈等一系列工作的方法和顺序。

2. 狭义的设计程序

狭义的设计方法及程序主要是设计师对项目的现行状况进行理性和有步骤的分析和决策，形成设计方案，最后完成施工图的过程。当然设计前和设计中也要和甲方进行商讨、现场勘察、准备有关资料等工作。总之，环境景观师都应该参与，以免在前期工作中忽略景观设计或对场地自然状况未加重视而破坏，造成不可挽回的损失。场地选址、场地规划、场地设计、建筑设计等都要有景观规划思想的体现，上述专业人员也应有景观设计的指示，才能发挥景观设计的最大作用，取得最佳效益。

二、建筑外环境设计的程序

目前，现代建筑外环境设计呈现一种开放性、多元化的趋势，对于景观设计师来说，每个景观项目都具有其特殊性和个别性，但事实上，设计师在进行设计时，分析和考虑的问题都有一定的相似性。为了增强建筑外环境景观设计的合理性、科学性、可评价性，科学的设计和方法是必不可少的。现介绍国外景观设计两个典型的工作程序。

(一) 诺尔曼·布斯则认为工程项目工作程序和步骤

1. 与业主接触。

2. 研究与分析（包括基地调查），基本图准备、基地分类（资料搜集）及分析（评估），与业主访谈，课题发展。

3. 设计：理想的功能图解、基地的相关功能图解、概念图，造型组合研究、设计草案，主要计划、细部设计。

4. 执行设计：施工、植栽种植。

5. 维护。

6. 评估（施工后）。

这种设计流程有较强的现实指导意义，在小型景观的设计中，其中的步骤可以相对地进行一些简化和合并，加快设计周期和运作，以便能按时完成委托方的要求。

（二）西蒙兹认为建筑室外环境景观设计应从策划的形成开始

1. 策划的形成：作为环境及景观设计师首先要理解项目的特点，编制一个全面的计划，经过研究和调查，设计师应该组织起一个准确翔实的要求清单作为设计的基础。最好向业主、潜在用户、维护人员、同类项目的规划人员等所有参与人员咨询，然后在历史中寻求适用案例，前瞻性地预想新技术、新材料和新规划理论的改进。

2. 选址：首先，将我们认为计划中必要或有益的场地特征罗列出来，其次寻找和筛选场址范围。在这一阶段有些资料是有益的，例如：地质测量图、航空和遥感照片、道路图、交通运输图、规划用途数据、区划图、地图册和各种规模、比例的城市规划图纸。在此基础上，我们选定最为理想的场所。一个理想的场地可通过最小的变动，最大限度地满足项目要求。

3. 场地分析：其中最为主要的是通过现场考察来对资料进行补充，尽量地把握场地的感觉、场地和周边环境的关系、现有的景观资源、地形地貌、树木和水源，归纳出需要尽可能保留的特征和需要摈弃或改善的特征。场地分析中所遵守的规则有以下三项：

（1）区域影响。通常将项目场地在地区图上定位，并对周边地区、邻近地区规划因素进行粗略调查。

（2）项目场地。借助地形测绘和场地调查来深入了解场地的特征。

（3）地形测量。应由注册测量师按比例尺提供地形图，并应提供相应说明书。

（4）场地分析图。设计师将地形测量图带到现场，以自己的符号补充和记录对设计至关重要的信息。

4. 概念规划：在这一过程中，至关重要的是多专业的合作，建筑师、景观师、工程师，相互启发和纠正。由组织者在各方面协调，最终达成统一的表达，并在提出的主题设计思想中尽可能地予以帮助，细致地研究建筑物与自然和人工景观的相互关系，在这一轮粗加工之后，最终形成场地构筑物图。

5. 综合：在草案研究基础上，进一步对它们的优缺点以及纯收益作比较分析，得出最佳方案，并转化成初步规划和费用估算。

6. 影响评价：在所有因素都予以考虑之后，总结这个开发的项目可能带来的所有负面效应可能的补救措施、所有由项目创造的积极价值，以及项目在规划过程中得到加强的措施、进行建设的理由，如果负面作用大于正面效果则应该建议不进行该项目。

7. 施工和使用运行：这一阶段景观设计师应充分监督和观察，并注意使用后的反馈意见。

这种设计流程有较强的现实指导意义，在小型景观的设计中，其中的步骤可以相对地进行一些简化和合并，加快设计周期和运作，以便能按时完成委托方的要求。上述七项内容再深入充实数据即可成为正式的工作程序，前六项为可行性研究的提纲。

另外，很多大型设计公司还提出了当前景观设计流程的“大景观”理念，倡导景观设计须从项目的总体布局入手，按照景观设计的原则合理地布置建筑及附属设施。

具体操作方法是：当设计程序开始时，设计公司提供前期项目策划服务，其中包括成立顾问组并协助审批。组织来自各个学科的专家，探讨各种方案的可行性，在与客户的不断沟通后，提出多样化的解决方案。设计公司提供包括规划方案、建筑设计、环境景观设计、标识设计在内的全部服务，并制作效果图，以视觉效果精确地反映设计概念。为保证设计意图的充分体现，设计公司还提供扩初设计，施工图设计，现场监理和招标咨询。

同时，设计公司也向业主提供一个基于计算机技术的综合服务，运用一流的计算机软件模拟规划和设计构思。大到环境分析，小到概念设计，都可以利用计算机辅助服务来实现。这些计算机系统是与众多的其他系统相兼容的，能最大限度的与团队及客户的双向沟通。另外，地理信息系统能有助于地貌咨讯与管理，并进行综合分析，从而使设计明确并加快决策速度，最终达到监控项目进度和成本的目的。

（三）工作程序的说明

1. 一般情况下，很多步骤是重叠或者交叉进行的。例如和业主访谈与课题发展可能是同时进行，一方面拜访业主，一方面进行基地分析。有时，因为资料搜集不够完善或者与业主沟通不完善，也须返回重做某些工作。

2. 一个好的设计不仅仅因为良好的构思或者灵感的闪现，更多的是需要观察研究思考和进行决策，将设计进行构思，使其尽量完善并筛选出最佳方案。有经验的景观设计师应尽量寻求一种理性分析决策和自身感性情绪调动的最佳结合点，总结出自己的设计方案。

3. 基础资料搜集和可行性研究分析。在设计初期我们设计的依据大多数要以图纸的形式呈现在眼前，有些图纸是业主提供，也有些业主无法提供，则需要设计师现场体验记录并且图示，这一步骤的成果是场地分析图。另外我们需要的资料主要有地形图，其中标注出设计地块范围、地形标高、现有的植被、建筑以及现有的市政设施和管线，规划部门的报告汇总，包括规划部门对道路地块性质的规定和设计建议，还有所处区域的总体规划，如果是大区域的风景区设计或景观规划则还需要航拍照片等资料。在这些资料的基础上我们可以和业主、规划部门、建筑师共同进行可行性研究，其成果包括：

（1）策划文本：这一部分是让我们明了我们设计的是什么，是具有什么样独特性的景观，以此作为设计的动机和宗旨。

（2）基础资料整理：例如地质条件的改造、地块功能的分布和调整、现有市政设施的改造以及设计思想达到的各项技术指标。

（3）总体布局图示：可以是草图或者是简单的总平面设计。

（4）项目造价估算：这一步骤的估算可以是经验性的、大概的。

在可行性研究通过以后，设计师可以进一步进行方案设计。在整个设计程序中，设计者需要多次和业主、公众相关部门进行交流，一些发达国家的景观设计在这一方面有了许多经验和方法。

（四）我国环境景观设计的工作程序

由于我国的环境景观设计处于起步阶段，很多高校的景观专业还处于环境艺术与建筑学专业的一个研究方向，专业设计机构也刚刚设立，如北京大学的景观设计专业。但人们对景观的认可度已经成为评价当前生态环境优劣的重要指标。从专业性质上来讲，建筑设计工作程序完全适用于景观设计，是否制定自身的工作程序，还有待于今后的发展与总结。目前阶段，由于境外景观公司与设计公司的介入，我国的环境景观设计的工作程序基本与国外先进理念一致。由于我国起步较晚，还处于摸索阶段。但是，有几项工作方法都是必须遵循的。

1. 景观设计从开始就要与规划设计和建筑设计同步进行，必须在建筑总体布局和各单体设计中就开始了解各阶段设计意图所追求的风格，同时对建筑室外环境设计进行构思。以便在建筑主体完工后在建筑环境设计中能续接其设计意图。

2. 了解和学习建筑群空间组合方面的基本知识。不同类型的建筑群由于功能性质不同，反映在群体组合的形式上也具有各自的特点。具体要点如下：

（1）居住区在组合时常常以小区中的公共设施如商业网点、文教卫生建筑作为组合中心，形成平静、和谐、完整的居住建筑群。居住建筑群组合一般采用周边式、行列式、独立式三种类型。

（2）公共建筑类型很多，功能特征要求复杂，群体组合灵活多变。但一般具有两种特征：一种是对称式的布局，另一种是非对称的布局。对称的布局完整统一，但受到功能的限制，一般适用于功能要求简单，庄严的纪念性建筑群。非对称的布局形态丰富，富于变化，能满足复杂功能的要求。

在公共建筑群体组合中常常采用对称与非对称相结合的布局方式。造成一种既统一又富于变化的空间形态。

（3）沿街建筑群的组合是一种比较特殊的形式。沿街建筑可以由商业建筑、公共建筑或居住建筑所组成。不论由哪种类型的建筑组成，各建筑之间都没有密切的功能联系。建筑群组合应考虑的主要问题是如何通过建筑物的空间组合形成一种统一和谐的风格。沿街建筑的空间组合一般有三种基本形式：

①封闭的组合形式：商业街常采用的一种形式。这种形式的特点是：建筑物沿街道两边布置，各建筑连续地紧密排列在一起，紧密、集中，便于人们走街串巷购买物品，但空间较封闭，采光、通风、日照都受到一定的影响。

②半开敞的组合形式：街道一侧为连续排列的商业性建筑或住宅，另一侧由独立式的公共建筑所构成。这种布置方式灵活，使用方便，采光和通风都较易组织。

③开敞的组合形式：街道两侧的建筑都为独立形式。一般多为公共建筑，其特点是布局开敞，有良好的日照、通风、采光条件；容易结合绿化布置创造优美的空间环境。点式住宅也可采用这种形式。但由于建筑间缺乏相互的联系，不适宜布置商业建筑。

④工业建筑的总平面组合形式主要受到生产工艺的影响，在建筑空间组合时应尽力满足生产工艺的要求，重点在交通流线的组织。同时还要考虑烟雾、灰尘、有害气体对生活区、公共活动区及周围环境的污染以及易燃、易爆厂房对工业区安全的影响。在空间组合上一般利用地形与道路网采用独立的分散的布局方式。

三、学习建筑群空间组合的设计手法

建筑群空间组合的形式是多种多样的，但它们都必须具有一些共同的特征，都必须组合成一个统一的整体，在统一中又富有变化。因此在设计中常采用以下手法达到统一与变化的目的。

通过对称求统一。对称的建筑群具有明显的中轴线，用中轴线制约两边的建筑，使其达到统一协调的效果。

通过向心求统一。以一点为中心，放射状布置建筑群。形成一个向心、内聚、收敛的建筑群体。这种圆形的空间，使个体相互吸引，从而达到统一的效果。

以共同的体型、色彩、质感求统一。在建筑群体组合中使建筑的体型、色彩、质感都具有某些共同的特点，这些特点愈明显、愈突出，各类建筑之间的共性就愈强烈，从而达到统一的目的。一般来说在建筑群体中采用相似形、系列色彩、相同质感都会产生共同的特色，都是统一的。

以形式与风格的协调求统一。建筑群的整体形态是通过群体中的各幢建筑的形式与风格来体现的。如果群体中的建筑形体千变万化，缺乏共同的因素，就会在一定程度上破坏建筑群体的完整和统一性。因此在一个建筑群体中各幢房屋可以变化，但这种变化必须统一在相同的风格之中，使各幢建筑之间产生某种内在联系，通过形式风格的一致而达到统一。

以对比求得建筑群体组合的变化。统一的建筑群体是完整的。但在统一中缺少变化，缺少每幢建筑的个性又会显得单调和呆板，因此在统一的整体中还需要有规律的变化，这种变化一般采用对比的手法会显得更强烈。在建筑群体的组合中常常利用空间的大小、高矮、开敞与封闭以及体型之间的差异来反映这种变化，使整个建筑群统而不死，活而不乱。

复习题

1. 什么是建筑外环境？
2. 景观环境包含几方面内容？具体内容如何？
3. 建筑外环境景观设计需要满足什么原则？
4. 简述城市建筑外环境景观设计思想。
5. 结合现实生活环境，论述建筑外环境设计如何体现人性化理念。
6. 简述未来城市景观设计的发展方向。
7. 建筑外环境设计的特点。
8. 建筑环境的视觉设计原则。
9. 简述视距比。
10. 建筑外环境的设计分类。
11. 建筑外环境设计的方法和程序有哪两个层面的含义？

第十章　建筑外环境绿化、水体、硬质景观设计

第一节　建筑外环境绿化设计

随着人们对室外环境越来越多的要求，绿化也在城市中占据着重要的位置。它不仅具有生态功能、物理和化学效用，而且在调节人们心理和精神方面也发挥着积极的作用。绿化是室外环境和城市景观的重要组成部分，甚至可以形成许多城市的环境。在城市环境中绝大多数绿化都是经过人工培植的，有的保留着原有的天然形态，有的经过人工修剪，呈现人工形态，但都在美化和丰富人们的生活空间。

绿化设计必须依据城市规划并结合总体布置的要求及各类建筑的特点，根据不同地区的气候、土壤条件、交通道路等，充分利用总平面布置的形式，选择合适的绿化形式；选择适应性强，既美观又有经济价值的树种。

一、绿化设计的基本原则

1. 绿化设计应满足城市规划要求，临街绿化应与城市绿化形成整体，以丰富街景，美化城市。绿化布置应尽量朝阳、集中、临街和避开地下建筑；必须保留古树名木，并充分利用古树名木组合成绿化或构成景观。绿化面积应满足各地规划部门的要求。

2. 绿化布置应结合实际，充分利用自然条件，并与总平面设计统一规划，合理布置，发挥绿化对建筑外部空间的点缀、陪衬、分隔、组织、美化作用。

3. 绿化植物与建筑物应有适当的距离，以保证建筑物基础不被破坏。

4. 植物的配置与选择应有主调，要根据建筑物、广场、道路的不同性质，采用不同的配置方式。一般应用四季植物作陪衬，以丰富环境的季节变化。

（1）采用规则、排列整齐的常青植物以衬托建筑物和广场庄严肃穆的气氛。

（2）采用自然、形态多姿的常青树，并用色彩丰富的花丛、灌木和草地加强建筑物和广场生动活泼的气氛。

（3）采用灌木丛、绿篱、草地、花坛和防护林分隔道路，形成整洁、宁静、朴实、美观的街景。

5. 绿化的布置应有利于疏导车辆，引导交通，人车分隔，快慢车分流的现代化交通组织，创造交通安全条件。临街建筑物外墙应尽量增加树荫遮盖面积，为人行道防日晒创造条件。

6. 绿化用地应充分利用零散空地、陡坡及地质不良地带，充分利用绿化加固坡地，稳定土壤，同时绿化布置应与工程管线布置相协调，尽量节约用地。

7. 绿化设计应有利于改善地区小气候，降温、降噪、防风、防火。

二、植物绿化范围与建筑部位

1. 城市绿化：通过城市规划，按人口规模、地块使用性质合理布局公园、小游园、庭院、街道两侧及人行道绿化带、街心花园、街道交口花坛、中心花园等。

2. 建筑的绿化：包括屋顶、墙面、阳台、窗口等的全方位的绿化。屋顶是城市环境中面积较大的可利用空间，屋顶绿化可以是庭院式、苗圃式的；墙面可以利用攀缘植物的特点，通过选择适合不同气候条件的植物，形成垂直绿化，与自然更加贴近；阳台、窗口是建筑绿化的另一重要空间，一般以花卉为主，通过艳丽的色彩、精美的造型为建筑自身增添了情趣，使建筑绿化景观主次分明、浑然一体。

3. 环境绿化：包括了围墙、栏杆、庭院等各个方面，与建筑绿化共同构成建筑环境的整体绿化体系。绿化是形成居住环境景观特色的一个重要元素。

三、绿化的功能

罗宾奈特在其著作《植物、人和环境品质》中将植被的功能总结如下：建筑功能、工程功能、控制气候功能和美学功能。

（一）空间造型功能

建筑功能是指界定空间、遮景、提供私密性空间和创造系列景观等，这一类功能其实是空间造型功能。

植被可以实现对室外空间的进一步划分，这种划分可以在空间的各个面上进行。此外，植被随着季节变化的形态差异也使空间的划分随着时间推移而有所变化，形成多样的趣味。利用树木和植被可将空间进一步划分为以下几类：

（1）开放空间：利用低矮的灌木和地被植物作为空间界定因素，形成流动的、开放的、外向的空间。

（2）半开放空间：在开放空间一侧利用较高的植物造成单向的封闭，这种空间有明显的方向性和延伸性，用以突出主要的景观方向。

（3）开敞的水平空间：利用成片的高大乔木的树冠形成一片顶面，和地面形成四面相对开敞的水平空间。

（4）封闭的水平空间：在水平空间的基础上以低矮的灌木在四周加以限定，特性是和周围环境的相对隔离。

（5）垂直空间：将树木的树冠修剪成锥形，形成垂直和向上的空间态势。

在一般的景观设计当中，很少完全利用植被来塑造空间，较多利用建筑和植被相互组合而塑造空间。建筑作为硬性材料暗示和限定空间的存在，而植被的作用在于优化和点缀这些空间。另外，植被的种植可以减缓地面高差给人带来的视觉差异，也可强化地面的起伏形状，使之更加有趣味。

（二）防护功能

绿化可以防止眩光、防止土壤流失、噪声及交通视线诱导。

1. 树木在保护视觉方面的作用

在人类世界中，并非各种景观都安排得十分协调。在每个地方，总有一些物体需要加以遮蔽，如不美观的棚舍或仓库等地。要想避免它们对景色的破坏，首先要合理解决建筑物和公共设施的建造布局问题，同时，用树木可以很好地把建筑物和其四周的风景协调起来。为此，从现实的生态条件观点来看，种植速生的本地高大落叶乔木和大灌木是适宜的。树冠的复杂造型可以“软化”建筑物的垂直和水平线条，即使树木不能将建筑物完全遮蔽，也可以将建筑作为背景，这样可以使人们较少感觉到建筑的存在。自我攀缘的木本植物，如常青藤和爬墙虎可用作建筑物墙壁的覆盖物。树木种植的密度应为通常的一倍，几年后，可将多余的树木移栽他处或间隔采伐，以免种植过密。

2. 安全防护

森林是自然界生态平衡中重要的一环，森林破坏常造成巨大的自然灾害，这方面的教训是非常惨痛的。

城市中心的绿地也和森林一样，常具有类似的功能作用，在台风经常侵袭的沿海城市，多植树和沿海岸线设立防风林带，可以减轻台风的破坏。在地形起伏的山地城市，或是河流交汇的三角地城市，多植树也可有效地防止洪水和塌方，这些地带利用树木来保水固土、防洪固堤均是十分有效的措施。

在地震区的城市，为防止地震灾害，城市绿地能有效地成为防灾的避难场所。

3. 减弱噪声

城市噪声来源主要有以下几类：交通运输噪声、工业噪声、建筑噪声、商业噪声和生活噪声。研究表明，树木可以降低噪声。但是树木的降噪能力不仅取决于树种，更取决于合理的设计。设置绿化带，既能隔声，又能防尘、美化调节气候。但宽度有限时，隔声不好，10m 宽的松树林只能减少 3db，10m 宽的草坪只能减少 0.7db，40m 宽的树林减少 10～15db（图 10-1、图 10-2）。

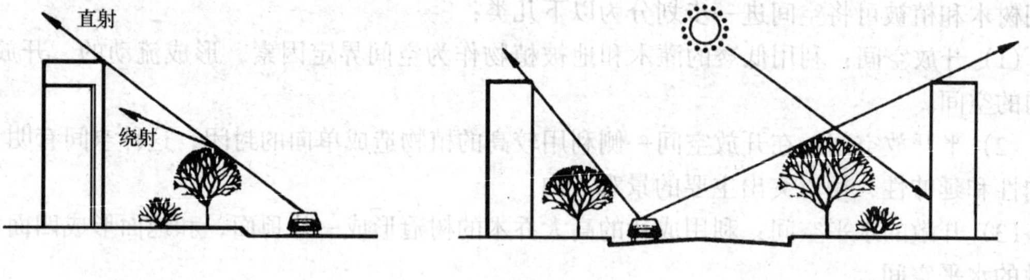

图 10-1　隔声

调节气候功能是指遮阴、防风、调节温度和影响雨水的汇流等。

4. 净化空气

空气是人类赖以生存和生活不可缺少的物质，是重要的外环境因素之一。在城市环境中，由于煤和石油燃烧所消耗的氧气和放出的二氧化碳远比人的呼吸大得多（大 2～3 倍），城市空气中二氧化碳的含量有时很高，不仅出现浪费能源的热岛效应，而且还会使人的呼吸感觉不适。植物的光合作用，能大量吸收二氧化碳并放出氧气，其呼吸作用虽也放出二氧化碳，但是植物在白天的光合作用所制造的氧气比呼吸作用所消耗的氧气多 20 倍，所以森林和绿色植物是地球上天然的吸碳制氧工厂，保持了生态环境的平衡。同时植物可以帮助过滤空气中的灰尘、烟雾及硝酸钾微粒以及其他有害成分，并能够吸附大气和降雨中的有害物质，从而起到净化空气，保证空气质量的作用。

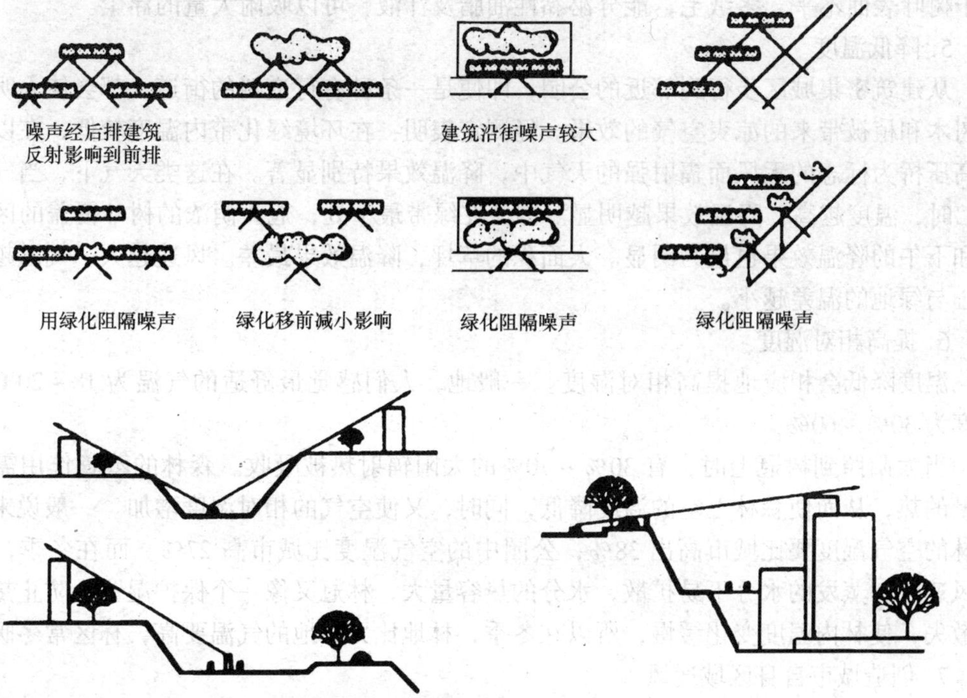

图 10-2 减噪声

(1) 杀灭病菌

据测定，北京中山公园单位体积空气的含菌量，相当于只植有单行行道树的王府井大街的 1/7，这是因为许多植物的芽、叶和花粉分泌一种挥发性物质，能杀死细菌、真菌和其他病毒。许多研究证明：景天科植物的汁液能消灭流行性感冒一类的病毒，效果比成药还好；松林放出的臭氧，能抑制和杀死结核菌；樟、桉的分泌物能杀死蚊虫，驱走苍蝇；1 公顷松柏林，一昼夜大约能分泌出 30 ~ 60kg 植物杀菌素。在松林中建立疗养院能治疗肺结核等多种传染病。

(2) 吸收有毒气体

各种有毒气体能伤害树木甚至使树木致死，但同时也存在相反的情况。许多树木具有吸收有毒气体的能力，这种能力取决于地形、气候和植物间的交互作用。数据表明每平方米绿地一昼夜能吸收 1.5g 左右的二氧化碳。

(3) 减少粉尘污染

据估算，地球上每年的降尘量达到 1×10^6t ~ 3.7×10^6t，许多工业城市每年每平方公里降尘量为 500 余吨，个别城市达到 1000t 以上。在同一个城市中，不同的地段，其空气中的粉尘含量相差悬殊，公园里的空气粉尘量只有中心车站的 14.4%，这是因为植物能有效地降低风速，因而空气的携带能力大大降低，使空气中的不纯物质沉降下来。当然植物的这种降尘作用与粉尘的颗粒关系密切，粉尘越小，树木的降尘作用也越弱。相反，当空气气流掠过林带时，还会把细小的粉尘带走。能透风的疏林同密林的作用也不同，在密林内尘量迅速减少，迎风面的尘量最多，背风面的尘量最少，但通过密林后，尘量又再次上升。而在分散的疏林地带所测定的相对尘量，则随着离尘源的距离渐远，以比较稳定的比率而减少，而且由于树叶表面不平，多绒毛，能分泌黏性油脂及汁液，可以吸附大量的浮尘。

5. 降低温度

从建筑密集城区步行到邻近的公园，即使是一条种有行道树的街道，都会使人明显地感到树木和植被带来的凉爽空气的效果。经测定表明：在环境绿化带内温度较低，在以呈现带形高压桥为标志的无风而辐射强的天气中，降温效果特别显著。在这类天气下，当气温超过30℃时，温度越高，降温效果越明显。即使在绿带最窄处，冠大荫浓的树叶覆盖的区域，中午和下午的降温效果也最为明显。大面积的草坪，降温效果最差。风速越大，气温越低，市中心与绿地的温差越小。

6. 提高相对湿度

温度降低会相应地提高相对湿度。一般地，人们感觉最舒适的气温为18～20℃，相对湿度为30%～60%。

当太阳照到树冠上时，有30%～70%的太阳辐射热被吸收。森林的蒸腾作用需要吸收大量的热，从而使森林上空的温度降低，同时，又使空气的相对湿度增加。一般说来，夏季森林的空气湿度要比城市高出38%，公园中的空气湿度比城市高27%。而在冬季，绿地里的风速小，蒸发的水分不易扩散，水分的热容量大，林冠又像一个保护湿罩，防止热量的迅速散失，使林内温度变化缓慢，所以在冬季，林地比无林地的气温要高，林区常冬暖夏凉。

7. 创造城市自身区域通风

在城市上空晴朗无风的情况下，由于热而产生的聚风，有助于城市的通风。在没有树木和绿地的建筑区域，风能不断地扬起污染微尘；处于气体流通区域的树木和绿地，可将空气净化并冷却，吸收二氧化碳并释放出氧气。它还可阻挡被污染的热气流向市中心，使得大量较冷的空气不断地流入邻近的建筑区，在这种情况下，新鲜空气的来源几乎全部依靠有树的建筑区和无树的建筑区之间的温差所形成的环流。因此，城市中的带状绿地，如道路和滨水绿地，常常是城市的绿色通风渠道，由道路绿地组成的“通风管道”，使空气流速增加，可将城市郊区的气流引入城市中心。特别是在带状绿地的走向与该地的夏季主导风向一致的情况下，可为炎夏的城市创造良好的通风条件。而在冬季主导风向一带，大片防风林又可以降低风速，减少风沙，改善小气候。

（三）美学功能

美学功能是指强调主景、框景及美化的其他设计元素，使其作为景观焦点或背景。

植物的种类繁多，每个树种都有自己独有的形态、色彩、风韵、芳香等美的特质。这些特质又能随季节和树龄的变化而不断发展和丰富。例如，春季梢头嫩绿，花团锦簇；夏季绿叶成荫，浓影覆地；秋季果实累累，色香俱备；冬日白雪挂枝，银装素裹。一年四季各有不同的丰姿与妙趣。以树龄而论，树木在不同的年龄时期均有不同的形貌，松树幼时全株团簇似球，壮龄时亭亭如华盖，老龄时则枝干盘曲而有飞舞之姿……

在空间（外部空间和内部空间）设计中，植物的总体形态即树形是构景的基本因素之一。不同形状的树木经过妥善的配置和安排，可以产生韵律感、层次感等种种艺术组景的效果，可以表达和深化空间的意蕴。

在植物设计中，要充分注意植物的色彩、形状、尺度和质地的搭配，以产生更丰富的景观效果。

四、绿化植物配置注意事项

（一）因地制宜

1. 各种不同的绿化地点，有其不同的地形、气候、土壤条件，而不同的植物又有其不同的对环境条件的要求。植物配置时就是要使二者相统一，使其在生物特性和艺术效果上都能做到因地制宜，各得其所，以建立相对稳定的植物群落，充分发挥园林植物改善和保护环境的功能，如图 10-3 所示。

2. 不同植物有各种不同的观赏特性，配置时就要应用其不同的特性，分别在满足其习性要求的前提下，达到搭配美观，参差有致。

3. 其次要结合自然地形特点，来合理安排植物群落，组织植物景观，划分植物空间。以植物造景和组织空间为主，即现在提倡的“植物造园”。互相干扰不大的空间可用树丛、树群或草地、疏林围成半闭合空间；功能上要求分隔或风格截然不同的空间之间可用密林、林带组成闭合性空间；植物和假山土堤相结合可形成浓密的障景；水面曲折变化再配上高低不等的植物常可增加空间的层次和景深。这种地形和植物巧妙的配合，可以创造出许多意境深远、瑰丽多彩的自然景观。

图 10-3 因地制宜

（二）因时制宜

1. 植物和其他园林组景不同，它是有生命的，随着时间的推移，它的色彩、形态不断变化发展。春华秋实、夏荣冬息，第二年重又萌芽吐叶、开花结果，给植物增添美丽。以花为例，春夏秋冬、晨午夕夜，花的色彩、种类多变化无穷，可以造成很多的美景。如红粉相间的榆叶梅、金黄的连翘、大红的贴梗海棠、粉白带香的探春，因此在实际栽植中，在树种的选择与配置上应以足够数量的一种或几种花木成片栽植形成“气候”，加强艺术感染效果，突出各景区的风景特征，造成景景不同、季季不同的园林景色。

2. 叶色也具有很大的观赏价值，各种浓淡不同的绿色树木搭配在一起能形成美丽的色感，特别是随着季节的不同，叶色也随之变化。如早春臭椿之叶呈紫红色，以后变为绿色；五角枫、黄栌、火炬树，秋叶呈红色。因此在配置树种时要了解不同树种叶部的观赏特征，才能创造出美妙的景色变幻。大片的常绿树和落叶树混交栽植，常绿树四季常青，叶色浓绿深沉；落叶树叶色丰富，能形成景色变化；秋色树可以布置成纯林或混交林，如北京香山满山红叶间有一小片油松，可以造成“万红丛中一点绿”，也相当有趣。

3. 果实也可作为植物配置的主题，颜色的不同可以突出树枝的灵性，形成颜色跳跃的画面。尤其是深秋，忍冬的红果像红色玛瑙挂满枝头，形成丰收的图画。

4. 随着树龄的增长，不同园林树木本身树形、树皮、生长速度、环境条件的不同都会发生一定的变化。所以，树木的配置应该按照树木的年龄、季节、气候等的变化，预先做出安排，及时采取措施，以创造良好的景观环境。

（三）因景制宜

1. 绿化中的建筑、雕塑、山石或是树木所处的周围建筑、环境，均需有恰当植物与之相衬掩映，才能减少人工做作之气，达到生趣盎然。在植物配置中，常常强调“景随境出”，即在种植设计之前，首先要确定环境景观的性质、功能，从整体出发，先抓植物的整体风格，再考虑局部的造景点缀（图 10-4）。

图 10-4　因景制宜

2. 景观的植物设计中，植物配置方式和种类组成上也不能一视同仁，否则会产生乏味的感觉。所以在设计构思之前必须对各植物配置方式和主要景观作一次全面的周密的规划，先从整体考虑，大局着手。首先确定主要景区的位置环境和植物景观特点，据此确定配置方式和植物种类，使其在全园突出。然后根据地形、地貌与建筑、道路、山地等条件考虑次要景区的穿插布置。

3. 在空旷地上布置树丛，其垂直方向要参差不齐，水平方向要前后错落，使之有高低、虚实、明暗之感，前后要互相衬托。一般最前排是孤植树，以后是树丛，最后是树林，再将它们全部用花卉、草地连接，从低到高，从前到后，形成层次和景深的变化，景物的立体感也随之突出。

4. 绿化中的建筑。建筑物旁的植物配置有两种形式：一是把建筑物置于大片丛林之中；二是以少数乔、灌木予以衬托，不论哪种配置都要按建筑物的体形、结构全面考虑。

5. 水边植树必须与水景取得和谐，池岸边树的配植距离宜疏，灌木丛也不能过密，以免妨碍眺望。树种以枝叶较疏，枝干不向上发展而又柔和为佳，如垂柳。池岸曲折的宜栽于弯曲处，池岸平直的宜退入岸线以内栽植。池中短堤、小岛不宜栽植高树，桥旁水际的亭榭附近，不宜多种荷花，以免破坏倒影。

6. 假如不是真山，花木配置更要严格，仍应“深求山林意味”，植物配置以模仿自然为主。土多石少的假山，乔灌木错综配植，品种多些，构成浓荫蔽日的自然山林。石多土少的假山，花木配置宜疏，使人观赏叠石和树姿的美。

五、绿化造景植物的分类

（一）地被植物

地被植物是指近地表的一群植物，它们生长低矮、茎叶密布并具有蔓生特性。因此很容易将地表覆满，使泥土不致裸露。草坪是最为人们熟知的地被植物，阔叶草、草花、矮竹以及蔓藤等也可作地被植物。地被植物的功能在于防止土壤被冲刷，减少风蚀与水蚀，减少地面反光所产生的刺眼现象；减少地面声波传送，降低噪声污染；减少尘土飞扬，净化空气，引导交通路径。因此，在景观设计中，基于地被植物的功能，在相应处设置地被植物，可收到一定的效果。大面积草坪和地被植物还可作为景观设计中的造景手法，饰景、衬景、配色，而且它还可以界定空间。在设计地被植物时，须注意地被植物在景观中的展示效果，如选择观花或叶色美丽者，可突出色彩变化，若只做背景、衬托之用，绿色枝叶即可。同时，质地和标高也应考虑。

（二）灌木

灌木属木本植物，大致能长到 1～3m，能修剪成绿篱，起到分割空间的作用。灌木修剪成的绿篱，其不同的高度以及枝叶的浓密程度对于遮蔽视线或者限制行为的作用也不同。观花类的灌木、花木鲜明艳丽，在色泽、质感和树形表现上，具有强烈的景观效果，但开花受季节的影响变化很大，在设计时，必须依季节性的色彩、质感变化加以应用。观姿类的灌木，通常以观赏其美丽的叶形、叶色、树姿为主，这类灌木均为常绿性。景观设计中，可利用灌木分割空间、引导交通，也可运用灌木丛植达到配景的效果；利用修剪技术改变造型，可丰富景观效果。

（三）树木（乔木）

树木分落叶树和常绿树，通常高度达 3m 以上。常绿树树冠终年常绿，为优良的造园树木。树形或高壮或低矮，并有开花美丽而以观花为主的树种。在景观设计上，必须依树形的高矮、树冠的冠幅、质感粗细、开花季节、色彩变化等因素加以应用。常见的常绿树有香樟、松柏、椿树等，景观设计中常绿树应用得较多，形成一种绿色的背景、绿色的通道。落叶树夏季树冠绿荫蔽天，冬季落叶，春季萌发新叶或绽开美丽的花朵，其树形、枝干线条、质感、色彩均能随季节产生变化，在景观设计上比常绿树更加丰富。常见的落叶树有枫树、槭树、银杏树等，景观设计中往往从落叶树丰富的季相来考虑，在植物中起点景的作用，也可形成季节特有的景观：如金黄的银杏林、火红的枫树林等。

（四）藤本植物

藤本植物擅长缠绕、攀爬。它们可以依附于建筑物或者围墙，形成漂亮的绿壁；也可攀爬景观中的花架、凉棚，形成绿顶或绿色的通道，给地面带来一方清凉。常见的藤本植物有常春藤、爬山虎、藤本月季等。藤本植物依附性强，可生长于垂直或倾斜的基面上，所以在景观设计中可运用藤本植物的这一特点，营造独特的景观效果，如垂直绿化、悬挂绿化、护坡绿化。

（五）花木（花卉）

一些单本、球茎的植物会开花，具有很高的观赏价值。花木具有丰富的姿态与色彩，有的花木还具有香味。无论是万紫千红的视觉效果还是沁人心脾的香味都令人心旷神怡。景观设计中花木的应用屡见不鲜，或是大面积的花草形成绚丽的景象，或是在人行道和座椅边放置鲜花，远观和近玩都是极好的享受。

（六）水生植物

水景是景观设计中常用的造景手法。伴随水景而生的水生植物如睡莲、荷花、芦苇、蒿蒲都给人独特的审美感受。历史上许多著名的景观就是以水生植物命名的。如“曲院风荷”“藕香榭”“远香堂”。在堤岸边种植水生植物并与山石相配，可给人增大水体面积的感觉，同时也可掩饰水体岸边的残缺之处。设计时注意水面种植的水生植物与空白水面应保持一定比例，挺水植物与浮叶植物亦要相协调。

六、绿化植物的配置

（一）绿化植物配置的构图

根据不同绿化的功能和规划布局，采用不同的配置形式。同一绿地中，往往是多种配置形式综合地运用。一般在自然式绿地中，应以自然的配置形式为主；在整体形式绿地中，应结合建筑、广场、道路用规则式的植物配置；在草坪上、树林中和绿地边缘，它们可运用自然式的树丛、树群、片林等形式，如图 10-5 所示。

图 10-5　绿化配置构图

从人的观赏角度出发，在视野内把握树木配置的空间效果，这种空间的视觉效果和树木的外形和高度有很大的关系。树木的外形一般有纺锤形、圆柱形、圆球形、尖塔形、垂枝形以及水平伸展形。

纺锤形和圆柱形树木可以引导视线向上，突出垂直方向和高度感，而圆球形树木外形圆柔、温和，引导视线无方向感和倾向感，圆球形和纺锤形、圆柱形种植在一起会形成强烈的对比。尖塔形树木从底部向上逐渐收缩，顶端形成尖头，人们的视线会停留在尖头上，而水平伸展形使树木产生宽阔感和外延感，以欣赏其轮廓线为主，在总体配置时常用水平伸展形的植物衬托其他垂直形的植物。

植物最重要的观赏特征是色彩，植物的枝干、树叶、果实都有色彩。绿色本身是一种色彩，是整个环境中的背景色彩，除了绿色外，植物还有红色、黄色、紫色、白色、杏黄色、粉色等，深颜色会使人感到沉闷，浅颜色明快，让人兴奋。植物配置中应考虑到色彩的搭配，深浅协调，一般以深色植物作背景衬托浅色植物。

植物的空间层次决定了人们对整体环境的欣赏。空间层次是随着人的视觉变化的，而植物的高度决定了空间层次，植物配置时，不同高度的植物结合配置，低的布置在近处，高的布置在远处，空间层次富于变化，满足视觉要求。

（二）绿化植物的配置方法

一般情况，在景观设计中使用植物要注意以下几点：

1. 高中低相结合

树木中乔木体形高大，常作为环境的主景，宜布置在开阔的绿地中。灌木有高有矮，从 0.5m 到 2m 以上，高灌木可以围合成封闭的空间，低灌木围合的空间则更具有通透性。灌木修剪成的绿墙、绿篱还可以作为雕塑、小品的背景，使其更加完整。植被一般指低矮、蔓生的地被植物，起到暗示空间边界的作用，并可以代替草皮。草皮广泛运用于居住环境中，既可观赏，又可活动，是居住区主要的铺地材料。花卉指花色艳丽、姿态优美的观赏植物，用于配置环境的中心和重点的地方。居住区植物的总体配置要结合其外形、色彩、特性统一布局，形成宜人的绿色环境景观，如图 10-6 所示。

2. 疏密、群独相结合

图 10-6　高中低立体配置

成簇成片的植物和独株植物相互结合会使空间变得丰富，植物过于分散会使空间较为凌乱，缺乏整体感，使人眼花缭乱。在种植成片成簇的植物时，要注意植株之间的空隙，要预留植物生长的空间。一些较高大、树型较特殊和优美的植株可以单株栽植，充分利用其在美学上的价值，为设计增色。在垂直面上，多种植物的组合应形成韵律，使质地、颜色、高低错落相互协调。尽量在植株下面形成可以供人休息和利用的空间，可以布置座椅和步道，增加植被的使用率，植株的种植和地面造型相结合。当建筑物之间的关系缺乏统一的情况下，我们可以用植物绿化将建筑物串联起来，增强统一效果。也可以用植株来突出某些空间，例如庭院、建筑入口等。植物也可以作为背景，将和环境混杂在一起的认知主体衬托出来，增强效果。当地形和构筑物形成的构图尚不完美时，我们可以利用植株来完善和改进。在应用植物时应尽量使用本地物种，这样可以降低成本，保证成活率，并且易于形成地方特色。

（三）配置注意事项

1. 充分了解植物的特性

设计者应该了解树木的特性，充分考虑到树木的形状、色彩、纹理以及它们组合时的空间效果，以满足不同场合的需求。单株树木应注意其优美的体态以及欣赏的形式和部位，如是欣赏枝干，还是叶子、果实、色彩、纹理。群植时应注意整体性，风格应统一。在一封闭的空间内可以采用单一树种大面积种植，或将结构、外形和色彩相近的几个树种大量种植，可以创造出简洁明快的效果，同时应注意不同高度植物的组合，不能形成视觉死角。

2. 注意植物四季变化和长效性的特点，考虑树木全年使用的有效性和协调性。

同一树种在一年四季会有不同的形态变化，许多树种混植变化会更多、更明显，其欣赏目标也会改变，和建筑物的关系也会有所变化。在建筑小环境中应充分利用树木季相变化的效果，改变人们的欣赏方式。如冬季裸露枝条的冬态，树干的纹理会更加清晰；早春新叶乍现，繁花竞放，向人们展示其美丽的外观；夏季是叶片形成的浓荫；秋季是树木和果实的色彩。合理地进行树木的组合，在各个季相都可欣赏到其美丽的姿态。

3. 注意植物的不同生长周期

在设计时还应考虑到树木的生长速度和寿命，有些树木，如杨树、柳树，生长速度快，几年内就可成林，但寿命短，在需要迅速绿化阶段可以采用。当需要在大面积区段内种植时，可结合其他生长速度和寿命的树种间种。

（四）种植方式

树木的种植方式是由场地的规模和场地的功能决定的。如要欣赏树木的姿态时应孤植；利用树木分划空间，引导视线时可以采用列植；在游戏场地可以利用树木围合成独立的空间，并有隔噪声的作用；休息区域可种植满足遮阳隔音的树种等，同时还应注意以下几点：

（1）树木和建筑组合时，应协调统一，主次分明，不要让树木更多地干扰建筑的形象；

（2）树木的尺度应该和功能要求相一致，空间层次分划清晰；

（3）考虑树木的阴影对建筑的影响；

（4）注意树木和建筑小品的结合。

1. 孤植

孤植树，不论其功能是庇荫与观赏相结合，或者主要为观赏，都要求有突出的个体美。可以是 1 株或 2～3 株同种树木紧密种在一起，如图 10-7 所示。

图 10-7　孤植树

中心植是孤植的特殊方式，即将树木种在广场、花坛的中心，成为主景。可种植树形整齐、轮廓严正、生长缓慢、四季常青的园林树木，常用的有松柏、云杉等。

一般种植地点要开阔，不仅保证有足够的生长空间，而且要有较合适的观赏视距和观赏点，尽可能与天空、水面、草地、树木等色彩单纯而又有一定对比变化的背景加以衬托，以突出孤植树在体形、姿态、色彩等方面的特色，并丰富天际线的变化。

孤植树要求体形巨大，树冠轮廓富于变化，树姿优美，开花繁茂，香味浓郁，叶色季相变化丰富，如松柏、云杉、银杏、五角枫等。

2. 对植

两株式两丛树，按一定的方式配置使其对称或均衡，称为对植。有对称种植和非对称种植两种。

（1）对称种植

树种相同、体型大小相称，与对称轴线垂直地种植于轴线两侧。在规划式种植构图中常用，如公园、建筑物出入口。街道行道树是对植的延续和发展，如图 10-8 所示。

（2）非对称种植

要求树种统一，体型大小和姿态各异，与中轴线的垂直距离，左右均衡，形成生动活泼的景观，多用于自然式园林进出口两侧、建筑物两旁，如图 10-9 所示。

3. 丛植和群植

（1）体量上相称

灌木状的黄杨与小乔木梅花、樱花、石榴、紫薇、芙蓉等或与连翘、金丝桃、珍珠梅、珍珠花等灌木均可丛植在一起取得和谐的效果。但是黄杨与毛白杨、悬铃木等大乔木丛植在

图 10-8 对称种植

一起，会因体量的过于悬殊而不相称。

（2）形态上协调

上述灌木状黄杨与梅花小乔木或连翘、珍珠梅等灌木不仅在体量上相称，而且在形态上也基本上是一致的。棕榈是单干乔木，丝兰是丛生灌木，从形态上说是不一致的，但由于棕榈叶柄的放射式伸展，与丝兰巨针状叶片的伸展取得了良好的呼应关系，两者丛植在一起，使人感到仍然比较协调。

图 10-9 体量上相称丛植

（3）性格上契合

树木的姿态往往被人格化，表现为一定的性格，如松柏的古朴苍劲，梅花的坚贞不屈，垂柳的温情柔和，修竹的淡雅清秀，均为人们所共认。在树木的丛植中要善为应用，得以体现树丛（群）的性格特色。

（4）习性上融洽

树木有深根性、浅根性的不同，对阳光的适应又有阳性与阴性的差异，在选择组合树种时必须考虑满足各树种的习性要求，使各树种在长期生长中各得其所。

一般灌木均属浅根性，如把乔木中诸如青桐、刺槐等浅根树种与一些灌木组合在一起，由于长势不同，必然导致若干年后灌木的吸收作用受到威胁，影响其健康生长。所以在树种选择中要重视深根性与浅根性的结合。

(5) 喜阴喜阳要合理

树木的喜阳性和喜阴性的合理结合也是必须重视的一项原则。如果用阳性树种作树丛(群)的下木，或栽在大树冠树种的北侧，以及把阴性树木栽在没有庇荫的位置，这样就不能收到理想的效果。

(6) 在丛植和群植中树种应有主次

在丛植中，主体树种占较大比例，如两株石楠与一株海棠丛植，石楠为主体，海棠为宾体，海棠起着对常绿整形石楠的陪衬作用。

各植株应在平面上疏密得宜，在立面上错落有致。大自然树木群落中，各植株间没有任何几何式、等距离的规律性，因此在树木丛（群）植设计时，务必注意避免这种规律性的排列。如三株成一直线、等边或等腰三角形；四株成正方形、矩形、菱形、平行四边形和等腰梯形等，这些难免生硬呆板。一般比较理想的是根据各树种之间应保留的距离，作不规则的多角形变化，植株距离有远有近，疏密得宜。在由多数植株组成树群的配植中，也难免出现三株接近一条直线的现象，但由于植株较多，不致影响大局。

平面中破除几何规律，不仅体现树冠（群）的自然群落外观，而且还可充分发挥各个植株美。

4. 综合立体种植

当乔木、灌木、地被植物结合配置时，应该注意以下几点：①植物应该有效地用于步行观景者同周围环境的动态关系，两侧树木的高度、层次以及树木的生长方式、季节性的变化应符合动态观察；②应对人们行走时空间的转折点进行有效的设计，突出树在转折点的作用；③考虑到行走时由树木夹成的通道的空间效果，以及合理的障景、夹景、框景；④应注意一块场地内各种高度的树木分布的平衡性（图 10-10）。上面讲述的是从人的使用需求方面提出的树木配置的设计原则，在树木配置上还存在着一些技术上、文化上以及传统上的一些限制。

图 10-10　综合立体种植

第二节　建筑外环境水体景观设计

一、概述

水是生命之源，人们在有水的地方建设自己的家园，创造自己赖以生存的环境。水永远是城市生活中充满无限生机的内容，它体现着人对自然的依赖。在日常生活中除了满足人们生理机能需求外，在调节生态环境和满足人们视觉需求上也发挥着作用。因此，水体的设计便成为建筑外环境设计的重要部分。水景的存在形式：点构成喷泉，池、线构成瀑布，面构成湖面、池塘。

在我国古代的建筑环境设计中，对水这一要素就特别重视，甚至把水看作是寻找吉地的重要标准，还特别讲究水形、水势。江南一些水乡直接利用天然水体形成村落，如周庄、沙溪等。有些村庄则在已有水体的基础上重新规划设计，形成整个聚落的用水体系，然后才依此搭建居所。古人利用湖、河、泉、瀑、池等不同形态的水体创造着不同特色的环境景观，如颐和园的昆明湖、北京故宫的金水河、杭州的虎跑泉、寒山寺附近的千尺雪、文庙中的泮池以及佛寺里的放生池等。

现代环境设计中，水体仍然发挥着重大的作用，成为城市景观的亮点之一。

二、水的形态及其性格

1. 水有多种形式，可以是辽阔的水面，可以是涓涓细流，可以是飞泉叠瀑，不同的形态带给人们不同的心理感受。静态的水面，安静平和，人们常以“心静如水”来形容人的心情。中国古典园林讲究静水，且水面一般较为开阔，既能让人心情开朗，也能在月夜时分，临池赏月、饮酒赋诗，将景和人的心情完全融合为一体。静态的水面在城市中多用于独处思考、安静的场所，如图书馆、美术馆、会议室附近。比较大的水面分布在公园、郊区，假日人们荡漾在水面，被湖光山色所感染，让人接近大自然。

2. 涓涓细流总能带给人清雅悠然的感觉，也可联想为人锲而不舍、坚持不懈的意志。中国古典园林多依靠泉水流成水面，在泉源之处布置深涧沟壑，配以繁木，让人回味无穷，体味山水乐趣。水流浅而缓，加上水中的小鱼，创造“水清石出鱼可数”的境界，达到文人“鱼乐我乐”的心境。在现代城市环境中布置成的浅滩缓水，成为孩子们喜爱的游乐场所。

3. 瀑布水流急、有动势，人们往往被大自然中的瀑布所折服。故在环境设计中，瀑布便成为重要的景观要素。中国古代许多造于自然山林中的建筑群都会利用天然瀑布来进行景观设计，如著名的景点“寒山千尺雪”等，这个景点甚至成为清代皇家园林中许多景点的创作原型。同样，西方也有很多在环境景观设计中应用瀑布的例子。尤其典型的是意大利文艺复兴时期的园林，利用郊区的坡地和大平台，形成无数个小瀑布，成为西方园林理水的重要形式。在现代城市中形成了无数的落水广场，使水向着人们生活的多方面渗透。

4. 人对水的感情，往往还与人的参与有关，如儿童喜欢嬉水，涉足水中尽情玩乐，直接感受水的温暖、清澈、纯净。盛夏沙滩人满为患，人们都聚集在水中，陶醉于大海的拥抱，可见人们对水的钟爱。水给人们的感受是亲切的、宜人的，但同时又是崇高的，对于水体的设计直接影响到人的心情。

水景设计是景观设计的难点，也经常是点睛之笔。水的形态多种多样，或平缓或跌宕，或喧闹或静谧，淙淙水声令人心旷神怡，景物在水中产生的倒影色彩斑驳，有极强的欣赏性。水还可以用来调节空气温度和遏制噪声的传播。

正因为其柔性和形态多样，景观设计时也较难把握，在建成之后也必须经常性地维护。我们一般讲景观设计中的水分为静态和动态两类，其中动态水根据运动的特征又分为跌落的瀑布性水景，如图 10-11 所示，流淌的溪流性水景，如图 10-12 所示，静止的湖塘性水景如图 10-13 所示，喷泉式水景如图 10-14 所示。由于近年来技术设备的发展，出现了很多新颖形式的水景。如音乐喷泉，动态的水柱配以音乐。

图 10-11　跌落的瀑布性水景

图 10-12　流淌的溪流性水景

三、人与水体的视觉效应

人具有亲水性，人一般都喜爱水，和水保持着较近的距离。当距离较近时人可以接触到水面，用身体的各个部位感受水的亲切，水的气味、水雾、潮湿、水温都能让人感到兴奋。当人距离水面较远时，通过视觉感受到水面的存在，会吸引人们到达水边，实现近距离的接触。在有些建筑外环境设计中水体设置得较为隐蔽，可以通过水流声吸引人们到达这里。

图 10-13　静止的湖塘性水景

由于人具有亲水性，在环境设计中应缩短人和水面的距离，在较为安全的情况下，也可以让人融入到水景中，如通过在水面上布置浮桥以及置于水中的亭台，使人置身于水中。人们在观赏水体时一般有仰视、平视、俯视或立于水中。

1. 仰视主要应用于人们在观赏空中落水的时候，设计中须根据具体的地势环境条件而定，普通地形中应用不多；当然有时候是可以用人工打压的方式将水抽到高处，然后形成落水。

2. 在建筑外环境设计中水体以小型水池、喷泉为主，人们一般采用平视的姿态，会觉得和水体较为接近，如图 10-14 所示。

3. 俯视是指登高望水面，水面一般比较辽阔，可使人有心旷神怡之感。

这三种观赏形式都能看到水面，但身体和水面接触较少。

图 10-14　喷泉式水景

4. 在实际生活中人们最喜欢立于水中，直接接触到水面，如坐船在水面上荡漾，儿童在浅而缓的水流中嬉戏，而有些建筑直接建在水中或水边，如一些亭、舫、桥等，人们从建筑上、桥上以及水中的小岛中观水，会被周围的水面所包围。在特殊的情况下，人们可以潜入水中，身临其境，直接欣赏到水的各种形态和水下环境的魅力。

四、水体的形态设计

在环境设计中水体的平面形式可分为几何规则式和不规则式两大类。西方古典园林的水体一般采用几何规整形状，在现代城市环境中通常也采用这种形式，如圆形、方形、椭圆形、花瓣形等，水面一般都不大，多采用人工建造。我国古典园林讲求自然，对于理水也多采用自然的、不规则的水面造型，从江南园林中的水面形态我们就可领会到。目前一些大型公园的水面，也利用原来的地势，采用不规则的形状，让人感到亲切自然。

在小环境中根据水面的形态，一般分为动态水和静态水。西方古典园林是讲动的，园林中多采用喷泉、流水、瀑布等，中国古典园林是讲静的，采用大面积的水面，以静制动。在现代小环境中，一般将动水和静水结合起来，共同组构空间。下面分别论述水池、瀑布、喷泉三种理水形式。

(一) 水池

是环境中最为常见的组景手段，按照规模的大小一般分为点式、面式以及线式三种形态。

图 10-15　点式水面

1. 点式是指比较小规模的水池或水面(如图 10-15 所示)，如一些承露盘、小型喷泉和小型瀑布的各个阶面。在环境设计中它起到点景的作用，往往会成为空间的视线焦点，活化空间，人们能够感受到水的存在，感受到大自然的气息。由于它比较小，布置也灵活，可以分布在任何地点，而且有时也会带来意想不到的效果，它可单独设置，也可和花坛、平台、装饰部位等设施结合。

图 10-16 面式水面

2. 面式是指规模较大（如图 10-16 所示），在环境中能有一定的控制作用的水池或水面，会成为小环境中的景观中心和人们的视觉中心。水池一般是单一设置，形状一般采用几何形，如方形、圆形、椭圆形等，也可以多个组合在一起，组合成复杂的形式如品字形、万字形，也可以叠成立体水池，面式水池的形式，有些水面也采用不规则形式，堤岸也比较自然，和周围的环境融合得较好。水面也可以和环境中的其他设施结合，如与踏步、浮桥结合形成水中墁道，和园林小品结合形成水中景观，岸边可布置成休息设施，把人和水面完全融合在一起。水中也可以植莲、养鱼，成为观赏景观。有时为了衬托池水的清澈、透明，在池底摆上鹅卵石，或绘上鲜艳的图案。面式布局的水池在小环境中应用是比较广泛的。

3. 线式是指较细长的水面，如图 10-17所示，有一定的方向，并有分划空间的作用。在线形水面中一般都采用流水，可以将许多喷泉和水池连接起来，形成一个整体。线形水面有直线形、曲线形和不规则形，很容易和环境中的其他要素结合得比较紧密，常广泛地分布在居住区、广场、庭院中。在环境设计中线形水面一般都较浅，儿童可在里面嬉水，因其分布较广故特别受孩子们的喜爱。该种水面又常常可以和桥、板、石块、雕塑、绿化以及各类休息设施结合，创造出丰富、生动的室外空间，在日本的居住区里这种水型应用较多。

图 10-17 线式水面

（二）喷泉

主要是以人工喷泉的形式应用于现代城市中。喷泉是西方古典园林中常见的景观，在西方的城市街头也随处可见，主要是用动力泵驱动水流，根据喷射的速度、方向、水花等创造出不同的喷泉形态，如图 10-18 所示。

喷泉分布在城市广场、公园、街道、庭院、屋顶花园、室内中庭等处，起到饰景的作用，很好地满足了人们视觉上的需求，以其立体而且动态的形象，在城市景观中起到引人注目的中心焦点的作用。在建筑外环境设计中，一般多以喷泉组织空间，用它所创造的丰富形象来烘托和调节整体环境的气氛。不同地点、不同的空间形态、性质、使用人群对喷泉的速度、水形等都有不同的要求。它可以是一个小型的喷点，速度也较慢，分布在角落中；也可以是成组的大型喷泉，处于小环境中央，宏大的水景表达巍峨壮观的气势；现代的喷泉可以调整水流和速度，设计成不同的水形，满足不同的场所的要求。水形一般和喷嘴的构造、方向、水压有关，一般有喷雾状、菌形、钟形、柱形和弧线形等多种形式。

图 10-18　喷泉

（三）瀑布

近几年来，对瀑布的设置越来越多地受到重视，从狭窄的街道角落到城市广场，从立体构成到平面表观，从人工水池设施到自然水道，瀑布都扮演着重要的角色，渗透到人们生活的各个角落。由于瀑布要求有一定的落差，因此必须要有一定的规模，这样才能产生壮观的效果。在城市环境中，主要是利用地形高差和砌石形成小型的人工瀑布，以改善景观。

瀑布有多种形式，日本有关园林营造的书《作庭记》把瀑布分为“向落、片落、传落、离落、棱落、丝落、重落、左右落、横落”等十种形式。不同的形式表达不同的感情。

人工瀑布中水落石的形式和水流速度的设计决定了瀑布的形式，一般根据人们对瀑布形式的要求，选择水落石和水流的速度，把它们综合起来，使瀑布产生微小的变化，传达不同的感受。人们在瀑布前，不仅希望欣赏到优美的落水形象，而且还喜欢听到落水的声音。人们利用不同的落差，不同的流水速度、角度和方式产生不同的声音，来享受大自然带来的无穷乐趣，不仅从视觉上，听觉上，而且从心理上获得愉悦。

在城市环境中，水池、喷泉、瀑布往往是结合在一起的，有的时候它们共同展现在人们面前，有时则突出某一部分，隐蔽其他两部分，完全根据环境设计的要求，共同组成人们所需的水环境。

（四）河流、湖泊

指形成规模的自然景观。常常借助于河流、湖泊的开放性，而形成气势磅礴的景观效应。

水景选景手段可以用虚、雄、奇、秀来造景；用波、光、影、洁、清、纯来衬景，创造观赏性的水景；借游、渡、踏、溅、泼、戏来创造娱乐性；用接近、融入来达到参与性的目的。

水景设计的目的往往为了扩大空间感，常运用镜面形象、透视、虚幻等效应。通过纽带作用、导向作用来达到延伸景观的作用，用水景激活人的情绪，给人以心灵净化、情绪振奋、抒发情怀的意境。也可以通过水幕、水帘、隔岸观景来分隔空间。

五、堤岸的处理

水面的处理和堤岸有直接的关系，它们一般共同组成景观，以共同的形象展示在人们面前，影响着人们对水体的欣赏。这里所述的堤岸一方面是人们的视觉对象，另一方面又是人们的观赏点，即建筑外环境中围合水池的池岸。

图 10-19　堤岸处理

在环境设计中池岸的形式根据水面的形式也分为规则式和不规则式。规则几何式池岸的形式一般都处理有让人们坐的平台，使人们能接近水面，它的高度应该以满足人们坐的舒适为标准，池岸面距离水面也不要太高，以人手能摸到水为好。这种几何规则式的池岸构图比较严谨，一定程度上限制了人和水面的关系。相反，不规则的池岸与人比较接近，高低随着地形起伏，不受限制，而形式也比较自由。岸边的石头可以供人们乘坐，树木可以供人们纳凉，人和水完全融合在一起，这时的岸只有阻隔水的作用，却不能阻隔人和水的亲近，反而缩短了人和水的距离，有利于满足人们的亲水性需求，如图 10-19 所示。

有的水体并没有明显的池岸，特别是在人工经营的水面，不仅水浅，同时流速也缓，岸和水面没有多少高差，利用坡地围合成水体，水面可规则也可自由，人们也可随意进入水中游戏。而在有些情况下，明显的池岸与水面可共同组合成景观，如图 10-20 所示。

池岸是围合水体的重要手段，人们在欣赏喷泉流水时，也会把目光停留在池岸上，它们的形象也影响了环境景观。根据水形，池岸的平面也形成了圆形、方形、三角形、矩形、莲花形等几何形状和流云形、弯月形、葫芦形等自然形式。池岸也可结合台阶、平台综合设计，岸边的树木、石头等也结合人们的审美要求，同时在色彩、质感方面和水形成对比，让池岸服务于水、服务于水的环境。

图 10-20　池岸处理

六、水景设计的要点

在设计水景时要注意以下几点：

（1）要注意水景的功能，是观赏类、嬉水类，还是为水生植物和动物提供生存环境。嬉水类的水景一定要注意水的深度不宜太深，以免造成危险，在水深的地方要设计相应的防护措施。如果是为水生植物和动物提供生存环境则需安装过滤装置等保证水质。

(2) 水景设计必须与地面排水相结合，有些地面排水可直接排入水塘，水塘内可以使用循环装置进行循环，也可利用自然的地形地貌和地表径流与外界相通。如果使用循环和过滤装置则须注意水藻等水生植物对装置的影响。

(3) 在寒冷的北方，设计时应该考虑冬季时水结冰以后的处理，加拿大某些广场冬天就是利用冰来做公众娱乐活动。如果为了防止水管冻裂，将水放空，则必须考虑池底显露以后是否会影响景观效果。

(4) 注意使用水景照明，尤其是动态水景的照明，往往使效果好很多。

(5) 在设计水景时注意将管线和设施妥善安放，最好隐蔽起来。

(6) 注意做好防水层和防潮层的设计。

第三节　硬质环境景观设计

一、概述

(一) 硬质环境景观的设计

硬质环境景观设计是相对于软质景观设计（绿化、水体）而言的。软质环境景观以观景、调节小气候为主，硬质环境景观以功能为主，硬质铺装更利于人们行走与游憩。

(二) 硬质环境景观设计的特点

1. 硬质环境景观设计是根据人们的活动规律、使用性质、组织交通流线，对地面、人行路面、广场活动地面用硬质材料进行铺装。它是整体环境中的骨架与联系网络，可将草坪、花坛、树丛、平台、观景点联系在一起形成整体景观，如图 10-21、图 10-22 所示。

2. 为了适应地面高频度的使用，避免地面在下雨天泥泞难走，避免地面在较大荷载之下损坏，多采用硬质材料进行铺设，要求具有防滑、耐磨、防尘、排水，有一定强度和有较强的装饰性，所以硬质材料广泛地应用于城市室外活动空间中，如人行道、广场、庭院、公园等处。

3. 硬质铺地的材质、分块、尺度、色彩、布局、走向等因素，是体现环境设计的内涵和艺术风格的重要手段。其方案构图、铺装方式没有固定模式。

图 10-21　地面与花坛组合

4. 硬质铺地是城市环境中最富于表情的景观要素，恰当的铺装艺术图案和市容、建筑良好的结合，可增强城市与众不同的效果。

5. 硬质铺地利用各种铺装方式，表达其方向性与导向性以及界定范围，并应简洁明确，

图 10-22　平台、花卉、草皮、人行道硬质铺装组合

让人们便于取舍与辨别，选择最佳的路线或适宜的活动场地，如图 10-23 所示。

二、硬质环境景观铺地等级标准

一般的是按照铺装材料的强度、使用频率大小、不同地段位置、环境性质等条件以及投资规模分为以下几种：

1. 高级铺装：适用于交通量大且多重型车辆通过的道路（大型车辆的每日单向交通量达到 250 辆以上），高级铺装常用于公路路面的铺装。

2. 简易铺装：适用于交通量小、几乎无大型车辆通过的道路。此类铺装通常用于社区内道路铺装。

3. 轻型铺装：用于机动车交通量小的园路、人行道、广场等的地面。设计预算标准可依据一般道路断面结构设计。此类铺装中除沥青路面外，还有嵌锁形砌块路面、花砖铺面路面。

三、硬质环境铺装设计

（一）硬质铺地设计要点

1. 硬质铺地设计要注意方向性和引导性，在保证行人安全与便捷的前提下，使行人很容易到达目的地，避免行人的误走乱闯。

2. 公园内铺地更应强调艺术性，既要和周围景物协调，达到曲径通幽，又要考虑与景观的相通相连。使游人可任意选择多条线路到达各个景点，但要注意不可一目了然，尽量避免折返原路和死角的产生。要和绿地、花草、花坛、树木、水体相结合，避免呆板、过度重复，应符合美学规律，做到统一与变化相协调，从而引人入胜。

图 10-23　小巷导向性铺装

3. 硬质铺地的选材、铺砌形式、色彩搭配要和场地功能与形状相协调，在使用功能和观赏效果上尽量达到尽善尽美。

4. 设计者要了解各种铺装材料的性能特点和铺装方式所形成的质感和意境。如石板路给人一种清新的感觉；乱石路富于情趣，大尺度石材光平让人感到庄重、冷漠与豪华。砌块图案铺地使人感到温馨、亲切等。恰当的选材设计可满足环境功能和艺术性的要求，如图 10-24 所示。

5. 当两种以上铺装材料相衔接时，尽量避免锐角相接，铺装大面积地面，要用第三种材料进行过渡和衔接；或采用多种材料，多色彩、多形体板（块）材组成各种几何图案。

6. 设计者要深入了解硬质铺地的使用功能、整体外形、周围环境、市容景观要求以及有关法规、标准，使设计更趋合理、完善。

7. 要注意设计创新，硬质铺装材料方案是多样性的。景观设计师要按照美学原则，因地制宜地进行创作，就像同一主题的雕塑、绘画而有不同的表现形式，不会出现雷同现象一样，设计者一定要创新、要有个性，才能取得优秀作品。

图 10-24　各种材料铺设的地面效果

（二）其他材料铺装设计

1. 卵石地面、碎石地面：这种地面多用水泥掺入碎石、卵石铺设。可以用卵石拼图案饰花边。注意作品卵石、碎石、一定要牢固。

2. 散沙地面：要先做一个混凝土沙箱，内部放入细沙（要过筛），深度为 250 ~ 300mm。

3. 人造塑料草皮地毯：要求铺毯地面平整硬度适中。

四、台阶与坡道

硬质环境景观设计中除硬质铺装地面、路面外，还有其他的构筑物的设置，其中最常用的就是台阶、坡道、小桥、栏杆等设施，如图 10-25 所示。

（一）台阶

当地面出现高差时，就需要设置台阶和坡道，供人们通行。台阶设计时应注意下几个方面：

1. 当地面、路面供人们休闲漫步时，台阶踏步的高差不应太大，应采用小尺度为宜。使人们抬腿、迈步舒缓。一般选用高为 100 ~ 120mm，踏步宽为 200 ~ 1200mm。

图 10-25　台阶的造型与导向

2. 当每组台阶连续 6 ~ 8 步，且踏面在 300 ~ 400mm 时，每段台阶要设休息平台，其宽度为 1200 ~ 2100mm，借此调节步行的节奏和韵律，以及暂停观景，缓解疲劳。

3. 凡设置台阶的地方，应顺行设坡道，其宽度应大于 600mm，提升高度与台阶一致，以便老年人与残疾人推、坐轮椅及运送物品小车使用。

4. 每组台阶踏步数不得少于 2 级。踏步面要设防滑条，并在防滑条的部位涂深色（或白色）色带，或通过材质色彩变化，使踏步醒目，确保下台阶时的安全。

5. 台阶两侧和地面高差大于 500mm 时，台阶两侧设栏杆或挡板，其高度为 400 ~ 900mm，随高差而增加。

（二）坡道

坡道供行人自由自在的行走，不受踏步的约束。而且便于老年人残疾人推、做轮椅。

1. 坡道的坡度越小越好，常用坡度为 6%，特殊情况可采用 8%。

2. 坡道长度（斜面长）不宜过长。当长度大于 10m，要加设休息平台。

3. 对老、弱、病、残人群要做无障碍设计，按国家标准设置，坡度小于 6%。

4. 坡道面要做横纹、剁斧、礓磋等表面粗糙耐磨等防滑措施。

5. 在人行道表面必须铺装盲道，专供盲人行走。

五、硬质铺装材选择

影响硬质铺装景观效果的三大要素是设计、施工、选材的水平，三者缺一不可。其中材料的质感和色彩是重要因素之一。

（一）材料的品种由水泥砂浆、水泥混凝土、石材、塑料、金属板、砂砾、卵石、混合土、红砖等。其中水泥混凝土制品应用最广泛。

1. 混凝土及其制品：产品包括不同等级的现浇混凝土，标号有 C20、C25、C30 等，目前大城市按国家规定均采用商品混凝土。

2. 混凝土砖

（1）外形：方形、圆形、多边形、梯形、扇形、六边形等其他不规则形式，也可以定做。

（2）尺寸：每块长边 300 ~ 500mm，宽边 120 ~ 450mm，厚度 50 ~ 150mm。

（3）颜色：不限，有彩色水泥、彩色碎石屑或水泥掺颜料或表面刷彩色水泥浆制作。

3. 大理石、花岗岩、汉白玉、大青石等及卵石、碎石、石屑等散状料。

（1）颜色：一般有白、黑、浅红、淡绿各种花斑色等。

（2）外形：方形、圆形、多边形等。

（3）尺寸：可定做任意外形与尺寸，普通尺寸为(250 ~ 500)mm × 200mm、(10 ~ 25)mm × 500mm、厚度为 12mm 的称为薄形石材，只能用于立墙面。每块长边 300 ~ 500mm，宽边 120 ~ 450mm，厚度 50 ~ 150mm。

（4）性能：坚硬可磨光、可火爆、可剁斧等表面加工，耐酸碱（大理石除外）、耐磨。

（5）适用范围：大理石不规则碎块可铺地，即重要场所可选择花岗岩板（块），如纪念碑底座、广场地面。

4. 塑料：塑胶跑道卷材、人造草坪卷材等。

5. 砖：黏土砖、灰渣砖等，如高强连锁压轧砖、石屑压轧砖等也开始在人行道上应用。

（二）材料的应用：设计中首先收集材料产品样本，结合实际工程按样本选择。

复 习 题

1. 绿化设计的基本原则?
2. 树木的种植方式包含哪些类别?
3. 绿化植物配置如何考虑因地制宜?
4. 绿化植物配置如何考虑因时制宜?
5. 绿化植物配置如何考虑因景制宜?
6. 绿化造景植物的分类?
7. 设计水景时要注意什么事项?
8. 硬质环境景观设计包含哪些特点?
9. 硬质铺地设计要点。

第十一章　灯光照明与色彩设计基本知识

第一节　灯光照明景观设计基本知识

路灯是城市环境中满足照明的设施，它们排列在街道、园林、居住区、广场，为夜间交通提供照明，是空间中最重要的分划和引导要素，也是景观设计中应该关注的内容，特别是它的造型也影响着整个城市市容环境。

装饰灯具在城市中主要是起到衬托景物、装点环境、渲染气氛的作用。根据其不同的照明方式、目的，可分为隐蔽照明和表露照明。隐蔽照明是把光源隐蔽起来，以投光灯映照出物体的轮廓。如利用隐蔽照明映出广告、建筑物的外表和轮廓，有时还应用于城市装饰小品，如喷泉、水池、雕塑、雕饰、花坛等。表露照明主要是以欣赏灯具为主，灯具以不同的单体形象和群体组合，造成夜间独特的灯光夜景，这些灯具在白天以雕塑小品的形式出现在城市环境中。

路灯和装饰灯在满足照明需求的前提下，更以其不同的造型和灯光效果美化整个城市，应该对其体量、高度、尺度、形式、灯光色彩等进行统一设计，特别是白天也应以完整的形象反映城市的面貌。

一、室外人工光环境设计

（一）室外人工光环境设计的历史概况

建筑人工光环境与天然光环境构成了建筑光环境的重要内容，建筑人工光环境又可分为室内人工光环境和室外人工光环境。

现代室外人工光环境设计的着眼点在于满足人们夜间生活的适用和舒适，但是节约能耗已为越来越多的人重视。从西欧、北美和日本的室外人工光环境设计中，可得到很有益的启迪。

1. 国外人工光环境发展概况

欧洲的城市照明始于路易十四时代。当时要求建筑物临街的窗在晚间 9 时以后点灯。数年以后，便在巴黎出现了街道灯。城市照明的效果是促进城市的美观，扩大生活的时间和空间，并获得安全。后来，欧洲各国仿效法国积极地安装了街灯。

十七八世纪的欧洲采用了以油为燃料点灯，提高了功效。这些街灯现在欧洲古老的街道上仍然保存下来。19 世纪以煤气为燃料点灯，且以铸铁制作成形式优美的街灯，至 20 世纪电灯得到了普及。

法国巴黎市的凯旋门采用泛光照明，分为地面、中段、上段、最上段四个部分来投射光线，成为街景的视觉焦点。市政厅的泛光照明是在前面的广场对面建立了几根杆子，放置许多小型投光器，斜向投光，使建筑物的立面显示出阴影，增强建筑的立体感，并在窗下安装向上的照明，因而各窗很亮。巴黎的喷泉由水下照明照亮，显示出透明感。大喷泉从20世纪70年代起每一分钟转换一轮黄、红、绿、白的色光，共27个程序，市内的小喷泉甚至也设水下照明。

在巴黎，夜间游客可参观古建筑（如圣母院、市政厅、歌剧院、卢浮宫）、纪念性建筑（如协和广场、埃菲尔铁塔、凯旋门等）、喷泉、庭园、桥梁、街道等景点都设置了种类各异的照明设施。

在英国伦敦，从20世纪30年代开始，对纪念碑、宫殿、其他古建筑、博物馆、图书馆等重要场所都有夜间照明；20世纪70年代编制出城市照明规则，并以此进行施工，是世界上城市照明的优良范例。

在欧洲的现代小城市中，多在广场和人行道旁设置高3m的现代化灯杆照明，市政厅和教堂则从地上进行泛光照明，喷泉也设置了照明。

在日本，20世纪80年代前，闹市和高速公路的照明是很先进的。商业照明是出色的；但是重要公共建筑的照明则相对缺少。近20年来，日本加强了对有特色古建筑、公共建筑的照明设计，对住宅、广场等与居民生活关系密切的场所也进行照明，限制商业区的过度照明，并纳入城市夜间艺术照明的范畴。

2. 我国人工光环境发展概况

我国自改革开放以来，随着对建筑外环境质量要求的日益提高，室外人工光环境设计也已提上日程。概略地看，主要可分为居住类建筑室外人工光环境设计、街道广场类人工光环境设计、纪念性建筑室外人工光环境设计、古建筑室外人工光环境设计、公园人工光环境设计、公共绿地人工光环境设计及水面人工光环境设计等。

（二）室外人工光环境的设计要点

1. 建筑物的室外人工光环境设计方法包括从外部用光来表现，即泛光照明、灯具照明以及室内透射照明，即用室内空间光向外部显露来表现。

2. 进行泛光照明设计时应该注意以下几点：

（1）掌握空间的形态特点，从不同角度映射，创造出最诱人的效果；

（2）建筑环境中的光源布置也应主次分明，有明暗对比变化；

（3）要使行人能够在远处看清空间的体量，近处能看清空间的细部；

（4）应考虑多种灯具组合的映射效果；

（5）应该考虑空间的构成要素的不同质感、不同位置造成的不同的光影效果；

（6）应考虑投光器的位置和建筑环境的光影变化。

3. 泛光照明的光源一般使用白炽灯、钠灯，也可以使用色灯。灯具一般采用投光器，投光器的数量、位置由小环境的空间布局和规模决定，投光器本身要求安放灯罩或格栅，以避免眩光。投光器要布置在比较隐蔽的位置。

在建筑环境中利用灯具的造型、色彩和组合，以欣赏灯具为主的照明方式。增加夜间视觉景观，以创造点状的光环境。设计时应注意到以下几点：

（1）合理布置灯具的位置，灯具在夜间会成为唯一的视觉焦点，它的位置决定了夜间整个小环境的布局形态；

（2）应考虑到灯具的组合效果以及组合后对整个小环境空间形态上的影响；

（3）灯具本身应有较强的表现力，表现在造型上可以和水池、雕塑、建筑结合；

（4）灯具作为点光源应该和泛光照明结合。

4. 利用建筑室内照明和一些发光体的特殊处理，光亮透过门、窗、洞口照亮室外空间的照明方式。它是一种特殊的灯具，可以通过一排排的窗洞显示光的韵律。在设计时主要考虑周围建筑的门窗对环境的影响。

（1）建筑的立面处理考虑窗洞的位置和形状对夜间光的韵律影响，以及门窗洞口的透光能力，丰富城市夜景。

（2）要注意灯光照明的不同强度、不同颜色、不同类型的光辉，对人们产生强烈的视觉感受和各种心理感受。

（3）要注意光具有透射、反射、折射、散射、吸收等特性。当灯光照射到各种物体上时，光能够发生以上现象，产生特有的表现力，从而创造出与室外空间相适应的环境气氛和艺术效果。

光具有质感，能够诱发人们对光产生强烈、柔和、明暗、波动、流动等状态的感觉。

（4）光具有方向性，使受照的人或物体产生受光面和背光面，能够形成立体感，起到光的雕塑作用。因此在建筑光环境中有着十分诱人的魅力，如果处理得法，会创造出优美的室外光环境艺术。

（5）在特定的建筑室外空间中，灯光能够产生多种多样的表现力，其中包括强弱、扬抑、对比、层次、韵律等；可赋予人们以多种感觉，诸如形成立体感，减轻重量感，获得开敞感、凝缩感、韵律感等，并与视觉、心理有着密切的联系。应用光的这些表现力，就可创造出室外人工光环境艺术。

5. 城市灯光环境具体设计要点

（1）高位照明和低位照明的互相补充，路灯、草坪灯和庭院灯相互结合，如图 11-1 所示。

（2）充分开发地面照明，和地面处以同一高度的地灯不会妨碍人的行走。

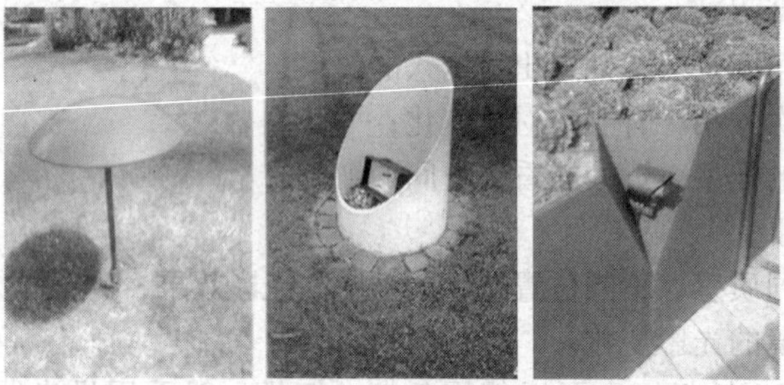

图 11-1　灯光种类：草坪灯、射灯、庭院灯

（3）防止眩光和光污染，灯具设计应当注意光线照射角度，防止直接射入人眼；居住区的外部光环境设计应当防止过亮而影响居民的夜间休息。

（4）提倡内光外透，充分利用建筑内部的光源。上海闸市区于 2001 年实现了内光外透工程，充分的体现了国际大都市的夜景气氛。

（5）提倡功能性照明和艺术造型的灯具相结合。

（6）在建筑外部空间中还可施展一些处理光的技法，诸如控光、滤光、调光、混光等，从而获得光环境的艺术效果。在建筑光环境设计中还可在一些建筑构件上进行光的构图，以达到丰富光环境艺术的目的。

（7）通过透光、半透光或不透光材料来发挥灯光的作用，应用这些材料可以创造光和材料的综合艺术效果，这同样是构成室外光环境艺术的重要内容。

（8）利用材料表面质感的夜间艺术效果是依靠灯光及其方向性而获得的。材料表面可能有光泽，也可能平坦或粗糙而没有光泽。前者如金属、陶瓷、玻璃等，后者如木材、抹灰层、织物等。有光泽的材料表面受到直射光的照射时，由于光的斜向投射，表面会出现光泽，给人们以光线强烈的感觉，但在表面上的微小凹凸之处还会形成阴影，显示出细微的凹痕。

(9) 设计时，要考虑材料表面的颜色，同样也要考虑受到光及其方向性的影响。在单色材料的情况下，光宜斜向投射，这样由于光影效果就会在材料表面上出现明暗变化，能够显示轮廓。在多色材料的情况下，材料表面可能反射出柔和的漫射光，而且呈现出表面色。

(10) 设计中要注意没有光泽的材料表面受到漫射光照射时，由于光投射到表面上没有方向性，即使材料表面能够反射，其反射光的强度也减弱，表面上只会产生光线柔和的感觉。

二、常见的室外空间光环境设计

1. 纪念碑和雕塑

它们位于建筑环境中的重要位置，是人们在环境中的视觉中心，灯光应突出表现主体，强调它在夜间的作用。应该使主体和周围附属环境设施形成强烈的亮度对比，同时应该注重细部的表现，显示它们的立体感。对纪念碑、雕塑等一般都采用泛光照明。

(a) (b)

图 11-2 街道夜景

(a) 天安门前的长安街夜景灯光；(b) 西单的中国银行的灯光照明

2. 街道、广场的夜景

城市夜景是城市环境艺术的重要组成部分，构成灯光辉煌的夜景，除了建筑物的灯光外，就是街道和广场的室外人工光环境，如图 11-2 (a)、(b) 所示。整条街道的照明应首先满足夜间使用要求，同时还要根据街道的性质，合理地组织光环境；一般可以利用路灯与两侧建筑的橱窗照明、建筑立面照明结合使用；在纪念性的街道，主要是突出其纪念性，体现其庄严壮观，设计出气氛纯净的街道照明，同时也避免店面、广告的照明对其的干扰；对于广场照明的设计，应该根据广场的大小、形状、广场内环境、周围环境确定照明方式，特别是照明气氛，注意广场内景观的主次照明，同时考虑周围建筑物的灯光效果，避免眩光。街道和广场的照明以灯具照明为主，局部配以泛光照明。在进行布置时应考虑照明装置与广场和街道相协调，外观应该美观，其高度、体量、光源都应和周围环境相适应，如图 11-3 所示。

图 11-3　建筑灯光装饰和射灯景观

3. 公园的夜景

进行公园的夜景设计时，应根据公园内各景点的功能确定照明方式，体现照明气氛；由于公园内树木茂盛、浓密，应利用树木作为背景，来表现小环境中的小品、雕塑等的轮廓、明暗和韵律；公园的夜景照明方式根据不同的景点要求分别加以处理，重点景观做重点刻画，同时也加强偏僻地点安全防范的照明需求；公园灯具的形式应配合绿化环境的设计，灯具要注意防眩光，如图 11-4 所示。

4. 绿地的夜景

进行绿地的夜景设计时，应保证夜间绿地的外观翠绿、鲜艳、清新，并注意与灯光的色彩和花色相结合；绿地的照明灯具宜采用汞灯、荧光灯等，可采用泛光照明；突出表现绿地时，应合理地组织光源，可以把光源放在容器里并注意草地的明暗变化。当表现树木时，应采用低置灯光和远处的灯光相结合；可以用灯具照明配合泛光照明，并考虑灯具的照明影响；灯杆的高度应和树木的高度相结合，使光更富有表现力。

图 11-4　公园灯光夜景

5. 水面的夜景

城市中的水面包括喷泉、水池、瀑布等，常常在其周围设置照明设施，灯光映在水面上形成倒影，波光粼粼，显示出梦幻效果，突出了城市魅力。

水池照明主要是反映水在静态时的夜间效果，一般在周围布置照明装置，也有在水底和水池侧面布置照明装置的，这可表现水在微风吹动时的波光效果。

在城市环境中采用较多的是对喷泉的照明。喷泉在许多情况下布置在大空间的视觉中心处，在夜晚由灯光映射在飞溅的水花上，使喷泉景色更为迷人。一般要求喷泉在灯光照射下明暗要有变化，能照亮喷泉顶端以显示出水花的光辉和姿态。为了突出水的纯净，采用单光照明，照明装置一般布置在水下，也可布置在侧面；灯光和喷泉都可自动控制，并配以音乐（称音乐喷泉），以取得水姿、光影、声音相互协调的综合艺术效果。

第二节 色彩设计基本知识

在建筑外环境的色彩设计中，要根据环境的位置、功能、形象选择色调，同时应考虑外界因素的干扰，如一些自然因素，光、风以及民族习惯的影响，在遵照色彩匹配的基本原则的情况下创造丰富多彩的生活空间。

景观的色彩、形体和质感，应是和谐统一、不可分割的整体，同时又各具一定的独立性。过去我们的城市环境色彩十分单调，就是忽视了色彩的造型作用。

一、色彩的心理效果和生理效果

色彩是通过人的视觉进行感知的，经过长期的积累会形成色彩的心理效应，即色彩对人的心理有很大的影响，左右人们的情绪和行为。如在红色环境中，会联想到火，会感到燥热，而在蓝色的环境中，会联想到天空、水面，给人以安静、寂寞感。实际上红色属于长波，本身含有暖感；蓝色属于短波，有冷感，这些是人们心理体验到的冷暖感觉。

二、色彩的知觉和表情

色彩除了具有联想和象征性外，还具有知觉和表情的特征，它们都会对人的心理产生影响。

（一）色彩的知觉

色彩的知觉是指色彩对人们的知觉有各种不同的作用，这些作用大致包括色适应、色彩的诱目性、色彩的认知性、色彩的进退感等。

1. 色适应：是指眼睛对色彩的变换需要适应的过程，即由明到暗的时候，会暂时看不清物体，过一段时间才能逐渐看清，由暗到明也是如此。

2. 色彩的诱目性：当人们无意识地观看色彩，容易引起注视的性质称为诱目性。根据时间，五种色光诱目性的次序是：红 > 蓝 > 黄 > 绿 > 白。在实际中，当表示危险的信号时用红色。诱目性还和环境的背景有关，如在黑色的背景下，黄色的诱目性最强，所以在交通危险地带，采用黄黑交叉线条。

3. 色彩的认知性：人的眼睛容易识别出来的性质称为认知性。认知性和背景的色彩关系较大，主要是和背景的明暗度相差有关，如在黑色背景下，黄色最为醒目，在白色背景下，紫色最醒目。

4. 色彩的进退感：是指波长长的色彩，如红、橙、黄等色彩具有扩大、向前的特征，而波长短的色彩如蓝色、紫色则具有退后感，同样明度高的有扩大感，明度低的有退后感，在实际空间中可应用色彩的这种特征来表现空间。

（二）色彩的表情

色彩的表情是指色彩能给人以不同的感受，使之产生一定的表情。表情也和人的心理感觉有关，一般有以下几种：

1. 色彩的轻重感：明度高的有轻感，明底低的有重感；

2. 色彩的软硬感：是指色彩的柔和感；

3. 色彩的冷暖感：色彩有暖色如红、橙、黄和冷色如蓝、紫之分；

4. 色彩的华丽和朴素：在中国古代金、黄、红为华丽、高贵之色，蓝、白、黑为朴素、低等之色；

5. 色彩的活泼和忧郁感：一般来说明亮则活泼，阴暗则会感到忧郁；

6. 色彩的兴奋和沉静：如红色让人躁动，蓝色让人平静；

7. 色彩还有明暗感。

色彩经过生理反应引起心理上的反应，它富于表现力，在空间中有一定的意义，应充分考虑各种色彩的艺术的表现力，满足人们视觉和心理上的需求。

三、色彩的匹配（详见室内设计）

四、外部环境色彩的选择

在建筑环境中色彩是最重要的造型手段，利用色彩可以丰富环境空间，同时色彩在环境中最易创造气氛，传达感情。在建筑小环境中应使用色彩和构成要素的组合，营造环境气氛，满足人们交往的要求。

（1）利用色彩可以加强空间的表现力。如可以利用色彩的进退、明暗来塑造空间的立体感、空间感。

（2）色彩能够点缀空间，给平淡无奇的环境带来生机。

（3）由于色彩能够引起人们的联想和本身的象征性，常利用色彩传达某种情感，如用红色代表热情。也可利用色彩的心理调节作用来改善环境，如在炎热的夏季通过布置蓝色会让人感到凉爽。

（4）利用色彩能加强空间的统一，如在绿色控制的室外环境下会让人感到凉爽、亲切，小环境也比较统一。在同一街道的建筑外墙采用相同或相似的色调，会协调统一。

（一）色彩的造型

色彩与环境的设施一起构成景观，有时色彩的作用大些，有时形体和质感的作用大些，但总是结合在一起。以色彩为主的景观设施往往容易烘托和渲染出大的气氛。比如活动场地，由于其景观主要由地面构成，所以铺地的色彩就成为景观的主体，色彩的配置显得尤为重要。色彩对显示个性、表现风格、渲染情调、烘托气氛有着其他手段无可替代的作用。中国古代宫殿建筑群体环境是以红色为基调的，这构成了其鲜明的特色，一旦失去这种色彩特点，群体的特色也就随之丧失。

建筑作为城市景观环境中的主要景观，其形体不可忽视，而色彩也同样重要。过去我们的建筑色彩比较单一，造成环境灰暗。近年来，在一些旧区改造中，对建筑形体没做变化，但通过色彩的重新装饰，崭新的形象就展现在人们面前。一些新区建设也十分注意住宅的色彩设计，尤其在北方地区，植物的色彩在冬季几乎完全消失，通过对建筑的色彩变化，可以很好地调节环境的气氛，给人们一个温暖、安逸的感受，并起到突出个性和导向性的作用。当然，在一些设施上，色彩只起辅助的作用，比如在建筑细部和景观小品中，为表现形体的凸出，可以提高色彩的明度，而在凹入的部分，色彩的明度可以降低，从而辅助形体的塑造。

（二）色彩的协调

单一的色彩各具有不同的美感。但是，在环境中色彩是多种多样的，色彩的组合协调显得比单一色彩的运用更为重要。在环境中，色彩的协调很难做出一种定量的划分，更多的是靠主观感受和定性的分析、判断。有关色彩协调的理论有许多派别，如模拟音乐理论、应用孟塞尔标色体系的理论。在环境景观设计中，我们可以采用两种基本的方法，一是以色相的类似为协调的基础，通过明度和彩度的变化产生丰富的景观；一是以色相的对比为基础，而使明度和彩度保持相似来求得环境色彩的统一，前一种方法在环境的色彩设计中更为多见。在色彩上还应注意秩序、习惯和共性的协调，创造出色彩丰富而和谐的环境景观。

（三）色彩的感觉

色彩最终要给看到它的人以良好的精神感受，因而，色彩的设计应该着重强调给人的心理感觉。

(1) 冷暖。各色彩之间没有温度的差别，但是人们长期的感受却赋予色彩以温度的感觉，如红色、黄色使人感到温暖。

(2) 远近。色彩可以调节环境设施的尺度，并造成远近的视觉感受，如明度低的色彩使物体变小，明度高的色彩使物体膨胀。高明度的暖色产生拉近的感觉，低明度的冷色则造成后退的效果。

(3) 情感。色彩使人产生联想和象征，因而具有情感的作用。红色象征热情，紫色感觉高贵，白色象征纯洁，黑色表达悲哀。利用色彩的情感作用，能给居住环境带来丰富的表情。

（四）色彩设计程序

如何进行环境设计中的色彩设计部分，没有固定的模式，色彩设计的程序、表达、控制也随不同的工程而有所不同，但一些基本的东西是共通的。

孟塞尔体系在美术界很有影响，此体系最早由孟塞尔于 1929 年提出，1943 年又经修正，并得到美国光学学会（Optical Society of American）认可，成为国家标准，对美术界和工业界影响巨大。

孟塞尔体系又称 HVC 体系，因为此体系将色彩用三个要素："色相"（hue）、"明度"（value）和"彩度"（chroma）表示。

色相（H）是指红、橙、黄、绿、青、蓝、紫等不同颜色。

明度（V）是指色彩的明暗程度。对于物体来说也称亮度、深浅程度，对于光源来说也称光度 。比如同样是"红"颜色，还有深浅之分，可以分出不同的明暗层次。对于"灰白"色，可以分出由"黑"到"白"若干等级。

彩度（C）是指色彩的纯净程度，也叫纯度、饱和度。从物理光学看，波长单一的光，彩度值高，波长混杂的光，彩度值较低。

三者的关系是：不同色相（H）的色彩相加，明度（V）提高，但彩度（C）降低。孟塞尔体系常用一个圆柱表示：圆柱的高由下至上表示明度（V）增加；圆柱的圆周表示色相（H），沿圆周循环 ；圆柱的半径由内至外表示彩度（C）增加，至圆周处彩度最高。孟塞尔体系的好处是对色彩的划分十分详细，与人的感觉基本一致，缺点是现实世界中的色彩并不能填满 HVC 圆柱体。

另一种使用很广的色彩体系是由诺贝尔化学奖获得者、德国物理化学家奥斯特瓦尔德发明的 。他以荷林的生理四原色：黄（yellow）、蓝（ultrablue）、红（red）、绿（seagreen）为基础，将四色放在等分的圆周上，相对的颜色互补。然后再在两两之间增加橙、蓝绿、紫、黄绿四色。这样一共有 8 个基本色相，然后每一个再一分为三，一共得出 24 色相。从圆环上看，相对的两色总是互补的。

在奥氏体系中，用复圆锥表示各种色彩组分，上圆锥的上尖用 W 表示，代表“纯白”、下圆锥的下尖用 B 表示，代表“纯黑”，WB 连线是复圆锥的轴线，此轴线为无彩轴线，彩度最小 。由此轴向外，色彩纯度增加，圆周边缘彩度最大，用 C 表示。复圆锥由下至上，明度增加 。复圆锥的每一部位都用 WBC 三个值表示，并规定 W + B + C = 100。再加上色相 (H)，奥氏体系有四个参数，实际上只有三个是独立的。

复 习 题

1. 城市灯光环境具体设计时应当注意哪些事项?
2. 常见的室外空间光环境设计有哪些?
3. 街道、广场的夜景如何考虑?
4. 什么是色彩的知觉? 包含哪些内容?
5. 什么是色彩的表情?
6. 什么是色相?
7. 什么是明度?
8. 什么是彩度?

第十二章　环境景观的设施设计

第一节　概　　述

环境景观设施配置，受到社会经济、生活方式、科技水平、建筑与城市规划的影响。人们的生活方式、行为方式和生活质量是随着物质不断丰富、科技的不断进步和提高而改变。城市的环境设施状况是人们对一个城市物质环境质量好坏的评判标准之一。建立“最优化”城市环境和满足人的精神和物质需求是城市物质环境和文化环境建设的最终目标。

环境景观设施关系到是否能与城市空间和环境建立有机和谐的整体关系，设施的功能及其形态、形式的完美结合，是设施与环境融为一体的关键因素。

环境景观设施追求功能的综合化。它可以维护环境的整体化，同时为提高功效、节省空间、方便人们的生活发挥着重要的作用。尤其是在人口高度集中的地区，景观设施的综合性体现着极大的优势。

环境景观设施的设计应讲究尽善尽美，尤其在工业设计、人体工程学、美学广泛应用于环境景观设施领域的今天，环境设施设计更应讲求其处理的适应性和精致化。这不仅能增加视觉心理功效，丰富空间环境语义，还体现对使用者的关心，使城市环境融入大众生活的大街小巷，走到平民百姓之中，让人们生活更加丰富多彩，让我们的环境更加美好。

环境景观设施，在使用功能、造型和材质及色彩的运用和处理上，更加符合人体工程学和具备较好的视觉和感受。为提高人们的生活质量减少噪声及污染，同时为弱势人群考虑，增加了更为安全、便利的特殊景观设施。景观设施将向着提高广大的民众生活、社会大众文化和深层意识领域扩大。

第二节　环境景观设施项目

一、服务设施

服务设施为人们提供着多种便利和公益服务。如通信联络设施的邮筒、电话亭；商业销售设施的自动售货机、售货车、服务亭；公共设施的座椅、饮水器、健身器、停车架；公共卫生设施的卫生箱、垃圾箱；紧急救险设施的消防枪、消防井等。

二、信息服务设施

现代城市中人们的生活繁忙而高效，作为信息传递的重要媒介，信息设施的重要性得到很大的体现。

图 12-1　标志

1. 标志

标志具有传达信息、提供引导、介绍等作用。在具体设计中，标志的传达往往通过文字、绘图、记号、图示等形式予以表达。它们直观、易理解，给人们的生活带来方便。标志的设置位置、排列规则也是重要的一方面。标志应具有宜人的尺度、恰当的位置，方便行人驻足观看，在空间的转折点应能起到良好的视觉传达作用，不能影响交通，同时与周围环境相协调，如图 12-1 所示。

2. 电话亭

公用电话亭是最常见的景观设施之一，在步行的环境中设置距离一般为 100 ~ 200m。按其外形可分为封闭式与遮体式。封闭式电话亭具有良好的气候适应性和隔音效果。尺寸一般高为 2 ~ 2.4m，深 80 ~ 140cm。采用铝、钢框架镶嵌钢化玻璃、有机玻璃等材料。设计注重通透简洁，富于现代感。遮体式电话亭外形小巧，使用便捷，但隔音、防护性较差，如图 12-2 所示。

3. 书报亭

现代城市人们需要及时地了解新闻、时事、娱乐等信息，因而在每一个城市都集中设置了许多报刊亭销售点，这些设施给人们带来了许多方便。它的形式有方形的、圆形的、仿古的等，制作的材料也很丰富，如：金属的、塑料的、木质的以及玻璃的等。高度一般不超过 3.5m，悬挂书报高度在 2m 左右，占地面积为 3 ~ 4m^2。造型和色彩上应新颖、独特，具有易识别性，成为城市中点缀的焦点。

4. 钟柱

随着人们生活节奏的不断加快，在室外环境中出现了越来越多的计时工具——钟柱，它多设于城市商业街、公园、街头绿地、广场、车站等人流密集的场所。其高度和时钟表盘的大小成正比，最高不应超过 15m，有夜光的时钟可高达 30m。钟柱周围无遮挡，使人们在 10 ~ 100m 的范围内可清楚地看清时间，电子屏幕另有设置规定。除了方便来往的行人以外，它也是丰富景观的艺术品之一。钟柱易于成为空间中的视觉焦点，所以需体现较高的造型水平，如图 12-3 所示。

图 12-2　公用电话亭

三、卫生设施

卫生设施是能够满足人们的不同需求，同时又有保持环境整洁、提高城市生活质量的作用。

1. 垃圾桶（箱）

垃圾的收集方式可以体现公众的素养与修养，同时可以看出一个城市的外环境的质量与形象。垃圾箱的设置方式主要有固定型、移动型、依托型。固定型一般独立设置于街道边，所占空间有限。移动型多见于广场、公园、商业街，需要较宽裕的场地条件。依托型则是固定在墙壁、栏杆上，适宜在人流众多的狭小空间中使用，垃圾箱的投口高度一般为 60～90cm，设置距离一般为 30～50m，如图 12-4 所示。

图 12-3　钟柱

图 12-4　垃圾桶

图 12-5　用水器

2. 用水器

室外环境中的饮水器、洗手器统称为用水器，多设置于人流集中、流动量大的场所，或靠近小型售货亭，可供人饮水、洗手、洗水果之用，如图 12-5 所示。用水器的设置须由给水和排水设备，并且进行严格的管理。材料通常采用混凝土、石材、不锈钢等。目前，我国景观环境中很少使用。

图 12-6 公共厕所

3. 公共厕所

厕所分为固定和流动两类，常设置于城市广场、步行街、交通枢纽等附近。其设置距离应该根据人流活动频率和密集程度而加以区分。一般街道公用厕所的设置距离为 700 ~ 1000m，商业区和居住区为 300 ~ 500m 左右。流动人口高度密集的场所则控制在 300m 之内。公共厕所的设计应该注重实用、卫生、经济、方便，造型上力求与环境相协调，位置应较为隐蔽，但标识清楚，可结合花坛和绿化等进行设计，如图 12-6 所示。

四、休息设施

休息设施是人们休息、聊天、游戏、交往、读书、观赏风景等必不可少的设施，体现了对人的需求和关怀，也是场所功能以及环境质量的重要体现。

1. 座椅

椅、凳的布置，可与花坛、草地、大树、水池、亭、廊、通道相结合，有利于人们休息中观赏环境，如图 12-7 所示。

座椅的设计以及材料的选择应该考虑周围的环境色彩和材料的性能，椅、凳的材质结合不同环境，可以是石材、混凝土、金属、木材、PVC、玻璃钢等，其中以木材和玻璃钢等为好，舒适而且美观、耐久。在使用的过程中一定要了解各种材料的性能，充分发挥各种材料的特点，做到“物尽其用”。各种材料可以结合使用，其形式在传统风格的环境中可以古朴、典雅，在现代风格的环境中可以简洁、明快。

椅、凳造型还应满足人体工程学的要求，宽窄、高低适度，连排椅、长凳应有座位的划分，以提高利用率。根据杨·盖尔在《交往与空间》一书中的看法，公共空间中所有的座椅都应成双布置，围绕桌子成一直角，这样会扩大人们交往的热情。

图 12-7 座椅

2. 休息廊

休息廊是单独划分出来的休息空间，一般具有遮阳和避雨的功能，使人们在烈日或雨天也能在户外休息、交往、观赏风景。休息廊的形式有传统型和现代型，传统型采用传统古建园林中长廊的形式、风格、色彩，廊内设置座椅和长凳。现代型有多种多样的形式和风格。有简洁的构架形式、仿欧式和利用现代材料（不锈钢、塑料、铝合金）制成的具有现代感的休息廊，如图 12-8 所示。

图 12-8　休息廊

五、交通设施

1. 候车设施

候车设施是为方便乘客上、下车，转乘车辆的场所。由于人们会在此作短暂的停留，改善候车环境，创造一个舒适的上、下车环境是非常重要的，如图 12-9 所示。

候车设施不仅应有防晒、防雨雪、挡风等功能，而且还应有明确告诉乘客所处的位置的站牌、夜间照明、座椅、防护栏和人流密集的进出导向隔离栏等设施。

图 12-9　候车设施

候车环境的设计在造型材料的运用上要注意易识别性、自明性，解决好环境的协调关系，同时要有一个城市特有的个性，以及强烈的地域环境特点。

2. 连廊

在比邻的室外建筑之间，架设跨越道路的架空连接廊，方便人们全天候安全地穿越。在商业街的架空连廊中，还设置小型的零售店、咖啡茶座等，成为人们休息和观赏街景的理想观景点。在设计时应该注意与道路及周围建筑建立和谐统一的关系，使之成为道路环境中的风景，如图 12-10 所示。

图 12-10　连廊

3. 自行车停放设施

自行车是我国目前使用最为普遍的交通工具。随意停放的自行车使得环境显得杂乱无章。因此，在一些大型商场、影剧院、广场、办公楼周围设置不影响交通的固定自行车停放支架。自行车存放以单面存放为主，设于道边、广场的周围。此外还有采用阶层式或立体机械式的方法存放自行车，如图 12-11 所示。

图 12-11　自行车停放设施

第三节　安全、交通设施设计

安全设施设计是指对于人们的各种活动起保护作用的设施，这些设施可以防止可能的意外发生，或对发生的意外事故起到补救措施。

一、交通安全设施

交通安全设施从空间上将人流和车流分开，保障行人安全以及道路的畅通。如自行车道与人行道之间设置隔离栏杆，保障行人在交通密集的状况下正常的通行，或在需要禁止各种机动车辆进入的地段设置路障、车挡，行人则可以通行，车挡的高度一般是70cm左右，间隔为60cm，但是轮椅通行的地方，一般按90～120cm的间隔设置，如有紧急车辆、管理用车出入的地点，应选择可移动式车挡。设施简洁却不影响交通与美观。人行天桥和机动车与非机动车之间设置的栏杆也是重要的安全设施。在进行设施设计的过程中，应该注意它的牢固性、耐久性和美观，如色彩、图案、造型等，如图12-12、图12-13所示。

图12-12　交通安全警告限速设施

二、照明设施

照明设施除了需要达到基本的照度要求，以保证行人的各类夜间活动，防止事故与犯罪的发生，还要同时考虑美观方面的要求，因此，在室外环境的设计时应当注意：

图12-13　机动车限行标志

1. 高位照明和低位照明的互补，路灯、草坪灯和庭院灯互相结合。

2. 充分开发地面照明，和地面处以同一高度的地灯不会妨碍人的行走。

3. 防止眩光和光污染，灯具设计应当注意光线照射角度，防止直接射入人们的眼睛，居住区的外部光环境设计应当注意防止过亮而影响居民的夜间休息。

4. 提倡内光外透，充分利用建筑物内部的光源。

5. 提倡功能性的照明和艺术造型的灯具设计结合起来。

三、消防设施

消火栓是室外主要的灭火设备，设置的距离一般为 80 ~ 100m，高度约为 75cm。常用的消火栓采用铸铁制造，造型也有统一样式。为了使其具有标志性，并容易引起人们的注意，常采用红色作为基本色。除地上设置的柱形消火栓以外，现在也有采用地埋式的消火栓，材质为金属，其铁盖结合地面的铺装材料进行设计和配置。

图 12-14 无障碍设施

四、无障碍设施

在室外环境设置的无障碍设施，既是社会对于残疾人、老年人及能力丧失者的关心，保障弱势群体的安全，也是体现社会文明程度的标志，无障碍设施的范围涉及交通、卫生、信息等方面。正如交通环境中需要在路口的人行横道线位置设置缘石坡道、无障碍信号灯。人行道上铺装导盲块、止步块。非机动车及人行道的宽度均需满足手摇三轮车的通行。在卫生设施中应考虑独立的残疾人厕所或专设残疾人厕位。残疾人使用的电话亭面积通常稍大，电话装置距地面为 100 ~ 120cm。此外所有无障碍设施均应有明显的标志，以方便残疾人使用，如图 12-14 所示。

第四节　标识性设施设计

标识性设施是以简明提供信息、街道方位、名称等内容为目的。其次是根据地区和用地的总体建设规划，决定其形式、色彩、风格，配置和制作出美观、功能兼备的标识，形成优美的景观。

标识性设施是城市景观重要的组成部分，对于规范城市交通、引导人的行为、提高人们的整体素质、提升人们的生活质量具有重要作用。标识性设施的文字应规范准确，绘图记号具有直观、易于理解、无语言障碍、容易产生瞬间理解的优点。

一、名称标识设施

标志牌、设施招牌、树木名称牌等都属于名称标识设施。这些设施以简明的名称结合间接的造型提供一定的信息，如标志牌说明所处的建筑、公园、街区的名称，使人们认识陌生的环境，明确所处的方位。设施招牌可以使消防设施标志，以符号或简洁的文字表明。还有一些名称标志在环境中虽然微不足道，却对说明环境，说明具体事物起到简明扼要的介绍作用。如树木名称牌、楼牌号等，如图 12-15 所示。

二、环境标识设施

公园的导游图、停车场导向板、位置示意图、各种设施分布示意图等等都属于环境标识设施。它们对环境起到整体的说明作用，大的环境的图示说明和文字说明使人们一目了然自身所处的位置，并能及时快捷地找到所需要的方位，同时对人们在环境中的行为具有指引和规范作用。在公园及大的建筑环境中应设置导游图，旅馆、医院、大型机构应设有综合性的布局示意图、停车场导向板，还应有自行车停放示意牌、垃圾站示意牌及运动设施示意牌，使人们的生活方便化、规范化。

图 12-15　标识性设施

三、指示标识设施

建筑的出入口标志、导向指示、步道标志、方向指示标志都属于指示标识设施。它们具有明确的指示作用，有时带有强制性色彩，使交通路线和通道保持秩序、安全和畅通，一般建筑都设有出入口标志，对大型综合性建筑还应设有分区的导向示意牌。在居住区除了出入口标志以外，还应设有机动车导向标志、自行车导向标志、步道标志等。

四、警告标识设施

具有警示作用如禁止出入、限速等标志属于警告标识设施。在许多特殊用途的建筑和区域，除相关人员可以出入，一般是禁止外人进入的，因此常常设有禁止入内、禁止出入的标志。在一些地段，对机动车辆有限速要求，常设置限速标志，如图 12-12、图 12-13 所示。

五、标识性设施设置注意事项

1. 标识性设施设置方式有独立式、地面固定式和悬挂式三种。

2. 材料选择常采用花岗岩类天然石材、不锈钢、铝、钛、红杉类坚固耐用的木材、瓷砖、丙烯板等。

3. 标识性设施的色彩、造型设计充分考虑其所在地区、建筑和环境景观的需要，同时选择符合其功能并且醒目的尺寸、形式、色彩，既要醒目，又要不妨碍车辆、行人往来通行。

4. 标识需坚固耐用，能够保持较长的时间。设计时还要考虑到夜间的照明，保证标识设施在任何时间都能发挥标志的作用。

第五节　游乐和文化设施设计

一、游乐设施设计

游乐设施可以满足人们游玩、休闲的需求，锻炼人的心智和体能，使人们的生活质量得以提高。尤其在公园和住宅区的环境之中，游乐器械与设施可供老年人晨练，增强体质，也可以给儿童带来欢乐并培养其创造力和协调能力。而成人也可以通过一些综合性的游乐设施让心灵放松，使得生活积极而健康，图 12-16 所示。

图 12-16　游乐性设施

儿童游戏设施的设计应该注意到以下几点：

1. 应该满足儿童的生理和心理特点，既要促进儿童的智力发育，又要利于他们身体健康成长。

2. 游戏场地的布局应该合理地考虑到儿童的使用半径，一般设置在宅间绿地、组团绿地以及专用绿地中，同时为了家长看护的方便，在游戏场地近处为家长提供休息设施。

3. 儿童游戏设施的布置应安全，可利用绿化、矮墙和外界适当的分隔，形成相对封闭的袋状空间，同时保证场地和器械的使用安全。

4. 儿童游戏设施应结合整个环境的特点，综合考虑本地区的气候特点、生活习惯和外界因素的影响，并结合其造型设计使其以鲜明的形象、色彩、质感促进儿童的身心发育。

尤其是儿童获取经验、学习与实际操作之手段，也是传递文化的一种方式。室外空间中的游乐设施主要是为儿童设置的，大多为沙坑、滑梯、秋千、攀登架、翘翘板、游戏墙等。这些设施可以购买成品，也可以根据整体景观需要进行设计。

对幼儿和儿童而言，沙坑既是一个与大地亲密接触的场所，也是一个有助于提高创造意识、体验群体生活的地方。沙坑的标准深度为 40 ~ 45cm，四周应竖砌 10 ~ 15cm 的路缘石，防止沙土流失。

滑梯是一种结合攀登、下滑两种运动的游戏器械，在游乐场所利用率最高，它可以促使幼儿及儿童全身发育。滑梯的标准倾角为 30° ~ 50°，着地部分的地面应采用类似沙坑的软地面。

秋千的利用率也很高。设计时需考虑到安全，秋千的周围应采用柔性铺装，防止儿童跌伤。

攀登架可以选用市场成品的木质攀登架，也可以单独设计成适合各种年龄层次人群玩耍的新颖造型的攀登架。

游戏墙在现代景观中较常见，为高度 1.2m 以下的矮墙体，主要供儿童攀爬、墙上的孔洞有可钻越的，也有窥望洞，富有趣味，可结合简单的几何形体与可爱的动物、植物形体设计游戏墙的外形和孔洞。

游乐设施的设计需针对不同年龄儿童的生理和心理特点，从设施的尺度、色彩、形象、材质等方面进行综合研究。如攀爬设施，可以选用软材质，如橡胶轮胎、木料、绳索之类，以避免儿童在游戏时碰伤。此外游乐设施的个体造型、整体摆放方式应考虑使之成为一组雕塑形的艺术品，为景观增添亮丽色彩。

二、文化艺术性设施设计

1. 作用

(1) 具有文化意味的环境能让生活在其中的人们得到归属感，同时感到更安全，由此激发人们的公众责任感和自信心，易于形成融洽、稳定的社会关系。文化性设施作为文化传播的载体，在室外空间中起着传递信息、宣传思想、传播文化知识的作用。

(2) 广告作为文化的一种形式，除了纯粹的商业广告外，许多公益性的广告起到了传递公众信息、倡导健康生活、规范社会秩序的特殊作用，这类广告用色彩鲜艳的图形加强了内容的易理解性和感染力，使人们印象深刻，在潜移默化中起到宣传、教育的作用。

(3) 文化性设施在室外景观设施中虽然所占的数量不多，却对景观有着极其重要的作用。文化设施在环境中体现人们的思想、意识、文化并使之得到延续，有助于保持环境的特色，增强环境的魅力，最终促成更为丰富的公众生活。在潜移默化中对人们产生思想、意识、文化上的影响，使环境的文化氛围和文化意义得到更好的表达，促使人们产生与之相宜的行为。

2. 雕塑

(1) 城市雕塑

城市环境的美化需要多种多样的艺术形式来表现自己的个性，渲染气氛。城市雕塑在环境的表达中扮演着重要的角色，如图 12-17 所示。

图 12-17　文化艺术性设施

城市雕塑作为公益性的宣传、美化设施，它具有纪念、教育、美化、娱乐、体现环境个性等功能。

教育性雕塑它能让人们记住这座城市曾经发生过什么重大事件，让人从中了解这座城市历史文化的发展变迁，以唤醒人们对某一事件的怀念和珍惜，引起大众丰富的联想，使环境景观有文化、历史和教育意义。如南京的雨花台等。

纪念性雕塑具有崇高的审美含意，它是物质形式和精神品质二者兼有的、伟大出众的形象。纪念性常常有一种壮美、博大、雄伟、壮观、具有内在的摄人心魂的感染力量；纪念性雕塑不仅有审美意义，而且有加深认识和教育的意义，通过纪念性雕塑的美感作用，帮助人们认识社会和精神生活中的某种纪念意义。

某种夸张手法的雕塑景观是以新奇、惊异的造型来取悦于大众，营造使人们充满奇异的联想和幻想的气氛。

游乐雕塑景观有：将造型艺术和游乐设施相结合的一种景观表现形式。

(2) 浮雕墙、文化墙

在城市广场、公园等处设置一些主题文化墙、浮雕墙，可以是历史故事浮雕、名人典故、科技发展史、汉字演变史等，人们在游览中学知识，提高文化素质。如塘沽外滩公园沿海河大堤设计的文化墙是以文字演变为主题介绍文字产生、发展、名人书法、各种字体演变特点，很受人们的赞赏。

(3) 壁饰

壁饰即壁面装饰，它包括三层内容：

①对壁表进行平面艺术处理（如壁画）；

②对壁表进行的附加艺术处理（如浮雕）；

③通过人工塑造手段形成的艺术壁体或栅体。

其中第①、②项内容与段壁及建筑外壁的关系密切；而第③项内容则侧重于艺术和自然，而非建筑结构形态，但在空间中的阻隔、导向作用仍同于段壁。

壁饰是人类最为古老的环境装饰内容，也是现代环境艺术的组成要素。设计人通过材料、色彩、尺度、结构形态等综合运用，对空间领域给以补充，对环境氛围予以渲染。

在城市环境中，壁饰的运用同段壁一样广泛。比如建筑物外墙，建筑附属体墙面（如室外楼梯栏板)，公路防音壁、广场、庭院中的某些段壁处理，工地围幔等。有时候，在特定壁面上经过许多人的刻画而成的艺术壁饰，有一定的社会和历史价值，更富于环境装饰性(如柏林墙西侧壁画)。壁饰的选材内容同雕塑，有现代材料、普通材料和乡土材料。

一件壁饰作品的成功，是艺术家、建筑师、园林设计师、景观设计师以及使用者的配合参与的结果，而随心所欲则事与愿违。

三、功能性与文化景观性相结合的设施设计

在城市文化的初始阶段，城市设施无论是内容还是形式都体现一种基本的和简单的因果需求关系。为防御而建造城堡，为炫耀权威而建造宫殿，为通行而铺设道路和架置桥梁。文化和科学、生活方式和社会经济、建筑与城市规划是推动景观建筑和环境设施发展的引擎，国家的政治制度和建设政策是动力和基础，城市环境设施作为城市实质环境的重要部分引起了公众的广泛关注。

1. 桥梁

在车水马龙的现代城市，桥是必不可少的交通疏导设施。越过江河的水桥、横跨道路的街桥以及飞架街区的公路桥和铁路桥等，它们与道路一起连接成为城市的立体交通网路。随着城市人口的密集化和交通运输的高速化，城市交通正以桥为媒介向着空间发展。

从现代城市设计的视角看，桥除其疏导跨越等功能之外，还担负着重要的景观功能。对桥梁设计师来说，城市之桥单单求得所谓的结构美、功能美、造型美还远为不够，它必须以其综合性的创造，成为区域环境的有机部分，取得比实用、经济、美观更为丰硕的效益。

2. 塔

在一座城市中，如果只有等高的建筑，那么它的空间将是平淡无味的。没有塔的城市也是难以令人想象的。

塔的种类很多，古代的寺塔、近代的钟塔，以及今天常见的水塔、电视塔、跳伞塔、高大的烟筒等，它们在城市空间中占据相当的高度，为人们所瞩目。

自城市形成初始，人们就努力运用建筑手段去实现脱尘超世的理想。高耸的城堡，瞭望楼用以防御，巍峨的王宫、陵寝用以炫耀权威，而矗立的寺塔、神庙则用以感召世人。但是由于当时条件所限，充其量也难达到百米之高。

随着建筑材料、结构科学和施工技术的发展，为满足现代城市生活的需要，人类不断向着新的高度冲击。塔高的纪录被连续刷新。塔在城市环境中所起的作用越来越大，内容也越来越广泛，塔的绝对高度不再是人们追逐的目标，它所涉及的广播、电视、广告、计时、通信、观光、导航、装饰、照明、供水、排烟、训练、试验、监测等多种用途，成为城市生活中必不可少的部分。

从城市设计的角度说，这些各种用途的塔在城市或领域空间起着制高点的作用，是人们识别环境的焦点和表现地区特点的标志。对于塔的设计不仅关系到经济和实用功效，而且对城市形象、环境和文化产生深远的影响。

3. 广告牌、告示牌

广告牌和告示牌作为信息传播的媒介体，是城市环境和景观的重要构成要素。广告已经渗入到现代生活的各个角落，不仅电视、广播、报纸每天都在传播大量的广告，而且在城市环境中通过设置固定的广告牌向人们输送广告内容。

广告牌主要包括各类橱窗、招牌、街头广告、公益广告等，它们相对固定，一般定期更换。商家出于招徕顾客，常把广告牌做得比较生动，色彩比较鲜艳，特别是分布广泛，常结合各种环境设施，如路灯、灯具、建筑物的外墙、电话亭、售货亭、垃圾箱等处，让人感到其无处不在，广告成为城市景观的一部分。

正由于其分布的广泛性，形象生动，色彩鲜艳，在城市中对它的布置更应统一规划，合理分布，注意到城市环境的总体效果，同时不能利用广告的包装效果取代城市空间效果，广告牌本身的设计应该对景观有促进作用，不应只注重广告性，而不考虑对环境的影响。

告示牌也是一种信息传播设施，在城市中它多置于街道、路口、广场、建筑和公共场所的出入口，为人们提供准确详尽的情报。它包括一些阅报栏、揭示牌、展示牌等。

4. 标志图案及指示标牌

在城市环境中存在着大量的标志图案，向人们传达某种信息。(1) 最常见的各类商标和招牌，带有广告性；(2) 有反映国家和地区、组织特定的标志，如国旗、国徽、图腾、会标等；(3) 各类环境标识。

另外，建筑环境中也离不开指示标牌。指示标牌可以明确地指示方位、引导空间，在设计中应当注意：(1) 充分和周边建筑以及城市景观协调，不能千篇一律。(2) 指示内容清晰明了，尽量采用图示方法表示，说明文字应该考虑到通用的国际语言和地方语言的双语传达。(3) 交通指示系列，应当慎重选取色系，做到任何天气环境下都醒目和易于识别。设置位置应当注意不被建筑物或者绿化遮挡。

第六节　道路交通流线组织

在建筑总平面设计中，除布置房屋建筑外，还需要用道路网将房屋建筑相互连接起来，同时根据建筑功能与性质不同，设置必要的室外广场，作为交通流线组织中的缓冲、集散、停车之用，也可作为人们休息、活动的室外空间。

（一）室外广场

在建筑群总体设计中，由于各群体建筑使用性质的不同，对室外广场的要求也不相同，因而形成各种不同的室外广场，可分为集散广场、活动广场及停车场。

1. 集散广场

（1）对于交通性建筑如铁路旅客站、汽车客运站、船舶码头港等，以及影剧院、体育馆、商业中心等公共建筑，由于人流车流量大而集中，交通流线组织比较复杂，所以在建筑物前面常常要设置较大的广场。

（2）在交通性站前广场内，有车辆进出的流线，旅客进出的流线，货物进出的流线。这些性质不同、方向不同的流线需要有机的组织，流线的组织要求简捷、通畅，避免相互交叉、干扰和迂回现象。力求进站流线与出站流线分开，旅客流线和车辆流线分开，旅客流线和货运流线分开。同时应根据旅客的流量、车辆的流量及疏散时间确定广场的面积。

（3）大型公共建筑的广场，特别是影剧院、体育馆、大型商场等的前广场，由于大量人流进出场地时间较为集中，需要迅速集散，一般应结合周围道路采取分散布置车辆停放场，使车辆、人流实现多向分流。

2. 公共活动广场

主要是供居民文化休息活动的室外空间。无论是公共建筑、文化建筑或居住建筑都应为人们提供休息、公共社交或儿童游戏的场地。这类广场宜结合绿化用地的布置采取封闭或开敞的布置方式，供居民休息、漫步活动。儿童游玩的广场宜用开放式布置，并相应布置一些建筑小品、座椅、水池、铺设林荫小路及可进入的草坪树丛等。对广场建筑四周有交通干道的场所则应采用封闭或半封闭的布置方式。

3. 纪念性广场是指位于有重大历史纪念意义的建筑物前供人们瞻仰、游览用的广场。纪念性广场的设计应以纪念性建筑物为主体，结合地形合理布置绿化、铺地及休息场地。避免车辆进入以保持场内环境宁静。停车场一般设于广场入口附近。

（二）停车场

停车场地主要包括汽车和自行车的停车场。

在高层建筑、大型行政机关、影剧院、旅馆、车站、运动场、展览馆、旅游风景区及居住区内部都应设置停车场。

1. 停车场的位置应尽量设在建筑前广场同一侧，以便使人流、货流集散时不穿越道路；有条件时，按来车方向的不同划分停车场地，以便于疏散和管理。

2. 车辆停放的方式，按其与通行道的关系，可分为平行式、垂直式和倾斜式。

（1）平行式占用的停车带宽度最小，但为了队列后面的车辆方便驶离，前后两车的净距要求较大。

（2）垂直式用地紧凑，通道单位长度内停放车辆较多。其缺点是占用停车带宽度较大，进出停车场均需要倒车一次。

（3）倾斜式停车一般有与通道相交呈 30°、45°、60°三种形式。这种方式便于车辆进出，不用倒车，但宜造成车辆混杂停放、排列不整齐及用地不够经济。

3. 车辆的进口和出口应分开设置。停车场内的交通路线应采用与进出口行驶方向一致的单向行驶路线，避免互相交叉。进出口的宽度应不小于标准车宽的 3～4 倍。如停车场外道路宽度小于 14m 时，进出口宽度还应增加 20%～25%。在出入口后退 2m 的通道中心线两侧各 60°范围内能清楚地看到站内或站外的车辆和行人。

在风景区的停车场除位于市、镇内的古建园林、历史名胜古迹因用地限制仅有一个出入口外，大多数采取进出口分开，并与城市公交终点站有机结合协调布置。有些城镇远郊山间景点，由于平时利用率低，加之受地形限制，则可采用周边式停车。停车与运行通道合一形成梨形回车道。这种方式布置的停车道要满足车辆最小回转半径的要求。

大型百货商场、影剧院停车场大多利用主体建筑物后退红线形成前庭广场或转角空地按设计规范来设置机动车、自行车停车场。一般取单排或双排垂直停放方式并注意将汽车与自行车、商场自用进货车与社会车辆的停放场和进出口分开设置，从而减少相互干扰。

（三）道路设计

道路设计在建筑群体布置中是建筑物与建筑地段以及建设地段与城镇整体之间联系的纽带。它是人们在建筑环境中活动、休息及车辆运输不可缺少的主要部分，涉及注意事项如下：

1. 建筑群总体的道路设计，首先要满足交通运输等功能要求，要为人流、货流提供短捷、方便的线路。

2. 要有合适的宽度以满足人流、车流所需要的通行能力。满足防火安全要求的消防车道的畅通。要满足建筑地段地面水的排除及市政设施管线的安排。应与城镇道路网有机的衔接，减少建筑地段道路出口以免增加主干线上的交叉点。道路路面要用坚硬材料铺设的供车辆行驶的结构层。

3. 道路的布置应满足各种交通运输及人流疏散的要求。生活区的道路布置应考虑居民上下班，日常购买物品和邻里联系，搬运家具的要求。公共建筑区域内的道路要满足人流的集散、货物运输的要求。工厂区的道路既要满足厂内外人货流的畅通，又要满足厂内车间之间的运输线路短捷、顺畅和避免往返交叉的要求。

4. 道路布置要考虑行车和人行的安全；避免在建筑群内设置与城镇主干道连接的交叉口；避免设置长直段下坡的路段；尽量使道路布置功能明确，分类系统清楚，线路简捷而又具有一定多功能使用的灵活性。尽量减少建筑地段内通向城镇主干道的出入口，在出入口处设置车辆暂停缓冲的小广场或适当加宽路面。

5. 道路布置时应注意建筑物有较好的朝向。道路的走向应结合当地地形、日照、环境、风向及技术经济条件等，把建设区域的道路沿子午线适当旋转一定角度，以避免炎热。炎热地区建筑西向，寒冷地区建筑北向。

6. 道路的布置应结合道路两侧建筑物、构筑物、路灯、电杆、绿化、广场和各种工程技术管线统一进行规划布置。

7. 道路布置应尽量缩小道路面积和用地。建筑总平面内的道路网其车速和通行量都较小，道路的宽度和转弯半径都可适当减小，以达到节约用地和投资的目的。

8. 当建设场地在平原或缓坡地带时，道路布置受地形影响较小，一般常采用横平竖直较规整的布置形式；当建设场地在丘陵或山地时，道路应适应自然地形的变化，以利于减少土石方工程量。

9. 人行道一般对称布置在道路的两侧；但受到地形、地物限制或特殊情况时，也可两侧不等宽，不在同一平面上或只在一侧布置。人行道常结合道路两旁的绿化统一协调布置。

复习题

1. 环境景观设施项目包含哪些内容？
2. 安全设施包含哪些内容？
3. 分析当地步行街的休息设施布局是否合理？
4. 如何考虑无障碍设施？
5. 标识性设施包含哪些内容？
6. 如何考虑道路设计？

第四部分

实践训练

这是本专业设计课必需的训练，以提高学生动手能力。本训练题大部分是实际生产项目，有的正在设计，有的已建成。设计题不采用假题这是新的教学方法的一项改革，根据题目学生可以到现场实测、访问、踏勘，体验周围环境的现状，以启发学生设计时的灵感。

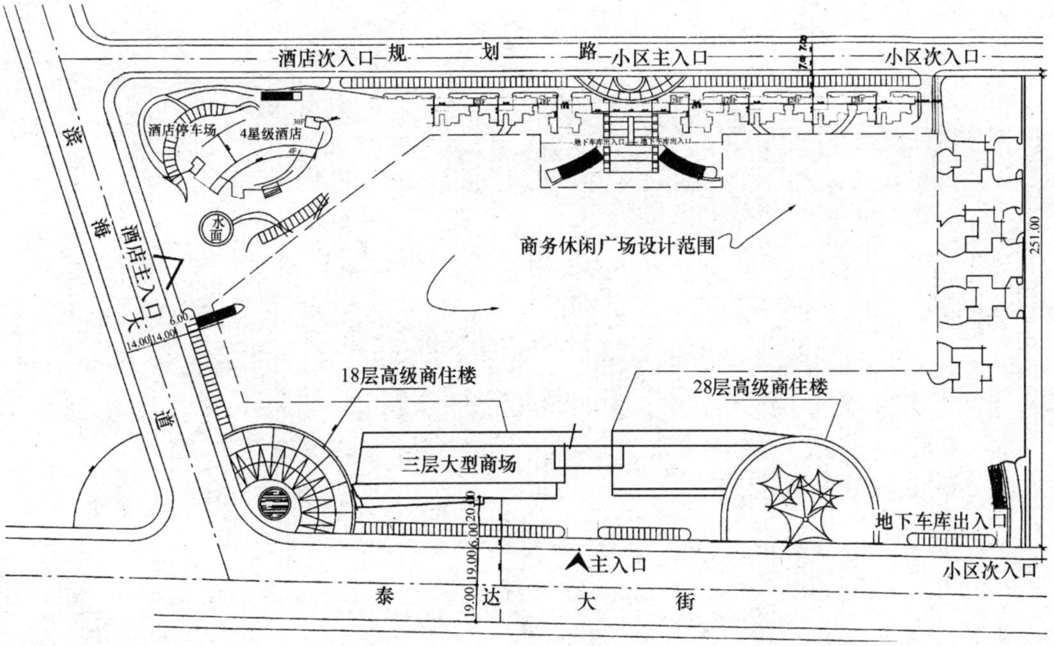

第十三章　课程设计实训题

《课程设计之一》

室内设计任务书

一、题目（共有 6 题）

1. 住宅室内设计：根据本人的情况选择相应的户型，分别为 80 ~ 85m^2、90 ~ 100m^2 及 140m^2 三种。

2. 办公室室内设计：按 60m^2 和 100m^2 设计，自选办公室使用功能。

3. 会议室室内设计：按 60m^2（会议室）和 120m^2（大会议室）设计。

4. 入口门厅室内设计：旅馆入口大厅设计（按中小型旅馆 60 ~ 100m^2、四星级宾馆入口大厅 150 ~ 250m^2）。

5. 银行营业厅设计：按 1000m^2 包括内部办公、生活用房等房间。

6. 四星级宾馆入口大厅室内空间设计：大厅面积为 820m^2，包括总服务台、临时休息空间、外来客谈话休息空间、小卖部、楼梯间、电梯厅等功能空间。

二、教学要求与目的

1. 室内设计具有较强的实践性和综合性，通过该设计培养学生综合分析能力和动手解决问题的能力。

2. 通过学习要求学生能够掌握建筑室内设计的基本要求、设计方法、构思途径以及室内形象的创作基本原理。包括室内空间的理论、室内设计的造型手段、室内环境分析和室内设计方法等方面的知识。

3. 通过该设计训练学生室内设计和把握整体环境设计的能力，其中包括建筑室内的空间形体、体量和尺度、色彩与灯光设计、家具与陈设设计、材料与质感以及室内空间的氛围创造等，同时锻炼学生接触社会，了解人们的行为习惯的能力。

4. 注意培养学生绘制室内表现图的技巧，提高图面的艺术效果。

5. 进一步加强基本技能的训练，提高理论与实践的能力。

6. 通过本次设计了解国内外有关室内设计的实例和水平，以扩大知识面。

三、设计的要点

1. 通过对题目的分析，根据实际需求，对室内环境进行功能上的重新设计和空间上的划分，使室内环境更合理、更完善。

2. 根据实际功能，选择和设计与实际功能相协调的环境色调和材料的质感，同时对室内环境风格进行确定。

3. 选择合适的家具和陈设，同时运用绿化来改善室内的环境，使人们能够更好地感受自然环境的氛围。

4. 除上述要求外对宾馆入口大厅设计还要注意以下几点：

(1) 总服务台的位置。应保证服务员能看到来客方向和走廊或客人上下楼的方向。

(2) 大厅应设置客人休息聊天的功能空间和设备。

(3) 楼梯、电梯位置要明显，让客人使用方便，否则要设引导标识。

(4) 入口大厅装修颜彩，以白色米色为主调，要淡雅、明快，给顾客以亲切感。

四、银行营业厅设计要点

除上述设计要点外，银行营业厅的特殊要求如下：

1. 营业厅的安全防护：营业员与顾客用柜台相隔，台高为 1.2m，台面至顶棚下皮设防弹玻璃封闭。营业部分与取存款部分在柜台端部设格栅到预留小铁门，作为营业员出入之用，平时加锁。

2. 办公室、经理室、生活用房等设在内部，其装饰装修为普通做法。

五、设计成果表达

1. 室内平面图 1:50。注明：室内空间的名称以及家具的布置等。

2. 室内顶部平面图 1:50（包括：灯位、顶部造型等）。

3. 立面图 1:50（注明：尺寸、材料以及颜色等）。

4. 绘制局部透视图、全景透视图。

5. 细部节点做法（数量不限）。

6. 简要的设计说明（可以结合图纸一起表达）。

六、说明

5 个题目应尽量全作，最少也要选择 1、3、4、5、6 五题训练。每个题目一周内完成。也可以和其他题目穿插进行。

《课程设计之二》

环境景观设计任务书

一、前言

环境景观设计包括城市环境景观宏观控制和城市功能分区环境景观设计（当然包括城市交通网络设计）以及功能分区规划中分地段小区（即交通网络框架围合地块）环境景观设计。也可以称为一级、二级、三级环境景观设计。各级设计的要求将随着设计等级的不同而逐步深入。

环境景观设计和规划设计各阶段是相互交叉相互协调的。环境景观设计可以是规划设计的一部分（或分支），只是两者考虑的重点不同，有时在某些方面环境景观设计也可以控制和协调规划设计。所以，环境景观设计、规划设计都要互相掌握对方的基本知识，以利于提高各自的设计质量。

（一）景观设计作业名称

某市开发区国际商务区内的商务休闲广场环境景观设计。

（二）地段位置

西至滨海大道，路宽28m，南至泰达大街，路宽38m，东至港泰（规划）路，路宽38m，北至海港规划路，路宽14m。地块外形呈楔形平面，如图13-1所示。地块四周红线由路边均退6m，为小区建设范围。

（三）周围环境与建设情况

西侧是天保国际贸易交流中心、港澳商品城和天保金海岸160万m^2的大型高级住宅区。南面是港区泰达城21层泰达大厦、泰达娱乐俱乐部、泰达热带植物园。东面是开发区国际会展中心、泰达体育中心和万通时尚960000m^2的住宅广场。北面为天津港北疆港区，拟建港务服务中心、装卸码头和航运服务中心。

周围环境除北面港区正在建设中，其他东、西、南三面均已建成投入使用，各小区的绿化、景观设计等配套设施均已完成，建筑造型均按照使用性质和使用功能突出个性，具有各自的特点，包括绿化植物品种和种植方式，水景设置各具独立特色。入口均有各自的标志性设施，接近后现代派风格。

（四）国际商务区总体布局

1. 国际商务区地段平面接近楔形，南北边线平行，北边线长370m，南边线长280m，东边线与南北边线垂直相交，边线长251m，西边线为斜边，长262m，红线内占地面积8.16公顷。

2. 拟建项目和设施

（1）该地段中心商务休闲广场

商务休闲广场约2万平方米，内设喷泉、湖泊、硬质铺装广场、雕塑、花坛、休闲座椅、休闲亭、茶座、广场灯光夜景、绿化植被、乔木等立体绿化种植，与周边高层住宅公寓形成开放式较大规模的公园绿地。既可供商务交流非正式会务谈判，又可供附近居民购物客流休息公园。

（2）四星级大酒店

大酒店位置在地段西北角，30层高，设有400套商业标准间，酒店西入口在滨海大道。面对国际会展中心，方便商务人员进行商务活动和入住。北入口在临港规划路面对港务办公大厦附近，有航务办公楼、港务作业指挥部等建筑。为方便港务人员业务活动，酒店周围除绿化景观外要设置足够的地上停车场或地下停车场。

（3）商住公寓建筑群

①商住公寓建筑群拟建8栋18层至24层公寓，沿北部临港规划路由西向东排列，中部设北出入口，楼群之间设小公园、周围设地上停车场和地下停车场出入口。户型要大、中、小多样化。

②沿东部港泰路拟建4栋18层和21层商住写字楼，周围地面适当设停车位、绿化带、地下停车场出入口。

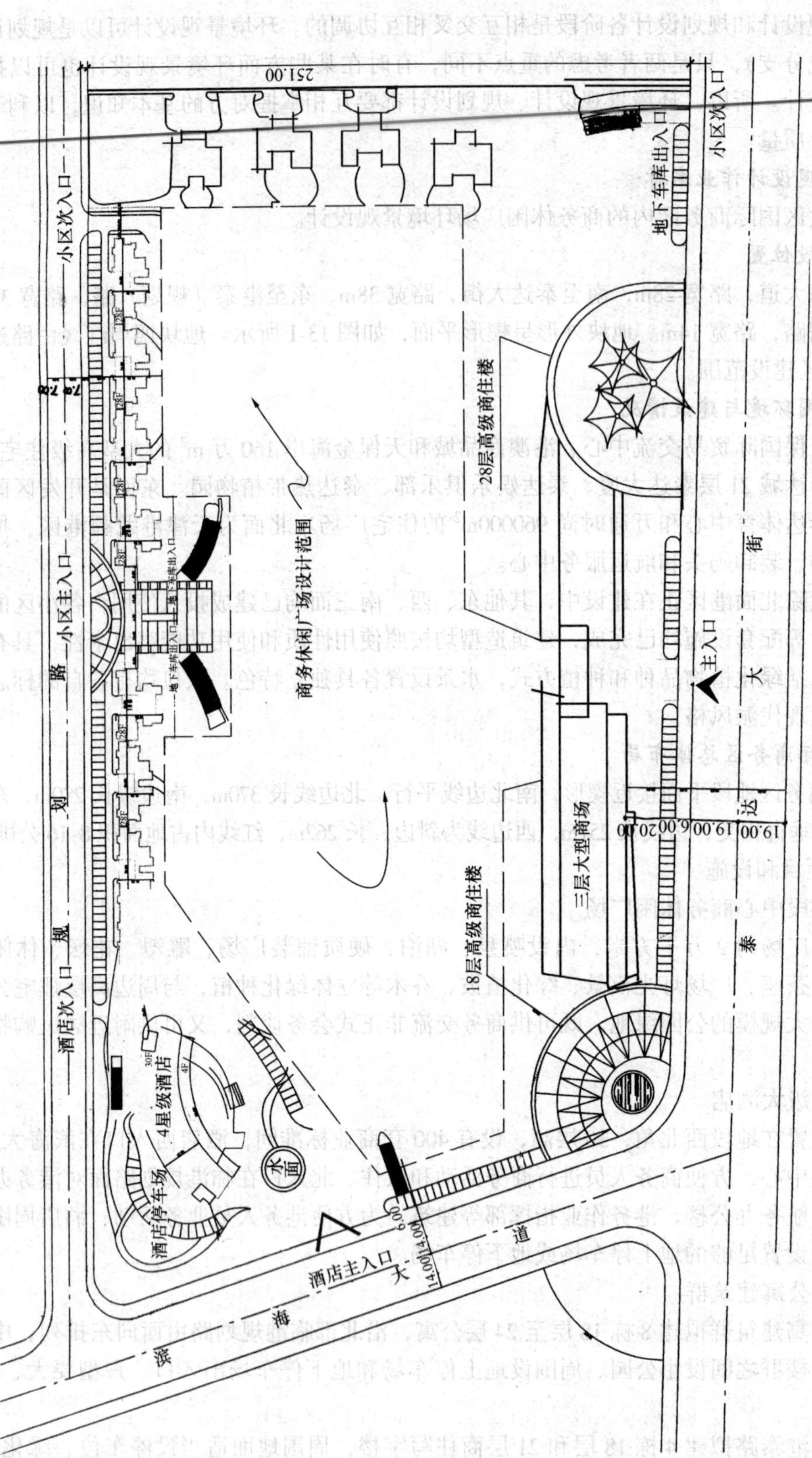

图 13-1　商务休闲广场景观设计范围

注：此图仅供参考。用四周尺寸为主。①　商务休闲广场景观设计范围

②比例　50M

③各建筑物平面为示意图

③沿泰达大街由西向东建两栋18层和28层高级商住楼，楼底3层连成整体，设计成30000m²大型商场，出入口靠近滨海大道。与泰达大街交接处的商场前设广场，供顾客疏散、停车，形成本地区现代化大型购物中心。商住楼底楼出入口面向内部商务休闲广场。

④在大型商场东侧设本地段商务区南出口，沿泰达大街由南入口向东设计多层餐饮服务楼。形成购物餐饮一条街，同时和小区内部商务休闲广场连成一体。

（4）停车场

考虑到地质和本项目对停车场建设的要求，将规划设计70000m²的地下地面停车场，设计可停机动车辆3000辆，其中地面停车1000辆，地下一层停车达到2000辆，其中地下停车场分区为：酒店住客专用停车场、商场顾客停车场和商住住户停车场三个停车区域，并分别有4～5个地下停车出入口。地面停车场分散在各楼群附近，分区停放。除满足住户停车外，也可供短时访客临时停车和公安、救护等紧急停车。

二、要求

1. 国际商务区设计，本作业只承担商务休闲广场景观设计任务。

2. 按照广场拟建的内容以大面积水体为核心，水体周围堤岸造型新颖有创意，给人以活泼宜人的亲切感。

3. 了解广场周围拟建酒店、商住楼、大商场等建筑设计资料、建筑方案造型与风格，并和有关设计人员进行交流，提出景观设计对周围建筑体型设想，达到双方逐渐互相借鉴和协调，以确定该广场的景观风格和布局，将绿化、小品、水体，休息设施综合完美的进行方案设计。

4. 广场景观设计，要做到步移景变引人入胜，给人以轻松、愉快的环境，并且要满足白天既可方便附近居民、商场购物客流的休息，又能在晚间提供商务交流活动，设置茶座、设计灯光夜景、配置音响设备，播放优雅音乐。为商务交流活动创造良好环境。

5. 注意景观设计的对景、借景、相互、融通，以朴实、自然为原则，要突出商务休闲为特色。

三、设计成果表达

1. 总平面图（1:500）。

2. 进行各单项设计：如雕塑小品、休闲亭、喷泉、绿化、廊桥等。

3. 绘制局部透视图、全景鸟瞰图，地段内的景观效果图，比例自定。

4. 简要设计说明。

图幅要A1号图幅，要求手绘草图，电脑绘正式图。

四、设计进度

为提高基本训练能力要求同学每周四幅速写，工具不限，每周检查，占平时成绩10%，本设计共4周时间。

第1～2周，收集资料，实地或与本题相近现场调研。一草绘制阶段（10%）。

第3周，方案加深阶段，二草（10%）。

第 4 周，仪器草图（5%）。正式图。

《课程设计之三》

城市交通广场环境景观设计任务书

一、名称

天津市西站交通广场改扩建设计

二、广场范围

东至西站前街，南至南运河，西至红旗北路（中环线），北至津浦铁路。总面积 90 多公顷。

三、西站地段拟建规划项目

西站地段内拟建项目有公交首末站区，地铁 5～6 个出入口，三条地铁线交叉点成为天津市地铁枢纽站，地面、地下大型停车场，铁路所需服务设施（包括站舍、候车室、售票处、行李托运提取处）。西青快速路公交系统设施，商业旅游餐饮服务区，站前集散广场和绿地。建成后以交通枢纽为特点的大型广场服务区是天津对外的第二门户，服务区分为两大地块。东部地段由西站前街、新规划的复兴路延长线（快速路）、西青道和西站铁路用房围合的地段为东段，其余为西段。原站舍只保留德国风格的西站站房作历史性建筑，其余均加以改建和重建。西站地段改扩建地形图，如图 13-2 所示。

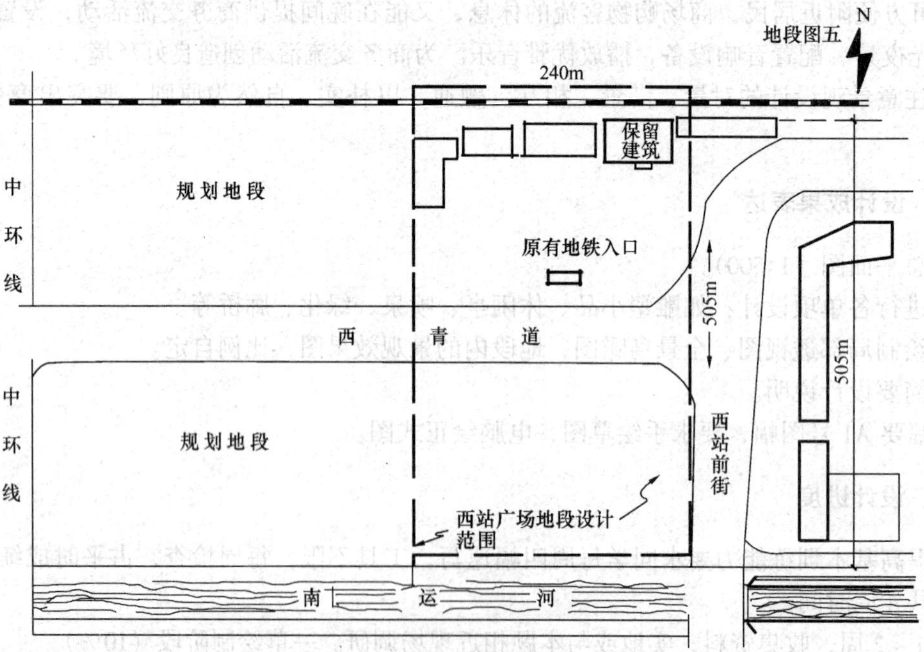

图 13-2　西站地段改扩建地形图

四、设计要求

1. 地面交通设施要组织好人流走向无交叉，进出站分流互不干扰。机动车运行顺畅无平交。

2. 站前广场下建地下停车场约 40000m^2，设 3 ~ 4 个进出口，还建设地下商城约 30000m^2，商城出入口可以借用地铁上层出入口，以方便顾客购物，减少地面人流。

3. 广场灯光夜景要体现大都市气派和交通特点。

4. 广场的雕塑要体现欧洲的风格和交通引导标识的作用。

五、设计成果

1. 总平面图（1:1000）。

2. 沿街立面图（1:200）。

3. 局部透视图、全景鸟瞰图，地段内的景观、交通、绿化分析图，比例自定。

4. 设计思路及理念。

5. 简要设计说明，列出主要面积指标。

图幅要 A1 号图幅，要求手绘。

六、设计进度

为提高快速设计能力，本设计共 4 周时间。

第 1 周，收集资料，一草绘制阶段（10%）。

第 2 周，方案加深阶段，二草（10%）。

第 3 周，仪器草图（5%）。

第 4 周，正式图（75%）。

《课程设计之四》

全面综合设计训练题

某大学新校区概念性规划与环境景观设计任务书

一、项目概况

1. 建设概况

(1) 学校类别：工科类

(2) 基地位置及地形地貌：该校新址位于某北郊区双河镇双前营口村东，南至过境高速公路、北到 105 国道、东至城市规划区行政用地。地形平坦，原为杂草荒地。南高北低，高差2 ~ 3m。红线内北部有农民废弃的养鱼池。

注：3000 亩≈200 万平米。

（3）学生规模：近期按30000人规模规划并应考虑发展到35000人，预留发展用地。地形图如图13-3所示。

（4）占地面积：3000亩

（5）规划方案设计内容及范围

校舍、道路、环境景观、总体概念性规划，以环境景观设计为重点。

主要单体建筑：教学楼（含系办公用房）、图书馆、实训（实验）楼、艺术中心、校行政楼、学生宿舍、学生食堂、单身教工公寓、风雨操场、校大门、地下管网等。

（6）建设周期

按照“统一规划，分期建设”的原则，建设周期为6年分三期完成。相对完整，二期建设尽量避免对前期校园教学环境的干扰。

（7）主要建筑参考指标：

教学楼：5.0m^2/生，图书馆：2.04m^2/生，实验楼：5.74m^2/生，行政办公：2.61m^2/生，学生宿舍：10m^2/生。

2. 性质及规模

（1）该校是一所国家“211工程”重点建设的大学，是以工为主，工、理、文、管、经、法多学科、协调发展的地方重点大学。

（2）新校区规划面积2500亩，总规划建筑面积75万m^2，其中教学区40万m^2，生活区35万m^2。

第一期工程总计16万m^2，投资5.94亿元人民币，包括公共教学楼5.1万m^2，中心实验楼1.7万m^2，行政办公楼1.4万m^2，学生公寓1~5号楼5.5万m^2，学生食堂、浴室、锅炉房、35kV变电站、污水处理站、水泵房等配套工程2.5万m^2。

3. 规划内容

（1）收集相关基础资料、背景材料和大学校园的有关标准，分析城市上一层次规划对基地的要求以及基地与周围环境的关系，提出相应规划的项目内容、规模等指标。

（2）规划设计要求体现合理的校园功能系统和人文关怀的校园环境，突出鲜明的空间特色，统一有序的整体感和浓厚的文化氛围。

（3）规划范围的建筑单体可自行设计，也可选用；

（4）合理规划校园内部道路并与城市道路恰当衔接。道路线型、宽度应符合技术规范要求，并应考虑适量的停车场地或车库。

（5）在掌握大学校园规划基本方法和达到基本技能训练要求的基础上，鼓励规划理念和技术手段的创新与探索，充分发挥个人的创造力。

（6）规划成果的表现应明确、清晰并富有特色。

（7）主要建设项目有：校行政管理办公大楼、图书馆、计算中心、教学主楼、主实验室、各院系数、标准体育场（带看台）、游泳馆、室内外运动场、宿舍、后勤服务建筑群及其他建筑。

4. 规划设计目的

通过本课程的规划设计，掌握大学校园规划设计的主要内容、方法、步骤和相关要求，合理进行大学校园的土地使用、功能布局和道路组织和校园建筑群、各种室外空间的设计；引导学生将现代教育理念融入到学校规划和校园环境之中，达到培养和提高综合分析问题、

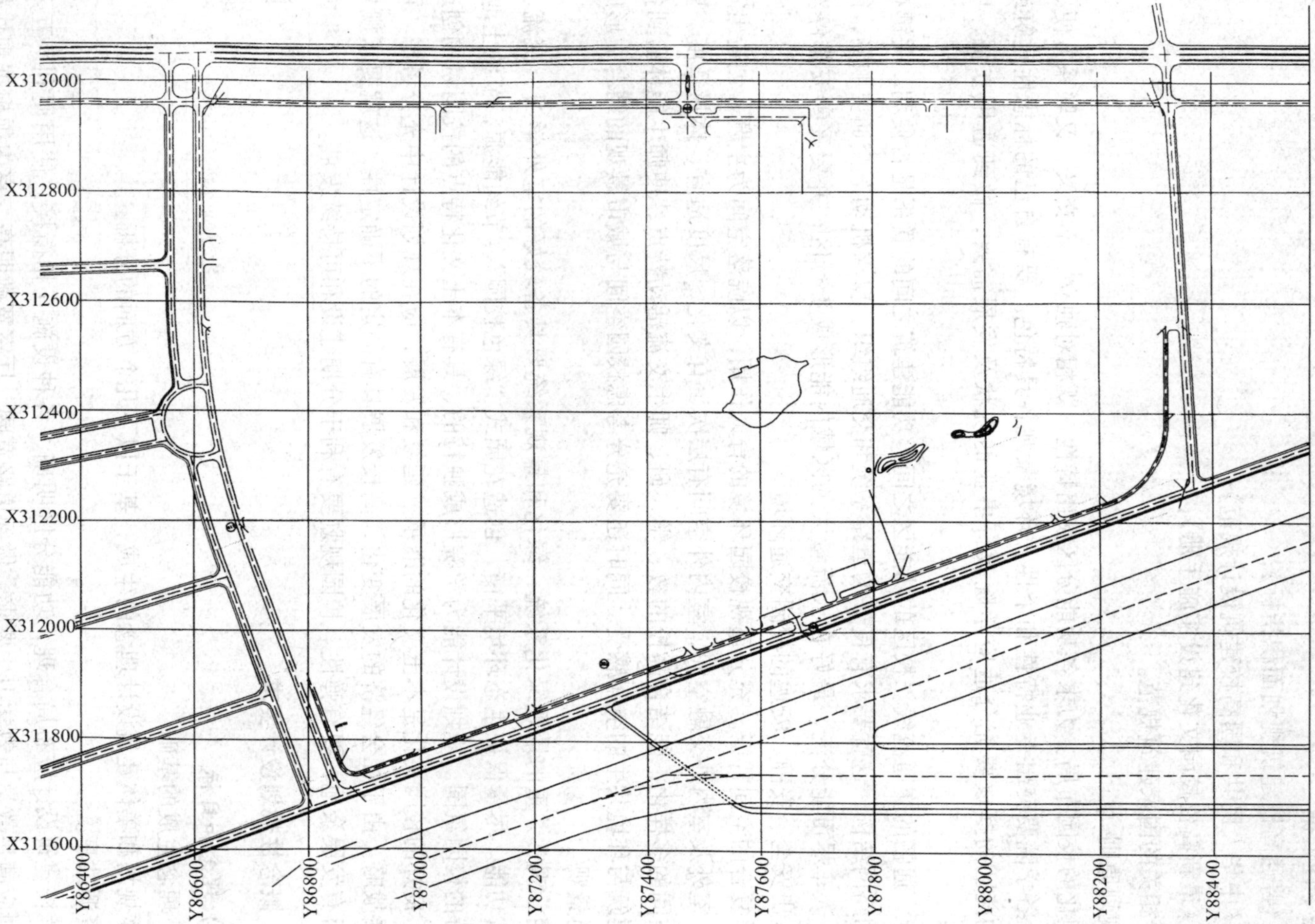

图 13-3　某大学新校区修建性详细规划总平面定位图

解决问题的能力，为今后进一步学习城市规划设计打下基础。

二、规划依据

1. 指令性依据

(1)《普通高校建筑规划面积指标》;

(2)《中华人民共和国高校建筑设计规范》;

(3)《最新高校校园文化建设实施手册》;

(4) 相关的国家建筑规范。

2. 规划原则

合理化的校园布局。力求各功能分区突出特性，既相对独立、不交叉，又联系方便、各得其所。各学院要突出专业特性和个性，环境景观各具特色。要有自己的标志性建筑或设施。各功能区的摆放要充分适应学院教育事业的现状及发展需要，做到适用方便、功能合理。

安全、通畅的交通流线。校区的功能区之间、功能建筑之间的联系是否便利，关键在交通组织和路网结构，这就要求有良好的道路系统和交通组织。要求机动车交通要顺畅，能形成环路；人车尽可能分流，最好在人流量大的区域内能形成步行区；并要妥善安排停车设施；创造出安全、安静、安逸的校园交通环境。

多样复合的空间特征。充分重视校园环境的育人作用，以院落空间为主题，创造出宜人的室内、室外及室内外交融空间，室内外空间有层次、有文化，尺度适宜、体量适度。要充分重视空间的多样化，能结合高校的教、学、研、师生交流活动特点，使师生能体验到各具特色的建筑与环境共生的空间感受。同时还要充分考虑校园空间与城市景观的结合，形成良好的临街景观。

使用、观赏并重的景观绿化系统，绿化和景观系统要具备较好的室外学习、交流、休闲、观赏功能。尽量保护生态环境平衡，创造花园式“绿色校园”，节约能源，节约土地。

独特的校园氛围。规划设计能为学院形成独特的、具有本土文化特点的校园氛围创造硬件基础。良好的校园文化是本土文化的继承、延续和发展，应在规划设计中充分考虑。可持续的发展战略。由于社会经济的发展变化，高校发展具有一定的不确定性，这就要求规划设计中要留有发展余地，要有弹性。校园规划要有利于分期建设和可持续发展。

三、概念性规划设计要求

（一）理念和目标

(1) 理念生成的基础

总体规划和单体建筑设计理念的生成，基于以下几个方面的分析：

①资源共享。

②学校建筑设计应布局合理，功能分区明确，各种设施互相衔接，使用便利，互不干扰。规划应满足教学与教学卫生要求，做到道路宽阔，厅室宽敞明亮，室内须根据现代教学要求，使配备的设备各有其位，各种设施应有利于学生安全及身心健康。

③各项建筑设计符合国家有关标准，设计造型新颖独特、美观大方、富有艺术性，其审美造型自成体系。要根据现代教育发展趋势，功能设置适度超前。

④重视环境保护，各种设施使用环保型材料。

⑤能充分利用地势地形、建筑与环境共生。

⑥学校大门设在南侧，除主入口外，东西城市道路上要有次要出入口，教职工宿舍区单独设一出入口。

⑦由于一次规划，分期实施，须综合考虑分期投入使用的可能性及各种设备运行的合理性。

(2) 设计理念

①创造诗情画意的校园空间

中国诗画最讲究的是意境，中国园林最讲究的是诗情画意，因此，用建筑的手法和环境景观设计的技巧，将场地中的积极因素组合进去并加以升华，从而创造出诗情画意的校园空间，这一点是本方案的灵魂是总体设计的主流。

②创造绿色生态校园

优良的生态环境是高品质的教育环境的重要组成部分，应力求使人工环境和自然环境融为一体，而不仅仅停留在对绿化率等抽象规划指标的满足上。

对于水的营造和利用应提高到校园景观建设的重要位置。"建筑—景观—水—生态"之间的相互关系应成为本方案探讨的主题。

③创造科学精神与人文精神相结合的校园

科学精神与人文精神相结合是大学素质教育的重要内容，学校不仅要让学生掌握现代科技理论的基础知识，更要强调培养学生获取科技发展最新成果的智力、心力和学习方法，强调科学和人文并重，强调培养复合型人才。因此，在校园规划设计中应体现出校园充满理性、富有逻辑的精神特质，又充满浪漫的人文精神。

(二) 规划设计总体要求

规划方案设计的总体要求是：以人为本，资源共享，使用便利，功能齐全，风格独特，建造一个有充分文化底蕴，具有良好学习环境的国内一流的花园式校区。整个规划要因地制宜，因势利导。建筑与树、草、水相映相依，大处宏伟气派，小处精巧别致，富有浓郁的审美韵味。

(1) 规划设计要立足于21世纪高等教育的发展趋势，着眼于学院可持续发展的客观需求，追求高水准的高等教育特色及文化教育氛围，充分体现智能化、人文化、生态化的设计理念，具有创意新颖、格调明快、技术先进、布局合理的鲜明特点，达到人、建筑、环境的相互协调。方案要适应先进的高等教育管理模式，要有利于未来专业建设的发展，要体现较好的经济效益和社会效益。

(2) 规划设计应按不同功能分为教学区、实训（实验）区、行政区、体育运动区、绿化园区、学生生活区和在职人员培训区，根据地形地貌、日照、气候及校园周边环境合理布局，满足环保等部门的标准，使各区在和谐中求统一，统一中见特色，保证师生工作学习与休闲活动互不干扰，并在未来建设或局部调整时，总体框架不受影响。

(3) 建筑物应体现现代、典雅、简洁的风格，体现各学院的专业教育特色和个性。建筑形式不应雷同。与周围环境协调和谐；建筑层数一般不宜超过6层。

(4) 规划设计主入口和辅助入口，应结合校园及周围地形地貌和城市道路的特点，组织好校园内的交通配置，并符合消防、市政等规范要求。

（5）校园内强电、弱电、给排水、燃气等管网均为暗铺。

（三）指导性依据（见附表）

（四）周边城市环境参考资料

四、概念性规划成果表达

1. 总体布局平面图（1:2000）

图中应标明：用地方位和比例，所有建筑和构筑物的屋顶平面图，建筑层数，建筑使用性质，主要道路的中心线、道路转弯半径、停车位（地下车库和建筑低层架空部分应用虚线表现出其范围），室外广场、铺地的基本形式等。绿化部分应区别乔木、灌木、草地和花卉等。

2. 校园区位分析图（1:4000）

3. 功能组群分析图（1:4000）

应全面明确地表达规划的基本构思，用地功能关系，规划基地与周边的功能关系、交通联系和空间关系等。

4. 交通路网分析图（1:4000）

应明确表现出各道路的等级，车行和步行活动的主要线路，以及各类停车场地的位置和规模等。

5. 环境景观分析图（1:4000）

应明确表现出各类绿地的范围、绿地的功能结构和空间形态等。

6. 空间布局分析图（1:4000）

应明确表现规划的空间系统、建筑高度分区、景观结构以及与周边城市空间的关系等。

7. 总体体块鸟瞰图

8. 设计说明

9. 建筑意向效果图

10. 概念性规划总体体块模型

五、各项设计项目控制参数（或面积）一览表

（一）各学科群规划建筑面积一览表

序号	学科群	学院	建筑面积（m^2）	使用面积（m^2）
一	基础学科群	理学院	8048.64	
二	人文社科学科群	外国语学院	3500.64	
		管理学院	6019.21	
		文法学院	2584.41	
三	信息学科群	信息学院	14528.94	
		计算机学院	15390.12	
四	材料化工学科群	材料学院	1666.8	
		化工学院	3333.6	

续表

序号	学科群	学院	建筑面积（m^2）	使用面积（m^2）
五	机械动力学科群	机械学院	3611.4	
		电气学院	2500.2	
		能环学院	10500.84	
六	土木建筑学科群	建筑与艺术设计学院	10670.8	
		土木学院	15223.44	
七	其他	研究生学院		
		继续教育学院		

（二）体育健身中心各场馆建筑面积

序号	场馆名称	建筑面积（m^2）	序号	场馆名称	建筑面积（m^2）
1	网球馆		2	乒乓球馆	
3	羽毛球馆		4	体操武术馆	
5	游泳馆		8	标准田径场	9600
9	足球场		10	篮、排球场	
11	棒球场		12	网球场	

（三）各学院师生人数一览表

序号	学院名称	教职工人数（人）	本科生人数（人）	研究生人数（人）	学生总人数（人）
1	建筑与艺术设计学院		799	25	824
2	文法学院		933		
3	外国语学院		936		
4	理学院		975	73	1048
5	机械学院		390		
6	材料学院		180		
7	电气学院		270		
8	信息学院		1489	80	1569
9	计算机学院		1587	75	1662
10	管理学院		2048	125	2173
11	能环学院		1102	32	1134
12	土木学院		1583	61	1644
13	化工学院		360		
14	研究生学院				
15	继续教育学院				
	合计				

（四）图书馆建筑面积：38400m²；

（五）大礼堂建筑面积：7500m²；

（六）学生食堂建筑面积：37200m²；教工食堂建筑面积：6000m²

（七）生活福利用房建筑面积：84900m²；

（八）校行政管理大楼 8500m²；档案文件资料库 1000m²。

（九）实验室建筑面积：

序　号	学　科	建筑面积（m²）	使用面积（m²）
1	理学	5732.56	
2	工学	45466.78	
3	人文社科	528.02	
4	外国语	346.32	

（十）全校后勤服务建筑群 5800m² 及仓库，零加工区 1500m²。

（十一）主要技术指标

总规划用地面积：2500 亩；

教学科研区用地面积 435 亩，占 17.4%；

学生生活区用地面积 517.5 亩，占 20.7%；

中心绿地区用地面积 255 亩，占 10.2%；

体育运动区用地面积 412.5 亩，占 16.5%；

科技园区用地面积 192.5 亩，占 7.7%；

主要道路、广场、停车场用地面积 687.5 亩，占 27.5%；

绿化覆盖率：45%；

建筑容积率：0.45；

建筑覆盖率：17.4%。

附录　建筑设计参考资料

一、主导风向资料

日照和主导风向，通常是确定房屋朝向和间距的主要因素，风速是高层建筑、电视塔等设计中考虑结构布置和建筑体型的重要因素，雨雪量的多少对屋顶形式和构造也有一定影响。

在设计前，须要收集当地上述有关的气象资料，作为设计的依据。

图附-1是部分城市的全年及夏季风向频率玫瑰图。风向频率玫瑰图，即风玫瑰图，是根据某一地区多年平均统计的各个方向吹风次数的百分数值，并按一定比例绘制，一般多用八个或十六个罗盘方位表示。玫瑰图上所表示风的吹向，是指从外面吹向地区中心。

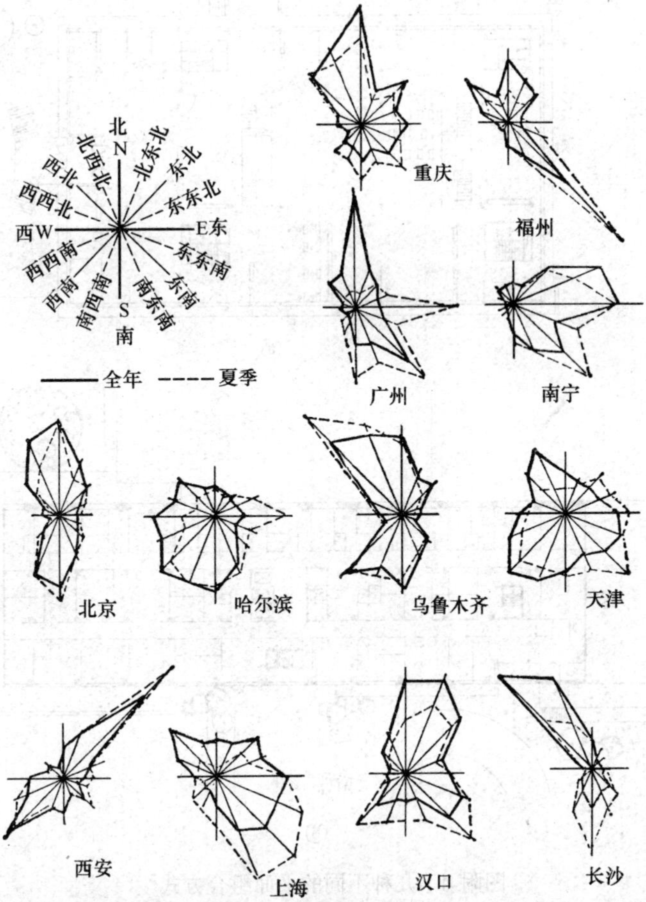

图附-1　我国部分城市的夏季风向频率玫瑰图

二、学校、医院、总平面图和平面图（图附-2～图附-4）

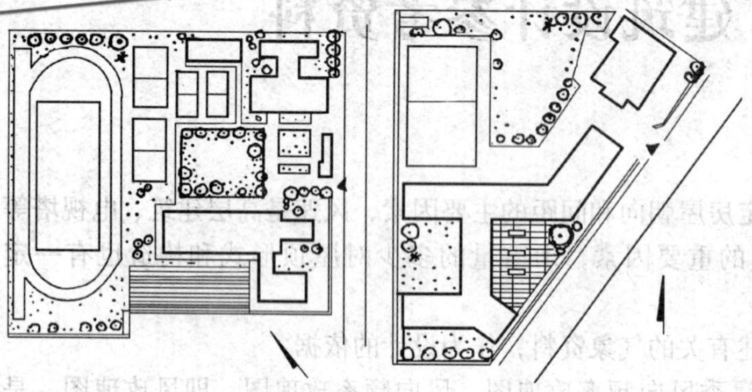

图附-2　不同基地条件的中学教学楼平面组合实例

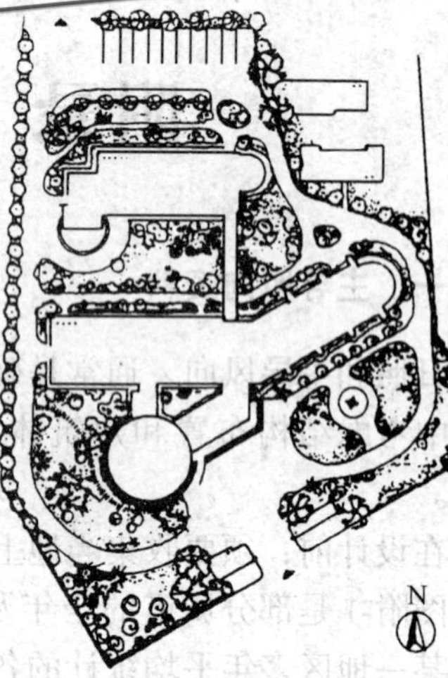

图附-3　医院总平面图

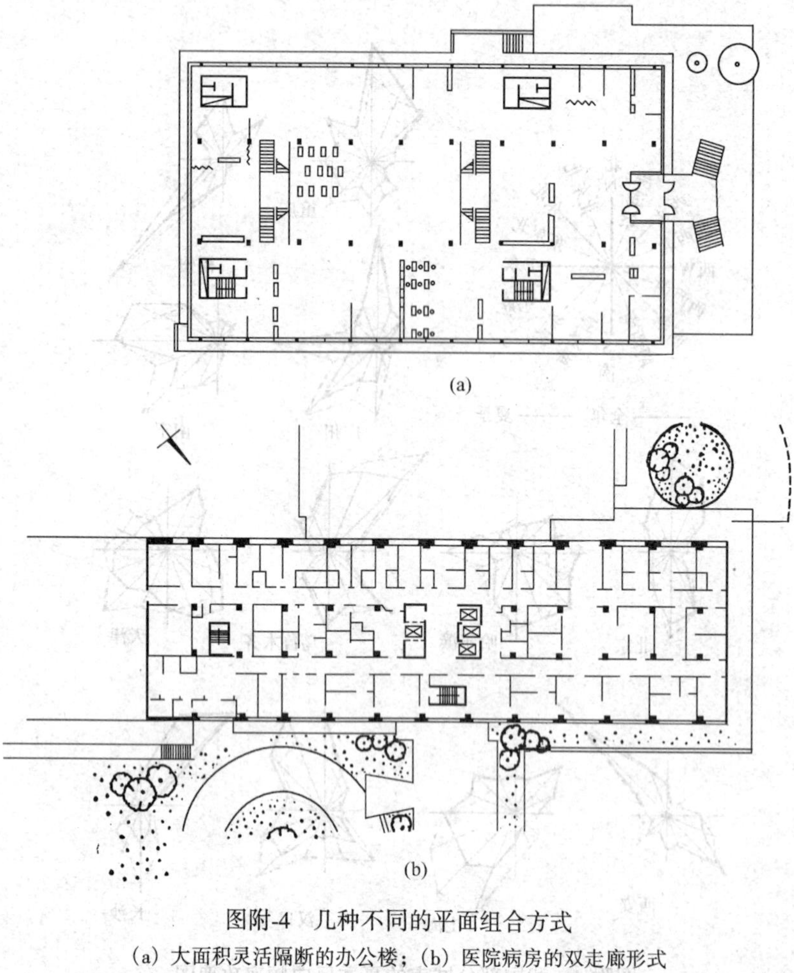

图附-4　几种不同的平面组合方式

（a）大面积灵活隔断的办公楼；（b）医院病房的双走廊形式

三、楼梯形式资料（图附-5）

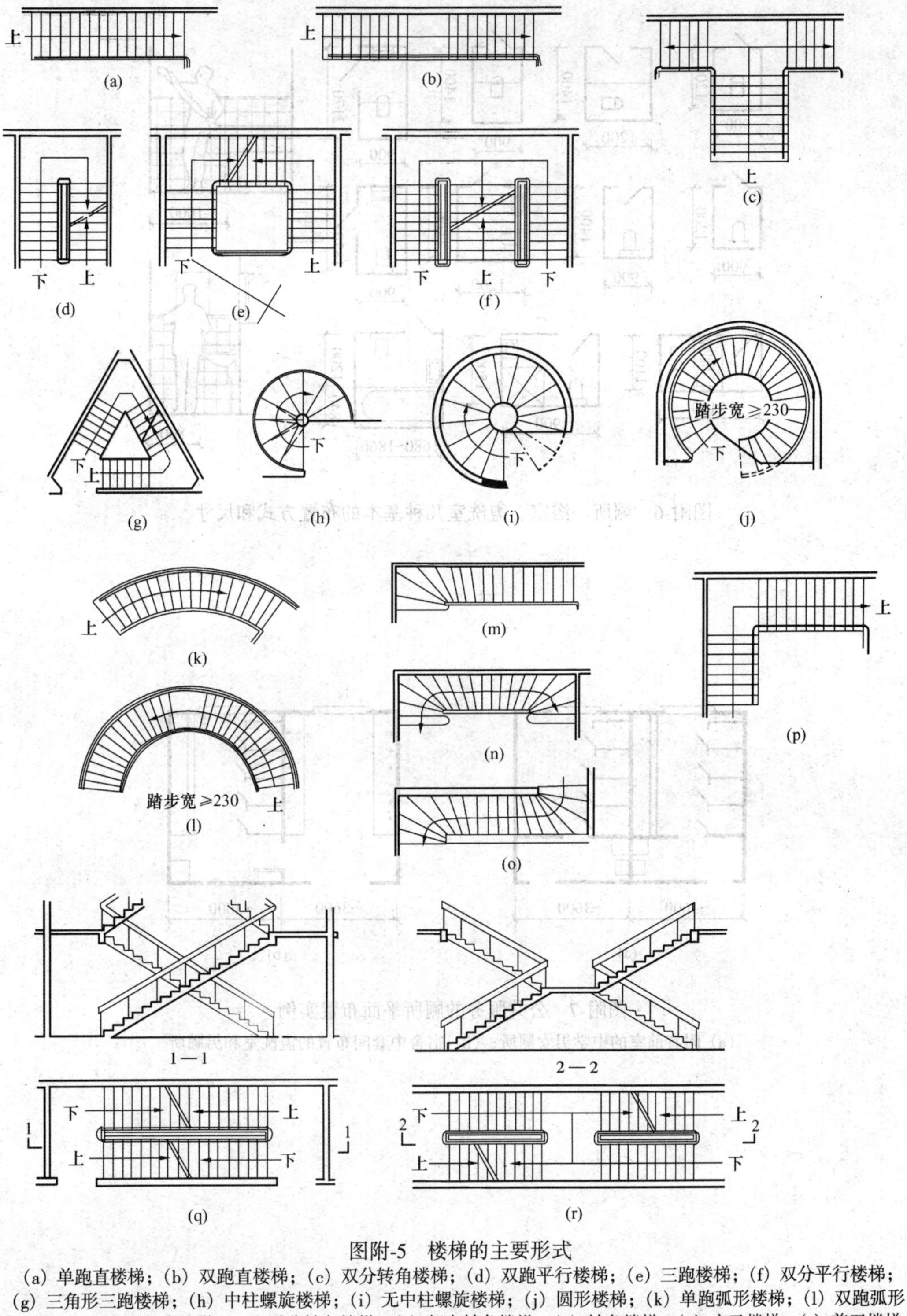

图附-5　楼梯的主要形式

（a）单跑直楼梯；（b）双跑直楼梯；（c）双分转角楼梯；（d）双跑平行楼梯；（e）三跑楼梯；（f）双分平行楼梯；（g）三角形三跑楼梯；（h）中柱螺旋楼梯；（i）无中柱螺旋楼梯；（j）圆形楼梯；（k）单跑弧形楼梯；（l）双跑弧形楼梯；（m）扇形起步楼梯；（n）对称转角楼梯；（o）扭向转角楼梯；（p）转角楼梯；（q）交叉楼梯；（r）剪刀楼梯

四、厕所布置参考尺寸（图附-6、图附-7）

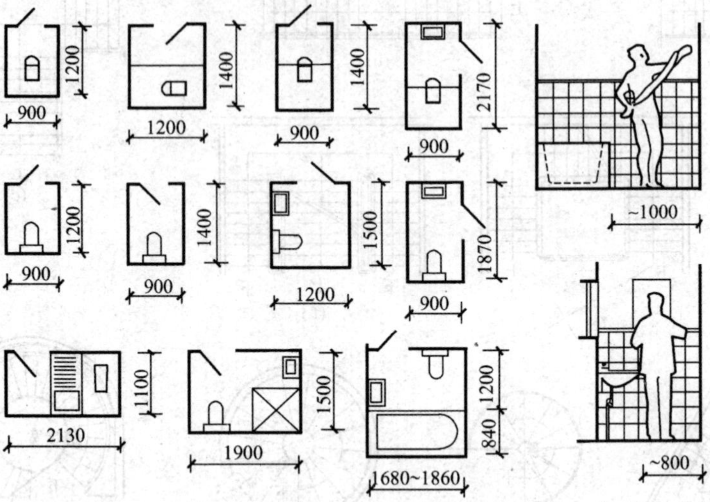

图附-6　厕所、浴室、盥洗室几种基本的布置方式和尺寸

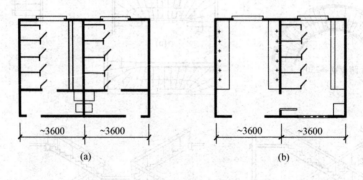

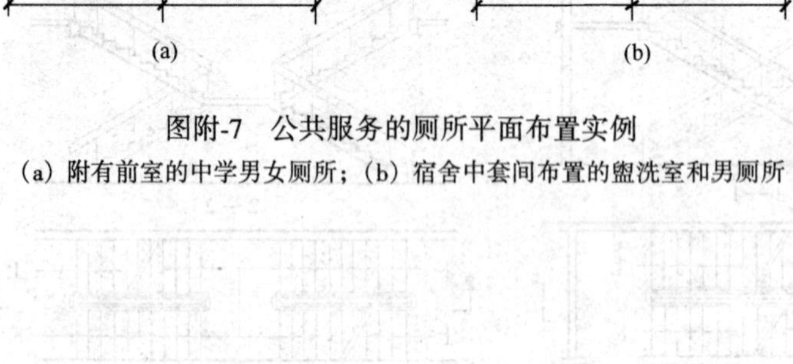

图附-7　公共服务的厕所平面布置实例

（a）附有前室的中学男女厕所；（b）宿舍中套间布置的盥洗室和男厕所

五、建筑立面处理实例（图附-8、图附-9）

(a)

(b)

图附-8　墙面虚实对比的造型效果

（a）感到厚实、封闭；（b）感到轻巧、开敞

图附-9　住宅墙面和凹阳台的虚实对比

六、剧院、体育馆平面（图附-10）

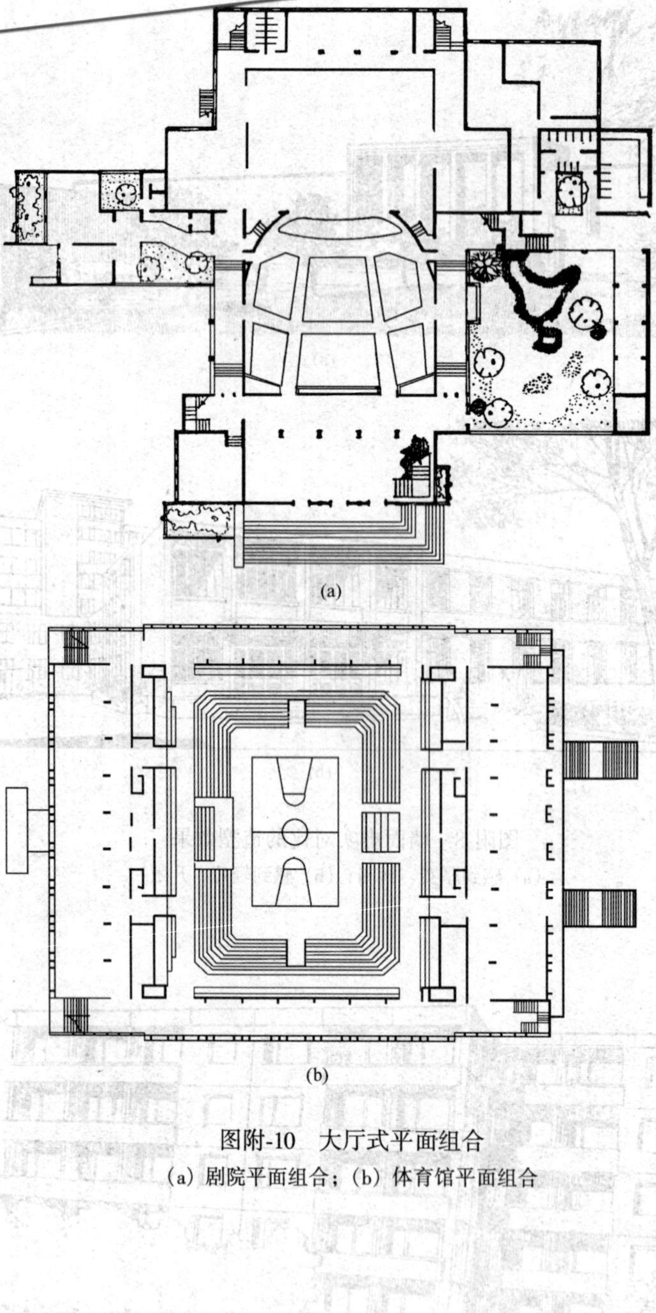

(a)

(b)

图附-10　大厅式平面组合

(a) 剧院平面组合；(b) 体育馆平面组合

七、某住宅户型布置（图附-11）

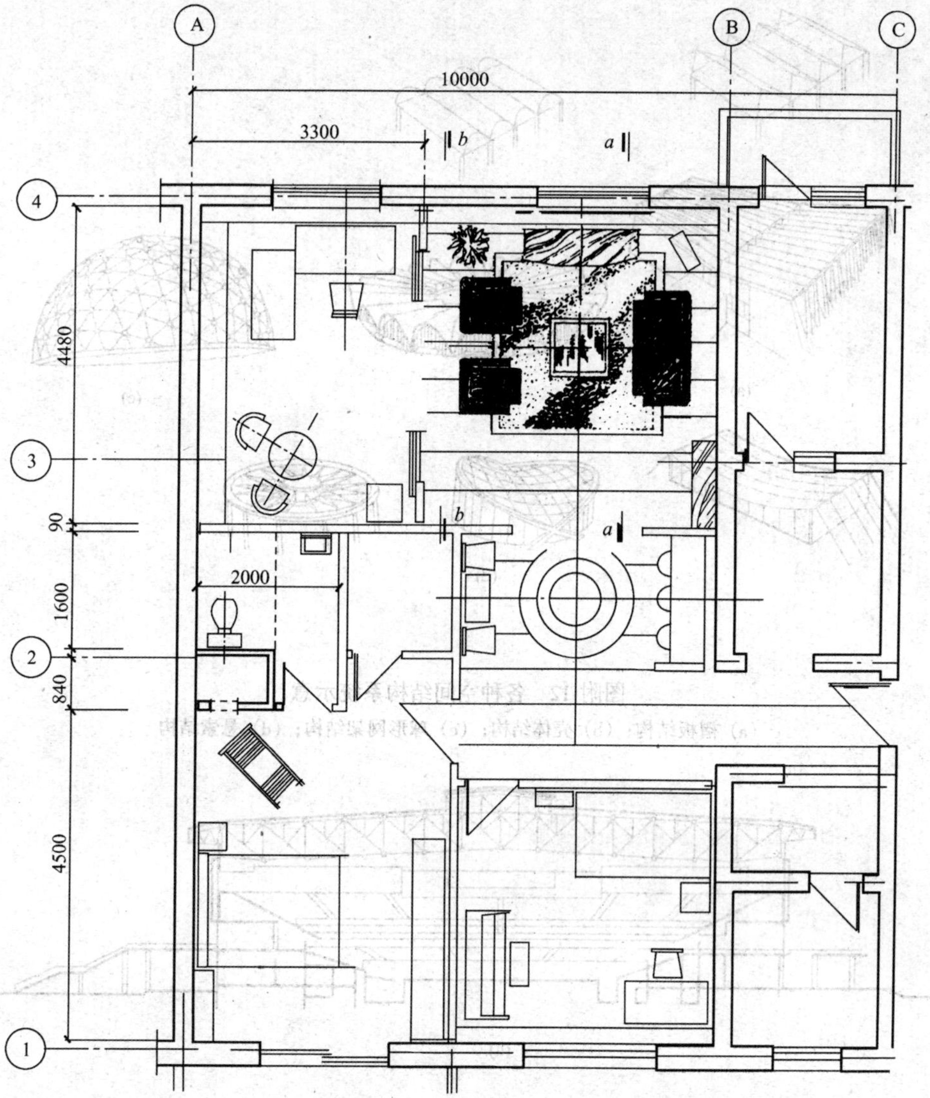

图附-11　某住宅平面图

八、空间结构类型（图附-12、图附-13）

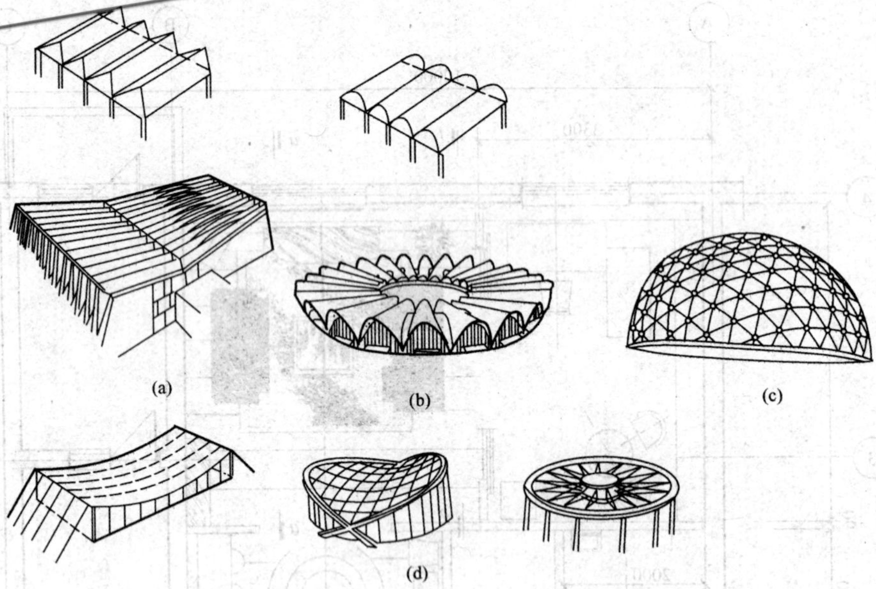

图附-12　各种空间结构系统示意

（a）褶板结构；（b）壳体结构；（c）球形网架结构；（d）悬索结构

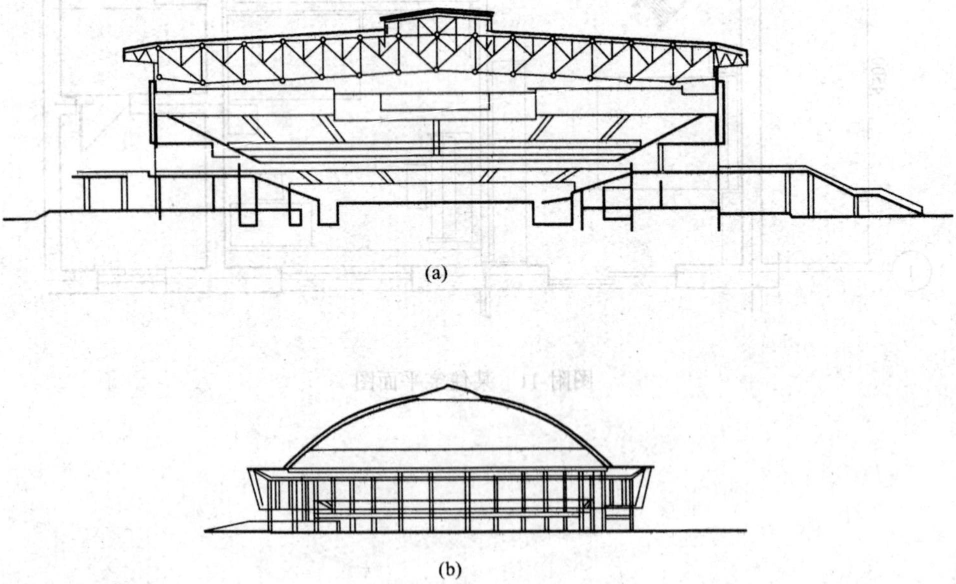

图附-13　空间结构的建筑物

（a）网架结构的体育馆；（b）壳体结构的展览馆

九、典型立面参考图（图附-14）

(a)

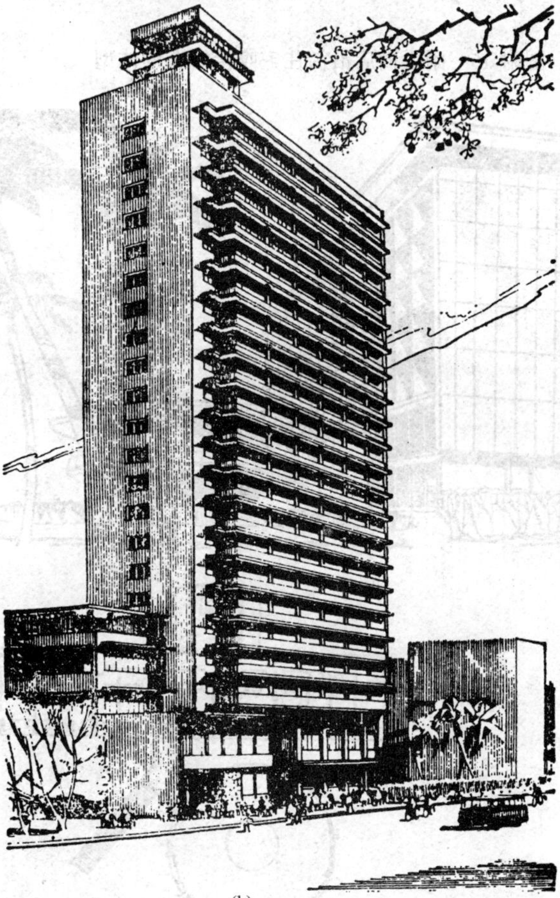

(b)

图附-14　简洁而富有表现力的建筑体型实例

（a）住宅建筑；（b）旅馆建筑

十、建筑鸟瞰图、透视图实例（图附-15、图附-16）

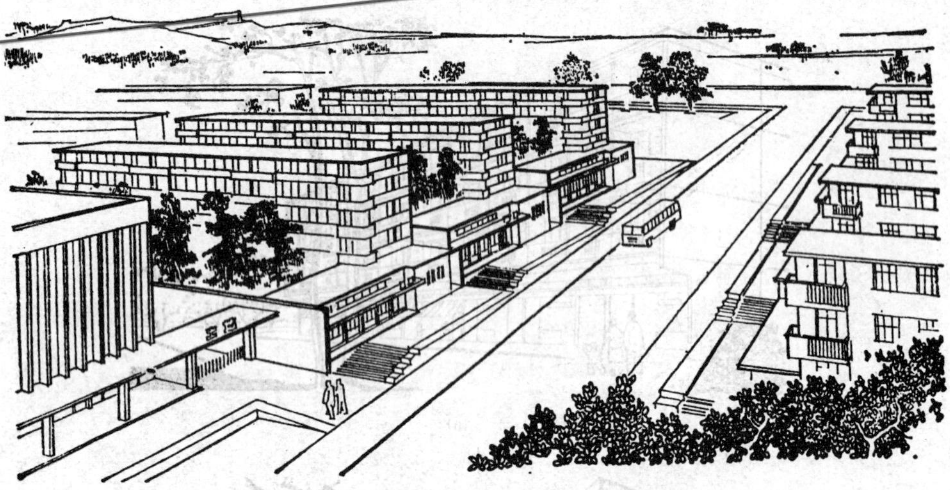

图附-15　附设商店沿街住宅咬接组合的体型

图附-16　一旅馆建筑中客房和餐厅部分体型组合的主次和对比

参 考 文 献

1. 朱钟炎．室内设计原理［M］．上海：同济大学出版社，2003．
2. 陈易．建筑室内设计［M］．上海：同济大学出版社，2001．
3. 张绮曼，郑曙阳．室内设计资料集［M］．北京：中国建筑工业出版社，1997．
4. 李朝阳．室内空间设计［M］．北京：中国建筑工业出版社，1999．
5. 潘吾华．室内陈设艺术设计［M］．北京：中国建筑工业出版社，1999．
6. 张绮曼．室内设计的风格样式和流派［M］．北京：中国建筑工业出版社，2000．
7. 刘玉楼．室内绿化设计［M］．北京：中国建筑工业出版社，2000．
8. 姚时章，王江萍．城市居住外环境设计［M］．重庆：重庆大学出版社，2001．
9. 刘文俊译．日本景观作品精华集［M］．大连：大连理工大学出版社，2000．
10. 伊恩·本特利．建筑环境共鸣设计［M］．大连：大连理工大学出版社，2003．
11. 维勒格编，苏柳梅、邓哲译．德国景观设计［M］．沈阳：辽宁科技出版社，2001．
12. 漆平．现代环境设计［M］．重庆：重庆大学出版社，2000．
13. 陈志华．外国建筑史（19世纪末叶以前）．［M］．北京：中国建筑工业出版社，1997．
14. 同济大学，清华大学，东南大学，天津大学．外国近现代建筑史［M］．北京：中国建筑工业出版社，1996．
15. 潘谷西．中国建筑史（第一版）［M］．北京：中国建筑工业出版社，1993．
16. 田学哲．建筑初步［M］．北京：中国建筑工业出版社，1999．
17. 刘先觉．现代建筑理论——建筑结合人文科学自然科学与技术科学的新成就［M］．北京：中国建筑工业出版社，1998．
18. 王文卿．西方古典柱式［M］．南京：东南大学出版社，1999．
19. （法）路易·格罗德茨基著，吕舟、洪勤译．哥特建筑．［M］．北京：中国建筑工业出版社，1999．
20. （德）汉斯·埃里希·库巴赫著，罗马风建筑．汪丽君、舒平、姜芃、邱滨译．［M］．北京：中国建筑工业出版社，1999．
21. 建筑外观设计光盘［M］．北京：中国建筑工业出版社
22. 中国大百科全书编写组．建筑园林城市规划卷［M］．北京：中国大百科全书出版社，1988．